湛庐 CHEERS

与最聪明的人共同进化

HERE COMES EVERYBODY

CHEERS
湛庐

Conceptual
Chemistry, 5e

元素咖啡化学

1

John Suchocki

[美]
约翰·苏卡奇
著

肖楠 高平 张焕香
译

浙江科学技术出版社·杭州

与生活息息相关的化学，你了解吗？

扫码加入书架
领取阅读激励

扫码获取全部
测试题及答案，
一起了解妙趣横生的化学

- 以下属于化学变化的是：（单选题）

  A. 黄金遇高温后熔化

  B. 二氧化碳凝华为干冰

  C. 水放进冰箱冷冻室后变成冰

  D. 孩子在过去的一年长了 1 厘米

- 化学可以用于便利我们的日常生活，比如以下哪种物质可用作干洗溶剂清洁衣物？（单选题）

  A. 醋酸钠

  B. 水杨酸

  C. 氢氧化钠

  D. 二氧化碳

- 油炸食品之所以有害身体健康，是因为它们会使得我们身体中哪两种矿物质失衡？（单选题）

  A. 钠离子和钾离子

  B. 钠离子和钙离子

  C. 镁离子和钾离子

  D. 镁离子和钙离子

扫描左侧二维码查看本书更多测试题

献给我的引路人：

尼尔·德格拉斯·泰森（Neil Degrasse Tyson）

"元素"深入内核，"咖啡"面向生活，《元素咖啡化学》将学科知识和生活中的现象有机地结合起来，是一本既专业严谨又极富趣味性的科普书，值得一读。

安　琪

中国地质大学（北京）材料科学与工程学院副院长、

教授、博士生导师

本书含有趣的提问和符合现代研究进展的回答，"学伤"了的读者完全不需要担心。这套"妙趣横生的名校通识课"覆盖"天、地、生"，让你在快乐阅读的同时能收获满满。

刘华杰

北京大学科学传播中心教授

"妙趣横生的名校通识课"是一套由培生出版的经典读物，涵盖生物学、宇宙学和地球科学等多个领域。这套书的内容源自名校的优秀教授妙趣横生的课堂，通过问题引导和科学解答的方式，结合最新的科学发现和案例，帮助读者在探索中提升科学素养，激发对知识的兴趣。这是一套既有趣又充满智慧的通识读物，值得每一位爱好科学的读者细细品读。

苟利军

中国科学院国家天文台研究员

中国科学院大学教授

　　我常去给各种读者讲恐龙的故事，恐龙是我与他们之间沟通的桥梁。在我看来，这套"妙趣横生的名校通识课"中的一个个问题，也是一座座桥梁，连接起了读者的好奇心与自然世界。不仅如此，这套书还给大家展示了如何寻求问题答案的过程，这对于我们的思维方式养成至关重要。科学的精神包括好奇心、探索力、想象力，这套书能带你领略科学之美。

邢立达

青年古生物学者

知名科普作家

　　"妙趣横生的名校通识课"这套书的内容都取自世界名校杰出教授的课堂，涉及生物学、宇宙学和地球科学等多个领域，这些内容综合在一起，可以帮助读者更全面、更整体地理解世界。

　　鉴于我独特的成长经历，我对动物，尤其是昆虫有着特别的情感。昆虫是这个地球上当之无愧的王者，具有人类所不及的能力和高超的生存智慧。同时我也知道，自然科学知识是现在很多人知识体系中缺失的一部分，而这套书提供了一个起点，可以让读者通过探究书中的问题和答案，填补知识空缺，了解自己周边的自然世界，汲取自然的"大智慧"。

陈睿

国内权威自然科普作家

科学教育专家

CONCEPTUAL
CHEMISTRY

引言
化学为什么与我们的生活密不可分?

当你想知道土地、空气或海洋是由什么构成时，你就在思考化学相关知识。当你想知道水坑是如何干涸的，汽车是如何利用汽油的能量行驶的，或者你的身体又是如何从你摄入的食物中获取能量的时候，你也在思考化学相关知识。

从定义上讲，化学是研究物质及其可能发生的变化的科学。物质是任何具有质量并占据空间的东西。它是构成所有事物的基础，任何你能摸到、尝到、闻到、看到或听到的东西都是物质。因此，化学的研究范围非常广。

化学通常被描述为一门核心科学，因为它与所有其他科学的知识相互联系。化学源于物理学原理，也被认为是生物学这门最复杂的科学的基础。事实上，当今生物学的许多重大进步，比如基因工程，都是一些非常奇特的化学应用。

化学是地球科学的基础，也是空间科学的一个重要组成部分。20 世纪 70 年代初，人们通过分析月球岩石的化学成分，了解了月球的起源，现在也在通过太空探测器收集的化学信息了解火星和其他行星的历史。

科学的进步是随着科学家的研究而取得的。研究是任何以发现新知识为目的的行为。许多科学家专注于基础研究，这使我们对自然界的运行方式有了更深入的了解。化学的基础研究揭示了原子如何结合形成分子，以及分子的结构如何确定。应用研究的重点是扩大基础研究所确立的知识的应用范围。大多数化学家选择将应用研究作为研究重点。

化学的应用研究为我们带来了药物、食物、水、住所以及许多现代生活的必需品。化学家已经掌握了如何以石油为原料生产阿司匹林，这就是一个应用研究的例子，因为它的主要目标是开发一种有用的商品。

然而，以石油为原料生产阿司匹林的前提是经过多年基础研究而形成的对原子和分子的深入理解。图 0-1 显示了更多以化学的应用研究为基础的例子。

图 0-1　以化学的应用研究为基础的例子

注：图（a），生物化学家正在分析 DNA 图谱。图（b），气象学家放出一个气象气球来研究高层大气的化学成分。图（c），技术人员正在进行 DNA 研究。图（d），古生物学家准备将恐龙骨骼化石送往实验室进行化学分析。图（e），一位天文学家站在可用于研究恒星化学性质的天文台前。

化学，自然规律的极致描述者

人们曾经认为，木头燃烧时质量会减小，因为很明显，燃烧后的灰烬比燃烧前的木头轻。然而，18世纪的法国化学家拉瓦锡（图0-2）对此持怀疑态度。在他看来，燃烧的木材质量减小，似乎是因为它向大气中释放了气体。

他又进一步假设，在发生任何化学变化（例如燃烧）的过程中，质量都会从一种物质转移到另一种物质，但质量总量是守恒的。这意味着反应前的物质总质量等于反应后的物质总质量。为了验证这个假设，他在一个密封的容器

图0-2　拉瓦锡和妻子玛丽·安妮

里进行燃烧实验。他发现容器以及其中的燃烧物在燃烧前后的质量相同，而这个结果与前人的假设不符。

相比之下，拉瓦锡提出的新假设更有说服力。当一个假设得到了一次又一次实验数据的验证而未被推翻时，它就可能会正式成为科学定律或原理。拉瓦锡的质量守恒假说多年来得到反复验证，因此被确立为质量守恒定律。但请记住，科学的目的是尽可能准确地描述自然规律。

在理想情况下，科学定律与自然规律完全一致。然而在实践中，所谓的"定律"只是我们能得到的最佳近似值。如果最终可重现和可验证的证据证明某个科学定律是不准确的，那么为了更接近理想值，我们必须修改该定律的内容或者直接推翻它。例如，20世纪初，人们发现在化学反应过程中，物质的质量实际上发生了微小的变化。因此，质量守恒定律并不完全准确。然而，化学反应过程中的质量变化幅度非常小，不易测量。因此，质量守恒定律仍然具有一定的实用性。

巴基球的发现：跟随化学家的脚步

20 世纪末，图 0-3 展示的美国佛罗里达州立大学的哈里·克罗托（Harry Kroto）、美国莱斯大学的理查德·斯莫利（Richard Smalley）和罗伯特·柯尔（Robert Curl）三人开展的研究，就属于科学研究过程的范围。他们从事研究的故事始于克罗托对探究星际尘埃成分的兴趣。星际尘埃是在相距遥远的恒星间发现的尘埃。后来，克罗托、斯莫利和柯尔共同发现了巴克敏斯特富勒烯（简称富勒烯），开启了纳米技术的世界。他们也因此获得了诺贝尔化学奖。

图 0-3　理查德·斯莫利（左图左侧）、罗伯特·柯尔（左图右侧）和哈里·克罗托（右图）

注：三人一起从事研究，发现了一种新型碳结构。他们的故事说明了科学研究过程如何帮助我们了解自然。

人们可以通过研究太空中的物质发出或吸收的光来识别这些物质，因为这种光中存在与已知物质相匹配的模式。例如，太阳光的光谱模式显示，太阳主要由氢和氦组成。然而，来自星际尘埃的光谱模式不同于任何已知物质的光谱模式。因此，星际尘埃的成分一直是一个巨大的谜团。

克罗托知道，星际尘埃是由恒星产生的，尤其是那些能产生碳的恒星，由此他想到了一个宽泛的问题，并以此为基础开展研究。

提出宽泛的问题。人类能否在地球上通过建立一个类恒星的环境，创造具有星际尘埃光谱模式的新型碳基材料？

阐明预期。克罗托当时正在莱斯大学拜访他的朋友兼同事柯尔，柯尔把克罗托介绍给了斯莫利。斯莫利的研究领域是运用激光脉冲汽化硅等材料，如图 0-4 所示。激光能量强大，足以将材料加热到 10 000℃以上，这比恒星表面的温度还要高。克罗托意识到，如果斯莫利能把激光聚焦在碳上，就有可能人为制造星际尘埃。但是，要利用斯莫利的技术，克罗托需要向斯莫利表明自己的设想。随后，为了获得资金资助，克罗托需要在资助申请上清楚地阐明自己的预期。

图 0-4　斯莫利的实验设备

注：此设备可以利用激光将待测材料汽化。与这间实验室相连的是一台名为质谱仪的仪器，它可以测量汽化分子的质量。

观察。斯莫利加入后，三人组成的研究团队预计，实验的主要产物是由很多个碳原子组成的长而大的分子。这种分子的确产生了，但他们没有想到，实验过程中还产生了大量小得多的分子，这类分子仅由 60 个碳原子组成。

确认结果。如果实验结果是真实的，那么它必须是可复现的。克罗托及其同事自然反复进行了实验，以确认生成的是由 60 个碳原子组成的分子。

　　聚焦研究重点。实验生成了非常多的 C_{60} 分子，这表明这些分子一定是稳定的。因为不稳定的分子结构容易断裂，因此很难在实验中观察到。这种稳定的分子有哪些特征呢？它会是一种此前未被发现的分子吗？它可能是星际尘埃的主要成分吗？这些问题促使研究团队将研究重点放在对这种特殊分子结构的研究上。

　　反思发现。怎样才能推断这种分子的特征呢？他们已知这种分子由 60 个碳原子组成，下一步就是使用分子模型来建立一种合理的分子结构。克罗托熟悉发明家兼建筑师巴克敏斯特·富勒（Buckminster Fuller）设计的网球格顶，克罗托认为，也许 C_{60} 分子看起来就像网球格顶。于是一天深夜，斯莫利拼出来了一个看起来像多面体的球体，如图 0-5 所示。

图 0-5　由 60 个碳原子组成的
球形结构

注：这种结构相当于由 20 个六边形和 12 个五边形组成的足球。

　　掌握已知信息。如果斯莫利推测的球形结构是正确的，那么研究团队就会意识到他们即将发现碳元素的第三种形式。因为当时碳元素只有两种已知的存在形式，即金刚石和石墨。

　　与他人交流看法。克罗托、斯莫利和柯尔很快就在《自然》杂志上发表了他们的研究成果，如图 0-6 所示。有了证明材料，他们便能宣称自己是这种新分子的发现者，并将其命名为巴克敏斯特富勒烯，以纪念建筑师富勒。但是大胆的观点需要有力的证据。很快，世界各地的研究团队都在想方设法找出该研究结果的纰漏。有团队认为，C_{60} 的出现仅仅是利用激光设备制造的人造物。在这种情况下，实验重复多少次并不重要，因为实验过程是有缺陷的。过程存在缺陷的一个很好例子是用已损坏的秤来称体重，无论称多少次，每次称出的体重都是错的。

图 0-6　克罗托等人在《自然》杂志上
发表的研究成果

注：克罗托及其同事在富有影响力的《自
然》杂志上发表了他们对富勒烯分子结
构的研究结果。该杂志在当期的封面上
展示了这种分子结构。

开展实验。克罗托、斯莫利和柯尔如何证明他们提出的分子结构是正确的？确定分子结构的常用方法是用巨大的能量轰击分子，使分子键断裂。通过研究分子碎片，科学家可以弄清楚其原始结构。这就如同工程师通过观察桥梁残骸可以弄清楚桥梁倒塌前的结构一样。克罗托等人通过这个过程了解了新分子的结构，实验结果与他们推测的分子具有球形结构一致，于是他们称它为巴基球。

提出具体问题。假设新分子的结构的确如他们所推测的那样，那么研究团队应该能够制造可观数量的这种材料。这样一来，他们就能够进行光谱测量，从而进一步证明这种结构，并判断它是否与星际尘埃有关。但是如果它是一种未知物质，他们就无法利用既定程序得到大量该物质。

克罗托、斯莫利和柯尔在接下来的几年内试图制造可观数量的巴基球，但并没有成功。

与他人交流。理论学家坚持不懈地计算这种分子的光谱模式。与这些计算相关的报告吸引了众多科学家的注意，如美国亚利桑那大学的唐·霍夫曼（Don Huffman）和德国马克斯 - 普朗克研究所的沃尔夫冈·克雷奇默（Wolfgang Kratschmer），如图 0-7 所示。这两位科学家进行了利用强电流在接近恒星表面高温的条件下点燃碳的实验。在此过程中，他们创造了一种物质，其光谱与计算出的富勒烯的光谱吻合。在一次科学会议上，他们宣布了研究过程，紧接着发表了一篇论文，描述了分离纯化巴基球的过程。经过纯化后，巴基球形成了美丽的红色晶体。

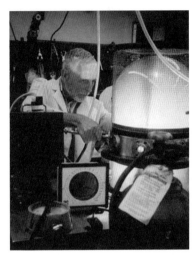

图 0-7　物理学家唐·霍夫曼（左）和沃尔夫冈·克雷奇默（右）

注：他们对星际尘埃的特征非常感兴趣。虽然他们没有受过专业化学家的训练，但对化学足够精通，能够制造大量巴基球。

反思发现。巴基球的光谱数据表明，它不是星际尘埃的主要成分，而是一种新型分子。不仅如此，事实证明巴基球只是现在被称为富勒烯的一类全新分子中的一种。

最值得注意的是被称为碳纳米管的富勒烯，碳纳米管是一种非常长的棒状分子，如图 0-8 所示。碳纳米管可用于制造轻质纤维，其韧性是任何已知材料的许多倍。这种纤维可用于制造防弹衣、钢筋混凝土和运动器材。碳纳米管可以导电，因此在电子领域有很好的应用前景，可用于制造太阳能电池、电子显示器、能量存储器，甚至机器人的人造肌肉。

碳纳米管还可以用于去除发电厂废气中的二氧化碳、淡化海水，或作为氢动力汽车中氢气的存储介质。这些只是富勒烯许多潜在应用中的一小部分。利用单个原子或分子设计材料的技术被称为纳米技术。

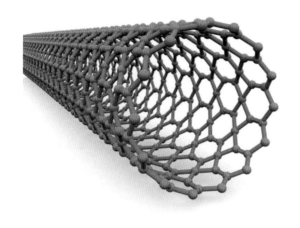

图 0-8 碳纳米管

注：碳纳米管最早于 20 世纪 90 年代初被发现。将碳纳米管嵌入塑料等轻型材料，可以大大提高材料的韧性。碳纳米管还可以导热、导电，适用于电子产品。碳纳米管不利的一面是，如果被人体吸入，可能会像石棉一样具有致癌风险。

技术应用：反哺还是反噬？

克罗托、斯莫利和柯尔在发现富勒烯的过程中发现了超强碳纳米管纤维。工程师可以通过科学发现发明新技术。例如，如前文所述，碳纳米管在某些领域有着广阔的应用前景。反过来，新技术可以帮助科学家进行科学研究。

计算机是科学家每天都会使用的技术产品。技术源于科学，但技术也推动了科学的进步，两者密切相关。但我们应该知道，技术是一把双刃剑。例如，人类掌握从地下提取化石燃料的技术以后，就能通过化石燃料的燃烧获得能量。这种技术以无数种方式造福人类社会。但是，燃烧化石燃料会危害环境。人们很容易将污染、资源枯竭甚至人口过剩等问题归咎于技术本身。然而，正如猎枪造成的伤害并不是猎枪本身的错一样，技术本身并没有错，技术的应用导致的问题应该由使用技术的人类负责。

值得注意的是，我们已经拥有许多解决环境问题和心理问题的技术。进入 21 世纪，我们看到人们正在推动从化石燃料向可持续能源的转变，例如通过开发光伏能源、水能、风能、太阳能和生物质转化等技术来发电。印刷本书需要的纸张源自树木，然而速生杂草将很快取代树木成为造纸材料。随着电子书的普及，人们对纸质书的需求也会减少，因此对造纸材料的需求也会逐渐减少。在世界上的某些地区，人口的快速增长趋势正在得到有效控制。因为，人口快速增长加剧了当今人类面临的几乎所有问题。

我们生活在一个资源有限的星球上，地球对人口的承载力是有限的。解决当今问题的最大障碍更多的是社会惰性，而不是技术的缺乏。技术是工具，如何使用这个工具取决于人类自己。技术的发展目标是为人类创造一个更清洁、更健康的世界。人类只有明智地应用技术才能创造一个更美好的世界。

技术带来了诸多好处，然而这些好处与风险并存。当人们认为一项技术创新的收益大于风险时，这项技术就会被人们接受，进而得到应用。例如，尽管 X 射线有可能导致癌症，但它仍被应用于医学诊断。但当人们认为某项技术的风险大于收益时，这项技术的应用范围就会大幅缩小，甚至得不到任何应用。不同群体对某项技术对应风险的承受能力可能不同。例如，对成年人来说，阿司匹林是有效的镇痛药，但它可能导致幼儿患上雷氏综合征这种致命的疾病。

将未经处理的污水直接排入河流的行为，给位于河流上游的城镇居民造成的危害可能不大，但会给河流下游城镇居民的健康造成显著危害。同样，将放射性废物埋入地下可能对今天的人影响很小，但如果这些放射性废物泄漏到地下水中，将会给我们的后代造成极大的危害。

技术为人类带来的利和弊经常会引发激烈的争论。哪些药物应该通过柜台向公众出售，应该贴上怎样的标签？食品是否应该进行辐照以杀灭细菌和病毒，从而避免每年导致 5 000 多名美国人死亡的食物中毒事件发生？在制定公共政策时，需要考虑所有社会成员面临的风险。

人们似乎很难接受零风险并不存在这一事实。不管你涂了多少防晒霜，去海滩都有患皮肤癌的风险。你无法避免接触放射物，因为它们自然存在于你呼吸的空气和你吃的食物中。然而，科学可以帮助你确定某些事物的相对风险。随着评估工具的技术发展，风险评估的准确性也在提高。此外，接受风险是一个社会问题。零风险是不存在的，一个不接受任何风险的社会也不会得到任何好处。

与每个人息息相关的化学

有直接测量和间接测量表明，自 19 世纪初开始，人类开始大规模燃烧以碳为主的燃料以来，大气层中的二氧化碳含量持续上升。然而，考虑到人类活动排放的二氧化碳量，你会发现，大气中的二氧化碳含量并没有像人们预期的那样快速上升。因此，科学家估计，人类活动产生的二氧化碳约有一半被海洋和植被吸收了。植被在进行光合作用时会吸收二氧化碳。

由于二氧化碳是一种升温效果显著的温室气体，人们推测，大气中二氧化碳含量的增加将导致全球平均气温的升高。全球平均气温的升高会改变地球的气候系统。一些人注意到了现代社会面临的诸多问题，例如，一些地区会变得更加湿润，而其他地区可能会变得干旱。只此一项变化就会给人类社会带来重大挑战。然而，人们面临的更大的恐惧是逐渐"失控"的气候变化。

气候变化一旦失控，全球气温将进一步升高，导致更多水蒸气进入大气圈，从而导致气温进一步升高。有人推测，在这种情况下，内陆冰盖将会融化。这将使海平面升高很多米，从而淹没海岸线，导致数十亿居住在那里的人流离失所。

但是，对未来的这份恐惧是建立在可靠证据基础之上的吗？科学家对人类排放二氧化碳导致全球气温升高的说法有多大把握？气温真的在持续上升吗？气候变化失控的风险是否足以警醒世人，通过改善能源基础设施等手段来应对这些挑战呢？这些都是公众关心的重要且合理的问题，也是企业高管以及决策制定者需要思考的问题。

在过去的一个多世纪里，人们变得非常擅长通过操纵原子和分子来制造满足自身需求的材料。然而，在保护环境方面我们却犯了错。我们将废物排入河流、埋在地下或排放到空气中，却不考虑这样做可能带来的长期后果。许多人认为地球如此之大，它的资源几乎是取之不尽的，它会吸收废物而不会受到严重损害。

现在大多数国家都认识到了这种态度的危险性。因此，政府机构、业界人士和注重环境保护的公民都参与了一系列保护环境的活动。例如，美国化学委员会（美国 90% 的化学品由该机构制造）开启了一项名为"责任关怀"（Responsible Care）的项目。通过这个项目，该组织的成员承诺在不危害环境的情况下生产化学品。"责任关怀"项目的标志如图 0-9 所示。通过合理使用，化学废物量可以降至最低，它们可以被回收利用、被加工成有用的产品，从而不危害环境。

图 0-9　"责任关怀"项目的标志

化学在许多重要的方面影响着我们的生活，并且在未来还会持续造成影响，图 0-10 展示了日常生活中常见的化学材料。因此，熟悉化学的基本概念与每个人的利益息息相关。

然而，科学家愿意说的话和公众想听的话往往并不一致。科学家可能会被要求给出一个定义性声明，比如"人类活动会导致全球气候变化"。然而，科学家知道，他们只能用概率来表达自己的观点，即使人类活动确实会导致全球气候变化，他们也要做出充分的解释，而不能只出一个结论。对科学家来说，世界绝不是非黑即白的。他们理解缓慢而谨慎的讨论的价值，他们需要的是可量化的数据而非逸闻。此外，他们懂得对自己的结论进行同行评审的价值所在。

用经过加工的
二氧化硅做成
的玻璃

经化学消毒
的饮用水

含咖啡因
的溶液

热固性
聚合物

存放在冰箱
里的处方药

不含氯氟烃
的冷冻液

化石燃料或
核电站提供
的电能

合金

烘焙含有碳水
化合物、脂肪、
蛋白质和维生
素的食物

含有有气味
的硫化物的
天然气

使用了化肥
的蔬菜

图 0-10　日常生活中随处可见的化学材料

　　然而，对于那些寻求明确的非黑即白结论的人，最容易的办法是停止与他们争论，因为他们只希望你能给出最符合其个人世界观的单一数据解释。例如，你可以想一想，与一个最高海拔只有 10 米的岛国的总统相比，石油企业的一位高管可能愿意接受什么样的结论。保持客观性是很难的，对科学家来说也是如此。但是客观性可以作为评判某个人是否可以称为真正的科学家的标准：真正的科学家采用以客观性为前提的科学研究方法。

　　通过学习化学知识，你将有能力了解化学的许多方面。例如，水具有惊人的吸热能力，因为组成每个水分子的原子就是通过吸热结合在一起的。此外，二氧化碳不仅仅是一种温室气体，它还会与雨水反应生成碳酸，从而降低呈碱性的海水的 pH 值。化石燃料对我们来说很有价值，因为它们富含能量，但相比之下，替代能源具有更多优势。

　　化学不是政治，而是一门科学。然而，人们对这门科学的利用方式可能会造成可怕的后果，比如导致海平面上升。因此，我们比以往任何时候都更需要科学家与公众之间的坦诚对话。了解更多化学知识正是朝着这个方向迈出的非常积极的一步。

CONCEPTUAL
CHEMISTRY

01

物质粒子如何参与人类生活?

妙趣横生的化学课堂

- 为什么不接触玫瑰花也能闻到花香？

- 为什么金条在月球上更轻？

- 为什么电线在夏天比在冬天更长？

- 如何在微观世界中区分固体、液体和气体？

- 为什么潜水员不能在深海直接呼吸空气？

　　船底座伊塔星是银河系中一个由超巨星组成的双星系统，距离地球约7 500光年。在这个天体系统内，我们可以看到明显的爆发性涡流，这说明很有可能在接下来的100万年内形成超新星。在这种爆炸的恒星中产生的原子将被喷射到宇宙中，在那里，它们最终会由于引力而重新结合，形成新的恒星系统。令人惊讶的是，地球上的原子也是很久以前恒星爆炸的残留物，原来人类实际上是由星尘组成的。

　　氢原子是目前已知最轻的原子，在已知的宇宙中，它们的数量占原子总数的90%以上。氢原子的起源可以追溯到宇宙的诞生，那些较重的原子是在恒星中产生的，而恒星是由被引力聚集在一起的大量氢原子组成的。来自恒星内部的巨大压力使氢原子融合在一起，形成更重的原子。除氢原子以外，地球上自然存在的原子，包括人体内的原子，几乎全是恒星的产物。这些原子中的一小部分来自我们最熟悉的恒星——太阳，而大部分来自远在太阳系形成之前就已经存在很久的恒星。所以，人类真的是由星尘组成的。

　　物质由被称为原子的微小粒子组成。原子太小了，人类的眼睛无法直接看到它们。那么，我们怎么知道它们存在呢?

　　通过本章内容，你将了解原子的发现史，了解科学家认知原子的整个过程，并深入探索原子是如何决定物体的质量、温度以及固体、液体和气体的性质的。

Q1 为什么不接触玫瑰花也能闻到花香？

要想解答这个问题，你可以先动手做个小实验。

第一步，将 5 毫升水倒入一个气球，将气球充气到最大程度，然后系好气球。

第二步，在 5 毫升水中加入几滴香味剂，使用滴管将混合溶液滴入第二个气球，这是为了防止混合溶液溅到气球外面。把第二个气球充气到第一个气球的大小，然后将它系好。

第三步，将两个气球展示给没有看见以上过程的人，问他哪个气球里含有香味剂。

事实上，这个人不用把鼻子贴在气球上，就能闻出哪个气球里含有香味剂。难道香味会穿过橡胶气球的表皮吗？没错，香味会穿过气球表皮，穿过空气，进入你的鼻子。

橡胶气球的表皮由含有微小分子的微孔组成，香味想要"乘虚而出"，必须拥有比这些微孔更小的"身材"。这和科学已经证实的观点吻合，那就是：物质是由被称为原子的超小粒子组成的。

在人类所有的发现中，原子可以说是最伟大、最深刻的发现之一。

公元前 4 世纪，影响深远的古希腊哲学家亚里士多德用图 1–1 所示的 4 种基本性质——热、干、冷、湿描述了物质的组成和特性。亚里士多德的模型在当时是一项了不起的成就，当时的人们认为它非常有意义。例如，当制作陶器时，湿黏土会变成陶瓷，人们认为这是因为火的热性质会驱散湿黏土的湿性质，并使陶瓷的干性质取而代之。

当时还出现了另外一种观点，今天的原子模型就是在这种观点的基础上形成的，该观点认为：物质由数量非常有限、非常小且离散的单位组成，这个单位就是原子。原子模型观点由几位哲学家提出，其中包括德谟克里特，他根据希腊短语 a tomos 创造了 atom（原子）一词，意思是"不可切分的"或"不可分割的"，如图 1-2 所示。然而，在当时，不是显而易见的观点就很难被大众接受，而且亚里士多德的理论已经深入人心，因此德谟克里特的原子模型没有引起人们的重视。此后，这个模型沉寂了 2 000 多年。

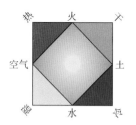

图 1-1 亚里士多德的模型

注：亚里士多德认为，所有物质都是由热、干、冷、湿这 4 种基本性质按不同比例构成的。他将这些性质进行组合，产生了 4 种基本元素：热和干产生火，湿和冷产生水，热和湿产生空气，干和冷产生土壤。例如，他认为像岩石这样的硬物质主要含有干性质，像黏土这样的软物质则含有更多湿性质。

根据亚里士多德的观点，从理论上讲，只要改变 4 种基本性质的比例，任何一种物质都可以转化为另一种物质。这意味着，在适当的条件下，铅等金属可以转化为黄金，这一概念奠定了炼金术的基础。炼金术是一种专门研究如何制造黄金或使人长生不老的药剂的技术。

图 1-2 德谟克里特的原子模型

注：在德谟克里特的原子模型中，铁原子的形状像线圈，这使铁变得坚硬、牢固，并且具有延展性；而火原子锋利、重量轻，并且呈黄色。

从亚里士多德时代到 17 世纪，炼金术士试图将各种金属转化成黄金，但他们最终都徒劳无功。尽管没有炼出黄金，但他们对许多化学物质的性质有了深入的了解，并开发了许多有用的实验室技术。

随着现代科学的出现，亚里士多德关于物质本质的观点受到了质疑。例如，18 世纪末，法国化学家拉瓦锡通过实验验证了质量守恒定律。这条可证实的定律与亚里士多德"当物质的热、干、冷、湿的性质发生变化时会损失或获得质量"的观点背道而驰。拉瓦锡进一步假设，元素是由一种不能分解成任何其他物质的基本物质构成的。通过实验，他能够将水转化为两种不同的物质——氢气和氧气。根据拉瓦锡的假设，亚里士多德认为水是一种元素的观点是错误的。

图 1-3　道尔顿

拉瓦锡等人的实验工作使英国化学家约翰·道尔顿（John Dalton）重新注意到德谟克里特的原子模型。道尔顿，如图 1-3 所示，根据实验证据写下了一系列他认为真实的假设，其中一些假设如下：

- 每种元素都是由被称为原子的不可分割的微小粒子组成的。
- 原子在化学反应中既不能被创造，也不能被消灭。
- 某一特定元素的所有原子都是相同的。
- 不同元素的原子质量不同。

这些微小的原子无法被人看见，但这无关紧要。重要的是，道尔顿的原子模型能够解释当时已知的许多化学反应。使用亚里士多德模型的炼金术士失败了，使用道尔顿的原子模型的化学家成功了，虽然没能制造出黄金，但是他们理解和控制了无数化学反应的结果。

1869 年，俄国化学家门捷列夫，如图 1-4 所示，为他的学生绘制了一张总结了已知元素性质的图表。门捷列夫的图表的独特之处在于它很像日历，元素按质量增加的顺序排列在行中，第一行包含最轻的元素，第二行包含比第一行重的元素，以此类推。按日历上天数的排列方式将元素上下对齐排列后就会发现，在同一列中的元素具有相似的属性，如化学反应性质。然而，遵循这个排列方式，门捷列夫不得不偶尔将一些元素向左或向右移动，这就留下了很多间隙——任何已知元素都无法填补的空白，如图 1-5 所示。门捷列夫没有把这些间隙看作缺陷，而是大胆地预言了存在尚未被发现的元素。他对某些缺失元素的性质的预测最终促成了这些元素的发现。

图 1-4　门捷列夫

注：门捷列夫是一位敬业且高效的教师，很受学生崇拜。学生们会挤在教室里听他上化学课。元素周期表的大部分工作都是他利用课余时间完成的。门捷列夫不仅在大学里教书，而且在所到的一切地方教书。在乘火车旅行期间，他都会专门乘坐三等舱，以便与农民分享他在农业上的发现。

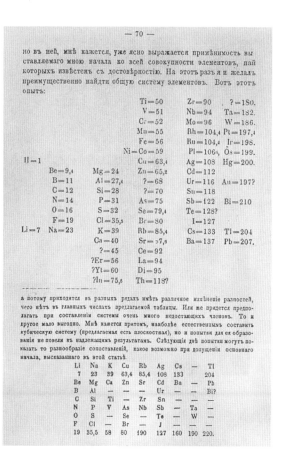

图 1-5　门捷列夫元素周期表的草稿

门捷列夫能够预测新元素的性质，这有助于说服许多科学家相信道尔顿的原子模型的准确性。门捷列夫的元素周期表是在道尔顿的原子模型的基础上提出的，而这又反过来促使道尔顿的原子模型从一个假设变成了一个被广泛接受的理论。在门捷列夫的图表的基础上最终诞生了现代元素周期表。

自拉瓦锡、道尔顿和门捷列夫时代以来，人们对原子的理解有了实质性的发展。人们虽然还没有实现炼金术士长生不老的梦想，但已经学会了如何研制治疗多种疾病的药物，如何利用原油制造燃料、塑料和衣服，以及如何利用稀薄的空气生产肥料。事实上，现代社会的方方面面都已经并将继续受到"通过掌控原子来满足人类自身需求"的能力的影响。

> ○ 趣味课堂 ●
>
> **金原子有多大？**
>
> 　　有些原子看起来比其他原子大，其实它们都非常小。例如，金原子非常小，小到这句话末尾的句号里可以装下约 4 000 000 000 000 000（4×10^{15}）个金原子。

今天，人们已经掌握了捕捉单个原子图像的技术，如图 1–6 所示。原子虽小，但人们对其已非常了解。例如，人们知道有 100 多种不同类别的原子，并且已经把它们排列在元素周期表中。一些原子会结合在一起，形成更大（但仍然非常小）的物质单位，被称为分子。

图 1–6　捕捉单个原子图像

注：图（a），扫描探针显微镜是用于创建亚微观图像的相对简单的设备。图（b），镓和砷原子的图像。图（c），这张世界上最小的地图上的每个点都可以装下几千个金原子，每个点都是通过扫描探针显微镜被移动到适当位置的。

又如，人们知道2个氢原子和1个氧原子结合在一起，形成1个水分子（H_2O），如图1-7所示。水分子如此之小，小到一杯230毫升的水中就含有大约7万亿万亿个水分子，用科学记数法表示就是 7×10^{24} 个。

氧原子

氢原子

水分子

图1-7 原子和分子都是物质的基本组成单位

我们生活的世界可以在不同程度上被放大研究，如图1-8所示。在宏观层面，物质大到足以被观察、测量或处理。一把沙子和一杯水是宏观的物质样本。在微观层面，物质的结构非常精细，只有用显微镜才能看到。

从远处看，沙丘似乎是由光滑、连续的物质构成的。然而，近距离观察，可以发现沙丘是由细小的沙粒构成的。同样，我们周围的一切无论看起来多么光滑，都是由非常小的基本单位，即原子组成的。然而，原子是如此之小，一粒沙子中就含有大约 125 000 000 000 000 000 000 个原子。使用科学记数法，这个庞大的数字可以被写成 1.25×10^{20}。有趣的是，一粒沙子中的原子数量大约是图1-7所示沙丘中沙粒数量的25万倍。

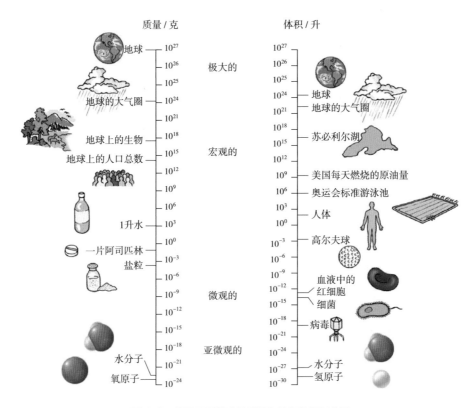

图 1-8　从原子到地球的质量和体积的级别范围

　　生物细胞也是微观的，在电子显微镜下，我们可以进入微观世界，看清蜻蜓翅膀上的纹路。在微观水平之下是亚微观，这是原子和分子的领域，也是化学研究的一个重要方向。

Q2 为什么金条在月球上更轻？

　　很多人认为，质量就是重量，真的是这样吗？事实上，质量为 1 千克的金条，无论是在地球、月球上，还是在太空中失重时，其质量都是 1 千克。但是，金条在月球上的重量却比在地球上要轻。接下来，你将深入了解质量为何与重量不同。

描述一个物体时，我们可以使用它的任何一种属性，其中最基本的属性是质量。质量用于衡量一个物体包含的物质数量。物体的质量越大，其包含的物质数量就越多。例如，一根金条的质量是另一根金条质量的 2 倍，那前者所含的金原子数量也是另一根金条的 2 倍。

质量也是量度物体惯性的物理量。惯性是指在外力作用下，物体维持原有状态的倾向。例如，因为一辆水泥搅拌车有很大的质量（惯性），所以它需要一个强大的发动机提供动力才能够行驶，也需要一个更强大的制动器才能停下来。

质量的标准单位是千克，图 1-9 显示了用于精准确定千克的国际标准的铂铱圆柱体仿制品。一个中等身材的成年男性体重约为 70 千克。较小的量，可以用克作为单位。更小的量，可以使用毫克（1 000 毫克 =1 克）。

图 1-9　铂铱圆柱体仿制品

注：千克的国际标准是由保存在法国塞夫尔国际计量局中的铂铱圆柱体的质量定义的。该铂铱圆柱体用气缸罩住，每年仅打开一次，以便将其与仿制品进行比较。此图所示为位于美国华盛顿特区国家标准与技术研究所的铂铱圆柱体仿制品。

由于质量仅是物体中物质数量的一个量度单位，其作用是表示物体中含有多少原子，因此物体的质量无论位于何处都是不变的。重量则更为复杂，根据定义，重量是附近质量最大的物体（如地球）施加在被测量物体上的引力。因此，被测量物体的重量取决于它的位置。如图 1-10 所示，一根金条在月球上的重量比在地球上要轻，这是因为月球的质量比地球小得多，因此月球对金条施加的引力就小得多。在木星上，金条会比在地球上重，这是因为木星这颗巨大的行星对金条施加了更大的引力。

图 1-10　质量为 1 千克的金条在不同的地方重量不同

注：图（a），一根质量为 1 千克的金条放在地球上，其重量为 1 千克。图（b），在月球上，同样的金条重量约为 0.17 千克。图（c），在远离任何行星的太空深处，金条的重量为 0，但其质量仍为 1 千克。

因为质量与位置无关，所以在科学实践中习惯用质量而不是重量来衡量物体。本书将遵循这一惯例，以千克、克和毫克来表示物质的质量。

一个物体占据的空间就是它的体积。体积的国际标准单位是升。1 升是指 10 厘米 × 10 厘米 × 10 厘米的立方体对应的空间容积，也就是 1 000 立方厘米。体积的较小单位是毫升，也就是 1×10^{-3} 升，或 1 立方厘米。

测量不规则物体体积的一种简便方法如图 1-11 所示，这时的排水量等于该物体的体积。

图 1-11　用排水量（容积）来测量物体的体积

注：无论一个物体的形状如何，其体积都可以通过排水量来测量。当这块岩石浸入水中时，水位上升的部分就等于岩石的体积。在这个示例中，岩石的体积约为 10 毫升。

○ 趣味课堂 ●

月球上有引力吗？

当然有！月球对其表面附近的任何物体都施加向下的引力，宇航员能够在月球上着陆和行走就证明了这一点。图 1-12 是美国国家航空航天局公布的一张照片，它显示了一名宇航员在月球表面跳跃。如果月球上没有引力，那么这将是他的最后一跃，因为他会跳入太空，永远不会落下来了。

图 1-12　一名宇航员在月球表面跳跃

物体单位体积的质量就是这个物体的密度。密度是衡量物体的紧实度的，代表一定质量的物质被挤压到给定体积后的紧密程度。一块铅的质量比一块同样体积的铝的质量要大得多，因此铅的密度比铝的密度更大。密度体现了体积相同的物体是轻还是重，如图 1-13 所示。

图 1-13　密度体现了体积相同的物体是轻还是重

注：一块铅的质量远远大于一块同样体积的铝的质量，因此铅的重量更重，也更难以举起。

除了克和毫升，其他质量和体积单位也可用来计算密度。例如，气体的密度很低，通常以升为单位进行计算。当然，在所有情况下，密度的单位都是质量单位除以体积单位。

表 1-1 展示了一些物体的密度。请你想一想，1 升水和 1 升水银，哪一个更难收集呢？

表 1-1　一些物体的密度

物体形态	物体	密度 /（克 / 毫升）	密度 /（克 / 升）
固体	锇	22.5	22 500
	金	19.3	19 300
	铅	11.3	11 300
	铜	8.92	8 920
	铁	7.86	7 860
	锌	7.14	7 140
	铝	2.70	2 700
	冰	0.92	920
	汞	13.6	13 600
液体	海水	1.03	1 030
	4℃淡水	1.00	1 000
	乙醇	0.81	810
气体	0℃氧气	0.001 43	1.43
	0℃空气	0.001 29	1.29
	20℃空气	0.001 21	1.21
	0℃氦气	0.000 178	0.178

注：所有值均在海平面气压下测量。

气体的密度比固体和液体的密度更易受压力和温度的影响。随着压力的增加，气体分子被挤压得更紧密，这使得其在质量不变的情况下体积更小，因此密度更大。例如，潜水员身上的呼吸罐中的空气密度远远大于标准大气压下的空气密度。随着温度的升高，气体分子移动得更快，因此有向外释放的趋势，从而占据更大的体积。因此，热空气的密度低于周围冷空气的密度，这就是热气球会升空的原因。图 1-14 中的热气球可以带着乘客飞行。

图 1-14　上升的热气球

Q3 为什么电线在夏天比在冬天更长?

你可能已经注意到，天气炎热时，悬挂在户外的电线会下垂，好像显得比天气寒冷时要长。事实确实是这样的。那么，是什么原因导致电线长度发生了变化呢？

要想解答电线长度发生变化的问题，还要回到原子层面：天气炎热时，金属丝中的原子运动得更快，导致电线膨胀；天气寒冷时，这些原子运动得更慢，导致电线收缩。

构成物质的原子和分子在不断地运动，它们在一个位置来回摆动，或从一个位置弹跳到另一个位置。这些原子和分子因为运动而具有了动能。要想了解动能的产生原因和影响，首先要了解能量的概念。

能量的概念是抽象的，因此不像质量和体积的概念那样容易定义。能量的一个定义是物体做功的能力，如果一个物体有能量，它可以对另一个物体做功——

施加一个力，移动另一个物体。因此，我们不能直接观察到能量，只能看到它的影响。

物体可以因其位置而储存能量，这种能量被称为势能，这种物体则具有做功的"潜能"。图 1-15a 所示的一块悬崖边缘的巨石由于重力而具有势能，图 1-15b 所示的静止的箭由于弓的张力而具有势能。物体的势能随着作用力的距离而增加。巨石的位置越高，它具有的势能就越大。同样，拉满弓的箭比拉到一半的箭有更大的势能。

（a）　　　　　　　　（b）

图 1-15　物体具有势能

注：图（a），当巨石升高时，其势能也变大，当巨石下落时，势能转化为动能。图（b），当拉弓时，大量的势能会转化为箭射出时的动能。

动能是运动的能量。落石和飞箭都具有动能，物体运动得越快，它的动能就越大，它对目标所能做的功也就越多。例如，箭飞得越快，对目标的杀伤力就越大，这一点可以从更深的穿透力得到证明。

物质具有所谓的化学势能，这是储存在原子和分子中的能量。任何可以燃烧的物质都有化学势能。例如，图 1-16 中的爆竹具有化学势能，当爆竹被点燃时，这种能量便得以释放。在爆炸的过程中，一些化学势能转化为飞行粒子的动能。化学势能也可以转化为光和热，后文将探讨能量与化学反应之间的关系。

国际单位制的能量单位是焦耳，它大约是蜡烛燃烧一瞬间所释放的能量。一个常用的能量单位是卡。根据定义，1 卡是将 1 克水的温度升高 1℃所需的能量。

1 大卡等于 1 千卡，即 1 000 卡，而 1 卡等于 4.19 焦耳。由此可知，1 焦耳大约是 1/4 卡。

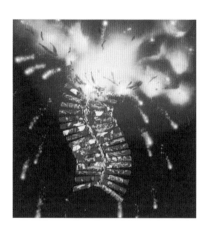

图 1-16　爆竹具有化学势能

注：爆竹是具有化学势能的固体混合物，当爆竹爆炸时，固体混合物发生反应，形成向外喷射的气体，它也因此具有了很大的动能，光和热（两者都是能量形式）也随之产生了。

人们常使用大卡来衡量食物的能量含量。图 1-17 中的糖果能够为食用者提供 230 大卡的能量。

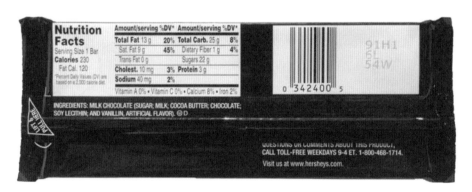

图 1-17　这块糖果能提供 230 大卡的能量

注：如果这块糖果的能量（230 大卡）通过燃烧释放出来，足以使 230 千克的水温度升高 1℃。

现在，我们已经了解了"动能是什么"，接下来让我们来看看"动能会如何影响温度"。

物体的平均动能与我们能直观感受到的一种特性有关，那就是物体有多热。

当某个物体变得更热时，其亚微观结构上的粒子的动能就会增加。

例如，用锤子敲击一枚硬币，硬币就会变热，因为锤子的敲击会使硬币上的原子碰撞得更快，从而增加了它们的动能。同理，锤子也会变热。将液体放在火焰上，液体会变得更热，因为火焰的能量会使液体中的粒子移动得更快，使其动能增加。例如，在图 1-18 中，热咖啡中的分子比冷咖啡中的分子移动得更快。

温度告诉我们一个物体相对于某个标准的冷热。可以用一个数字来表示温度，这个数字对应选定尺度上的热的程度。正如图 1-19 所示，仅触摸一个物体当然不是测量其温度的好方法。因此，为了测量温度，我们利用了这样一个事实，即几乎所有物质在温度升高时膨胀，在温度降低时收缩。随着温度的升高，粒子移动得更快。通常来说，粒子之间的距离变大，物质就会膨胀。随着温度的降低，粒子移动得更慢。通常来说，物质收缩时，粒子之间的距离更近。我们可以利用物质的这一特性,通过液体(通常是水银或有色酒精)的膨胀和收缩来测量其温度。

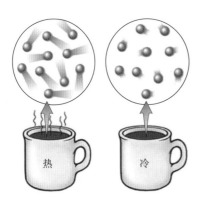

图 1-18　热咖啡和冷咖啡的区别在于
　　　　分子的平均移动速度

注：在热咖啡中，分子的平均移动速度
比在冷咖啡中快，这从热咖啡分子的"运
动轨迹"就能看出来。

图 1-19　通过触摸来测量物体的
　　　　温度是不准确的

我们能相信自己对冷热的感觉吗？将两个手指伸进不同温度的水中，能感受到水的准确温度吗？你自己试一试，就会明白为什么要用温度计来测量温度了。

3 种温度标度的由来

世界上最常用的温度计是摄氏温度计，这是为了纪念瑞典天文学家安德斯·摄尔修斯（Anders Celsius），他首次提出从淡水冰点到熔点之间的 100 度刻度。在摄氏温度计

中，数字 0 代表纯水在标准大气压下结冰的温度，数字 100 代表纯水沸腾的温度，这两点之间的 100 等分被称为度。

在美国，人们常用的还有华氏温度计，这种温度计以其创始人德国科学家 G. D. 华伦海特（G. D. Fahrenheit）的名字命名，他选择用 0 表示一种含有等量的雪和盐混合物的温度，用 100 表示一个人的体温。由于这些参考点不可靠，后来，人们对华氏温标做了修改：将纯水的冰点定为 32 ℉，纯水的沸点定为 212 ℉。使用此重新校准的温标，经口腔测量的人体平均体温约为 98.6 ℉。

最受科学家青睐的温标是开尔文温标（简称开氏温标），它以英国物理学家开尔文勋爵（Lord Kelvin）的名字命名。这个温标不是根据水的冰点和沸点来校准的，而是依据原子和分子的运动来校准的。在开氏温标下，0 是原子或分子不运动时的温度。这是一个被称为绝对零度的理论极限，在这个温度下，物质的粒子绝对没有动能。绝对零度相当于 –459.67 ℉ 或 –273.15 ℃。在开氏温标下，这个温度就是 0K，读作"0 开尔文"或"0 开"。开氏温标下的刻度和摄氏温标下的刻度相隔的距离相同，因此冰水的温度是 273K。请注意，开氏温标中不使用"度"这个词，因此说"273 度开尔文"是不对的，正确的说法是"273 开尔文"。图 1–20 对 3 种温标进行了比较。

> **趣味课堂**
>
> **是我们拥有原子，还是原子拥有我们？**
>
> 大多数原子都是古老的，它们的存在时间久远到无法估计。它们以各种形式在宇宙中循环，既有非生命的形式，也有生命的形式。在这个意义上，你并不"拥有"组成你身体的原子，你只是它们现在的使用者，它们在过去和未来会有很多使用者。

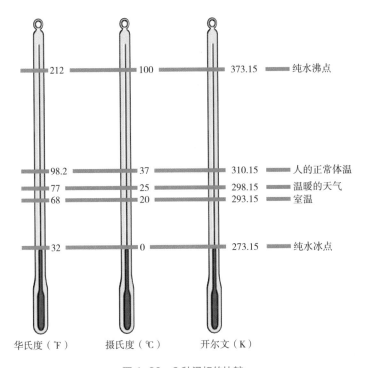

图 1-20 3 种温标的比较

注：一些我们熟悉的温度是用华氏度、摄氏度和开尔文来测量的。

　　温度是一种物质的平均能量，而不是总能量，理解这一点很重要。图 1-21 所示的一整个游泳池沸水的总能量远远大于一水杯沸水的总能量，尽管两者的温度相同。把游泳池的水加热到 100℃，你的电费账单就能证明这一点。尽管游泳池中水的总能量比杯子里水的能量大得多，但两种水中的平均分子运动是相同的。游泳池里的水分子和杯子里的水分子的平均移动速度一样快，唯一的区别是游泳池里含有更多水分子，因此总能量更大。

　　热量是从温度较高的物体流向温度较低的物体的能量。如果我们触摸一个热的炉子，热量会传到手上，因为炉子的温度高于手的温度。当我们触摸一块冰时，热量会从手上传进冰里，因为冰的温度低于手的温度。从人体的角度来看，如果我们吸收热量，就会感到温暖；如果我们失去热量，就会感到寒冷。当我们用手触摸一位生病发烧的朋友的额头时，可以问他感觉到手是热的还是冷的。

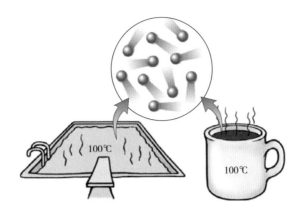

图 1-21　一整池沸水的总能量远远大于一杯沸水的总能量

注：同一温度下的水具有相同的平均分子动能，然而总能量取决于有多少水。一游泳池沸水的总能量比一杯沸水的总能量大得多，尽管相同的温度使它们具有相同的平均分子动能。想象一下，把游泳池里的水加热到 100℃ 后，你的电费账单会是什么样子。

温度是绝对的，而冷和热是相对的。一般来说，两个相互接触的物体之间的温差越大，热量流动的速率就越大。这就是为什么当我们不小心摸到一个热的炉子时，受到的烫伤比摸到一个温暖的炉子要严重得多。热量是能量的一种形式，热量的单位也是焦耳。

Q4　如何在微观世界中区分固体、液体和气体？

当需要描述一种物质时，最常用的方式是通过该物质的物理状态来描述。物质的物理状态可能是固体、液体或气体这 3 种状态中的一种。当物质处于这 3 种状态时，不论从宏观层面还是从微观层面来看，它们的性状都是完全不一样的。

宏观层面的固体、液体和气体

固体（如岩石）会占据恒定的空间，在受到压力时不容易变形。换句话说，固体既有一定的体积，又有一定的形状。液体也会占据一定的空间，因为它有一定的体积，但它的形状很容易改变。例如，1升牛奶可能是纸盒的形状，也可能是水坑的形状，在这两种情况下，其体积是相同的。

气体是扩散的，既没有一定的体积，也没有一定的形状。气体的形状和体积由容纳它的容器决定。例如，气体既可以是玩具气球的体积和形状，也可以是自行车轮胎的体积和形状。当一种气体从容器中被释放出来时，它会扩散到大气中。大气是各种气体的集合，它由于地球引力的作用才存在于我们生活的星球上。

亚微观层面的固体、液体和气体

在亚微观层面，固体、液体和气体是由粒子（原子或分子）之间的相互作用程度来区分的。在图 1-22a 所示的固体物质中，粒子之间的引力足够强大，可以将所有粒子以某种固定的三维结构固定在一起。粒子可以围绕固定的位置振动，但不能相互移动。加热会导致振动加强，到了一定的温度，振动的速度将快到足以破坏固定的粒子结构。这些粒子可以滚动，就像装在袋子里的一堆弹珠那样，如图 1-22b 所示。正是粒子的滚动使液体能够流动，并能根据容器的形状改变自身的形状。

如果进一步加热，液体中粒子的移动速度会进一步加快，导致它们之间的吸引力无法再将它们结合在一起，这时粒子将分离，形成气体。气体的粒子以平均 500 米 / 秒的速度移动，彼此之间的距离很大，如图 1-22c 所示。因此，气体比固体或液体的体积大得多。向气体施加压力，可以将气体粒子挤压得更紧密，从而减小其体积。例如，我们可以将足够潜水员呼吸好几分钟的空气压缩到一个小小的空气罐中，这样潜水员就可以将它背在背上潜水。

虽然气体粒子在高速运动，但它们从房间的一侧移动到另一侧的速度相对较慢。这是因为气体粒子在不断地相互碰撞，它们最终的路径是曲折的。试着回想一下，当家里人打开烤箱门后，你需要多长时间才能闻到食物的香气？当带有芳香物质的气体粒子从烤箱中逸出后，到它进入位于隔壁房间的人的鼻腔之前，这期间有一个明显的时间差，如图 1-23 所示。

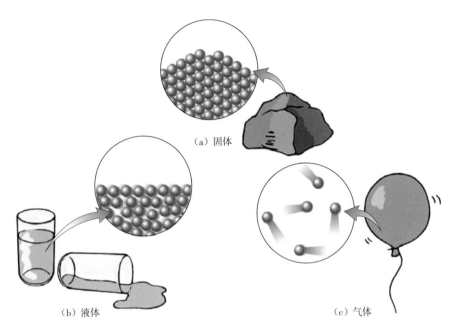

（a）固体

（b）液体

（c）气体

图 1-22　固体、液体和气体的相似特性

注：图（a），固体粒子围绕固定位置振动。图（b），液体粒子彼此滑动。图（c），快速移动的气体粒子之间的距离非常大。

图 1-23　香气的传递需要一定的时间

注：在从 A 点移动到 B 点的过程中，由于与其他气体粒子的无数次碰撞（大约每秒 80 亿次），因此一个气体粒子只能以曲折的路径移动，这里显示的方向变化只代表了其中的少数几次碰撞。尽管气体粒子以非常高的速度运动，但大量的碰撞导致它需要花费相对较长的时间才能穿越遥远的距离。

物质的状态变化

如果想改变物质的物理状态，就必须为物质增加热量，或者从物质中减少热量，如图 1-24 所示。固体转变为液体的过程叫作融化。想象一下，你和一群人手牵着手，然后每个人开始随机地跳跃。你跳得越猛烈，就越难抓住对方。如果每个人都跳得足够猛烈，那么想一直保持拉住对方是不可能的。当固体受热时，粒子会发生类似的情况，粒子的振动越来越剧烈。如果增加足够的热量，粒子之间的吸引力就不足以将它们固定在一起，这时固体便会融化。

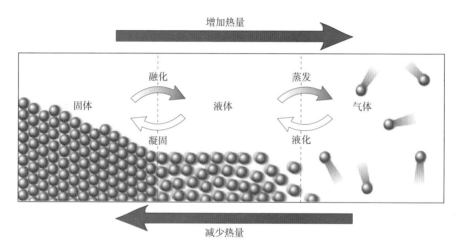

图 1-24　改变物质的状态

注：融化和蒸发对应热量的增加，凝固和液化对应热量的减少。

液体可以通过降温变成固体，这个过程被称为凝固。当液体的热量减少时，粒子运动减弱，当粒子运动的平均速度足够慢时，它们之间的吸引力足以牢牢抓住对方。这时，这些粒子唯一能做的运动是在固定位置附近振动，这意味着液体已经凝固了。凝固是融化的逆过程，这一点将在后文进一步讨论。使物质凝固或融化的温度是相同的，对于纯水，这个温度是 0℃。

液体可以通过加热变成气体，这个过程被称为蒸发。随着热量的增加，液体中的粒子将获得更多动能，从而移动得更快。液体表面的粒子最终将获得足够多的能量，使其脱离液体表面并进入空气中。换句话说，它们将变成气体。随着这一过程的继续，越来越多的粒子吸收了足够的热量，从液体表面逃逸，成为气体。因为气体是蒸发产生的，所以这种物理状态也被称为蒸汽。例如，气态的水也被称为水蒸气。

液体蒸发的速度随温度升高而增加。例如，一摊水在热的路面上的蒸发速度比在凉爽的厨房地板上的蒸发速度快。当温度足够高时，液体表面以下的粒子就会蒸发，从而形成气泡并浮在液体表面，这就是常见的液体沸腾现象。使物质沸腾的温度被称为其沸点，在海平面上，淡水的沸点是100℃。

物质从气体到液体的转变过程被称为液化，这一过程是蒸发的逆过程。当气体温度降低时，便会产生液化现象。例如，白天温暖的空气中的水蒸气在夜晚凉爽时会液化形成潮湿的露珠。

Q5 为什么潜水员不能在深海直接呼吸空气？

当你潜入深海时，如果让你衔住一根通到海面上的长长的管子，你能通过这根管子呼吸吗？答案是不能。

这是因为上方的水的重量挤压着你，这些水很重，使你的肺无法扩张。实际上，在水下的潜水员呼吸的是压缩空气，压缩空气的压力抵消了水的压力，因此潜水员能够正常呼吸。当潜水员上升到水面时，水压下降，按照玻意耳定律，他肺中的压缩空气会膨胀，这可能导致其肺部爆裂。所以，潜水的第一课就会强调不要在上升时屏住呼吸，因为这样做的后果可能是致命的。

17—19世纪的科学家们研究了气体的压力、体积和温度之间的关系，他们将观察结果总结为一系列以他们的名字命名的定律。这些定律帮助我们理解气体的活动，其中也包括我们呼吸的空气。

玻意耳定律：压强和体积

以汽车的充气轮胎为例，在轮胎内部，空气分子就像无数个小乒乓球一样在不停地乱窜。它们不断地撞击轮胎内壁，对轮胎内壁的撞击会产生一种抖动的力，可以粗略地认为这是一种稳定向外的推力。把这个推力平均到单位面积上，就得到了封闭空气的压强。

假设温度保持不变，将两倍的气体分子泵入相同的体积，如图 1-25 所示，那么气体的密度（也就是同一体积中的分子数）变为原来的 2 倍。如果气体分子以相同的平均动能运动，或者换句话说，如果它们的温度相同，那么在近似情况下，碰撞的次数会增加 1 倍，这意味着压强也会增加 1 倍。

我们还可以把气体的体积压缩到原来的一半，这将使气体的密度增加 1 倍。图 1-26 是一个带有可移动活塞的气缸，如果向下推动活塞，使气体的体积变为原来的一半，气体分子的密度就会增加 1 倍，压强也会相应地增加 1 倍。一般来说，体积的减小意味着压强的增大（因为气体密度变大），而体积的增大则意味着压强的减小，因为气体密度变小了。

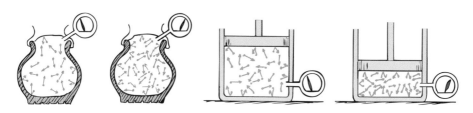

图 1-25　当同一体积内的气体密度增　　图 1-26　当气体体积减小时，密度
加 1 倍时，压强也增加 1 倍　　　　　　　　和压强就会增大

请注意，在上面的例子中，体积（V）和压强（p）是成反比的——一个变大，另一个就变小。这种关系可以表示为：

$$V \propto \frac{1}{p}$$

上式被称为玻意耳定律，是以 17 世纪首次提出这种关系的科学家罗伯特·玻意耳（Robert Boyle）的名字命名的。玻意耳发现，气体的体积减小，压强就会增加，气体的体积增大，压强就会减小。同样，压强增加会导致体积减小，而压强减小会导致体积增大。请注意，玻意耳定律仅在假设温度和气体分子的数量保持不变的情况下成立。

查理定律：体积和温度

18 世纪，法国科学家、勇敢的热气球飞行员雅克·查理（Jacques Charles）发现了气体的体积与恒压条件下的温度之间的直接关系。查理指出，气体的体积随着温度的升高而增大，同样，气体的体积随着温度的降低而减小，如图 1–27 所示。

图 1–27　气体的体积和温度的关系

注：将两个气球充气到同等大小，然后将一个放在热水中加热，另一个放入冰箱冷却。一段时间后，加热的气球膨胀了，而冷却的气球缩小了。想想看，把一个气球浸入 –196℃的液氮中再拿出来，又会发生什么。

值得注意的是，当在恒压条件下把各种气体的体积和温度绘制在图表上时，可以发现，在 –273.15℃时，任何气体的体积都缩小为 0，如图 1–28 所示。

当然，气体的体积永远不会为 0，因为气体会先变成液体。尽管如此，1848 年，开尔文勋爵认识到，–273.15℃这一温度可以用来测量粒子的绝对运动，他将此温度称为绝对零度。

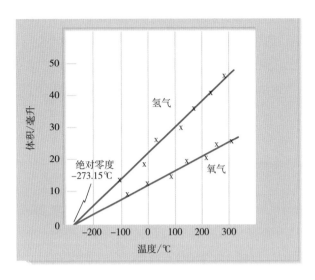

图 1-28　恒压条件下，氢气和氧气的体积与温度的关系

注：注意观察在相同的温度（-273.15℃）下，气体的体积是如何
收缩为 0 的。

　　根据查理定律，恒压条件下，气体的体积（V）和温度（T，采用开氏温标）
成正比，其中一个变大，另一个也会变大。这种关系可以表示为：

$$V \propto T$$

阿伏伽德罗定律：粒子的体积和数量

　　19 世纪，意大利科学家阿伏伽德罗提出，气体的体积是其所含的气体粒子
数量的函数。换句话说，假设压力和温度不变，随着气体粒子的数量增加，气体
的体积也会增加，这一关系被称为阿伏伽德罗定律。证明这一定律最简单的方法
就是向一个空塑料袋里吹气，往袋子里吹入的空气越多，即空气分子数量（n）
越多，袋子的体积（V）就越大。这种关系可以表示为：

$$V \propto n$$

理想气体定律和分子动力学理论

由上可知，气体的性质可以用 4 个相互关联的量来描述：压力、体积、温度和粒子数量。玻意耳定律、查理定律和阿伏伽德罗定律都描述了，在其中两个量保持不变的情况下，剩下的两个量中的一个量是如何相对于另一个量变化的。在数学上，这 3 个定律可以合并为一个定律，即理想气体定律，它在一个方程中显示了所有这些量之间的关系：

$$pV = nRT$$

其中，p 是气体的压力，V 是气体的体积，n 是气体的粒子数量，T 是温度。方程中的 R 是气体常数，它的值只取决于所选择的压强、体积和温度单位，与气体种类无关。

常用的气体常数是 0.082 057L·atm/（K·mol），其中 L（升）表示体积，atm 表示大气压，K 表示开尔文，1 摩尔（mol）粒子的数量为 6.02×10^{23} 个。摩尔的概念稍后将详细介绍。

理想气体定律之所以得名，是因为它准确地描述了一种理想气体：这种气体的粒子本身没有体积，而且粒子之间也没有吸引力或排斥力。真实的气体的每个粒子都有体积，尽管体积非常小，粒子之间也有相互作用力。因此，真实的气体并不完全遵循理想气体定律。

然而，在标准的大气压下，气体粒子的大小对气体总体积的影响是微不足道的，因此理想气体定律能够较好地预测气体的活动。此外，当气体的温度远高于其沸点时，气体粒子移动得非常快，它们会相互反弹，不会连接在一起。这时，气体粒子间的相互作用力可以忽略不计，因此这些粒子与理想气体的粒子非常相似。那么，理想气体定律更适合描述哪一种气体的性质呢？是高压低温的气体还是低压高温的气体呢？

实际上，理想气体定律更适合描述低压高温气体的性质，我们呼吸的空气就是一个很好的例子。

在1个标准大气压下，空气分子之间的距离远远大于空气分子的大小。此外，空气的沸点远远高于一些气体的沸点，例如，氮气的沸点为 $-196℃$，氧气的沸点为 $-183℃$。正是空气的这些特点，使得玻意耳、查理、阿伏伽德罗等人发现了理想气体定律。

根据理想气体定律，可以建立一个模型来帮助我们了解气体的行为。这个模型被称为分子动力学理论，其内容可以概括为以下 5 个假设：

- 气体由微小的粒子组成，可以是原子或分子，也可以是两者的混合物。
- 气体粒子不断进行随机运动，它们相互碰撞，并与容器内壁碰撞。
- 气体粒子会对容器内壁施加一个推动力，看起来就像在推动容器内壁一样，这个推动力就是封闭气体的压强。
- 实际上，气体粒子之间存在相互作用力，而且气体粒子虽然很小，但仍然是有体积的，这将导致实际观测的结果不能完全符合理想气体定律。
- 气体粒子的平均动能（运动产生的能量）与气体的温度成正比。

我们可以用这些假设来论证理想气体定律的合理性：根据玻意耳定律，压强随着体积的增大而减小，因为气体粒子与容器内壁发生碰撞的频率较低，而且这些碰撞会分散到更大的区域；根据查理定律，气体体积随着温度的升高而增加，因为运动更快的粒子会更有力地推动容器内壁，从而导致膨胀；同样，根据阿伏伽德罗定律，气体体积随着粒子数量的增加而增加，因为每个粒子都会对容器内壁产生一个推动力，当粒子数量更多时，容器内壁所受的合推力也更大。

虽然分子动力学理论是从对气体的研究发展而来的，但是这个理论很好地解释了液体和固体的一些现象。正如本章前面所讨论的，液体和固体也是由原子或分子等微小的粒子构成的。这些粒子在不断地随机运动，这种运动是受限的，因为粒子被吸引并聚集在一起。

　　本书后续章节将讨论这些吸引力的性质。液体中的粒子可以滚动，这就使液体具有流动性。固体中的粒子紧密地结合在一起，只能在固定的位置振动。分子动力学理论告诉我们：温度越高，粒子移动得越快。这就解释了为什么液体和固体会像气体一样，在加热时膨胀，在冷却时收缩，如图 1-29 所示。

图 1-29　桥面上的伸缩缝

注：这种桥面上的空隙叫作伸缩缝，它可以使桥面在膨胀和收缩时不会断裂。你能说出这张照片是在温暖的天气还是寒冷的天气拍摄的吗？

要点回顾
— CONCEPTUAL CHEMISTRY >>> —

- 我们生活的世界可以在不同程度上被放大研究。在宏观层面，物质大到足以被观察、测量或处理。在微观层面，物质的结构非常精细，只有用显微镜才能看到。在人类所有的发现中，原子可以说是最伟大、最深刻的发现之一。

- 质量用于衡量一个物体包含的物质数量，因此物体的质量无论在何处都是一样的。重量是附近质量最大的物体（如地球）施加在被测量物体上的引力。因此，被测量物体的重量取决于它的位置。

- 物体的平均动能与我们能直观感受到的一种特性有关，那就是物体有多热。当某个物体变得更热时，其亚微观结构上的粒子的动能就会增加。

- 在亚微观层面，固体、液体和气体是由粒子（原子或分子）之间的相互作用程度来区分的。固体粒子围绕固定位置振动；液体粒子彼此滚动；快速移动的气体粒子之间的平均距离非常大。

- 17—19 世纪的科学家们研究了气体的压力、体积和温度之间的关系，他们将观察结果总结为一系列以他们的名字命名的定律。这些定律帮助我们理解气体的活动，其中也包括我们呼吸的空气。

CONCEPTUAL

CHEMISTRY

02

化学变化如何发生?

妙趣横生的化学课堂

- 为什么"长个子"属于化学变化？

- 元素周期表如何帮助我们理解元素？

- 500 毫升的糖水中含有 500 毫升的水吗？

- 化学家如何定义"纯"物质？

- 纳米技术如何改变未来？

人活着并不容易，组成人体的细胞无时无刻不暴露在充满病毒、细菌、自由基、辐射和随机化学反应的恶劣环境中。人能够活下来，是因为人体能够自我修复。随着时间的推移，人体自我修复的能力会越来越弱，人会变得虚弱，并最终死去。

实验发现，通过减少正常的健康饮食中至少 1/3 的热量摄入，老鼠可以多活大约 14 个月，其寿命延长了约 50%，而狗也可以多活大约 14 个月，其寿命延长了约 10%。那么，限制热量的摄入能否帮助人类延长寿命呢？答案似乎是肯定的，但能延长多少还不得而知。一些科学家乐观地认为，至少可以延长 10 ～ 15 年；另一些科学家则更谨慎，认为延长 2 ～ 3 年可能更合理。

科学家们正在努力研究为什么限制热量摄入能够延长生物的寿命，这一研究又帮助他们发现了限制效果与限制热量摄入效果类似的自然界中的化合物，那就是多酚。多酚在富含色素的食物和饮料中大量存在，如石榴、红酒等。

本章将分别从宏观和微观层面介绍"元素结合形成化合物，化合物形成混合物"的全过程，我们将深入了解化学元素，并和科学家一起探索神秘的化合物，以及纳米技术的广阔前景。

Q1 为什么"长个子"属于化学变化？

一个孩子在过去的一年里长高了 3 厘米，这种变化是物理变化还是化学变化呢？要想回答这个问题，需要先回答另一个问题：随着孩子的成长，是否有新的物质形成？

我们知道，孩子的成长依赖于他吃下去的食物，但是孩子昨天吃的面条和他"长的个子"在形态和构成上都有很大的不同。这是因为人体会通过一些非常高级的化学反应吸收食物中的原子，并将它们重新排列形成新的物质。因此，生物的生长是化学变化的结果。

生活中处处都有化学变化，例如空气中铜的变化。铜会与二氧化碳和水反应，形成一种蓝绿色的固体，称为铜锈。用铜制作的雕像暴露在空气中，就会生铜锈。随着时间的流逝，雕像的表面就会被铜锈覆盖。铜锈不是铜，不是二氧化碳，也不是水，而是这些化学物质相互反应形成的一种新物质。那什么是物理变化呢？在物理变化过程中，一种物质只会改变其一种或多种物理性质，但其化学特性不变。物理变化的一个简单的例子是黄金的熔化。因为熔化的黄金仍然是黄金，只是从固体变成了液体，所以黄金的熔化只是一种物理变化。

物理变化

描述物质的外观或质感的属性，如颜色、硬度、密度、纹理和状态等，被称为物理性质。每种物质都有自己的一套物理性质，人们可以以此识别它们，如图 2-1 所示。物质的物理性质会随着外界条件的变化而变化，但这并不意味着会生成新的物质。液态的水冷却到 0℃以下会变成固态的冰。但不管是什么状态，它仍然是同一种物质。水和冰唯一的区别是水分子的排列方式以及它们的运动速度不同。在液态的水中，水分子在彼此周围翻滚；在固态的冰中，水分子在固定的位置振动。水冻结成冰就是物理变化的一个典型例子。

黄金
透明度：不透明
颜色：淡黄色
25℃的状态：固体
密度：19.32克/毫升

钻石
透明度：透明
颜色：无色
25℃的状态：固体
密度：3.52克/毫升

水
透明度：透明
颜色：无色
25℃的状态：液体
密度：1.00克/毫升

图 2-1　通过物理性质来识别黄金、钻石和水

在物理变化的过程中，物质会改变其外表或其他的物理性质，但不会改变其化学性质。在图 2-2a 中可以看到，无论是液态的水还是固态的冰，其分子构成并没有发生变化。同样，在图 2-2b 中也可以看到，汞的密度也会随着温度的升高而变小，因为汞原子之间的距离越来越远，但汞仍然是由汞原子构成的。

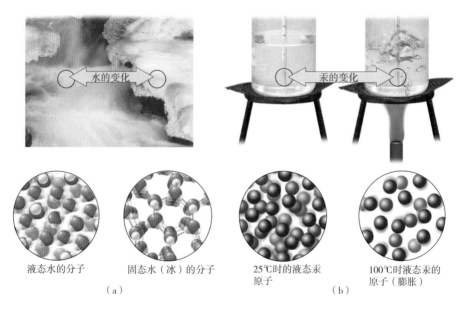

水的变化　　汞的变化

液态水的分子　　固态水（冰）的分子　　25℃时的液态汞原子　　100℃时液态汞的原子（膨胀）

（a）　　（b）

图 2-2　水和汞的物理变化

注：图（a），液态水和固态冰可能看起来是不同的物质，但在亚微观层面，两者很明显都由水分子组成。图（b），在 25℃下，汞样本中的原子间有一定的距离，其密度为 13.59 克/毫升。在 100℃下，原子之间的距离更大，这意味着每毫升汞所含的原子比 25℃时要少，其密度约为 13.4 克/毫升。由此可知，物质的物理性质（这里是密度）会随着温度的变化而变化，但物质的化学性质不变：汞还是汞。

化学变化

化学性质用于描述一种物质与其他物质反应，或从一种物质转化为另一种物质的能力。图 2-3 显示了 3 个示例。天然气的主要成分是甲烷，它的一个化学性质是：与氧气反应，生成二氧化碳和水，并在此过程中释放大量的热。同样，小苏打的一种化学性质是：与醋反应生成二氧化碳和水，同时吸收少量的热。

（a）甲烷　　　　　　（b）小苏打　　　　　　（c）铜

图 2-3　物质的化学性质决定了它们转变成新物质的方式

注：图（a），甲烷与氧气反应生成二氧化碳和水，并在此过程中释放大量的热。图（b），小苏打与醋反应生成二氧化碳和水，同时吸收少量的热。图（c），铜与二氧化碳和水发生反应，形成蓝绿色的铜锈。

在化学反应中，原子之间的结合方式发生了变化。化学键是由 2 个原子被吸引在一起形成的。例如，甲烷分子由 1 个碳原子和 4 个氢原子结合而成，氧分子由 2 个氧原子结合而成。图 2-4 显示了甲烷分子中的碳原子先与氢原子分离，然后与不同氧原子组成新的化学键，从而形成二氧化碳分子和水分子的化学变化。

物质中任何涉及原子重新结合、排列的变化都被称为化学变化。因此，甲烷分子和氧分子转化为二氧化碳分子和水分子是一种化学变化，同理，图 2-3 中的其他两种变化也是化学变化。

图 2-5 所示的化学变化发生在电流通过水时。电流的能量足以使化学键两端的原子分离。然后，松散的原子与不同的原子结合，形成新的化学键，从而形

成新的分子。这样，水分子就变成了氢分子和氧分子。这两种物质与水完全不同，氢和氧在室温下都是气体，它们存在于上升到液体表面的气泡中。

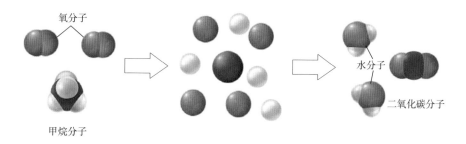

图 2-4　甲烷分子和氧分子转化为二氧化碳分子和水分子的化学变化

注：原子打破旧的化学键，形成新的化学键。图中的每个球体都代表一个原子，连接在一起的一组球体代表一个分子。

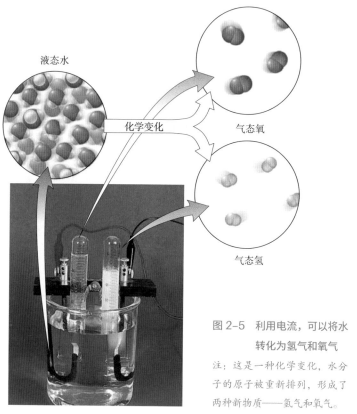

图 2-5　利用电流，可以将水转化为氢气和氧气

注：这是一种化学变化，水分子的原子被重新排列，形成了两种新物质——氢气和氧气。

在化学语言中，发生化学变化的过程被称为反应。甲烷与氧气反应，生成二氧化碳和水。水遇电反应，生成氢气和氧气。在化学反应中，原子结合的方式会发生改变，从而形成新的物质。本书将在后文探讨化学键的组成及其在化学反应中的作用。

区分物理变化和化学变化的两种方法

在发生物理变化之后，物质的分子和变化开始时是一样的。而发生化学变化之后，原来的分子不复存在，新的分子产生了。在这两种情况下，物质的物理外观都会发生变化，毕竟铁和铁锈看起来也很不一样，如图 2-6 所示。那么，如何才能快速确定观察到的变化是物理变化还是化学变化呢？毕竟肉眼无法看到单个分子。

图 2-6　铁和铁锈看起来很不一样

注：水变成冰和铁生锈都涉及物质外观的变化，冰的形成是一种物理变化，而铁锈的形成是一种化学变化——但我们怎么确定呢？

有以下两种方法可以帮助我们区分物理变化和化学变化：

- 第一种方法：恢复原始条件，判断物质的外观是否恢复。在物理变化中，物质外观发生变化是因为被施加了一系列外力。那么，撤销这些外力，恢复原始条件，就可以恢复物质的外观。例如，冰在变暖时会重新融化成水。

- 第二种方法：判断是否生成新物质。在化学变化中，物质外观发生变化是因为生成了新物质，这种新物质具有一系列独特的物理特性。当我们拥有越多的证据证明已经形成了一种新物质，这种变化是化学变化的可能性就越大。例如，铁是一种可塑金属，可以用来制造汽车；而铁锈是一种容易分解的红色固体，无法塑形，这表明铁生锈是一种化学变化。

图 2-7 中显示的是铬酸钾，它的颜色取决于温度。在室温下，铬酸钾呈明亮的淡黄色。将其加热到更高的温度（660℃以上），它将变成一种较深的橙色；冷却后，它又变回淡黄色——这个过程是一种物理变化。在化学变化中，物质能恢复到原来的状态，却不能恢复原来的外观。重铬酸铵是一种橙色的物质，当它被加热时，会生成氨气、水蒸气和绿色的三氧化二铬；当恢复到原始温度时，也不会再恢复为橙色的重铬酸铵，因为此时已经生成了具有完全不同的物理和化学性质的新物质，如图 2-8 所示。

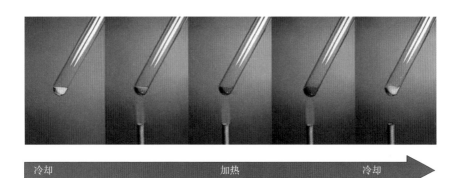

冷却　　　　　　　　　加热　　　　　　　冷却

图 2-7　铬酸钾的加热和冷却过程

注：加热时，铬酸钾会从淡黄色变成深橙色；冷却后，又恢复成原来的淡黄色。

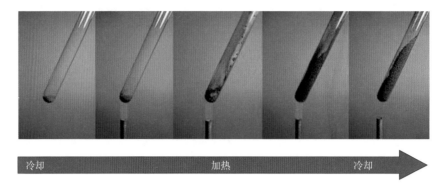

图 2-8　重铬酸铵的加热和冷却过程

注：加热时，橙色的重铬酸铵会发生化学反应，生成氮气、水蒸气和三氧化二铬；即使恢复到原来的温度，溶液也不能恢复为橙色，因为重铬酸铵已经不存在了。

下面再来判断一种情况：我们呼吸的氧气（O_2）在电流的作用下被转化为臭氧（O_3），这是物理变化还是化学变化呢？我们呼吸的氧气是无味的，能维持生命；而臭氧是有毒的，有一种非常刺鼻的气味。这表明，当氧原子重新组合时，产生了一种全新的物质，因此氧气转化为臭氧是一种化学变化。请注意，氧气和臭氧都是由氧元素组成的单质。

要想从本质上了解化学变化和物理变化的异同，我们需要认识化学元素。

有限数量的原子构成无限数量的物质

世界上有各种各样的物质——从木材到钢铁，再到巧克力冰激凌，但是组成这些物质的原子种类却少得惊人。各种物质都是由为数不多的几种原子结合而成的。正如红色、绿色和蓝色这 3 种颜色可以组合成电子屏幕上的任何颜色，或者字母表中的 26 个字母可以组成字典里的所有单词一样，只需要 100 多种原子，就可以组成世界上所有的物质。

到目前为止，人们已经发现了 100 多种原子，其中有约 90 种是在自然界中发现的，剩下的则是在实验室里产生的。

元素是具有相同核电荷数（质子数）的同一类原子的总称。图 2-9 中显示了一些示例：金是一种元素，它只由金原子组成；氮是一种元素，它只由氮原子组成；碳是一种元素，用来制造铅笔芯的石墨只由碳原子组成。所有目前已知的元素都被排列在元素周期表中，如图 2-10 所示。

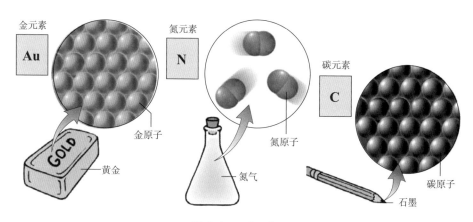

图 2-9 几种元素

1 H																	2 He
3 Li	4 Be											5 B	6 C	7 N	8 O	9 F	10 Ne
11 Na	12 Mg											13 Al	14 Si	15 P	16 S	17 Cl	18 Ar
19 K	20 Ca	21 Sc	22 Ti	23 V	24 Cr	25 Mn	26 Fe	27 Co	28 Ni	29 Cu	30 Zn	31 Ga	32 Ge	33 As	34 Se	35 Br	36 Kr
37 Rb	38 Sr	39 Y	40 Zr	41 Nb	42 Mo	43 Tc	44 Ru	45 Rh	46 Pd	47 Ag	48 Cd	49 In	50 Sn	51 Sb	52 Te	53 I	54 Xe
55 Cs	56 Ba	57 La	72 Hf	73 Ta	74 W	75 Re	76 Os	77 Ir	78 Pt	79 Au	80 Hg	81 Tl	82 Pb	83 Bi	84 Po	85 At	86 Rn
87 Fr	88 Ra	89 Ac	104 Rf	105 Db	106 Sg	107 Bh	108 Hs	109 Mt	110 Ds	111 Rg	112 Cn	113 Uut	114 Fl	115 Uup	116 Lv	117 Uus	118 Uuo

58 Ce	59 Pr	60 Nd	61 Pm	62 Sm	63 Eu	64 Gd	65 Tb	66 Dy	67 Ho	68 Er	69 Tm	70 Yb	71 Lu
90 Th	91 Pa	92 U	93 Np	94 Pu	95 Am	96 Cm	97 Bk	98 Cf	99 Es	100 Fm	101 Md	102 No	103 Lr

图 2-10 元素周期表中列出了所有目前已知的元素

注：目前，科学家尚未找到一些最重要的元素存在的证据，这些元素在元素周期表中以灰色显示。组成这些元素的超大质量原子通常非常不稳定，很难在实验室中被创造出来。即使被创造出来了，它们往往也只能存在几毫秒。

正如元素周期表所显示的，每个元素都用它的原子符号来表示，原子符号通常取自该元素英文单词的首字母或其中两个字母。例如，碳的原子符号是 C，氯的原子符号是 Cl。有时，原子符号也取自该元素拉丁语名称的缩写。例如，金的拉丁语名称为 *aurum*，所以它的原子符号为 Au，铅的拉丁语名称为 *plumbum*，如图 2-11 所示，所以它的原子符号为 Pb。那些具有拉丁名称符号的元素通常是很早

◦ 趣味课堂 ◦

元素被证明存在前叫什么？

　　一种元素在尚未被证明存在之前，只能用它在元素周期表上的编号命名。目前通行的规则是 nil=0，un=1，bi=2，tri=3，quad=4，pent=5，hex=6，sept=7，oct=8，enn=9，再加上 ium 作为词尾。例如，尚未确认的 118 号元素就被暂时命名为 ununoctium，其原子符号为 Uuo。负责为元素命名的组织是国际纯粹与应用化学联合会。

以前就被发现的元素。请注意，只有原子符号的第一个字母是大写的。例如，钴的原子符号是 Co，只有第一个字母 C 是大写的。

图 2-11　用于测量的铅锤和正在修补水管的工人

注：木匠和测量人员常用绑在绳子上的铅锤来建立一条垂直的线，铅锤的英文是 plumb，源于铅的拉丁语名称 *plumbum*。水管工的英文是 plumber，因为他们使用铅管。由于铅有一定的毒性，因此现在已普遍使用铜管或 PVC 管来代替铅管。

元素和原子这两个术语经常被混用。要区分它们其实也很容易，一般来说，元素指的是宏观的物质，而原子指的是物质中的粒子。

物质的化学组成可以用化学式来表示，化学式包括分子式、电子式、结构式等。对于由 2 个或多个原子组成的分子，其分子式是原子符号带一个下标，下标表示每个分子中的原子数。例如，氮分子由 2 个氮原子组成。因此，氮气的分子式是 N_2。同理，氧气的分子式是 O_2，硫的分子式是 S_8。对于由单个原子（而不是分子）组成的物质，其分子式是原子符号。例如，金的分子式 Au，锂的分子式是 Li。

Q2 元素周期表如何帮助我们理解元素？

大多数非金属材料不导电，但也有例外，那就是一种叫作石墨烯的材料，它是"只有一个碳原子厚的碳薄片"，本章后续将要介绍的碳纳米管就是一种卷成管的石墨烯片。石墨烯的导电性能很好，因此得到了广泛应用。例如，石墨烯片目前被大量用于制作超薄且可弯曲的有机发光显示器。

因此，我们不应该再死记硬背元素周期表，而应该把注意力集中在表中那些伟大的元素上。在元素周期表中，各种元素根据其物理和化学性质被有序地排列，我们可以从中轻松地识别出金属元素、非金属元素和类金属元素，如图 2-12 所示。

大多数已知元素都是金属元素，其特征是有光泽、不透明、具有良好的导电性和导热性。金属具有韧性，这意味着它们可以被锤打成不同的形状，还可以被弯曲而不会折断。金属具有可塑性，这意味着它们可以被拉成丝。大多数金属在室温下是固体，汞、镓、铯、铷除外，它们在 30℃时是液体。还有一个例外是氢，它仅在极高的压力下才具有液体的性质，比如在木星和土星的表面，如图 2-13 所示，氢以液态金属的形式存在。在正常条件下，氢以非金属的气体形式存在。

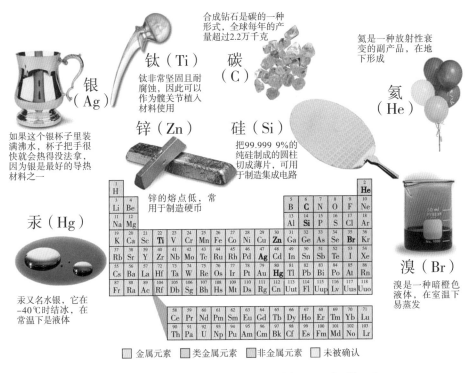

合成钻石是碳的一种形式，全球每年的产量超过2.2万千克

钛（Ti）

钛非常坚固且耐腐蚀，因此可以作为髋关节植入材料使用

碳（C）

氦是一种放射性衰变的副产品，在地下形成

氦（He）

银（Ag）

如果这个银杯子里装满沸水，杯子把手很快就会热得没法拿，因为银是最好的导热材料之一

锌（Zn）

硅（Si）

把99.999 9%的纯硅制成的圆柱切成薄片，可用于制造集成电路

汞（Hg）

锌的熔点低，常用于制造硬币

溴（Br）

溴是一种暗橙色液体，在室温下易蒸发

汞又名水银，它在-40℃时结冰，在常温下是液体

□ 金属元素 ■ 类金属元素 □ 非金属元素 □ 未被确认

图 2-12　元素周期表中用不同的颜色区域表示不同类型的元素

除氢外，非金属元素都位于元素周期表的右边。大多数非金属元素都是电和热的不良导体。固体非金属元素往往既无韧性也无可塑性。它们很脆，受到锤击时会破碎。在 30℃时，非金属元素中的一些是固体（如碳），一些是液体（如溴），另一些则是气体（如氦）。

类金属元素有 6 种：硼、硅、锗、砷、锑、碲，如图 2-12 所示（从上到下，从左到右）。类金属元素位于元素周期表中的金属元素和非金属元素之间，具

图 2-13　氢以液态金属的形式存在于木星表面

有金属元素和非金属元素的特性。这些元素是电和热的弱导体，这一特性使它们在集成电路中被用作半导体。从元素周期表上可以看到，锗（第 32 号元素）更接近金属元素区域。基于这种情况，我们可以推断锗比硅（第 14 号元素）具有更多的金属特性，是一种比硅更好的导电体。实际上，我们也确实发现用锗制作的集成电路比用硅制作的集成电路运行速度更快。不过，由于硅的储量更丰富、获取成本更低，因此用硅制造计算机芯片仍然是主流的做法。

周期和族

除被分为金属元素、非金属元素和类金属元素外，元素在元素周期表中还有两种重要的排列方式，那就是水平的行和垂直的列。每一行被称为一个周期，每一列被称为一个族。元素周期表中共有 7 个周期和 18 个族，如图 2-14 所示。

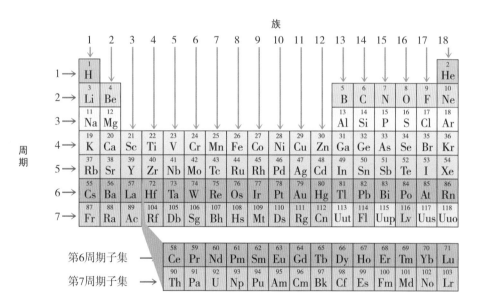

图 2-14　元素周期表中共有 7 个周期和 18 个族

注：并非所有周期都包含相同数量的元素，而且第 6 周期和第 7 周期中还包括元素的子集，这些元素被列在主体之外，产生这一现象的原因稍后会解释。

一个周期中的元素的属性会逐渐改变。例如，在一个周期中，元素的原子半径基本上是从左到右依次减小的，如图 2-15 所示，这种现象被称为元素周期律。"元素周期律"这一术语用来表示某个趋势在一个周期中反复出现。而元素周期表中的每一行之所以被称为一个周期，是因为它对应某个趋势的一个完整周期，这一点后文将进一步探讨。

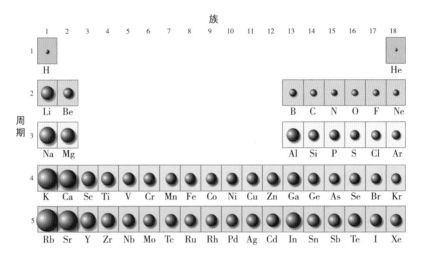

图 2-15 元素周期律的体现

注：在一个周期中，元素的原子半径基本上是从左到右依次减小的，原子的大小变化具有周期性重复的规律。

元素的排列

铜、银、金是少数能在自然状态下以单质形式存在的金属元素。这 3 种金属常被用来制造硬币和珠宝，因为它们具有很强的抗腐蚀性和绚丽的色彩。那么，这 3 种具有相似性质的金属在元素周期表中的位置是怎样的呢？从图 2-14 中可以看到，在元素周期表的第 11 族中，铜（第 29 号元素）、银（第 47 号元素）和金（第 79 号元素）从上到下依次排列，这表明它们应该具有相似的性质。

同族元素的属性往往非常相似，一些同族元素的常用名称如图 2-16 所示。在人类历史的早期阶段，人们就发现灰烬与水混合会产生一种有助于去除油脂的光滑溶液。到了中世纪，这种混合物被描述为 alkali metals（碱性的物质），这个词源于阿拉伯语中的 al-qali（灰烬）一词。碱性混合物有许多用途，尤其是在制造肥皂方面，如图 2-17 所示。我们现在知道，碱性混合物中含有第 1 族元素的化合物，其中最明显的是碳酸钾。基于这一历史原因，第 1 族元素也被称为碱金属。

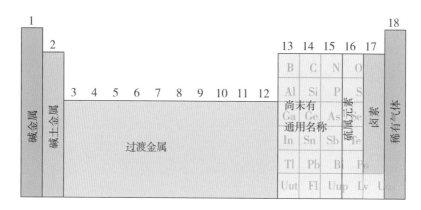

图 2-16　一些同族元素的常用名称

图 2-17　碱性物质可用于制造肥皂

注：灰和水混合会形成一种光滑的碱性溶液，可以用来清洁双手。

　　第 2 族元素与水混合时也会形成碱性溶液。此外，中世纪的炼金术士还注意到，某些矿物质（现在知道是由第 2 族元素组成的）即使被放入火中，也不会对其造成任何影响，这些耐火物质当时被称为土。作为古代遗留的元素，第 2 族元素被称为碱土金属。

位于元素周期表右边的第 16 族元素被称为硫属元素，古希腊语中称其为"成矿"元素，因为该族的前两个元素氧和硫普遍存在于矿石中。第 17 族元素被称为卤素，古希腊语中称其为"成盐"元素，因为它们总是会形成各种盐。第 18 族元素都是不与其他元素结合的稀有气体。出于这个原因，它们被称为稀有气体。稀有气体早期被称为"贵族"气体，大概因为早期的贵族都是高高在上，不与普通人来往吧。

第 3 族到第 12 族元素都是金属，它们不会与水形成碱性溶液。这些金属往往比碱金属更硬，常被用作催化剂。它们被统称为过渡金属，这个名称体现了它们处于元素周期表的中心位置。过渡金属包括一些最常见、最重要的元素，如铁、铜、镍、铬、银、金等。另外，这一区域还包括许多鲜为人知的元素，这些元素在现代工业中占有很重要的地位。例如，用于制造植入式髋关节的钛、钼、锰等，这些金属因为具有耐腐蚀性而经常被用于制造植入装置。

・趣味课堂・

为什么有的灯泡会变黑而有的灯泡不会？

传统的白炽灯泡内部的气体是氮气和氩气的混合物。当钨丝被加热时，细小的钨颗粒就会蒸发——就像水蒸气离开沸水一样。随着时间的推移，这些颗粒沉积在灯泡的内表面，导致灯泡变黑。失去了钨颗粒，灯丝最终会断裂，灯泡就被"烧坏了"。

卤素白炽灯泡中含有微量的卤素气体，如碘或溴。从白热的钨丝火焰中蒸发出来的钨原子不会沉积在灯泡的内表面上，而会与卤素原子结合，从而保持灯泡的内表面透明。此外，卤素原子与钨原子的结合物在接触到热的灯丝时会分裂，从而让钨原子重新沉积在灯丝上，这样就使灯丝恢复如初。这就是卤钨灯有如此长的寿命的原因。

第 6 周期中有 14 种金属元素子集（从第 58 号元素至第 71 号元素），它们的性质与其他过渡金属完全不同。第 7 周期中有一个类似的金属元素子集（从第 90 号元素至第 103 号元素）。这两个子集中是内部过渡金属。如果将内部过渡金属插入元素周期表，会产生一张又长又复杂的表，如图 2-18 所示。为了使元素周期表更易于观看，这些内部过渡金属元素通常被放置在表格主体的下方，如图 2-19 所示。

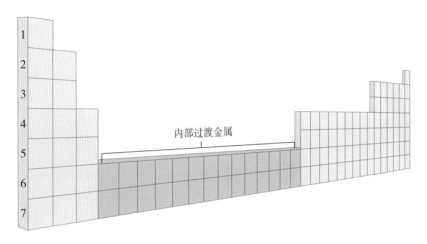

图 2-18　一张又长又复杂的元素周期表

注：将内部过渡金属插入第 3 族和第 4 族之间，就得到了一张又长又复杂的元素周期表。

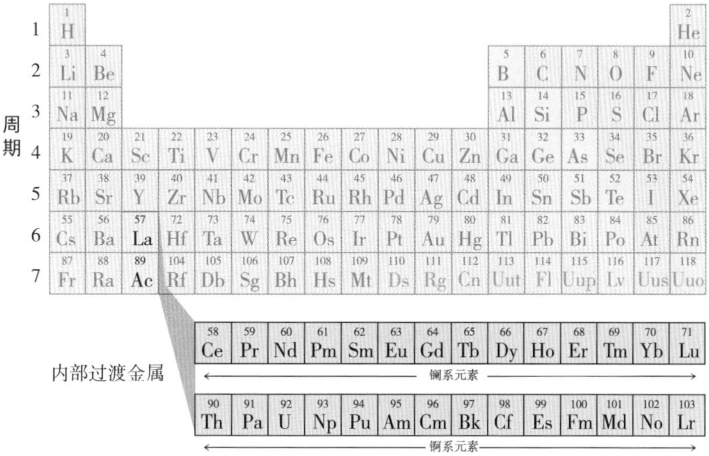

图 2-19　内部过渡金属的典型表示方法

注：第 6 周期的元素从镧（La，第 57 号元素）到铈（Ce，第 58 号元素），再到镥（Lu，第 71 号元素），然后再到铪（Hf，第 72 号元素）。第 7 周期的元素也有类似的跳跃式排列。

第 6 周期的内部过渡金属被称为镧系元素，因为它们排在镧之后。由于它们具有相似的物理和化学性质，因此往往在地球上的同一地点混合出现。同样，由于它们的性质非常相似，因此镧系元素的提纯异常困难。人们发现，有几种镧系元素可用于制造计算机显示器和平板电视的发光二极管。

第 7 周期的内部过渡金属被称为锕系元素，因为它们排在锕之后。它们也都具有非常相似的性质，因此不容易提纯。核工业中常使用两种锕系元素：铀和钚。比铀重的锕系元素在自然界中并不常见，它们通常是在实验室中合成的。

元素组成的化合物

当不同元素的原子结合在一起时，就形成了化合物。例如，钠原子和氯原子结合形成氯化钠（俗称食盐）；氮原子和氢原子结合形成氨，这是一种常见的家用清洁剂。化合物的形成过程是化学变化，因为会生成一种完全不同的物质。

化合物用化学式来表示，化学式由元素的符号组成。例如，氯化钠的化学式是 NaCl，氨的化学式是 NH_3。数字下标表示原子结合的比例，按照惯例，下标 1 可以省略。所以，化学式 NaCl 告诉我们，在氯化钠中，1 个氯原子对应 1 个钠原子；化学式 NH_3 告诉我们，在氨中，1 个氮原子对应 3 个氢原子，如图 2–20 所示。

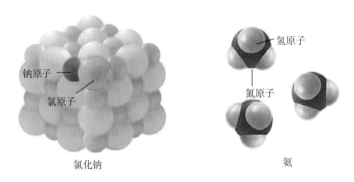

钠原子
氯原子
氢原子
氮原子

氯化钠　　　　　　　　氨

图 2–20　氯化钠和氨

注：氯化钠和氨分别用化学式 NaCl 和 NH_3 来表示。化学式可以表示构成某种化合物的原子及其比例。

化合物的物理性质和化学性质与组成它的元素的性质完全不同。在图 2-21 中，氯化钠体现的性质与金属钠和氯气完全不同。由钠原子形成的单质金属钠是一种柔软的银色金属，可以很容易地用刀切割，其熔点是 97.5℃，遇水反应剧烈。

氯气由氯分子组成，这种物质在室温下呈黄绿色，毒性极强，在第一次世界大战期间曾被用作化学武器，其沸点是 –34℃。氯化钠不会像金属钠那样与水发生化学反应，它也不像氯气那样有毒性。事实上，氯化钠是所有生物都需要的营养物质，我们撒在爆米花上的食盐的主要成分就是氯化钠。

• 趣味课堂 •

硫化氢为什么比单质硫臭？

硫化氢是一种气味难闻的化合物。臭鸡蛋之所以散发出特有的难闻气味，是因为它们释放了硫化氢。那么，单质硫也有同样的气味吗？

答案是否定的。事实上，与硫化氢相比，单质硫的气味可以忽略不计。由此可见，化合物的性质确实和构成它们的元素截然不同。

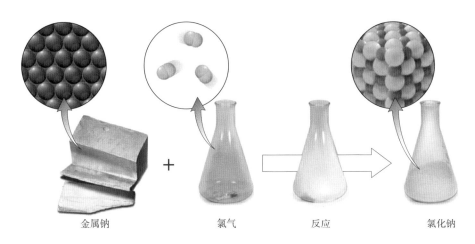

金属钠 ＋ 氯气 反应 氯化钠

图 2-21 金属钠和氯气反应生成氯化钠

注：虽然氯化钠是由钠和氯组成的，但氯化钠的物理性质和化学性质与金属钠和氯气完全不同。

Q3 500 毫升的糖水中含有 500 毫升的水吗？

　　我们平时食用的糖是一种由蔗糖分子组成的化合物。一旦这些分子被混合到热茶中，它们就会分散在水分子和茶分子之间，形成糖、茶、水的混合物。因为这个过程中没有新的化合物形成，所以这是一个物理变化，如图 2-22 所示。

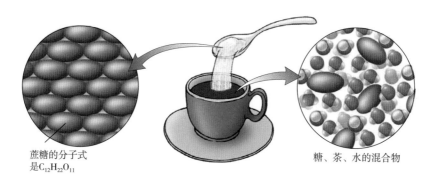

蔗糖的分子式
是 $C_{12}H_{22}O_{11}$

糖、茶、水的混合物

图 2-22　糖、茶、水的混合过程

　　请注意，在这个例子中，我们提到了"混合物"和"化合物"这两个概念，接下来就分别介绍它们的特性。

混合物

　　混合物是两种或两种以上物质的组合，其中的每种物质都保持其原本的物理性质和化学性质。我们遇到的大多数物质都是混合物，包括元素的混合物、化合物的混合物，以及元素和化合物的混合物等。

　　例如，不锈钢是铁、铬、镍和碳组成的混合物；矿泉水是液态化合物水和气态化合物二氧化碳组成的混合物；大气是氮、氧、氩和少量的二氧化碳、水（水蒸气）等化合物组成的混合物，如图 2-23 所示。

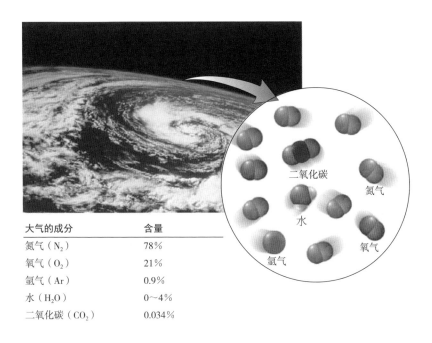

大气的成分	含量
氮气（N_2）	78%
氧气（O_2）	21%
氩气（Ar）	0.9%
水（H_2O）	0~4%
二氧化碳（CO_2）	0.034%

图 2-23　大气是气态元素和化合物的混合物

　　自来水是一种混合物，其主要成分是水，另外还含有其他化合物。根据所在的地区，你喝的水可能含有钙、镁、氟、铁和钾的化合物，氯消毒剂，微量铅、汞和镉化合物，有机化合物，以及氧气、氮气和二氧化碳等溶解气体，如图 2-24所示。虽然将饮用水中的有害成分降到最低非常重要，但想要从水中去除所有除水以外的其他物质是不必要、不可取，以及不可能的。一些溶解的固体和气体使水具有独特的味道，这些物质对人体健康有利。例如，氟化合物可以保护牙齿，适量的氯能够起到消灭有害细菌的作用，水中的化合物还能提供高达人体每天所需的 10% 的铁、钾、钙、镁等物质，如图 2-25 所示。无论是元素还是化合物，它们结合形成混合物的方式与元素结合形成化合物的方式是不同的。

　　混合物中的每一种物质都保持其化学性质。例如，在图 2-22 中，一茶匙糖中的糖分子与茶中的糖分子是相同的，二者唯一的区别就是茶中的糖分子与其他物质（主要是水）混合在一起。因此，混合物的形成是一种物理变化。

图 2-24   水是一种混合物

注：水族馆的曝气机产生的氧气中的大部分会逃逸到大气中，也有一些氧气会与水混合，形成鱼能够用鳃吸取的溶解氧。如果没有这些溶解氧，鱼很快就会被淹死。因此鱼不是在"呼吸"水，而是在"呼吸"溶解在水中的氧气。

图 2-25   人每天饮用的水中含有大量化合物

注：饮用水中含有大量化合物，这些化合物既为饮用水提供了丰富的口感，又有助于人体健康。

混合物可以用物理方法分离

混合物可以利用组成混合物的各种成分所具备的不同的物理性质进行分离。例如，固体和液体的混合物可以用滤纸进行分离，因为液体可以通过滤纸，而固体不能。这就是咖啡的制作原理：被热水提取出来的咖啡因和味道分子通过过滤器进入咖啡壶，而固态的咖啡渣留在壶里。这种分离固液混合物的方法被称为过滤，是化学家常用的一种技术。

混合物也可以利用其不同的沸点或熔点来进行分离。海水是水和多种化合物的混合物，其中主要的成分是氯化钠。纯水在100℃时沸腾，而氯化钠直到800℃才融化。因此，一种从海水混合物中分离出纯水的方法是将海水加热到大约 100℃，在这个温度下，液态水很容易转化为水蒸气，而氯化钠会留在剩余的水中。当水蒸气上升时，它可以被引导到一个冷却器中，并在那里凝结成不含有固体溶解物的液体。这一收集蒸发物质的过程被称为蒸馏，如图 2-26 所示。从海水中蒸馏出所有的水后，剩下的固体就是多种化合物的混合物，其中包括氯化钠、溴化钾和少量黄金，如图 2-27 所示。

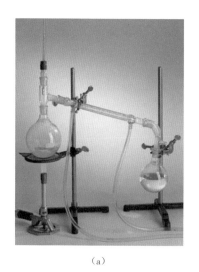

(a)

(b)

图 2-26　蒸馏过程

注：图（a），混合物在左边的烧瓶中被煮沸，上升的水蒸气被引导到一个向下倾斜的冷却管中，由流经冷却管外表面的冷水来冷却，冷却管内的水蒸气凝结，并被收集到右侧的烧瓶中。图（b），威士忌的制备原理也是这样，将含有酒精的混合物加热到一定程度，使酒精、一些味道分子和一些水蒸发，这些混合物的蒸汽通过铜线圈，经冷凝后形成液体。

图 2-27　位于旧金山湾南端的海水蒸发池

注：在旧金山湾的南端，有些区域的海水被堤坝隔开。这些区域是蒸发池，在那里，水蒸发后，留下溶解在海水中的固体。这些固体会被进一步提炼，然后用于商业领域。这些池塘引人注目的颜色是由喜盐细菌产生的有机色素造成的。

化合物

当元素结合形成化合物时，其化学特性会发生变化。氯化钠不是钠原子和氯原子的混合物，而是一种化合物，这意味着它与制造它的元素完全不同。因此，化合物的形成对应一种化学变化。

国际纯粹与应用化学联合会已经开发了一个为化合物命名的系统，设计该系统的目的是让化合物的名称反映其所包含的元素，以及这些元素的连接方式，任何熟悉该系统的人都可以根据化合物的名称确定其化学性质。

正如你所想象的那样，这个系统非常复杂。当然，我们没有必要学习它的所有规则，只需要学习一些基本原则就可以了。虽然这些基本原则并不能帮助我们说出每一种化合物的名称，但是它会帮助我们了解那些只由少数元素组成的简单化合物的命名方式。

正如后文将要讨论的那样，原子通过电荷在化合物中结合在一起。化合物中的一个原子是带正电荷还是带负电荷，可以根据它在元素周期表中的位置来预测。靠近元素周期表左侧的元素往往带正电荷，而更接近元素周期表右侧的原子则带负电荷，这一原则适用于为所有化合物命名。因为按照惯例，带正电荷的原子排在第一位。这就是为什么我们说"氯化钠"，而不是说"钠化氯"，钠位于元素周期表的左侧，而氯位于右侧。

基本原则 1

元素周期表中靠左侧的元素名称后面跟着靠右侧的元素名称，后者的英文名称后面加上后缀 ide，例如：

- NaCl　氯化钠（Sodium chloride）
- Li_2O　氧化锂（Lithium oxide）

- CaF_2　氟化钙（Calcium fluoride）
- MgO　氧化镁（Magnesium oxide）
- HCl　氯化氢（Hydrogen chloride）
- Sr_3P_2　磷化锶（Strontium phosphide）

基本原则 2

当两种或两种以上的混合物具有不同数量的相同元素时，其英文单词要添加前缀以消除歧义，这一情况主要出现在非金属化合物中。前 4 个前缀分别是 mono（单原子）、di（双原子）、tri（三原子）和 tetra（四原子）。请注意，使用前缀 mono 时，通常将混合物英文名称的第一个单词的开头省略。下面是一些示例：

碳和氧

- CO　一氧化碳（Carbon monoxide）
- CO_2　二氧化碳（Carbon dioxide）

氮和氧

- NO_2　二氧化氮（Nitrogen dioxide）
- N_2O_4　四氧化二氮（Dinitrogen tetroxide）

硫和氧

- SO_2　二氧化硫（Sulfur dioxide）
- SO_3　三氧化硫（Sulfur trioxide）

基本原则 3

原子可以聚集在一起形成分子，这个分子作为一个单一的带电基团，又称多原子离子。例如，1 个碳原子可以与 3 个氧原子结合，形成碳酸根离子（CO_3^{2-}）。

一些常见的多原子离子如表 2-1 所示。请注意，它们中的大多数都带负电荷。后文将更详细地探讨这些多原子离子的性质，现在只需要知道带正电荷的多原子离子在化学式中是第一个被列出的就足够了，氯化铵（NH_4Cl）就是一个典型的例子。带负电荷的多原子离子则被放置在化学式的末尾，如硝酸锂（$LiNO_3$）。

表 2-1　一些常见的多原子离子

中文名称	化学式
乙酸根离子	$CH_3CO_2^-$
铵离子	NH_4^+
碳酸氢根离子	HCO_3^-
碳酸根离子	CO_3^{2-}
氰根离子	CN^-
氢氧根离子	OH^-
硝酸根离子	NO_3^-
磷酸根离子	PO_4^{3-}
硫酸根离子	SO_4^{2-}

多原子离子在化合物中可能不止一次出现，这时可以将多原子离子放在括号内，括号外的下标则表示多原子离子出现的次数。为了简单起见，多原子离子通常不包括表示原子数量的前缀，例如：

- K_2CO_3　　碳酸钾　（Potassium carbonate）
- $AuPO_4$　　磷酸金　（Gold phosphate）
- $Mg(CN)_2$　　氰化镁　（Magnesium cyanide）
- $Al_2(SO_4)_3$　　硫酸铝　（Aluminum sulfate）

基本原则 4

许多化合物的命名并不遵循传统的系统命名方法，而是采用了已使用多年、更为便捷的通俗名称。例如，H_2O 代表水，NH_3 代表氨气，CH_4 代表甲烷。

Q4 化学家如何定义"纯"物质？

在超市购物时，我们经常会在货架上看见"纯"这个字，如"纯橙汁"。这样的声明似乎表示这一款橙汁中没有人为地添加任何物质。然而，根据化学家的定义，橙汁绝不可能是"纯"的，因为它含有多种物质，包括水、果肉、调味品、维生素和糖。在化学语言之外，混合物有时可以被表示为"纯"的。例如，厨师可能会要求使用"纯发酵粉"。然而，对于化学家来说，这种要求是没有意义的，因为发酵粉是小苏打和硫酸铝钠以及其他许多化学物质的混合物。

从化学家的观点来看，如果一种物质是"纯"的，那么它只由单一元素或单一化合物组成。例如，纯金中只有金元素，纯食盐中只有氯化钠；如果一种物质是"不纯"的，那么它就是一种混合物，包含两种或两种以上的元素或化合物，如图 2-28 所示。

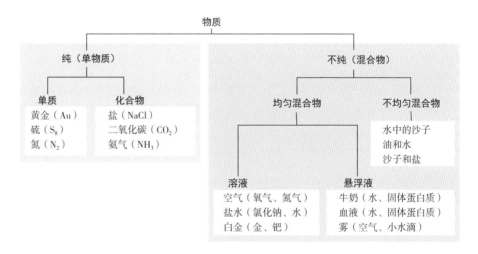

图 2-28 物质的化学分类

因为原子和分子非常小，所以即使是很小的样本中也有无数的原子和分子。只要在众多的原子或分子中有一个是不同的，那么这个样本就不能被称为 100%

的"纯"物质。然而，物质可以通过蒸馏等方法进行提纯。比较两个样本的纯度，纯度越高的样本杂质越少。例如，纯度为 99.9% 的水比纯度为 99.999 9% 的水含有更多杂质。纯度为 99.999 9% 的水很贵，因为这种高纯度的水很难制备。

100 克水中含有大约 3.3×10^{24} 个分子。如果这个样本是理想状态的纯净水，那么其中的每一个分子都是水分子。然而，在实际情况中这几乎是不可能的。

白金为什么比黄金更贵重？

白金是黄金与少量白色金属（如银、钯、铑）的混合物，这样可以增加硬度。铂是一种天然形成的白色贵金属，今天常被用于制造珠宝，其纯度一般为 95%，用 Pt950 表示。铂金是一种白金，其密度也非常高。铂金戒指比普通的黄金或白金戒指更重。

如果这 100 克的水的纯度为 99.999 9%，那么其中含有 99.999 9 克水，这仍然是将近 3.3×10^{24} 个水分子，对吧？然而，如果剩下的 0.000 1 克是溶解的纯铅，就相当于 3×10^{17}（3 万万亿）个铅原子，虽然这个数量与水分子的数量相比很小，但仍然是一个大到惊人的数字。

任何看似纯净的物质都不可避免地含有杂质，有时，这些杂质令人特别感兴趣。溶液中杂质的含量通常以毫克 / 升、微克 / 升、纳克 / 升为单位。

混合物可以是不均匀的，也可以是均匀的。在不均匀混合物中，每种成分都可以看作单独的物质，如橙汁中的果肉、水中的沙子，以及分散在醋中的油珠。在不均匀混合物中，不同的成分是可见的，我们仅凭肉眼就能看到。均匀混合物则具有相同的成分，在其中的任何区域，每一种成分的比例都是相同的。因为不同的成分非常细密地混合在一起，所以各个成分就不再被看作个体。不均匀混合物和均匀混合物示例，如图 2-29 所示。

花岗岩　　　　　　　　　雪景球　　　　　　　　比萨
（a）不均匀混合物

空气　　　　　　　　　清澈的海水　　　　　　　白金
（b）均匀混合物

图 2-29　不均匀混合物和均匀混合物示例

注：图（a），在不均匀混合物中，可以用肉眼看到不同的成分。图（b），在均匀混合物中，不同成分以更小的颗粒度进行混合，因此不易区分。

均匀混合物可以是溶液或悬浮液。在一种溶液中，所有的成分处于同一种状态。例如，我们呼吸的空气是一种气态溶液，由气态氮、氧和少量其他气态物质组成；盐水是一种液态溶液，因为水和氯化钠都是液态的；而固态溶液的典型例子是白金，后文将详细讨论。

当一种物质的颗粒与液体高度混合而未被溶解时，悬浮物就形成了。悬浮物的成分可以是不同的状态，例如悬浮在液体中的固体颗粒或悬浮在气体中的液滴。在悬浮液中，各成分混合得非常充分，难以区分。例如，牛奶是一种悬浮液，因为牛奶中的蛋白质和脂肪均匀地分散在水中；血液也是一种悬浮液，由分散在水中的血细胞组成。悬浮物的另一个例子是云，它是由悬浮在空气中的微小水滴组成的均匀混合物。当光照射在悬浮物上时，会被组成悬浮物的成分折射，从而形成斑驳的光线，如图 2-30 所示。

　　在实验室中，一种用于区分悬浮液和溶液的简单方法是用离心机旋转分离实验样本，如图 2-31 所示。该装置以每分钟数千转的速度旋转，可以分离悬浮液的成分，但不能分离溶液的成分。

图 2-30　当光照射到悬浮物上时产生折射

血液
（悬浮液）

离心机

血浆（溶液）
白细胞
红细胞

图 2-31　用离心机分离实验样品（血液）

注：血液是一种悬浮液，可以通过离心机分离出它的成分，包括血浆（一种淡黄色的溶液）和白细胞、红细胞。血浆中的成分不能再分离，因为离心机对溶液不起作用。注意，血浆、白细胞和红细胞都可以从血液中被分离出来，然而这些成分本身都不是纯的。

Q5 纳米技术如何改变未来？

　　巴基球的发现者之一里查德·斯莫利曾主张，如果将碳纳米管发展成电线，就能得到一种理想的长距离高效输电材料。如果有这样的基础设施，美国大平原的风能就可以满足整个美国的电力需求。

　　纳米技术真的有潜力成为一种有应用前景的新兴技术吗？让我们从纳米技

术的发展史中寻找答案。

1947 年，随着固态晶体管的发明，微电子技术时代拉开帷幕。固态晶体管是一种用来充当电子信号网关的设备。工程师们很快就掌握了将许多晶体管集成在一起的技术，以创建能够执行计算程序的逻辑电路板。逻辑电路板中的晶体管越多，其功率就越大。工程师们开始把越来越多的晶体管集成在一起，形成越来越小的逻辑电路板。最终，有的逻辑电路板达到微米（1×10^{-6} 米）级的尺度，因此有了"微技术"这个词。在晶体管发明之初，很少有人意识到微技术对社会的影响将从个人计算机蔓延到手机，再蔓延到互联网。

今天的人们正处于一场技术革命的开端。技术的进步把我们从微米领域带到了纳米（1×10^{-9} 米）领域，这是单个原子和分子的领域。在这个领域中，我们已经了解了物质的基本组成部分。用于这个领域的技术被称作纳米技术，没有人确切地知道纳米技术将对社会产生什么影响，但人们已经意识到它存在巨大的潜力——很可能比微技术的潜力大得多。

纳米技术通常涉及 1 ～ 100 纳米尺度的操作。从这个角度看，一个 DNA 分子大约有 2 纳米宽（人类 DNA 的总长度甚至可以达到 1 米），而一个水分子大约只有 0.2 纳米宽。像微技术一样，纳米技术也是跨学科的，要应用它，需要化学家、工程师、物理学家、分子生物学家等人通力合作。

有趣的是，市场上已经有很多产品是通过纳米技术开发的。这些产品包括防晒霜、防雾镜子、牙齿黏合剂、汽车的催化转化器、不沾污渍的衣服、水过滤系统、硬盘磁头等。然而，纳米技术目前仍处于起步阶段，它的潜力可能还需要几十年才能充分显现，如图 2-32 所示。

●∙ 趣味课堂 ∙●

金条在原子层面也是金色的吗？

　　纳米科学的一个有趣发现是，一种材料在原子层面的特性可能与其在宏观上所表现出的特性有所差别。例如，一根金条是金色的，而一层金原子是暗红色的。目前，已经有许多科学家在研究纳米材料的独特性能，未来肯定会出现许多与之相关的新的应用。

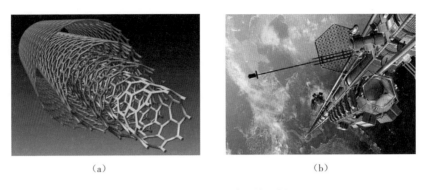

图 2-32　纳米材料的应用前景广阔

注：图（a），碳纳米管可以相互嵌套，形成目前已知的最坚固的纤维。图（b），直径为 1 毫米
的线可以拉起重约 6 000 千克的物体，如此坚固的材料可以用来建造科幻小说中描写的太空电梯。

　　制造纳米材料主要有两种方法：自上而下和自下而上。自上而下的方法是微技术向越来越小的尺度的延伸。例如，一块纳米级的电路板可能是用激光从一块更大的电路板上挖刻出来的。自下而上的方法则是一个原子一个原子地构建纳米级的物体。这两种方法都会用到一个非常重要的工具，那就是扫描探针显微镜，它通过超薄探针来探测和识别材料表面的原子，其原理如图 2-33 所示。

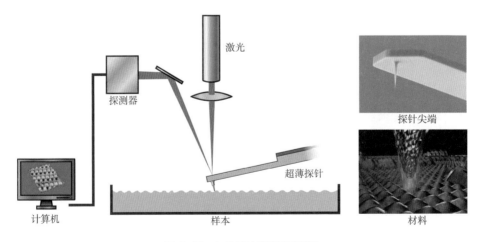

图 2-33　扫描探针显微镜原理图

注：这种显微镜通过连接在微型悬臂上的超薄探针来探测和识别材料表面的原子。

　　探针尖端被拖过材料表面，针尖和材料表面原子之间的相互作用引起探针的移动，激光束会检测这些移动，并通过计算机还原出材料表面的结构图像。扫描探针显微镜也常用于将单个原子移动到所需的位置。

纳米技术将使制造体积越来越小、功能越来越强大的计算机所需要的集成电路成为可能。但是，计算机并不需要依靠纳米集成电路来获得更强的处理能力。目前，有一种全新的方法被用于设计计算机的主板，那就是利用分子（而不是电路）进行信息的读取、处理和写入。目前最有希望被用于这种分子计算的是 DNA，也就是存储了生物遗传密码的分子。与传统计算相比，分子计算的一个显著优势是它可以同时运行大量计算。由于二者存在根本性的差异，因此分子计算的速度有一天可能会超越最快的集成电路。不过，分子计算也可能很快就被其他新方法取代，如量子计算或光子计算，因为纳米技术会使这一切成为可能。

纳米技术的幕后专家是大自然。生物有机体是一个由相互作用的分子组成的复杂系统，其所有的功能都是纳米级的。从这个意义上说，生物是大自然制造的纳米级产物。我们只需要看一看自己的身体，就能发现纳米技术的可行性和威力。纳米技术特别适用于医学领域，通过纳米技术，人类将有能力了解几乎任何疾病和衰老的确切原因，并有能力研发出治疗方法。

纳米技术有哪些局限性？从社会角度而言，人类将如何应对纳米技术带来的变化？想一想，以后可能会出现这样的情况：墙面刷上纳米油漆就可以改变颜色，还可以显示视频；军方可以用智能尘埃来寻找并消灭敌人；太阳能电池可以有效地捕获阳光，化石燃料将被淘汰……如今的机器人已经表现出强大的处理能力，以至于人类开始怀疑它们是否已经具有自主意识。在人类的循环系统中漫游的纳米机器人能够摧毁癌症肿瘤和动脉斑块，纳米复制机能够复印包括活的生物体在内的三维物体，纳米药物能使人类的平均寿命延长一倍以上……纳米技术即将为人类带来令人兴奋的技术革命！

要点回顾

- 物质的物理性质会随着外界条件的变化而变化，但这并不意味着会生成新的物质。化学性质用于描述一种物质与其他物质反应，或从一种物质转化为另一种物质的能力。

- 元素周期表不是已知元素的简单排列，这些元素是根据其物理性质和化学性质被排列在表格中的。一个典型的例子就是元素分为金属元素、非金属元素和类金属元素。

- 混合物是两种或两种以上物质的组合，其中的每种物质都保持其原本的物理性质和化学性质。当混合物中的物质相互结合形成化合物时，它们的化学性质会发生变化。

- 从化学家的观点来看，如果一种物质是"纯"的，那么它只由单一元素或单一化合物组成。例如，纯金中只有金元素，纯食盐中只有氯化钠。

- 纳米技术特别适用于医学领域，通过纳米技术，人类将有能力了解几乎任何疾病和衰老的确切原因，并有能力研发出治疗方法。

CONCEPTUAL
CHEMISTRY

03

原子的内部什么样?

妙趣横生的化学课堂

- 为什么用显微镜也看不到单个原子?

- 如果大多数原子是真空的,为什么我们不能穿墙而过呢?

- 原子是如何发光的?

- 为什么电子显微镜分辨细节的能力比普通光学显微镜更强?

- 原子如何结合形成新材料?

得益于现代分析工具的发明，今天的化学家能够检测和鉴定超低浓度的化学物质。质谱仪就是今天应用得最广泛、灵敏度最高的分析工具之一。质谱仪通常与其他分析工具（如气相色谱仪）搭配使用，在混合物挥发并分离成各种成分后，对每种成分进行分析。

例如，机场的技术人员可以利用质谱仪来排查爆炸物。技术人员会对旅客的行李进行擦拭取样，然后将拭子样本放入高灵敏度的光谱仪中，测试样本是否含有危险的化合物。质谱仪还可以和 X 光机一起使用，以识别行李中物品的密度。

许多炸药的密度与水相近，这就是旅客行李中的水或液体洗漱用品都需要进行安全检查的原因。有一些 X 光机还能评估组成行李的原子的平均原子序数。这很有用，因为构成炸药的化学物质往往含有大量的氮（原子序数为 7），所以行李中平均原子序数为 7 左右的区域就很可能含有爆炸性物质。

科学家对原子的研究已经影响到人类生活的方方面面。前文已经介绍过，物质是由被称为原子的基本单位构成的，本章将继续探索原子是如何由更基本的亚原子粒子——包括电子、质子和中子构成的。

Q1 为什么用显微镜也看不到单个原子?

如果地球是由乒乓球组成的,那乒乓球的数量将是巨大的,大致相当于一个棒球内的原子数。换句话说,如果一个棒球有地球那么大,那么它的一个原子就相当于一个乒乓球那么大,如图 3-1 所示。

棒球中的原子　　　　　　　　　　　　组成地球的乒乓球

图 3-1　棒球中的原子和组成地球的乒乓球

原子太小了,人类用肉眼永远看不到一般意义上的原子。这是因为光是以波的形式传播的,而原子的直径远远小于可见光的波长。一个物体中的原子的直径如果小于照亮这个物体的光的波长,那么无论用普通的光学显微镜放大多少倍,都看不见组成物体的单个原子,如图 3-2 所示。我们可以把一台光学显微镜叠在另一台光学显微镜上,但仍然看不到单个原子。

虽然我们不能直接看到原子,但是可以间接生成它们的图像。前文已经用扫描

◆ 趣味课堂 ◆

人类如何实现"相互呼吸"?

原子如此之小,以至于你呼出的每一口气中就有超过 100 亿万亿个原子,其中包括组成你身体的原子。几年内,你呼出的原子会均匀地混合在整个大气圈中。这意味着地球上任何地方的任何人只要吸入一口空气,就会吸入无数曾经组成你的身体的原子。反过来也是一样,你吸入的原子也曾经是某个人的一部分。由此可见,人类真的是在"相互呼吸"。

探针显微镜，通过在样品表面来回拖动超薄探针，帮助计算机生成了样本表面原子结构的图像。虽然这些图像非常引人注目并且有用，但它并没有显示出原子的实际外观。

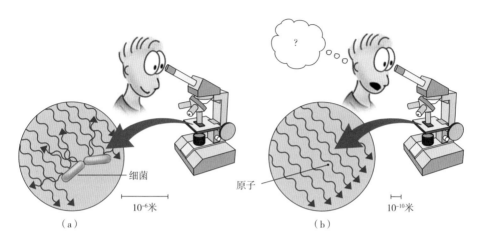

图 3-2 用普通的光学显微镜观察物体

注：图（a），细菌是可见的，因为它的直径比可见光的波长大得多，它可以将可见光反射回我们的眼睛，这样我们就可以通过光学显微镜看到细菌。图（b），原子是不可见的，因为它比可见光的波长小，可见光通过原子时不会发生反射，就像池塘里的一片草叶，经过比它更宽的水波时不会激起涟漪一样。

正如这些图像所暗示的，原子并没有固体表面，它主要由空旷的空间组成。想象一下空旷的空间是什么样子的，你就能更准确地了解原子和分子的真实情况。

既然我们不能看到单个原子，那又该如何研究它呢？答案是通过模型。

一个非常小（或非常大）的可见物体可以用其物理模型来表示，那是一种以更直观的比例展示物体的模型。例如，图 3-3 放大展示了一个微生物的物理模型，生物学专业的学生可

图 3-3 一个微生物的物理模型

能会用它来研究微生物的结构。然而，因为原子是不可见的，所以我们不能使用物理模型来代表它们。换句话说，原子不能像微生物的物理模型那样简单地被放大。因此，化学家不使用物理模型来描述原子，他们使用概念模型，这是一种系统的表示，可以帮助我们预测系统的行为。概念模型越精确，对系统行为的预测就越准确。

概念模型在生活中也很常见。例如，一位篮球教练通过在比赛卡片上画草图来向队员讲解比赛策略。这些草图就是教练用来描述一个系统（球场上的球员）的概念模型，他使用该模型的目的是赢得比赛。

天气预报也是依靠概念模型来预测天气的。概念模型能够展示天气系统的各个组成部分，包括湿度、大气压、温度、电荷及大量空气的运动，是如何相互作用的。其他常用的概念模型包括描述经济、人口增长、疾病传播和团队运动等系统的各种模型。

和天气系统一样，原子是一个由相互作用的超微小组件组成的复杂系统，包括电子、质子和中子。因此，最好用概念模型来描述原子。在使用概念模型的时候，应该注意不要将原子概念模型的任何可视化表示理解为对实际原子的再现。

例如，后文将介绍原子的行星模型：电子围绕着由质子和中子组成的中心（原子核）运行，就像行星围绕太阳运行一样。然而，这个行星模型的作用是有限的，因为它无法解释原子的很多特征。后来，人们采用了更新、更精确、更复杂的原子概念模型。在这些模型中，电子看起来像一团云。当然，这些模型也各有其局限性。

本章将重点介绍原子的概念模型，这些模型很容易用图像来表示，包括行星模型和一个稍微复杂一点的模型，其中电子以被称为壳层的单位分组。尽管这些模型有局限性，但它们对初学者仍然很有帮助。这些模型是伴随着亚原子粒子的发现而发展起来的。

电子的发现

1752 年，本杰明·富兰克林从雷电实验中了解到，闪电是一种通过大气层的电能流。这一发现促使 19 世纪的科学家开始探索电能能否通过大气以外的气体传播。为了找到答案，他们将各种气体封闭在玻璃管中，然后让电流通过玻璃管。

在每种情况下，实验结果都是明亮的光线，如图 3-4a 所示。这意味着电能可以通过不同类型的气体传播。令研究人员惊讶的是，当电流通过空的玻璃管时，也会产生一条射线，而此时玻璃管中没有任何气体，如图 3-4b 所示。这意味着光线并不是通过气体才发光的，它本身就可以发光。

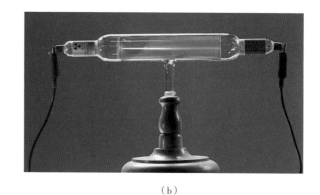

（a）　　　　　　　　　　　　　　　（b）

图 3-4　电流通过玻璃管的实验

注：图（a），电流通过充满氖气的玻璃管时产生明亮的红光。图（b），电流通过真空玻璃管时会发绿光。

实验表明，射线是从带负电荷的管的末端射出的。因为这个带负电荷的一端被称为阴极，所以如图 3-5 所示的装置被称为阴极射线管。磁场使射线偏转，可以使用带电的小金属板（极板）产生磁场。当使用这样的极板时，射线总是偏向带正电的极板而远离带负电的极板。同种电荷相互排斥，这意味着阴极射线带负电荷。射线的速度比光速要慢得多。由于具有这些特性，射线看起来似乎更像一束粒子，而不是一束光。

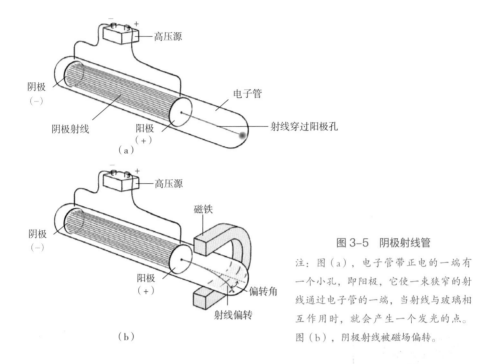

图 3-5　阴极射线管

注：图（a），电子管带正电的一端有一个小孔，即阳极，它使一束狭窄的射线通过电子管的一端，当射线与玻璃相互作用时，就会产生一个发光的点。图（b），阴极射线被磁场偏转。

　　1897 年，约瑟夫·约翰·汤姆逊（Joseph John Thomson）在阴极射线管外放置了一块磁铁，他用这个方法测量了磁场中阴极射线的偏转角度。他推断，阴极射线的偏转角度取决于组成它们的粒子的质量和电荷。粒子的质量越大，惯性越大，它对运动变化的阻力就越大，从而产生的偏转角度也就越小。粒子的电荷越大，磁场之间的相互作用就越强，从而产生更大的偏转角度。由此，他得出结论，偏转角度与粒子的电荷与质量之比成正比：

$$偏转角度 \propto \frac{电荷}{质量}$$

　　然而，只知道偏转的角度是无法计算每个粒子的电荷或质量的。要计算质量，需要知道电荷；要计算电荷，需要知道质量。

　　1909 年，美国物理学家罗伯特·密立根（Robert Millikan）使用图 3-6 所示的实验装置测出了电子的电荷量。密立根将微小的油滴喷入一个特别设计的腔室，这些油滴通过带电平板上的一个孔后会捕获电子并因此带上了负电荷。然后，他反转了平板的电荷极性，使油滴受到向上的电场力作用。他通过调整平板所带电荷的强度，可以让不同大小的油滴静止不动，悬浮在腔室中。当油滴悬浮时，向上的电场力与向下的重力正好平衡。

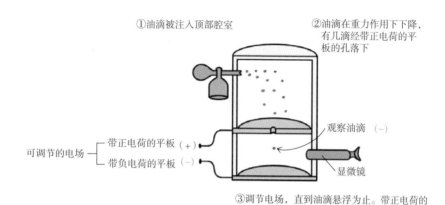

①油滴被注入顶部腔室

②油滴在重力作用下下降，有几滴经带正电荷的平板的孔落下

观察油滴 （−）

可调节的电场 —— 带正电荷的平板 （＋）
带负电荷的平板 （−）

显微镜

③调节电场，直到油滴悬浮为止。带正电荷的平板施加在油滴上的向上的电场力恰好与油滴受到的向下的重力平衡

图 3-6 密立根通过油滴实验测出了电子的电荷量

重复测量表明，每个油滴所带的电荷都是一个非常小的值（1.60×10^{-19} 库仑）的倍数。因此，密立根认为这个值是所有电荷的基本单位。结合汤姆逊发现的电子的电荷与质量之比，密立根计算出阴极射线粒子的质量比已知最小的氢原子的质量还要小得多。这一发现令人震惊，因为当时的人们普遍认为原子是最小的物质粒子。通过油滴实验，密立根发现了一种比原子还小的粒子。

今天，阴极射线粒子被称为电子，这一名称来自希腊语中的 electrik（琥珀）一词，这是古希腊人用来研究静电效应的一种材料。电子是所有原子的基本组成部分，所有电子都是相同的，每个电子都带负电荷，电子的质量非常小，仅有 9.1×10^{-31} 千克。电子在原子中的排列方式决定了物质的性质，包括化学性质和味道、质地、外观和颜色等物理性质。

后来，阴极射线电子流得到了广泛应用，最具代表性的就是早期的电视机。这些电视机并不是我们熟知的具有液晶显示屏的电视机，而是采用阴极射线管制造的。这种电视机的屏幕上涂有磷光材料，来自电视台的信号会使电子管中的带电极板控制光线的方向，这样图像就会被投射到屏幕上。

19世纪，欧洲科学界认为大多数美国科学家是天才发明家，但他们的思考或发现缺乏深度。这种态度在20世纪初有所改变，主要归功于密立根等美国科学家的工作。密立根在设计实验和得出结论方面均表现出色。除了进行科学研究，他还花了很多时间撰写教科书，这样他的学生就不必太依赖于他的讲堂讲授。密立根于1923年获得诺贝尔物理学奖，并于1921—1945年担任加利福尼亚理工学院院长。

Q2 如果原子内部大部分是空的，为什么我们不能穿墙而过呢？

1910年左右，新西兰物理学家欧内斯特·卢瑟福（Ernest Rutherford）获得了一幅精确的原子图像。卢瑟福进行了著名的金箔实验，这个实验首次证明原子内部的大部分空间是空的，其质量集中在一个叫作原子核的微小核心中。

如果原子内部大部分是空的，为什么它们不会穿过彼此呢？这是因为电子之间相互排斥，使得两个原子只能非常接近，而不会相互穿透。这就解释了为什么当你站在地板上的时候，重力不会把你拉到地板下面。因为当重力把你往下拉的时候，地板上的原子和你脚上的原子之间的排斥力会把你推上去。当你站在地板上时，这两种力是平衡的，你会发现自己既不会下降，也不会上升。

同样，当你手上的原子与墙上的原子接触时，你手上的电子与墙上的电子之间的排斥力会阻止你的手穿过墙壁。你会感觉到的这种排斥力是一种将你往回推的力，触觉正是来自这些排斥力。有趣的是，当你接触某人时，你的原子和某人的原子并没有接触。因为当你们的原子靠得足够近时，你们就会感觉到一种排斥力。这时，你们之间仍然有一个微小的，难以察觉的距离，如图 3-7 所示。

图 3-7 肢体接触但原子并未接触

注：这对亲密的母子的原子并没有接触。

原子核的发现

那么，卢瑟福的金箔实验是如何揭示原子核的存在的呢？

在金箔实验中，一束带正电荷的 α 粒子被引导穿过一片非常薄的金箔，如图 3-8 所示。由于已知 α 粒子的质量是电子质量的数千倍，因此预计 α 粒子流在通过金箔的"原子布丁"[①]时不会受到阻碍。

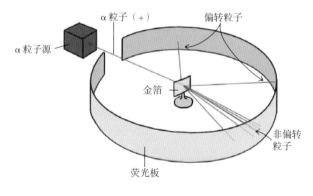

图 3-8 卢瑟福的金箔实验

注：当一束带正电的 α 粒子射向一片金箔时，大多数粒子未经偏转就通过了金箔，但有些粒子发生了偏转。这一结果表明，单个金原子大部分都是空的，其质量集中在中心的原子核上。

---

① "原子布丁"这一概念，由英国物理学家汤姆逊提出，他认为原子可能是由数千个微小的负电荷粒子聚集在一团正电荷中构成的，这种结构很像葡萄干布丁中的李子和葡萄干。——编者注

在大多数情况下，事实也的确如此。几乎所有的α粒子都穿过了金箔。然而，一些α粒子在通过金箔时偏离了原有的直线路径，其中有几个甚至直接掉头！这些α粒子一定撞到了质量较大的物体，那是什么呢？

卢瑟福推断，未偏转的α粒子穿过了金箔上的空白区域，而偏转的α粒子则被一个密度极大的正电荷中心所排斥，如图3-9所示。卢瑟福认为，每个原子都包含一个这样的中心，他将其命名为原子核。

卢瑟福猜测原子核必须带正电荷，以平衡电子的负电荷。他还猜测，电子不是原子核的一部分，而是存在于原子中的某个地方。今天我们已经知道，电子确实存在于原子核之外，并以超高速绕着原子核旋转，如图3-10所示。

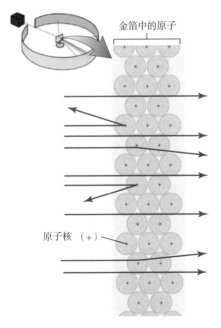

图 3-9　一部分α粒子穿过金箔，另一部分被反弹

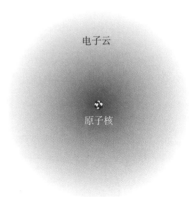

图 3-10　电子围绕着原子核旋转，形成一团极薄的云

注：如果按实际比例绘制这幅图的话，原子核会太小，根本看不见，原子中的大部分空间都是空的。

从图3-10可以看出，原子中的大部分空间都是空的。一个原子的直径大约是其原子核直径的 10 000 倍。如果一个原子核有这句话末尾的句号那么大，那么该原子的外缘将位于 3.3 米之外。因为电子比原子核还小，而且它们彼此之间（以及与原子核之间）是分离的，所以原子中的大部分空间实际上都是空的——就像太阳系大部分空间都是空的一样！

除了发现原子核，卢瑟福还是第一个描述和命名许多核现象的人。因为展示了铀等元素如何通过放射性衰变成为不同的元素，他于 1908 年获得了诺贝尔物理学奖。当时，一种元素转变为另一种元素的想法令人震惊，并遭到了极大的质疑，它让人想起欧洲中世纪的炼金术。

质子和中子

今天，我们通过原子序数来识别元素。原子序数是指给定元素的每个原子核中的质子数。元素周期表按照原子序数递增的顺序列出各种元素。例如，每个氢原子核中有 1 个质子，因此氢元素的原子序数是 1；每个氦原子核中有 2 个质子，因此氦元素的原子序数是 2，以此类推。

如果我们比较不同原子所带的电荷和它们的质量，就会发现组成原子核的不仅是质子。例如，氦原子所带的电荷是氢原子的 2 倍，但质量是氢原子的 4 倍。增加的质量来自在原子核中发现的另一种亚原子粒子——中子，它是由英国物理学家詹姆斯·查德威克（James Chadwick）在 1932 年首次探测到的。

中子的质量和质子差不多，但中子不带电荷。任何不带电荷的物体都被称为电中性体，这就是"中子"这一名称的由来。后文将详细讨论中子在把原子核结合在一起时所起的重要作用。

质子和中子都被称为核子，这表明了它们在原子核中的位置。图 3–11 显示了一个包含许多核子（质子和中子）的原子核。表 3–1 总结了关于这些亚原子粒子（电子、中子和质子）的基本事实。

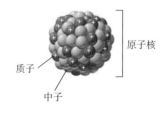

原子核

质子

中子

图 3-11　包含许多核子的原子核

注：这个原子核中的质子和中子聚集在一起。不过，这不是原子核真正的样子。原子核就像原子一样，主要由空的空间构成，其中充满了能量，后文将详细介绍其组成和作用。

表 3-1　亚原子粒子

	粒子	电荷	相对质量	实际质量 / 千克
	电子	−1	1	$9.11 \times 10^{-31*}$
原子核 {	中子	+1	1 836	1.673×10^{-27}
	质子	0	1 841	1.675×10^{-27}

* 9.11×10^{-31} 千克 = 0.000 000 000 000 000 000 000 000 000 000 911 千克。

　　元素不同，其原子核中的中子数也不同。例如，大多数氢原子（原子序数为 1）没有中子，一小部分氢原子有 1 个中子，还有个别氢原子有 2 个中子。同样，大多数铁原子（原子序数 26）有 30 个中子，一小部分铁原子有 29 个中子。类似于上面这种原子序数相同但中子数量不同的元素叫作同位素。我们可以通过质量数来识别同位素，质量数是原子核中质子和中子的总数，换句话说就是核子数。在图 3-12 中，只有 1 个质子的氢同位素被称为氢-1，其中 1 为质量数。有 1 个质子和 1 个中子的氢同位素被称为氢-2，有 1 个质子和 2 个中子的氢同位素被称为氢-3。以此类推，有 26 个质子和 30 个中子的铁同位素被称为铁-56，有 29 个中子的铁同位素被称为铁-55。

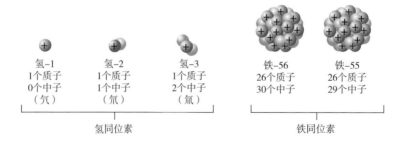

氢-1
1 个质子
0 个中子
（氕）

氢-2
1 个质子
1 个中子
（氘）

氢-3
1 个质子
2 个中子
（氚）

氢同位素

铁-56
26 个质子
30 个中子

铁-55
26 个质子
29 个中子

铁同位素

图 3-12　氢和铁的同位素

　　另外一种表示同位素的方法是在原子符号的左边把质量数写成上标，把原子序数写成下标。例如，质量数为 56、原子数为 26 的铁同位素可以写成：

$$\text{质量数} \searrow {}^{56}_{26}\text{Fe} — \text{原子符号}$$
$$\text{原子序数} \nearrow$$

　　一种同位素的中子数等于它的质量数减去它的原子序数：

$$
\begin{array}{r}
\text{质量数} \\
- \quad \underline{\text{原子序数}} \\
= \quad \text{中子数}
\end{array}
$$

识别同位素

　　原子以电的方式相互作用。因此，原子之间的作用在很大程度上取决于该原子包含的带电粒子，尤其是电子的情况。一种元素的同位素差别只是质量数不同，其所带的电荷是相同的。因此，一种元素的同位素有许多共同的特征。事实上，作为化学物质，它们是无法区分的。例如，含有 7 个中子的碳原子的糖分子与含有 6 个中子的碳原子的糖分子在被人体消化时并没有什么不同。有趣的是，人类食物中的碳大约有 1% 是碳–13 同位素，每个原子核中含有 7 个中子，剩余 99% 的碳则是更常见的碳–12 同位素，每个原子核中含有 6 个中子。

　　一个原子的总质量被称为它的原子质量。这是原子所有组成部分（电子和原子核）的质量总和。由于电子的质量比原子核小得多，因此它们对原子质量的贡献可以忽略不计。

　　质量数和原子质量这两个词都包含"质量"，很容易混淆。质量数是同位素中核子的数量。原子的质量数不需要单位，因为它只是一个数。原子质量则是有单位的，用原子质量单位（amu）表示。如果有必要，可以使用以下关系式将原子质量单位换算为克：

$$1 \text{ 个原子质量单位} = 1.661 \times 10^{-24} \text{ 克}$$

1 个原子质量单位略小于单个质子的质量，本书将在后文详细介绍。元素周期表中所列的原子质量均以原子质量单位表示，如图 3–13 所示。前面已经介绍过，元素周期表中显示的某元素的原子质量，实际上是该元素在自然界中各种同位素的平均原子质量。

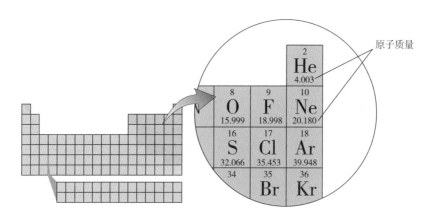

图 3–13　元素周期表中的原子质量

注：氦的原子质量是 4.003，氖的原子质量是 20.180。

Q3 原子是如何发光的？

原子受到能量（如热或电）的作用会发光。一种特定元素的原子在气态时只发出特定频率的光，因此每一种元素在通电时都会发出独特的光：钠原子发出明亮的黄色光，这使得它可以用作路灯的光源，因为人眼对黄色光非常敏感；氖原子发出明亮的红橙色光，因此它可以作为霓虹灯的光源。

科学家建立了现代原子模型来解释原子是如何发光的。为了帮助大家理解和欣赏这些模型，下面先回顾一些关于光的基本概念。

每一个带电粒子的周围都有一个电场，这是一个空间区域，带电粒子在电场中可以通过电场力相互作用。如果一个电子开始振动，电子周围的电场就会以相同的频率振动。有趣的是，这样的振动电场会产生一个与它互补的振动磁场，这个磁场反过来又加强了这个电场，最终的结果是一系列自增强的电磁波从每一个振动的电子传播出去。

打个比方，如果你在静止的水中来回摇动一根棍子的一端，水面上就会产生向外扩散的波。同样，如果你在某个空间中摇晃一根带电的棍子，空间中就会产生电磁波，这些电磁波也会向外传播。电磁波的形成是由于电场和磁场的垂直振荡，而不是由于水、空气等物质介质的振荡。电磁波在传播过程中会产生电磁辐射。人们生活中的大部分电磁辐射是由电子产生的，电子的体积很小，它们可以以极高的频率振荡。

两个波峰之间的距离叫作电磁波的波长。图 3-14 展示了两个波长——一个很长，另一个很短。请注意，这只是为了说明而虚构的波。电磁波也可以用波频率来表征，这是对振荡速度的一种量度。波频率的单位是赫兹（Hz）。波的频率越高，波长越短，能量越大。

图 3-14 显示了电磁波的全部频率和波长范围，这种图表被称为电磁波谱。电磁波谱中能量最高的是 γ 射线区域，接下来是能量稍低的区域，在那里可以看到 X 射线，然后是紫外线区域。接下来，在一个频率为 4×10^{14}（400 万亿）～ 7×10^{14}（700 万亿）赫兹的狭窄区域内，是我们日常可以见到的光线，被称为可见光。这个区域包括人眼能

◦— 趣味课堂 —◦

你能看到或听到无线电波吗？

无线电波是电磁波的一种，它们的频率比可见光的频率低得多。因此，人眼看不到无线电波。不过，当我们打开收音机时，无线电波能被转换成电信号，驱动扬声器，产生能被人耳听到的声音。

够看到的彩虹的颜色——从频率为 400 万亿赫兹的红色到频率为 700 万亿赫兹的紫色。比可见光能量更低的是红外线区域，虽然看不见它们，但是我们的皮肤能够接收到来自它们的热浪。接下来是微波区域，它们常用来烹饪食物。最后是无线电波区域，它们常用来发送无线电和电视信号，它们也是能量最低的波。

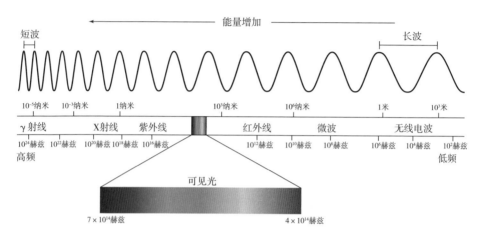

图 3-14　电磁波谱

注：电磁波的频谱是一个连续的频带，其从短波和高频、高能 γ 射线延伸到长波和低频、低能无线电波。这些名称只用于分类，所有的波在性质上都是一样的，只是波长和频率不同而已。有趣的是，它们都以光速（约 3×10^8 米／秒）传播。

当所有频率的可见光同时到达人眼时，人眼就会看到白光。使白光通过棱镜或衍射光栅，可以是上面刻有细微线条的一块玻璃板或塑料片，就可以分离出每一种颜色的光，如图 3–15 所示。

每种颜色的可见光对应一种频率。分光镜是一种可以用来观察光源颜色成分的仪器，其工作原理如图 3–16 所示。正如接下来将要讨论的，借助分光镜，我们可以分析元素发出的光的频率，从而判断元素的种类。

●—— 趣味课堂 ——●

如何测算一颗恒星的年龄？

要判断一颗恒星的年龄，可以从它的元素组成入手。最早、最古老的恒星是由氢和氦组成的，因为它们是当时仅有的元素。较重的元素是早期的恒星在发生超新星爆炸后产生的，后来形成的恒星在它们的形成过程中吸收了这些较重的元素。一般来说，一颗恒星越年轻，它所包含的较重的元素就越多。

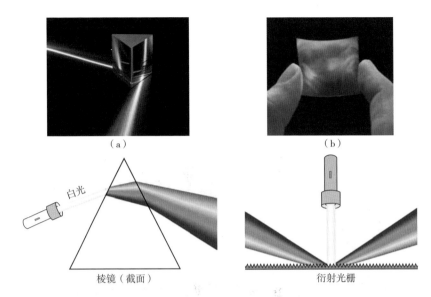

图 3-15 通过棱镜和衍射光栅将白光分离为多种颜色的光

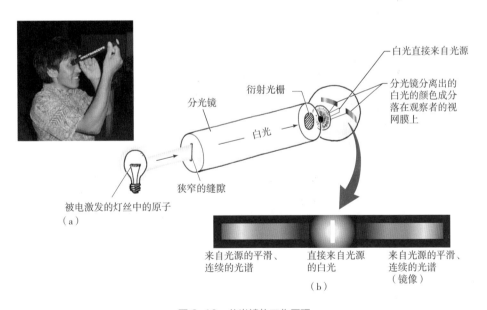

图 3-16 分光镜的工作原理

注：图（a），原子发出的光经过一个窄缝，然后通过分光镜或衍射光栅分离出特定的频率。图（b），这就是人眼看到的效果，当分光镜的狭缝指向白光光源时，光谱就会出现在狭缝的左边和右边。

当我们通过分光镜观察原子发出的光时，看到的是由一系列离散的（彼此分离的）频率线条组成的光谱，而不是像图 3-16 所示的连续光谱。当元素被加热时，会发出不同颜色的光，这些不同颜色的光组成了该元素的原子光谱，如图 3-17 所示。原子光谱是元素的"指纹"，我们可以使用分光镜分析光线，并通过寻找原子光谱来识别光源中所含的元素。

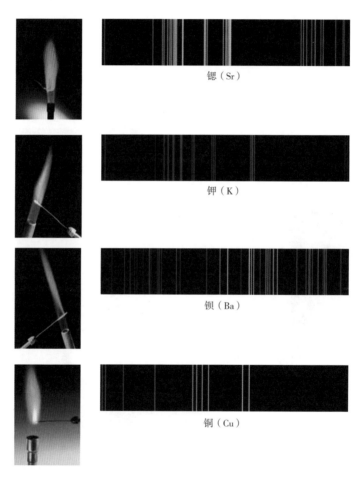

锶（Sr）

钾（K）

钡（Ba）

铜（Cu）

图 3-17 不同元素被加热时发出不同颜色的光

注：这种方法常用于测试样品中存在哪些元素。当通过分光镜观察时，每种元素都呈现出其特有的原子光谱。

如何推断一颗恒星由哪些元素组成？

　　只需要将一个做工精良的分光镜对准这颗恒星，研究它的光谱模式，即可推断它的元素组成。19世纪末，人们对离地球最近的恒星——太阳也做了同样的实验，并观察到了氢和其他一些已知元素的光谱。此外，人们还观测到了一种无法识别的光谱。当时的科学家由此得出结论，这种不明光谱一定属于一种尚未被发现的元素，他们将这种元素命名为氦（helios），这个词来自古希腊语，意为"太阳"。

量子假说

　　德国物理学家马克斯·普朗克（Max Planck）为人类理解原子及其光谱做出了重要贡献。此前我们已经知道，一块金砖的质量等于单个金原子质量的整数倍。同样，电荷总是单个电子电荷的整数倍。由此可以得出结论，质量和电荷都是量子化的，因为它们都由若干基本单位组成。1900年，普朗克做出一个大胆的假设：光能和物质一样是量子化的。

　　普朗克把每一个离散的光能的组成部分定义为一个量子，如图3-18所示。几年后，爱因斯坦认识到光能量子很像微小的物质粒子。为了强调它的微粒性质，他将光能量子称为photon（光子），这个名字源于英文单词electron（电子）。

光源　　　　　　　　　　　　　　　　　　　　　　光束

光的一个量子

图 3-18　普朗克的量子假说

注：光是量子化的，这意味着它由一连串的能量包组成，每个能量包被称为一个量子，也称为一个光子。

丹麦科学家尼尔斯·玻尔（Niels Bohr）用普朗克的量子假说解释了原子光谱的形成：首先，电子离原子核越远，其具有的势能越大，这类似于物体在高出地面时具有更大的势能；其次，当一个原子吸收一个光子时，是在吸收能量，吸收的能量由其中一个电子获得，而这个电子因为获得了能量，所以必须离开原子核。

玻尔意识到，相反的情况也是成立的：当一个原子中的高势能电子失去部分能量时，电子就会靠近原子核，而电子中损失的能量会以光子的形式从原子中释放出来，如图 3-19 所示。

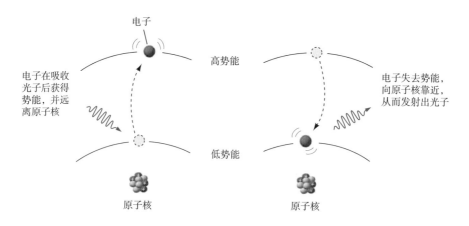

图 3-19 玻尔用量子假说解释了原子光谱的形成

注：当原子吸收一个光子时，电子会远离原子；当原子释放一个光子时，电子会移动到离原子核更近的地方。

玻尔推断，因为光能是量子化的，所以原子中电子的能量也一定是量子化的。换句话说，一个电子不可能有任意数量的能量。但在原子内部一定有若干不同的能级，这就类似于楼梯的台阶——一个人在楼梯上的位置由台阶的位置确定，人不能站在两级相邻台阶的中间，如图 3-20 所示。

图 3-20 人不能站在两级相邻台阶中间

同样，一个原子中只能存在有限数量的能级，而一个电子只能存在于某一个能级上。玻尔给每个能级赋予一个量子数 n，n 总是一个整数。最低能级的量子数 $n=1$。在 $n=1$ 能级上的电子尽可能靠近原子核，在 $n=2$、$n=3$ 能级上的电子则以循序渐进的方式远离原子核。

根据这一想法，玻尔提出了一个概念模型。在这个模型中，电子绕着原子核移动，其与原子核之间的距离被限制在一定的范围内，这些距离由电子能量的大小决定。玻尔认为这个模型类似于行星在距太阳一定距离的轨道上围绕太阳运行。因此，任何原子所允许的能级都可能图形化地表示为围绕原子核的轨道。玻尔的原子量子化模型因此被称为行星模型，如图 3-21 所示。

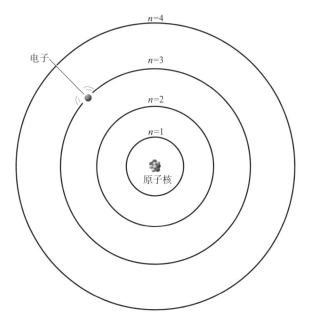

图 3-21　玻尔提出的行星模型
注：电子绕原子核运动，就像行星绕太阳运动一样。这个模型能帮助我们理解为什么电子只能拥有一定数量的能级。

玻尔还用行星模型解释了为什么原子光谱中只包含有限数量的光子频率，如图 3-22 所示。根据该模型，当电子从能量较高的外层轨道移动到能量较低的内层轨道时，会发射出光子。一个被发射出的光子释放的能量等于两个轨道之间的能量差。因为电子被限制在离散的轨道上，所以只有特定的光频率被发射出来，正如原子光谱所显示的那样。

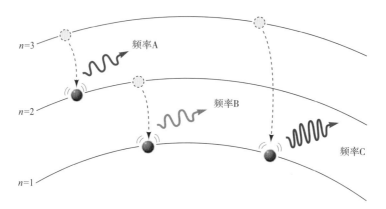

图 3-22　原子发出（或吸收）的光子频率与电子轨道之间的能量差成正比

注：因为轨道之间的能量差异是离散的，所以发射（或吸收）的光子的频率也是离散的。这里的电子只能发射 3 种频率（A、B、C）的光子。跨越的能级越多，所发射的光子的频率就越高。

有趣的是，两个轨道之间的任何转换都是瞬间完成的。换句话说，电子不会像松鼠从较高的树枝跳到较低的树枝那样，从较高的轨道跳到较低的轨道，电子在两个轨道之间移动不需要时间。玻尔认为，电子只能存在于某一个能级上，绝不可能存在于两个能级之间。

玻尔的行星模型一经提出就得到了广泛认可。借助普朗克的量子假说和玻尔的行星模型，原子光谱之谜得到了解决。不过，行星模型还是有其局限性——它没有解释为什么原子的能级是量子化的。后来，玻尔自己也指出，行星模型只是一个粗略的假设，而电子围绕原子核旋转的具体过程是非常复杂的，其中的奥秘还有待后人去揭开。

玻尔和爱因斯坦是好朋友兼同事，如图 3-23 所示，但他们对量子理论及其哲学含义的看法有所

图 3-23　玻尔和爱因斯坦

不同。爱因斯坦接受量子理论,但他同时又是量子理论最激烈的批评者之一。玻尔回应了爱因斯坦的大部分批评,二人之间的辩论贯穿了他们的后半生。

Q4 为什么电子显微镜分辨细节的能力比普通光学显微镜更强?

使用电子显微镜能够分辨用光学显微镜无法分辨的细节,如图3-24所示,这是因为电子显微镜利用了电子的波动特性,电子束的波长通常比可见光的波长短得多。要想深入了解电子的波动特性,我们还要从法国物理学家德布罗意(Louis de Broglie)那革命性的发现说起。

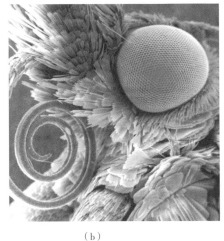

(a)　　　　　　　　　　　　　　　(b)

图 3-24　电子显微镜比光学显微镜能够显示更多的细节

注:图(a),实验室里常用的电子显微镜。图(b),用电子显微镜以200倍的"低"放大倍数观察到的雌蚊头部的细节。

如果光同时具有波和粒子的性质,那为什么物质粒子(如电子)不能同时具有波和粒子的性质呢?这个问题是德布罗意于1924年提出的,当时他还是巴黎大学的一名研究生。对于这个问题,德布罗意自己提出了一个革命性的回答,那就是每一个运动的物质粒子都凭借其运动能量而被赋予了波的特性。

现代科学已经证明，一切物质都具有波的基本特性。电子或任何粒子都可以表现为波或粒子，这取决于我们的观测方式。电磁波的这一特性叫作波粒二象性。在德布罗意提出上述问题的几年之后，英国和美国的研究人员通过观察电子从晶体中反弹时的衍射和干涉效应，证实了电子具有波动性质。电子波动性质的一个实际应用是电子显微镜，它聚焦的不是可见光，而是电子波。

可以用电子的波动性质来解释为什么原子中的电子只能被限制在特定的能级上：那些特定的能级是电子波在原子核周围形成稳定轨道时自然形成的。

作为类比，下面来看如图 3–25a 所示的电线圈振动装置。这根电线被固定在一个机械振动器上，形成一个圈，调整振动器，可以产生一系列穿过电线的波。如果波的长度等于电线的长度（或电线的一部分），就形成了所谓的驻波，如图 3–25b 所示。在驻波中，大小相同的波相互重叠，并且以这种方式产生最大强度区域和最小强度区域。最大强度区域是波峰（波的最高点）与波峰重叠处，以及波谷（波的最低点）与波谷重叠处。最小强度区域是波峰和波谷重叠并相互抵消的地方。最小强度区域的中心是一个强度为零的点，被称为节点。

对于给定的线圈尺寸，只有用特定的波长才能产生稳定的驻波。因为用其他波长都不能正确对齐，结果将是混沌运动，如图 3–25c 所示。这种方法同样适用于原子中的电子波。人们发现，只有特定的电子波长才能形成驻波，这些特殊的电子波长也因其稳定性而备受青睐。

但是，为什么电子具有波的特性呢？根据德布罗意的说法，电子的波长与其能量有一定的关系，如果只有特定波长的电子能够稳定存在，那么就只能得到特定数量的能量。换句话说，原子中电子的能量是量子化的。电子的每一个驻波都对应图 3–21 和图 3–22 中的一个能级。只有当光子的频率和两个能级之间的能量差相匹配时，原子才能吸收该光子。电子的波动特性也解释了为什么它们不会靠近吸引它们的原子核。通过把每个电子轨道看作驻波，我们可以得出以下结论：电子最小轨道的周长可以不小于单个电子的波长。

仔细观察图 3-25b 中的驻波，可以看到有些区域的电线振动强烈，而有些区域的电线似乎根本不振动。与此类似，原子中的电子波在某些区域的振动比在其他区域更强烈。

机械振动器　电线圈

（a）电线圈振动装置　　　　　（b）波长是自增强的　　　　　（c）波长产生混沌运动

图 3-25　电线圈振动实验

注：图（a），将电线圈固定在静止的机械振动器柱上，当柱子振动时，波就通过导线传送出去。图（b），只有特定波长的波才能形成驻波，这里显示的波长是环长的 2/3。图（c），其他波长会导致混沌运动，不产生最大强度区域和最小强度区域。

概率云和原子轨道

1926 年，奥地利科学家薛定谔提出了一个令人瞩目的方程，用它可以计算出原子中电子波的强度。人们认识到：在任意位置上的波的强度决定了在该位置上找到电子的概率。换句话说，电子最有可能在波的强度最大的地方被发现，而最不可能在波的强度最小的地方被发现。如果我们能把一个给定能量的电子在一段时间内的位置绘制成一系列小点，那么得到的图案类似于所谓的概率云。图 3-26a 显示了氢原子中电子的概率云，云团的密度越大，在该区域找到电子的可能性就越大。密度最大的区域对应着电子波的强度最大的区域。因此，概率云是电子三维波实际形状的近似值。有趣的是，概率云没有明显的表面。电子可能离原子核非常远，电子出现的概率会随着它与原子核距离的增加而迅速减小。

原子轨道就像概率云一样，它指定了电子最有可能被发现的区域。按照惯例，原子轨道可以用来描绘 90% 的电子所在的区域。这给了原子轨道一个明显的边界，如图 3–26b 所示。这个边界是任意的，因为电子可能存在于它的任意一侧，但是电子几乎所有的时间都在边界内运动，所以概率云和原子轨道本质上是一样的。二者的不同之处在于，原子轨道指定了一个外部极限，这使得它们更容易用图形来描述。

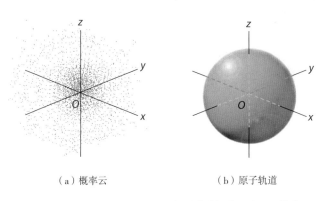

（a）概率云   （b）原子轨道

图 3-26　氢原子中电子在 xyz 坐标系中的概率云和原子轨道

注：图（a），氢原子的原子核位于原点，也就是 3 条线相交的地方，点越集中，在那里找到电子的概率就越大。图（b），氢原子中电子的原子轨道，电子 90% 的时间在这个轨道的范围内。

常见的原子轨道有 4 种类型，具体如表 3–2 所示，其中有些相当精致。通常用字母 s、p、d、f 来命名这 4 种轨道。其中最简单的是球形的 s 轨道；p 轨道有 3 种形状，均由两个部分组成，类似于一个沙漏，中心有一个节点，3 种 p 轨道的区别仅在于它们在三维空间中的方向不同；更复杂一些的 d 轨道有 5 种可能的形状；f 轨道有 7 种可能的形状。

除了具有不同的形状，原子轨道的大小也各有不同。一般来说，高能电子在远离原子核的地方会停留更长的时间，这意味着它们分布在更广的区域。因此，电子的能量越高，其原子轨道就越长。然而，因为电子的能量是量子化的，所以原子轨道可能的大小也是量子化的。轨道的大小由玻尔的量子数 $n=1$、2、3、4……来表示。前两个 s 轨道如图 3–27 所示，最小的 s 轨道是 1s 轨道，其量子数为 $n=1$，下一个 s 轨道是 2s 轨道，其量子数为 $n=2$，以此类推。

表 3-2　4 种类型的原子轨道

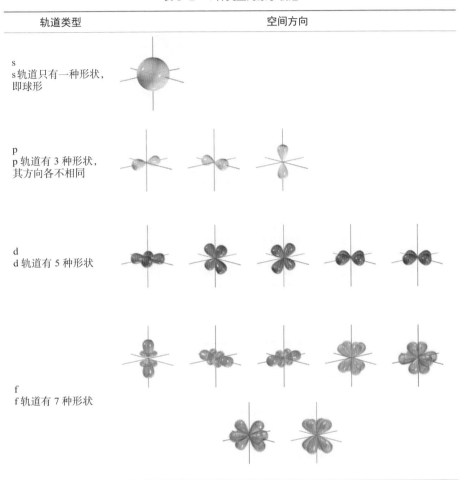

轨道类型	空间方向
s s 轨道只有一种形状，即球形	
p p 轨道有 3 种形状，其方向各不相同	
d d 轨道有 5 种形状	
f f 轨道有 7 种形状	

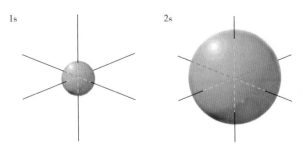

图 3-27　2s 轨道和 1s 轨道中的电子具有不同的能量

在 20 世纪早期，量子物理学家了解到电子有一种叫作自旋的特性。自旋可以有两种状态，类似于一个球顺时针或逆时针旋转，如图 3-28 所示。因为电子带有电荷，所以当其自转时会产生一个微小的磁场。两个朝相反方向旋转的电子具有方向相反的磁场，这就使得两个电子在同一原子轨道内以成对的形式结合在一起。

电子顺时针自旋　　　　　电子逆时针自旋

图 3-28　两个自旋方向相反的电子可以配对

对于有多个电子的原子来说，每个轨道有 2 个电子是至关重要的。以氦原子为例，它有 2 个电子。在最低能量状态下，这 2 个电子都位于同一个 1s 轨道上，因为该轨道可以容纳 2 个电子。那么有 3 个电子的锂原子呢？锂原子的 2 个电子将填充 1s 轨道，第三个电子则必须进入能量更高的 2s 轨道。

能级图描述了轨道是如何被占据的

各种原子轨道的能量水平可以用一个能级图来表示。例如，铷元素的能级图如图 3-29 所示。请注意，每个轨道都用一个方框表示，每个电子用一个箭头表示。这个箭头可以指向上，也可以指向下，这取决于电子的自旋方向。如果两个电子在同一个轨道（方框）中，它们的箭头必然指向相反的方向。占据能量最低的轨道是电子的自然倾向，这些轨道把电子带到离原子核最近的地方。因为原子核带有正电荷，会吸引电子，所以原子的电子能从下到上沿着能级图的轨道运动。

原子的电子在轨道内的排列称为电子构型，因此图 3-29 又被称为铷元素的电子构型。表示电子构型的简略的方法是写出已占据轨道的量子数和字母，然后用上标表示每个轨道中的电子数。对于元素周期表第 1 族中的每个元素，其电子构型的记法如下：

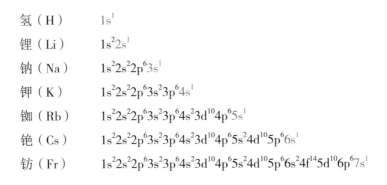

氢（H）　　　　$1s^1$

锂（Li）　　　　$1s^2 2s^1$

钠（Na）　　　　$1s^2 2s^2 2p^6 3s^1$

钾（K）　　　　$1s^2 2s^2 2p^6 3s^2 3p^6 4s^1$

铷（Rb）　　　　$1s^2 2s^2 2p^6 3s^2 3p^6 4s^2 3d^{10} 4p^6 5s^1$

铯（Cs）　　　　$1s^2 2s^2 2p^6 3s^2 3p^6 4s^2 3d^{10} 4p^6 5s^2 4d^{10} 5p^6 6s^1$

钫（Fr）　　　　$1s^2 2s^2 2p^6 3s^2 3p^6 4s^2 3d^{10} 4p^6 5s^2 4d^{10} 5p^6 6s^2 4f^{14} 5d^{10} 6p^6 7s^1$

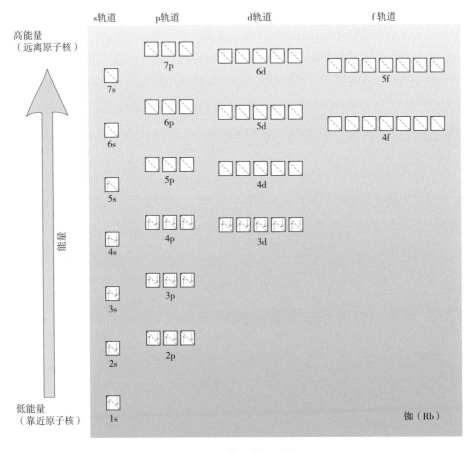

图 3-29　铷元素的能级图

仔细观察图 3-29 所示的铷元素的电子构型，看看它们是如何对应的。请注意，图中所有上标加起来必须等于原子中电子的总数，如氢原子是 1，锂原子是 3，钠原子是 11，等等。还需要注意的是，轨道是按照能级图上的能级顺序排列的。这就解释了为什么虽然 4s 轨道的量子数更高，但是它排在 3d 轨道前面。另外，为了简化写出电子构型的任务，内层电子通常可以用稀有气体元素的符号加方括号来表示。例如，铝元素的电子构型应写为 $1s^22s^22p^63s^23p^1$，也可以简写成 $[Ne]3s^23p^1$，其中 $[Ne]$ 是 $1s^22s^22p^6$ 的简写。

位于原子最外层轨道上的电子与外部环境的相互作用最为强烈，这些最外层的电子在决定原子的化学性质和物理性质方面起着关键的作用。因此，在最外层轨道上具有相似电子构型的元素会具有相似的性质。例如，在元素周期表第 1 族的碱性金属中，最外层被占据的轨道是包含一个电子的 s 轨道。一般来说，元素周期表中同一族元素具有相似的电子构型，这就解释了为什么同一族中的元素具有相似的物理性质和化学性质。

关于能级图，还有许多有趣的细节。例如，为什么有多个 2p 轨道，而没有 1p 轨道？为什么在量子数相同的情况下，2p 轨道的能量比 2s 轨道的能量略低？另外，当 3 个 2p 轨道的能级相同时，电子以什么顺序占据它们？接下来，我们来看看能级图与元素周期表的关系。

Q5 原子如何结合形成新材料？

化学是研究原子如何结合并形成新材料的学科。要搞清楚这一过程是如何发生的，我们首先需要了解一些原子的性质。为此，本节先介绍壳层模型，它能够解释一些关键的原子性质，如原子的大小和原子失去（或获得）电子的能力。

那么，什么是壳层模型呢？

具有相似能量的原子轨道会组合形成一系列壳层。壳层模型是模拟原子内部结构的概念模型。这个模型虽然不能解释原子物理结构的实际表现，但能帮助我们理解和预测原子的行为。后文还将使用这个模型的一个简化版本（称为电子点结构）来展示原子是如何结合在一起形成分子的。

> **趣味课堂**
>
> **诗人和科学家有什么共同之处？**
>
> 他们都使用隐喻来帮助人们理解抽象的概念和关系。原子的壳层模型使我们看见了肉眼看不见的现实，科学模型在这里的作用同诗歌中的隐喻一样。

前文介绍过，元素的性质根据元素周期表上的排列而逐渐变化。例如，位于元素周期表右上方的元素，其原子往往比位于元素周期表左下方的元素的原子小。知道了这一点，我们就可以合理地推测硒原子（原子序数为 34）比钙原子（原子序数为 20）小，事实也确实如此。

元素性质根据元素周期表上的排列而逐渐变化的现象被称为周期律。周期律建立在两个重要的概念上：内壳层屏蔽和有效核电荷。以氦原子为例，其第 1 壳层内的 2 个电子如图 3-30 所示，这 2 个电子与原子核的距离相等，因此它们受到的原子核的吸引力也是相同的。

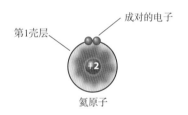

图 3-30 氦原子第 1 壳层内的 2 个电子

注：氦原子第 1 壳层内的 2 个电子与原子核的接触概率相等，因此它们受到的来自原子核的吸引力相同，图中用粉红色阴影来表示原子核和电子之间的距离。

对于氦以外的原子，情况就更复杂了，因为这些原子中有不止一个壳层被电子占据。在这种情况下，内壳层电子削弱了外壳层电子和原子核之间的吸引力。

想象一下，如果你站在图 3-31 中锂原子的第 2 壳层电子上望向原子核，会有什么感觉？除了原子核的吸引力，你还能感受到第 1 壳层中的 2 个电子的作用——由于它们带负电荷，因此会对第 2 壳层电子产生一个排斥力——第 1 壳层中的 2 个电子会削弱原子核对第 2 壳层中电子的吸引力，这就是内壳层屏蔽。内壳层屏蔽使电子远离原子核。

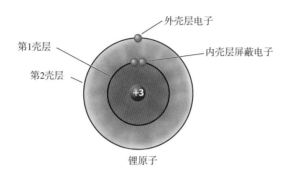

图 3-31　锂原子的两层电子

注：锂原子的第 1 壳层电子屏蔽了第 2 壳层电子与原子核的接触，图中用粉红色的阴影表示第 1 壳层和第 2 壳层之间的距离。

因为内壳层屏蔽减弱了原子核对外层电子的吸引力，所以外层电子感应到的正电荷总是小于原子核的实际正电荷。外层电子实际感应到的来自原子核的正电荷称为有效核电荷，表示为 $Z*$。

通过从实际核电荷中减去内壳层电子的电荷，可以粗略估计外层电子的有效核电荷。对于锂元素（原子序数为 3），要计算第 2 壳层电子的有效核电荷，可以用原子核所带的 3 个基本电荷(+3)减去第 1 壳层电子所带的 2 个基本电荷(–2)，得到有效核电荷为 +1。因此，锂原子的第 2 壳层电子感受到的核电荷约为 +1，远小于实际核电荷 +3。

对于大多数元素，只需要从实际核电荷中减去内壳层电子的总数，就能方便地估计外层电子的有效核电荷，以氯原子和钾原子为例，其有效核电荷计算如图 3-32 所示。

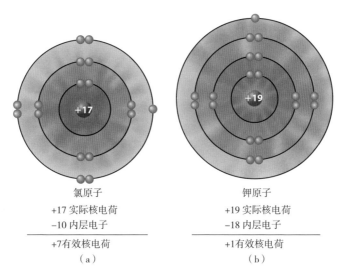

氯原子
+17 实际核电荷
−10 内层电子
_____
+7 有效核电荷
（a）

钾原子
+19 实际核电荷
−18 内层电子
_____
+1 有效核电荷
（b）

图 3-32　氯原子和钾原子的有效核电荷计算

注：图（a），一个氯原子有 3 个壳层电子。内侧两个壳层上的 10 个电子对第 3 层的 7 个电子产生内壳屏蔽，氯原子的原子序数为 17，因此第 3 壳层电子的有效核电荷为 +17−10 = +7。图（b），同理，在钾原子中，第 4 壳层电子的有效核电荷为 +19−18 = +1。

为什么同一个周期中右侧元素的原子更小

前文介绍过，位于元素周期表一个周期中的元素，其原子从左到右依次减小。现在让我们从有效核电荷的角度来解释这个现象。锂原子的最外层电子，其有效核电荷约为 +1；位于第 2 个周期中的氖元素，其原子中最外层电子的有效核电荷为 +8，如图 3-33 所示。可见，在氖原子中，原子核对外层电子有更大的吸引力，外层电子被拉到离原子核更近的地方。因此，虽然氖原子的质量是锂原子的 3 倍，但氖原子的直径却要小得多。

一般来说，在元素周期表的任何一个周期内，由于有效核电荷的增加，原子的直径都会变小。图 3-34 显示了从实验数据中得到的相对原子大小。请注意，这种趋势也有一些例外，尤其是在第 12 族和第 13 族元素之间。这些例外的情况可以通过壳层模型来解释，感兴趣的读者可以自行分析。

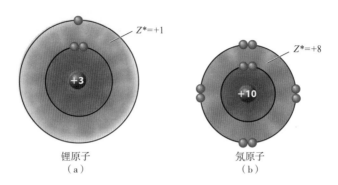

图 3-33 锂原子和氖原子的有效核电荷计算

注：图（a），锂原子的外层电子的有效核电荷为 +1。图（b），氖的外层电子的有效核电荷为 +8，氖原子的外层电子更靠近原子核，而且氖原子小于锂原子。

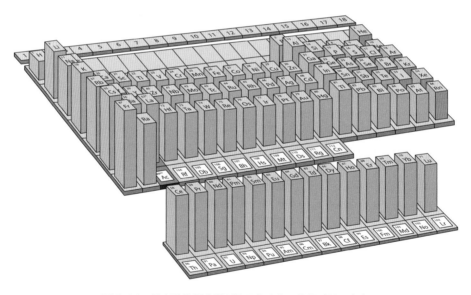

图 3-34 从实验数据中得到的用高度表示的相对原子大小

注：元素周期表同一个周期中原子的大小通常从左到右依次减小。

在元素周期表中，每向下移动一族，原子就会随着电子层数的增加而增大。锂原子的直径很小，因为它只有 2 层电子，而钫原子（原子序数 87）的直径要大得多，因为它有 7 层电子。

最小的原子束控制最强的电子

从元素周期表中，我们还可以看出某种原子的电子与原子核结合的强度。总的来说，原子越小，其电子与原子核结合得越紧密。如前所述，在同一周期中的元素，其有效核电荷从左向右依次增加。这样一来，在同一周期中，右侧的元素不仅原子更小，而且电子也结合得更紧密。例如，从一个氖原子中去除一个外层电子所需要的能量大约是从锂原子中去除外层电子所需能量的 4 倍。

元素周期表中的每一族元素，其原子最外层电子的有效核电荷是一样的。例如，第 1 族元素最外层电子的有效核电荷都为 +1。由于原子序数越大的原子具有的电子层数也越多，因此同一族元素的原子从上到下越来越大。在同一族元素中，原子序数越大的原子，其最外层电子与原子核的距离越远。

从物理学知识中我们知道，电力随着距离的增加而迅速减弱。较大原子（如铯原子）中的外层电子不像较小原子（如锂原子）中的外层电子那样与原子核结合得更紧密，如图 3-35 所示，因此从铯原子中除去外层电子所需的能量大约是从锂原子中去除外层电子所需能量的一半。由此可以得出结论，计算出的有效核电荷只反映了原子核对电子吸引程度的粗略估计，在实际情况中还要考虑电子所在的层和原子核之间的距离。

将元素周期表中同一周期的原子有效核电荷从左到右依次增加的规律与同一族的原子的电子层数从上到下依次增加的规律相结合，就形成了一种新的周期律。在这种周期律中，元素周期表右上角元素原子中的电子被原子核吸引的程度更高，左下角元素原子中的电子被原子核吸引的程度更低。这一规律反映在图 3-36 中，就是电离能的变化趋势。电离能指将电子从原子中拉出所需的能量。原子的电离能越大，原子核与其最外层电子之间的吸引力就越大。

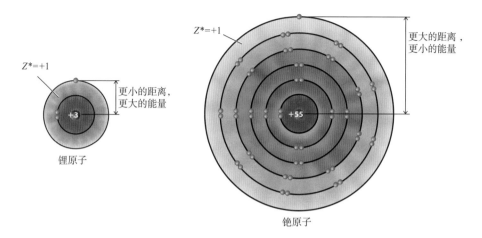

图 3-35 锂原子与铯原子的电子分布

注：在锂原子和铯原子中，最外层电子的有效核电荷均为 +1。然而，因为铯原子中最外层的电子与原子核的距离更大，所以它与原子核的结合没有锂原子最外层电子与原子核的结合那样紧密。

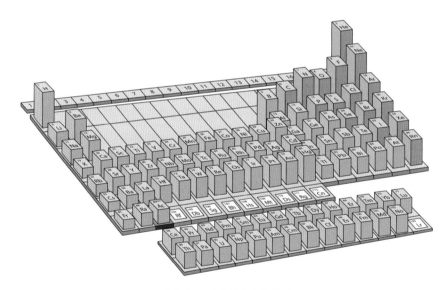

图 3-36 电离能的变化趋势

注：原子核对最外层电子的吸引力用高度来表示。元素周期表右上角元素的原子往往具有更大的电离能，而左下角元素的原子具有更小的电离能。

原子核对最外层电子的吸附强度对原子的化学性质有着重大的影响。当一个对其最外层电子的吸引力很弱的原子（弱引力原子）与一个对其最外层电子的吸引力很强的原子（强引力原子）接触时，你认为会发生什么？

后文将介绍，强引力原子可能会从弱引力原子中"抓"走一个或多个电子，从而使两个原子形成化学键。壳层模型不仅能帮助我们深入了解元素周期表的工作原理，还能帮助我们理解化学的核心，即研究原子的键合如何产生新材料。

要点回顾
CONCEPTUAL CHEMISTRY >>>

- 把一台光学显微镜叠在另一台光学显微镜上，仍然看不到单个原子。这是因为，光是以波的形式传播的，而原子的直径远远小于可见光的波长。一个物体中的原子的直径如果小于照亮这个物体的光的波长，那么无论用普通的光学显微镜放大多少倍，都看不见组成物体的单个原子。虽然我们不能直接看到原子，但是可以间接生成它们的图像。

- 著名的金箔实验首次证明原子内部的大部分空间都是空的，其质量集中在一个叫作原子核的微小核心中，电子围绕着原子核旋转，形成一团极薄的云，而相邻轨道上的电子相互排斥。

- 原子受到能量（如热或电）的作用会发光。一种特定元素的原子在气态时只发出特定频率的光，因此每一种元素在通电时都会发出独特的光。

- 使用电子显微镜能够分辨用光学显微镜无法分辨的细节，这是因为电子显微镜利用了电子的波动特性，电子束的波长通常比可见光的波长短得多。

- 具有相似能量的原子轨道会组合形成一系列壳层。壳层模型是模拟原子内部结构的概念模型。这个模型虽然不能解释原子物理结构的实际表现，但是能帮助我们理解和预测原子的行为。

CONCEPTUAL
CHEMISTRY

04

核如何同时扮演"天使"与"魔鬼"？

妙趣横生的化学课堂

- 人们为什么无法避免暴露在放射性物质中?

- 放射性是如何产生的?

- 为什么物质的放射性有强有弱?

- 考古学家如何通过测量放射性来判断文物年龄?

- 为什么核电站不会像核弹一样爆炸?

- 巨大的核能来自哪里?

- 星际旅行的燃料将如何获得?

　　今天，美国的大部分电力来自煤炭，用煤炭发电会产生大量的污染物，如颗粒物、汞、二氧化硫和二氧化碳。其实，天然气的燃烧效率更高，产生的污染物也少得多。例如，其二氧化碳的排放量约为煤炭的一半。但天然气相对难以获得，世界上大部分的天然气目前仍被困在地表以下的页岩层中。

　　天然气本身虽然是相对清洁的能源，但在开采过程中会采用压裂液。一旦操作不当，这种液体就容易发生泄漏。泄漏的压裂液不仅会直接释放致癌物质，还会使页岩中的有毒物质释放出来，如重金属氧化物和碳氢化合物，以及放射性元素镭–22，这些有毒物质可能带来重大的环境风险。

　　人类向来对放射性元素心存戒备。元素的放射性源于原子核，因此放射性又可以被看作是一种自然存在于我们呼吸的空气中、周围的岩石中、吃的食物中的核能。有些核能是人类可以控制的，是医学诊断和放射治疗的重要组成部分；有些核能会在核电站转化为电力，为人们的生活带来光明和便捷；还有一种核能非常恐怖，核弹就是这种核能的一种应用。

　　其实，人们生活中最重要的核能源于太阳。本章将介绍热核聚变是如何转化为太阳能的，以及太阳能与爱因斯坦的著名的质能方程 $E=mc^2$ 的关系。在这个核时代，对原子核以及它如何产生各种形式的核能有一个基本的了解是很有意义的。

Q1 人们为什么无法避免暴露在放射性物质中？

　　有一种普遍的误解，那就是认为放射性是最近才产生的新东西。事实上，放射性存在的时间比人类的历史还长。它一直存在于人们行走的土地和呼吸的空气中，它使地球的内部变得灼热。地球内部的放射性衰变会加热从间歇泉和天然温泉中涌出的水。

人们生活中的大多数辐射是来自地球矿物、太阳和其他恒星的自然背景辐射，如图 4-1 所示。大气层能够阻挡来自地球之外的辐射，因此空气稀薄的高海拔地区受到的辐射比其他地区更强烈。如果一个人生活在美国的"高城"丹佛市，那么他受到的宇宙辐射是在其他城市受到的辐射的两倍以上。

　　地球上常见的辐射源是氡-222，它是铀衰变产生的稀有气体，广泛存在于岩石、土壤和水中。氡气是一种重气体，它比空气重，会下沉。氡气沉积的程度因地区而异，这取决于当地的地质情况。氡气有可能存在于修建房屋所用的石材中，我们可以使用氡气检测试剂盒来检测家中的氡含量，如图 4-2 所示。如果检测出氡气浓度较高，应采取措施纠正，如密封地下室的地板和墙壁，并保持充足的通风。氡气会对人体健康构成严重威胁。

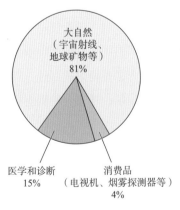

大自然
（宇宙射线、
地球矿物等）
81%

医学和诊断
15%

消费品
（电视机、烟雾探测器等）
4%

图 4-1　辐射来源

图 4-2　一种商用氡气
检测试剂盒

注：将试剂盒拆开，放在要检测的区域内。渗入试剂盒的氡气被滤筒内的活性炭吸附。几天后，将试剂盒重新密封并送到实验室，实验室通过测量被吸附的氡气释放出的辐射量来确定氡含量。

从图 4-1 中可以看到，生活中的辐射有约 19% 来自大自然之外，其中有 15% 来自医疗领域，4% 来自消费品，以及核试验、煤炭与核能工业的放射性灰尘。有趣的是，煤炭工业在辐射方面的贡献超过了核电行业。全球每年因煤炭燃烧而向大气中释放的放射性钍和铀，以及其他破坏环境的物质（包括温室气体）约为 13 000 吨。钍和铀都是在煤矿中自然发现的，它们是煤炭燃烧时释放出来的。核电站也会产生带有放射性的副产品。在世界范围内，核能工业每年产生大约 1 万吨放射性废弃物。当然，这些废弃物中的大部分都会被妥善处理，不会被释放到环境中。

● 趣味课堂 ●

放射性物质如何助力地球板块的形成？

地球表面以下越深的地方温度越高。在地球表面以下仅 30 千米的地方，温度就已经超过 500℃。在更深处，温度高到足以将岩石融化成岩浆。岩浆会通过地壳裂缝上升到地球表面并溢出。过热的地下水可以猛烈地溢出，形成间歇泉，或者以更温和的形式形成舒缓的天然温泉。地下温度如此之高的主要原因是地球含有丰富的放射性同位素，在吸收这些同位素的辐射时，地球会受热。因此，火山、间歇泉和温泉都是由放射性物质提供能量的，甚至大陆漂移形成板块也是地球内部放射性物质活动的结果。

当人体受到辐射时，细胞结构会遭到破坏。如果辐射造成的损伤不太严重，大多数细胞能自行修复。如果辐射不是持续的，而是给细胞留出了修复的时间，那么细胞甚至可以在致命剂量的辐射下存活。当辐射足以杀死细胞时，死亡的细胞会被新细胞取代。有时，受到辐射的细胞在 DNA 受损的情况下仍能存活。但辐射可能会改变 DNA 中包含的遗传信息，使其产生一个或多个突变。虽然大多数突变对人体的健康影响不大，但有些突变还是会影响细胞的功能。例如，基因突变是癌症的主要诱因之一。此外，在生殖细胞中发生的突变可以遗传给后代。在这种情况下，突变将出现在后代身体的每个细胞中，可能会对其身体机能产生影响。

辐射单位——雷姆

我们用雷姆（rem）量度辐射对活组织造成损害的能力。致命辐射的最低剂量为 500 雷姆。一个人在短时间内接受这个剂量的辐射后，存活的概率约为

50%。在放射治疗期间，癌症患者每天可接受超过 200 雷姆的局部辐射，并持续数周，如图 4–3 所示。

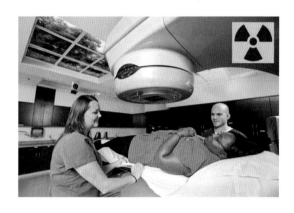

图 4–3　癌症患者接受放射治疗

注：通过一种被称为放射治疗的技术，辐射可以选择性地杀死或缩小有害的恶性肿瘤组织。放射治疗挽救了数百万人的生命，这是核技术使人类受益的一个有力的证据。

在日常生活中，人们受到的辐射量通常远低于 1 雷姆（rem）。为了方便起见，本书使用较小的单位——毫雷姆，1 毫雷姆是 1 雷姆的 1/1 000。

一个美国人平均每年受到约 360 毫雷姆的辐射，如表 4–1 所示。其中大约 80% 的辐射来自大自然，如宇宙射线（来自太阳和其他恒星的辐射）和地球矿物。拍 X 光片所受到的 X 射线辐射约为 40 毫雷姆。

表 4–1　一个美国人年均接受的辐射量

来源		一年内接受的辐射量 / 毫雷姆
大自然	宇宙射线	26
	地球矿物	33
	空气（氡 –222）	198
	人体组织（钾 –40、镭 –226）	35
医学和诊断	X 射线	40
	核医学	15
消费品	电视显像管、其他消费品	11
	武器试验沉降物	1

资料来源：美国核管理委员会。

放射性示踪剂和医学成像

放射性同位素可以被生物的分子吸收，通过其发出的辐射就可以追踪分子的位置。当以这种方式使用时，放射性同位素被称为示踪剂。图 4-4 显示了示踪剂的一个典型用途，为了检查肥料的作用，研究人员在肥料分子中加入放射性同位素，然后将肥料施用于农作物。这些农作物所吸收的辐射量可以用辐射探测器测量。通过测量，科学家可以告诉农民应该使用多少肥料，而肥料的吸收过程并不受放射性示踪剂的影响。

放射性同位素肥料施用于农作物　　　　　工厂检测放射性

图 4-4　用放射性同位素追踪肥料吸收过程

示踪剂也用于工业生产。机油制造商可以通过在机油中加入少量（但可测量）放射性同位素来检测其产品的润滑质量。当发动机运转时，活塞与内腔摩擦，发动机中的一些金属会进入机油，这些金属携带着嵌入的放射性同位素。机油的润滑性能越好，发动机在运行一段时间后所含的放射性同位素就越少。各种放射性同位素的用途如表 4-2 所示。

在医学成像技术中，放射性同位素被用于诊断内部疾病。给患者服用含有少量放射性物质（如碘化钠，它含有放射性同位素碘–131）的材料后，用辐射探测器在病人体内追踪，结果如图 4-5 所示，这一图像显示了材料在患者体内的分布情况。这项技术之所以有效，是因为示踪剂的放射性不会影响材料的物理性质和化学性质。示踪剂既可以单独引入，也可以与其他一些被称为载体化合物的化学物质一起引入，这一技术有助于将靶向药物带到患者体内特定的组织。

表 4-2 各种放射性同位素的用途

同位素	用途
氟-18	医疗 PET 扫描
钙-47	哺乳动物骨形成的研究
锎-252	航空行李爆炸物检查
氢-3（氚）	药物代谢研究
碘-131	甲状腺疾病的治疗
铱-192	检测金属部件的完整性
铊-201	心脏病学和肿瘤检测
氙-133	肺通气和血流研究

资料来源：美国核管理委员会。

图 4-5 甲状腺的图像

注：位于颈部的甲状腺会吸收大量通过食物和饮料进入身体的碘，因此可以通过给患者注射放射性同位素碘-131 来获得甲状腺的图像，这些图像有助于诊断代谢紊乱等疾病。

Q2 放射性是如何产生的？

前文介绍过，原子是由电子、中子和质子组成的。中子和质子位于每个原子的高密度中心——原子核内。大多数原子具有稳定的原子核，这意味着核子能很好地结合在一起。这种稳定性源于质子数与中子数的最佳平衡。这些稳定的原子核保持不变，一旦这种稳定性被破坏，原子核就具有了放射性。

不稳定的原子核含有"不平衡"数量的质子和中子——它们可能含有太多的中子，而没有足够的质子，反之亦然。但是，这些原子核迟早会自发地变成更稳定的结构。例如，多余的中子可以转化为质子，以提供更好的核平衡。在转化过程中，原子核就会发射出高能粒子，同时也发射出高能电磁辐射。

　　含有不稳定原子核的物质被称为放射性物质，放射性物质发射出高能粒子和电磁辐射就是其具有放射性的原因。值得注意的是，不稳定的原子核会通过发射出放射性物质达到稳定状态。换句话说，在发射出放射性物质之后，不稳定原子核就不再是原来的样子了，可以说原子核已经衰变，这就是为什么发射出放射性物质的过程通常被称为放射性衰变。具有放射性的原子可以发射出 3 种不同类型的电磁辐射，它们分别以希腊字母表的前 3 个字母命名，即 α 射线、β 射线、γ 射线。α 射线带正电荷，β 射线带负电荷，γ 射线不带电荷。可以在这 3 种射线的路径上放置一块磁铁，利用磁场来将它们分离，该实验的装置示意图如图 4-6 所示。

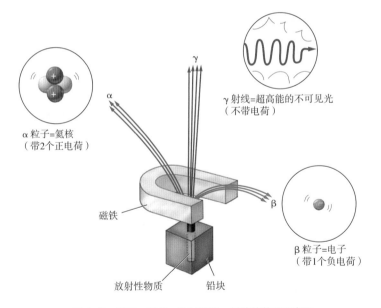

图 4-6　分离 α 射线、β 射线和 γ 射线的装置示意图

注：在磁场中，α 射线向一个方向弯曲，β 射线反向弯曲，γ 射线完全不弯曲。α 射线的弯曲程度小于 β 射线，这是因为 α 粒子的质量比 β 粒子大，所以其具有更大的惯性。3 种射线来自放置在钻孔的铅块底部的放射性物质。

α射线是一束α粒子。α粒子是 2 个质子和 2 个中子的组合，换句话说，它是氦原子（原子序数为 2）的原子核。α粒子相对容易被屏蔽，因为它的尺寸较大，且带 2 个正电荷（+2）。例如，它通常不能穿透像纸或衣服这样的轻质材料。但是，α粒子具有巨大的动能，会对材料（尤其是活体组织）的表面造成严重的损伤。当α粒子穿过仅有几厘米厚的空气时会吸收电子，变成无害的氦。事实上，这就是儿童气球中氦气的来源——几乎地球上所有的氦原子都曾经是高能α粒子！

β射线是一束β粒子。β粒子是从放射性元素的原子核中喷射出来的电子。本章后续将讨论电子是如何从原子核中产生的，现在只需要记住β粒子是一个快速飞行的电子就可以了。β粒子的飞行速度通常比α粒子快，并且只携带一个负电荷（–1）。β粒子不像α粒子那样容易被阻挡，它能够穿透像纸张或衣服这样的轻质材料，还能穿透人的皮肤，并有可能伤害或杀死那里的活细胞。但是，β粒子无法穿透比较致密的材料的薄层，如铝片。β粒子一旦停下来，就会像其他电子一样，成为它们所处材料的一部分。

γ射线是由放射性原子核发出的高能电磁辐射。与可见光的光子一样，γ射线也是纯能量。然而，γ射线的能量远远大于可见光波、紫外光，甚至 X 射线，如图 4-7 所示。由于γ射线没有质量和电荷，而且能量很高，因此它能够穿透除非常致密的材料（如铅）以外的多数材料。铅通常被用作实验室或医院的屏蔽材料，因为那里可能有很多γ射线。人体细胞内的脆弱分子被γ射线照射后，其结构会被破坏。因此，γ射线对人体细胞造成的伤害通常比 X 射线和β射线要大。

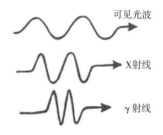

可见光波

X射线

γ射线

图 4-7 可见光波、X 射线和 γ 射线

注：γ 射线是简单的电磁辐射，其频率和能量都远高于可见光波和 X 射线。

图 4-8 显示了 3 种粒子的相对穿透力，图 4-9 显示了γ射线的一个有趣的实际用途。

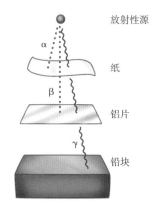

图 4-8 3 种粒子的相对穿透力

注：α 粒子的穿透力最小，几张纸就能阻止它；β 粒子很容易穿过纸，但不能穿过铝片；γ 射线可以穿透厚达几厘米的固体铅块。

图 4-9 γ 射线可以用于食物保鲜

注：新鲜草莓和其他易腐烂的食物受到 γ 射线照射后，保质期会显著延长。左边的草莓经过 γ 射线处理，杀死了导致腐烂的微生物。经过 γ 射线处理的草莓并不会具有放射性，这一点可以通过辐射探测器证实。

我们知道，同种电荷相互排斥。那么，原子核中带正电荷的质子是如何聚集在一起的呢？这是因为一种被称为强核力的吸引力，它作用于所有核子之间。这种力非常强大，但只在极短的距离内起作用，而同种电荷之间的电场力起作用的距离则相对较长。

图 4-10 显示了这两种力在距离上的强度比较。因为强核力随距离的增加而减小，所以大原子核不如小原子核稳定，如图 4-11 所示。对于靠得很近的质子，如在小原子核中，强核力很容易克服电场力。但对于距离较远的质子，如位于大原子核相对边缘的质子，强核力可能弱于电场力。

一个大的原子核更容易受到质子间电场力的影响，这意味着原子核的大小是有限的。作为证据，我们发现所有质子数超过 83 个的原子核都具有放射性。此外，超重元素，即原子序数大于 92（铀）的元素在自然界中是找不到的。这些超重元素也很难在实验室里制造出来，当它们被制造出来时，存在的时间往往只有几分之一秒。

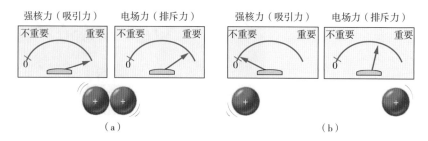

图 4-10　强核力与同种电荷之间电场力的比较

注：图（a），两个相互靠近的质子同时受到一个强核力和一个电场力（排斥力）的作用，在这个微小的距离上，强核力战胜了电场力，使质子结合在一起。图（b），当两个质子相距较远时，则电场力占据上风。

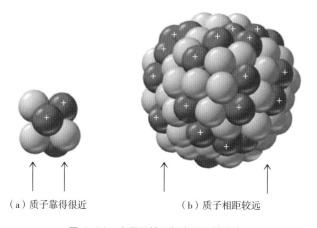

（a）质子靠得很近　　　　　（b）质子相距较远

图 4-11　大原子核不如小原子核稳定

注：图（a），一个小原子核内的所有质子彼此靠近，因此它们受到一个较大的强核力的作用。图（b），大原子核两侧的质子之间的距离不那么近，因此它们受到的强核力要弱得多，结果就是大原子核的稳定性不如小原子核。

　　中子是将原子核"粘"在一起的"核黏合剂"，质子通过强核力吸引质子和中子，质子也通过电场力排斥其他质子。另外，中子不带电荷，因此只能通过强核力吸引质子和其他中子。因此，中子的存在增加了核子之间的吸引力，有助于增强原子核的稳定性，如图 4-12 所示。

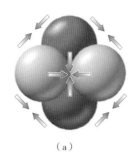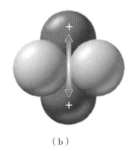

（a）　　　　　　　　　　　　（b）

图 4–12　中子的存在增强了原子核的稳定性

注：图（a），中子能够增加强核力的作用（用单向箭头表示），从而增
强原子核的稳定性。图（b），强核力的总强度超过了两个质子之间的电
场力（用双向箭头表示）。原子核中的粒子（包括质子和中子）之间都
因受强核力而互相吸引，其中质子之间还因受电场力而相互排斥。

　　拥有更多质子的原子核需要更多的中子来平衡电场力。对于轻元素来说，中子与质子的数量基本一样多。例如，最常见的碳同位素碳–12，它的每一个原子核中都有 6 个质子和 6 个中子。对大原子核来说，需要的中子要比质子多。因为强核力会随着距离的增加而迅速减小，所以核子必须实际接触才能使强核力生效。一个大原子核两侧的质子之间并没有那么大的吸引力，然而在一个大原子核的直径范围内，电场力并不会减弱多少，因此会超过吸引力。为了补偿原子核直径范围内减弱的强核力，大原子核中的中子比质子多。例如，铅原子核中的中子数大约是质子数的 1.5 倍。

　　由于中子能起到稳定原子核的作用，因此大原子核中需要大量的中子。但是，中子并不总能保持原子核的稳定。有趣的是，如果没有质子，那么中子将是不稳定的。单个中子具有放射性，它会自动转变为质子和电子，如图 4–13a 所示。中子周围必须有一定数量的质子才能阻止这种转变发生。当原子核的大小达到一定程度后，中子的数量大大超过了质子，以至于没有足够的质子来维持中子的稳定。当原子核中的中子转变成质子时，由于电场力变得越来越显著，因此原子核的稳定性降低，结果是原子核碎片以 α 粒子或 β 粒子的形式被发射出来，如图 4–13b 所示。

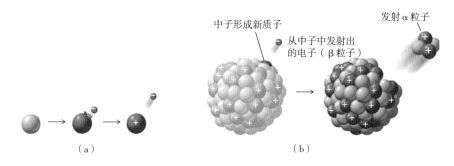

图 4-13　中子可以转变为质子

注：图（a），没有相邻质子的中子是不稳定的，它通过发射电子衰变为质子。图（b），大原子核中的中子比质子多，这意味着有些中子周围没有足够的质子。这时，其中一个多余的中子会转变为质子。质子数量的增加会使原子核不稳定，可能会发射出 α 粒子。

Q3　为什么物质的放射性有强有弱？

在发生核泄漏时，工作人员往往会检测周围环境中的核辐射量，他们一般会使用手持的盖革计数器。这种计数器的管中含有一种气体，这种气体会被射入的核辐射电离，从而形成一个电路，计数器会产生人耳可听到的咔嗒声，并随着辐射的增强而持续发声。那么，为何物质的放射性有强弱之分呢？让我们进入放射性原子核的内部，来看看放射性元素是如何转化为不同的元素的。

当放射性元素的原子核发射 α 粒子或者 β 粒子时，原子核的原子序数就会改变，该元素就变成了另一种元素。从一种元素变为另一种元素的过程被称为嬗变。以铀-238 为例，它的原子核中包含 92 个质子和 146 个中子。当原子核发射 α 粒子时，就会失去 2 个质子和 2 个中子。

由于一种元素是由其原子核中的质子数来定义的，因此剩下的 90 个质子和 144 个中子不再构成铀-238 原子，现在得到的是另一种元素——钍的原子核。这种嬗变可以用以下核方程表示：

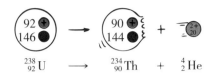

$$^{238}_{92}\text{U} \longrightarrow ^{234}_{90}\text{Th} + ^{4}_{2}\text{He}$$

可以看到，$^{238}_{92}\text{U}$ 变成了写在箭头右侧的两个元素。这种嬗变发生时，伴随着能量的释放：部分能量以发射 α 粒子（$^{4}_{2}\text{He}$）的形式释放，部分能量以钍原子的形式释放，还有部分能量以 γ 射线的形式释放。在这个方程和所有这样的方程中，顶部的质量数平衡（238 = 234 + 4），底部的原子序数（92 = 90 + 2）也平衡。

该反应的产物钍–234 也具有放射性。当它衰变时，会发射 β 粒子。由于 β 粒子的形成产生了额外的质子，因此产生的原子核的原子序数增加了 1。它不再是钍元素，而是镤元素。虽然原子序数在这个过程中增加了 1，但质量数（质子 + 中子）保持不变。该过程的核方程为：

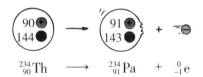

$$^{234}_{90}\text{Th} \longrightarrow ^{234}_{91}\text{Pa} + ^{0}_{-1}\text{e}$$

上式中把一个电子写成 $^{0}_{-1}\text{e}$。上标 0 表示电子的质量相对于质子和中子的质量显得微不足道，下标 –1 是电子的电荷。可以看到，当一个原子从其原子核中发射出一个 α 粒子时，剩余原子的质量数减少了 4，原子序数减少了 2。由此产生的原子是元素周期表中两格后的元素的原子，因为这个原子少了两个质子。当一个原子从其原子核中发射出一个 β 粒子时，原子的质量实际上不受影响，这意味着其质量数没有变化，但原子序数增加了 1。由此产生的原子

○── 趣味课堂 ──●

中微子为什么会穿透人体？

β 衰变还伴随着中微子的发射。中微子是一种质量几乎为零的中性粒子，以光速传播。中微子很难被捕捉，因为它们与物质的相互作用非常微弱——需要一块约 7×10^{13} 千米厚的铅才能捕捉到在一个典型的核衰变中产生的一半中微子。虽然每时每刻都有成千上万的中微子穿过人体（因为宇宙中充满了中微子），但是中微子只是偶尔（一年一到两次）才会与组成人体的原子发生碰撞。

是元素周期表中向前一格的元素的原子，因为它多了一个质子。

铀 –238 到铅 –206 的衰变如图 4–14 所示，图中的蓝色箭头表示 α 衰变，红色箭头表示 β 衰变。

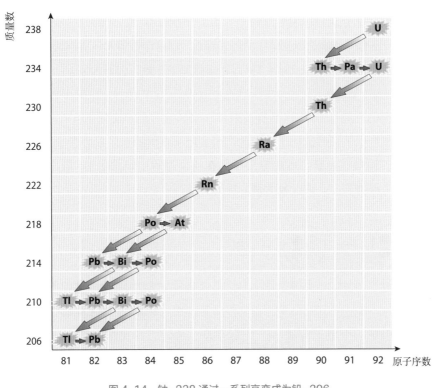

图 4–14　铀 –238 通过一系列衰变成为铅 –206

半衰期越短，放射性越强

放射性元素以不同的速度衰变。放射性元素衰变的速度是用一个特征时间——半衰期来测量的。

放射性元素的半衰期是指一半的原子衰变所需的时间。例如，镭 –226 的半衰期为 1 620 年。这意味着，在一个给定的镭–226 样本中，有一半的原子在 1 620 年结束时完成衰变。在接下来的 1 620 年里，剩下的原子的一半会继续衰变。1 620 年后，这个样本中只剩下 1/4 的原子，其他 3/4 的原子都衰变了，变成了铅原子。经过 20 个半衰期后，放射性元素中的原子数量减少到原始数量的百万分之一左右，如图 4–15 所示。

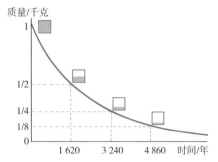

图 4–15　镭 –226 的半衰期为 1 620 年

注：这意味着每 1 620 年镭的数量就会减少一半，因为它会转变成其他元素。

放射性元素的半衰期非常稳定，不受外部条件的影响。一些放射性元素的半衰期不到百万分之一秒，而另一些放射性元素的半衰期则超过 10 亿年。例如，铀–238 的半衰期为 45 亿年。这意味着在 45 亿年之后，地球上一半的铀将变成铅–206。

要测量半衰期，没有必要等待整个半衰期。通过测量一个原子的衰变速度，就可以准确估计元素的半衰期。使用辐射探测器很容易做到这一点。一般来说，一种物质的半衰期越短，分解的速度就越快，每分钟检测到的辐射量就越多。图 4–16 和 4–17 显示了两种检测辐射量的方法。

图 4–16　用手持盖革计数器可检测辐射量

图 4–17　用个性化徽章检测辐射量

注：这名技术员所佩戴的薄膜徽章包含辐射激增和累积暴露的声音警报，徽章的信息会被定期下载到数据库进行分析。

镭–226 的半衰期为 1 620 年，这是否意味着单个镭–226 原子核必须等待 1 620 年才能衰变？答案是否定的。一些镭–226 的原子核将在几分钟内衰变，另一些则几万年也不会衰变。但是，如果一种放射性元素的所有原子核在不同的时间衰变，那为什么这种放射性元素的半衰期会有一个确定的值呢？

这是因为半衰期描述的是大量放射性物质中原子核衰变行为的统计特征。如果原子核的平均衰变速度很快，那么半衰期就会很短，这些原子核就不是很稳定。相反，如果原子核的平均衰变需要很长的时间，那么半衰期就会很长，这些原子核就比较稳定。

Q4 考古学家如何通过测量放射性来判断文物年龄？

考古学家可以通过测量放射性来判断文物的年龄。图 4–18 所示是通过碳–14 的半衰期测量骨骼年代，这种方法被称为碳–14 定年法，它是由威拉德·利比（Willard Libby）提出的，如图 4–19 所示。碳–14 定年法能帮助研究人员探测到的最早年代是 5 万年前。如果超过 5 万年，由于所检测物质中的碳–14 的残留量太少，就无法进行精确的测定。

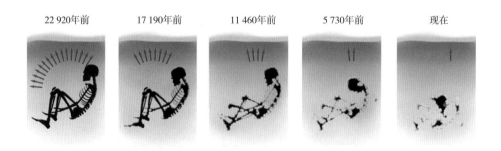

| 22 920年前 | 17 190年前 | 11 460年前 | 5 730年前 | 现在 |

图 4–18　通过碳 –14 的半衰期测量骨骼年代

注：骨骼中放射性碳 –14 的含量每 5 730 年减少一半。现在，骨骼中只含有微量的碳 –14。图中的红色箭头表示碳 –14 的相对含量。

由于几个世纪以来宇宙射线轰击率的波动，因此碳–14 定年法的不确定性约为 15%。这意味着对一块有 500 年历史的旧土砖进行碳–14 测定后，结论可能是它有 425 年或者 575 年的历史。即便如此，碳–14 定年法仍是目前相对可靠的测量方法。

接下来，让我们看看碳–14 定年法的测量机制是怎样的。

宇宙射线不断轰击地球的大气层，这种轰击导致高层大气中的许多原子发生嬗变。这些嬗变导致许多质子和中子被"喷射"到环境中。大多数质子在与高层大气

图 4-19　威拉德·利比

注：碳–14 定年法是美国化学家利比于 20 世纪 50 年代提出的，这项成就使他获得了 1960 年的诺贝尔化学奖。

中的原子碰撞时，会从这些原子中捕捉电子，从而变成氢原子。由于中子不带电荷，它们不会与物质发生电的相互作用，因此被喷射的距离更长。最终，这些中子中的许多与低层大气中的原子发生碰撞。例如，捕获中子的氮原子通过发射质子而成为碳的同位素碳–14。这种同位素在大气的碳含量中不到百万分之一，具有放射性，有 8 个中子。碳最常见的同位素碳–12 有 6 个中子，不具有放射性。因为碳–12 和碳–14 都是碳的同位素，所以它们有相同的化学性质。例如，这两种同位素都会与氧发生化学反应，形成二氧化碳。植物通过光合作用消耗二氧化碳，这意味着所有的植物都含有微量的碳–14。

食草动物吃植物，而食肉动物吃食草动物。因此，包括人类在内的所有动物体内都含有少量的碳–14，这种放射性同位素在释放出 β 粒子后又衰变成氮气。

因为植物在活着的时候会吸收二氧化碳，所以植物中衰变的碳–14 会立即从大气中得到补充。通过这种方式，就达到了放射性平衡：大约每 1 000 亿个碳–12 原子中有一个碳–14 原子。当植物死亡后，就无法从大气中补充碳–14 了。此后，

碳–14 的含量以恒定的速率下降，这是由它的半衰期决定的。然而，碳–12 的含量没有改变，因为这种同位素不会发生衰变。植物或其他生物死亡的时间越长，相对于固定数量的碳–12 来说，它所含的碳–14 就越少。

碳–14 的半衰期约为 5 730 年，这意味着今天死亡的植物或动物体内现有的约一半的碳–14 将在未来 5 730 年内衰变，剩下的一半碳–14 将在接下来的 5 730 年内衰变，以此类推。

如果文物是由非生物材料制成的，也可以根据其所含的放射性矿物来确定年代。例如，天然存在的矿物同位素铀–238 和铀–235 的衰变速度非常缓慢，它们最终变成铅，但不是常见的铅–208。铀–238 会衰变成铅–206，铀–235 会衰变成铅–207。因此，目前存在于含铀岩石中的铅–206 和铅–207 曾经都是铀。越老的岩石，含有这些微量元素的比例越高。

如果知道某些含铀岩石中铀同位素的半衰期和铅同位素的百分比，我们就可以计算出岩石形成的日期。科学家以这种方式确定了地球上最早的岩石已经有 37 亿年的历史。从月球上采集的岩石样本的历史可以追溯到 42 亿年以前，这个数值接近科学家估算出的太阳系 46 亿年的历史。

Q5 为什么核电站不会像核弹一样爆炸？

世人从核弹惊人的威力中了解到核裂变蕴含的能量。核弹造成的毁灭性后果影响着人们对核能的态度，使许多人很难正确认识它的用途。

一吨铀可以生产 4 000 万千瓦时的电力。这相当于燃烧 1.6 万吨煤或 8 万桶石油。目前，美国有 104 座正在运行的核电站，发电量占美国总发电量的 20% 以上。在法国，这个数字是 75%。很多人把核电站想象得和核弹一样危险，其实可持续的链式裂变反应是地核中主要的热量来源。也就是说，地球本身就是一个核反应堆。但是，如果想人为制造核裂变炸弹，那就是一项艰巨的任务了。接下来就让我们一起去看看大原子核分裂成两半，从而产生能量的全过程。

生物专业的学生都知道，活组织是通过细胞分裂生长的。活细胞一分为二的过程被称为分裂。一个原子核能够以同样的方式分裂成两个更小的部分，这一过程被称为核裂变。核裂变涉及原子核内两种力量之间的微妙平衡：一种力是强核力，这是一种将所有核子聚集在一起的力；另一种力是发生在所有质子之间的由电场产生的电场力。

在大多数原子核中，强核力占主导地位。然而，在铀原子核中，这种支配作用很弱。如果将铀原子核拉伸成一个细长的形状，电场力可能会把它推成一个更细长的形状；如果伸长超过临界点，电场力就会超过强核力，原子核就会分裂，这种分裂过程称为核裂变，如图 4-20 所示。

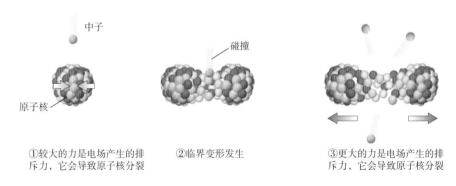

①较大的力是电场产生的排斥力，它会导致原子核分裂　②临界变形发生　③更大的力是电场产生的排斥力，它会导致原子核分裂

图 4-20 铀原子核的伸长可能导致电场力超过强核力，从而发生核裂变

铀原子核吸收中子这一过程提供了足够的能量来使原子核伸长，由此引发的核裂变会产生许多不同的小原子核组合。核裂变释放的能量是巨大的，这些能量中的大部分以飞行的核碎片的动能形式释放，还有一小部分以 α 射线的形式释放。下面是一个典型的铀裂变反应的方程：

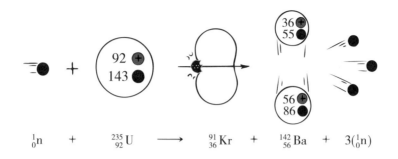

$$\underset{0}{^1}n \;+\; \underset{92}{^{235}}U \;\longrightarrow\; \underset{36}{^{91}}Kr \;+\; \underset{56}{^{142}}Ba \;+\; 3(\underset{0}{^1}n)$$

请注意，在这个反应中，铀原子核吸收了 1 个中子，开始裂变，产生核碎片和 3 个中子。这 3 个中子会导致另外 3 个铀原子核的裂变，释放 9 个中子。如果这 9 个中子中的每一个都成功地使一个铀原子核裂变，那么反应的下一步将产生 27 个中子，以此类推。这一过程被称为链式反应，如图 4–21 所示。链式反应由前一个反应的产物引发下一步反应，它是一种能够自我维持的反应。

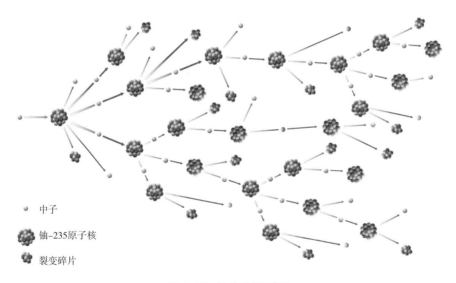

- 中子
- 铀–235原子核
- 裂变碎片

图 4–21　链式反应示意图

为什么在天然铀矿中不会发生链式反应呢？如果所有铀原子都很容易裂变的话，那么确实会发生这种反应。但是，裂变主要发生在稀有的同位素铀–235 中，其在天然铀矿中的含量仅为 0.7%，如图 4–22 所示。当含量更丰富的同位素铀–238

吸收由铀-235 裂变产生的中子时，铀-238 通常不会发生裂变。因此，任何链式反应都会被吸收中子的铀-238 扼杀在摇篮中。

链式反应在大块铀矿石中更容易发生，因为在较小的矿石中，中子很容易到达矿石表面并逃逸，而当中子逃逸时，链式反应就不会发生，如图 4-23 所示。

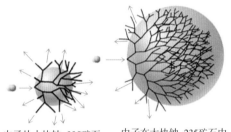

中子从小块铀-235矿石中逃逸　　中子在大块铀-235矿石中引发更多链式反应

图 4-23　链式反应在大块铀矿石中更容易发生
注：该图用比较夸张的方式展示了链式反应的过程。在一小块纯铀-235 中发生链式反应时，中子会过快地从矿石表面逃逸，这是因为相对于其质量而言，小块铀的表面积较大。在一块较大的矿石中，因为铀原子更多而且表面积更小，所以中子逃逸速度较慢，从而引起更多的链式反应。

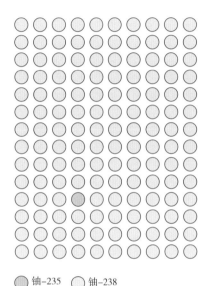

◯ 铀-235　　◯ 铀-238

图 4-22　140 个天然铀矿石中只有一个是铀-235

如果两小块铀突然被推到一起，就会形成一个更大的铀块。在这个更大的铀块中，中子不能轻易逃逸，而是继续引发链式反应，使链式反应变得可持续。能够产生可持续的链式反应所需的最小铀块的质量被称为临界质量。任何达到或超过临界质量的铀块都会释放稳定的能量。如果设计得当，这种能量的释放可以得到控制，核电站就是通过这一可控的过程来发电的。核弹也是用这种原理来设计的，图 4-24 所示是铀裂变弹的简化图，这是设计核弹的基础。

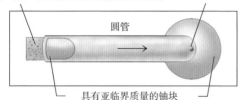

炸药将一块具有亚临界质量的铀块沿圆管向下推动，与另一块具有亚临界质量的铀块碰撞

放射性中子源

圆管

具有亚临界质量的铀块

图 4-24 铀裂变弹的简化图

注：两小块具有亚临界质量的铀最初是分开的，当炸药（火药）迫使两块铀聚集成一个具有临界质量的铀块时，核弹被引爆了。

制造铀裂变弹是一项艰巨的任务，难点在于如何从更丰富的铀 -238 中分离出足够的铀 -235。因为，除了质量略有不同，这两种同位素具有相同的物理性质和化学性质。科学家花了两年多时间，从铀矿中提取出足够的铀 -235，制造出 1945 年在广岛爆炸的原子弹。迄今为止，铀同位素的分离（也被称为铀浓缩）仍然是一个困难的过程。

核裂变反应堆

核裂变的惊人能量以核弹的形式展现在世人面前。目前，美国约 20% 的电能是由核裂变反应堆产生的，这些反应堆是核的熔炉。核裂变反应堆发电示意图如图 4-25 所示。核裂变反应堆所需的燃料量很少：仅 1 千克铀燃料（比一个棒球的体积还小）所产生的能量就超过 30 辆货车装载的煤炭燃烧时所产生的能量总和。

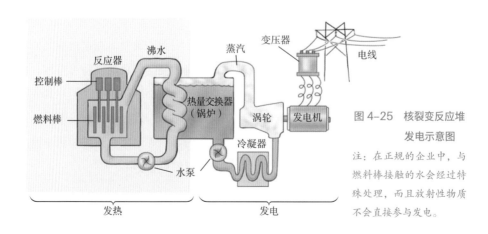

控制棒
燃料棒
反应器
沸水
蒸汽
变压器
电线
热量交换器（锅炉）
涡轮
发电机
冷凝器
水泵
发热
发电

图 4-25 核裂变反应堆发电示意图

注：在正规的企业中，与燃料棒接触的水会经过特殊处理，而且放射性物质不会直接参与发电。

一个核裂变反应堆包含 4 个组成部分：核燃料、控制棒、慢化剂（用于减慢中子的速度，使其在裂变过程中更有效），以及冷却剂（通常是水，用于将热量从反应堆传递到涡轮和发电机）。目前采用的核燃料主要是铀-238，外加大约 3% 的铀-235。因为铀-235 的同位素被铀-238 高度稀释，所以不可能发生像核弹那样的爆炸。核裂变反应堆的反应速度取决于引发铀-235 产生裂变的中子数量，可以由插入反应堆的控制棒来控制。控制棒由吸收中子的材料制成，通常是镉或硼等金属。

锅炉中的热水在高压下保持高温而不沸腾，它将热量传递给第二个低压水系统，该水系统以传统方式运行涡轮和发电机。这个设计使用了两个独立的水系统，这样就不会有放射性物质泄漏到涡轮或外部环境中。图 4-26 所示是一座核电站的外观。

蒸汽轮机冷凝水塔 ——

核反应堆安全壳建筑

图 4-26 一座核电站的外观

注：核反应堆被安置在一个具有安全外壳的建筑内，在发生事故时，安全外壳能够防止放射性同位素泄漏。切尔诺贝利核电站在 1986 年发生熔毁，由于当时并没有这样的防护建筑，大量放射性物质被泄漏到周围环境中。

核裂变发电的一个显著缺点是会产生放射性的核废料。如前所述，由等量的质子和中子组成的轻原子核最稳定，而重原子核需要比质子更多的中子才能保持稳定。例如，铀–235 的原子核中有 143 个中子，但只有 92 个质子，因此当铀裂变成两种中等质量的元素时，其原子核中多余的中子使其不能保持稳定。

这些中等质量的元素具有放射性，它们中的大多数半衰期很短，但也有一些半衰期可达数千年之久。要安全处置这些核废料，需要特殊的储存桶和处理流程。尽管近半个世纪以来，核电站已经为人类稳定地供应电能，但如何处理放射性核废料目前仍然是一个非常棘手的问题。

核反应堆的设计在不断地进步。20 世纪 50—80 年代设计的核反应堆被称为第一代反应堆和第二代反应堆。这些反应堆的安全系统是"主动的"，因为在发生事故时，它们依靠一系列主动安全措施（如水泵）保持反应堆堆芯的冷却。建于 20 世纪 90 年代的第三代反应堆也依赖主动安全措施，而且在建造、运行和维护方面更经济。

新的第四代核反应堆虽然尚未投入运行，但其设计与前 3 代有根本性的不同：它将纳入被动安全措施，使反应堆在发生紧急情况时自动关闭；其燃料来源可能是上一代反应堆中储存的贫化铀；它们还将允许从水中生成氢燃料。此外，第四代核反应堆可以建造成小型模块化装置，产生 150 ～ 600 兆瓦的输出功率，而不是目前核反应堆的普遍功率 1 500 兆瓦。小型的核反应堆更容易管理，还可以串联使用，以提供适合所服务社区的发电能力。第四代核反应堆已经投入使用。

核裂变能为人类提供充足的电力，这样每年能节省几十亿吨的化石燃料，还能消除每年因燃烧这些化石燃料而排放到空气中的百万吨硫氧化物和其他有毒物质。

Q6 巨大的核能来自哪里？

　　显然，每一克核燃料发生裂变时都会产生大量的能量。这种能量源于核子在经历核反应时失去的质量。

　　在 20 世纪初，爱因斯坦发现，质量实际上是"压缩"的能量。质量和能量是同一枚硬币的两面，他由此提出了著名的质能方程 $E = mc^2$。在这个方程中，E 代表静止状态下任何质量所包含的能量，m 代表质量，c 代表光速。这种能量和质量之间的关系是理解核反应的关键。

　　如何从原子核中拉出一个核子？（记住，核子是质子和中子的总称。）要做到这一点，必须对抗强核力，强核力将核子固定在原子核中，需要大量的能量才能把核子拉出原子核。我们从质能方程中了解到，把核子拉出原子核的能量并没有损失，这些能量被核子吸收。因此当把核子拉出原子核时，核子的质量会变得更大。

　　例如，如果一个核子在原子核中的质量为 1.000 00，那么它被拉出原子核后的质量可能略大，为 1.007 28（把核子拉出来的能量转化为质量）。能量和质量可以相互转化，换言之，能量可以变成质量，质量也可以变成能量，就像质能方程 $E = mc^2$ 所体现的那样。

　　由此可知，核子的质量取决于它的位置。一般来说，当一个核子在原子核外自由自在时，它的质量是最大的；当核子被紧紧束缚在原子核内时，它的质量是最小的。

　　然而，并非所有原子核都是一样的。在某些原子核中的核子可能比在其他原子核中的核子结合得更紧密。因此，核子的质量也取决于它所在的原子核。氢原子核中的核子质量最大，铁原子核中的核子质量最小，原子核越重（如铀原子核），核子质量越大，如图 4-27 所示。

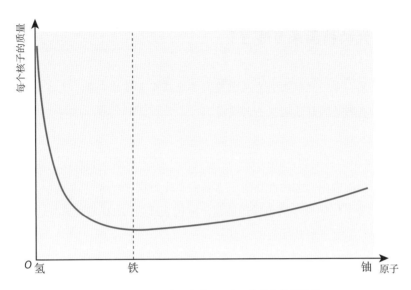

图 4–27　核子的平均质量取决于它所在的原子核

注：从图中可以看到，氢原子核中的核子质量最大，铁原子核中的核子质量最小，铀原子核中的核子质量中等。

　　图 4-27 是理解在核裂变过程中如何释放能量的关键。在图的右侧，铀的每个核子的质量相对较大。当铀原子核分裂时，就会形成原子序数更小、质量也更小的原子核。在这些新的原子核中，每个核子的质量都比铀原子核中核子的质量小，如图 4-28 所示。因此，核子在从铀原子核到新原子核的过程中会失去质量。用减少的质量乘以光速的平方（质能方程中的 c^2），乘积就等于每个铀原子核在裂变时产生的能量。

　　有趣的是，质能方程既适用于核反应，也适用于化学反应。核反应中所涉及的能量非常大，大到质量的变化是可以测量的，其变化量大约为原质量的千分之一。在化学反应中所涉及的能量是如此之小，根本无法检测到质量的变化，其变化量大约为原质量的十亿分之一。这就是为什么质量守恒定律可以这样表述：当物质发生化学反应形成新物质时，其总质量没有出现可检测到的变化。事实上，在化学反应过程中，原子的质量会发生变化。然而，这些变化太小，没有实际的意义。

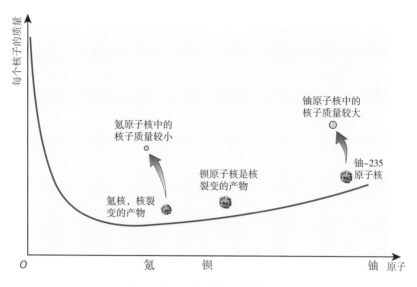

图 4-28   裂变前后的核子质量变化

注：铀原子核中每个核子的质量大于核裂变后新原子核中每个核子的质量。损失的质量被
转化为能量，这就是为什么核裂变是一个释放能量的过程。

我们可以把每个核子的质量图想象成一个能量谷，先从氢（最高点）开始，然后向铁（最低点）急剧倾斜，最后逐渐向铀回升。铁位于能量谷的底部，拥有最稳定的原子核。它也有结合得最紧密的原子核；从铁原子核中分离核子所需的能量比从任何其他元素的原子核中分离核子所需的能量都要多。

今天，人类使用的核能都是由核裂变产生的。其实，除了核裂变，还有另一种核反应，那就是核聚变。

Q7 星际旅行的燃料将如何获得？

试想一下，如果有一天人类实现了星际旅行，可以像在地球上飞行那样在宇宙中飞行，那么旅行的燃料来自哪里呢？

其实，氢作为核聚变的燃料存在于宇宙的每个角落，不仅存在于恒星中，也存在于恒星之间的宇宙空间中。据估计，宇宙中大约 90% 的原子是氢原子。对于未来想要进行星际旅行的人来说，原材料的供应是有保障的，因为今天所有已知的元素都是由古老的氢原子通过核聚变产生的。未来的人类可能会合成新的元素，并从此过程中获得能量，就像恒星一直在做的那样。

那么，原子核是如何结合在一起，并产生巨大能量的呢？

原子核的结合被称为核聚变，它与核裂变相反。从图 4-27 和图 4-28 中我们可以看到，能量谷中最陡的部分是从氢到铁的那一段。当较轻的原子核结合成较重原子核时，核子释放出能量，如图 4-29 所示。当沿着元素周期表从氢向铁移动时，每个核子的平均质量减少。因此，当两个小原子核（如一对氢同位素）发生聚变时，生成的大原子核（如氦原子核）的质量要小于聚变前两个小原子核的质量，质量差以能量的形式释放，如图 4-30 所示。

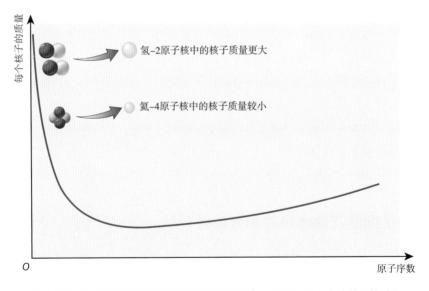

图 4-29 氢-2 原子核中的每个核子的质量大于氦-4 原子核中的每个核子的质量

注：两个氢-2 原子核结合为一个氦-4 原子核，在这个过程中损失的质量会转化为能量，这就是为什么核聚变是一个释放能量的过程。

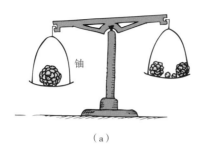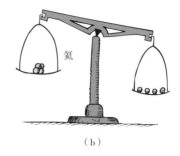

（a）　　　　　　　　　　　　（b）

图 4-30　原子核的质量不等于其各部分质量的总和

注：图（a），铀原子核的裂变碎片的质量比铀原子核的质量小。图（b），两个质子和两个中子在自由状态下的质量比它们结合形成氦核时的质量更大。

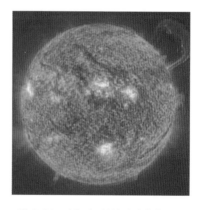

图 4-31　太阳上时刻在发生热核聚变

注：总有一天，人类能够通过热核聚变获得大量的能量，就像太阳上一直发生的那样。

为了使聚变反应发生，原子核必须以非常高的速度发生碰撞，才能克服它们之间的排斥力。太阳的高温能够将原子核加速到所需的速度。由高温引起的聚变叫作热核聚变。在太阳的高温下，每秒大约有 6.57 亿吨氢转化为 6.53 亿吨氦，其中失去的 400 万吨质量被转换成能量。这些能量中很小的一部分以阳光的形式到达地球。因此，热核聚变是太阳的能量来源，而太阳是地球上所有生命的能量来源，如图 4-31 所示。

热核聚变也叫核燃烧，它类似于普通的化学燃烧。在化学燃烧和核燃烧中，高温都会启动反应，反应释放的能量维持了足够高的温度，并产生热量。化学燃烧的最终结果是原子结合成更紧密的分子。核燃烧的最终结果是原子核更紧密地结合在一起。在这两种燃烧中，质量都随着能量的释放而减少。

在原子弹被研制出来之前，启动核聚变所需的温度无法达到。研究人员发现，爆炸的原子弹内部的温度是太阳中心温度的 4 ~ 5 倍，足以引发核聚变。因此，在原子弹问世后不久，第一颗热核炸弹——氢弹，也于 1952 年引爆。可裂变物质的临界质量限制了核裂变炸弹（原子弹）的大小，而核聚变炸弹（氢弹）则没有这种限制，因此其发展前景更为广阔。

正如储油库的大小没有限制一样，核聚变炸弹的大小也没有理论上的限制。就像储油库里的油一样，任何数量的核聚变燃料都可以安全储存。用一根火柴就能点燃一座油库，用一颗原子弹则可以点燃一颗氢弹。氢弹的威力比原子弹大得多。例如，今天美国储存的一枚氢弹的破坏力，大约是第二次世界大战期间在广岛引爆的原子弹的 1 000 倍。

核聚变除了可以用来制造氢弹，还可以为人类提供大量的清洁能源。

受控核聚变

想要在受控条件下进行核聚变反应，需要达到数百万摄氏度的高温。获得高温的技术有很多种，但这些技术都要面临一个问题，那就是找不到一个能够承受这么高的温度而不会熔化的反应容器。解决这个问题的一个办法是将反应限制在非物质容器中。

磁场是一个非物质容器，它可以在任何温度下存在，并能对运动中的带电粒子施加强大的力。具有足够强度的"磁墙"为热电离气体（称为等离子体）提供了一种束缚，而磁压缩可以将等离子体加热到需要的温度。

虽然目前还没有建成核聚变发电站，但已经有一个国际项目，其目标是证明用核聚变发电的可行性。这就是国际热核聚变实验堆计划。图 4-32 展示了选址在法国南部卡达拉舍的反应堆，该反应堆建成后将储存超过 1 亿摄氏度的带电氢气（等离子体），这比太阳中心的温度还要高。除了产生大约 500 兆瓦的电力，该反应堆还可以产生作为能源的氢，氢可以为燃料电池提供动力。

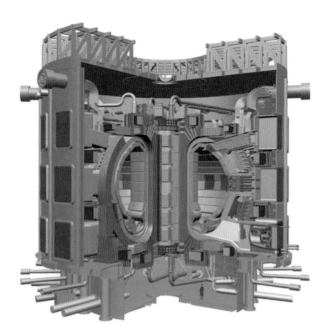

图 4-32 在法国南部卡达拉舍建造和运行的反应堆

○— 趣味课堂 —●

像黄金这样重的元素从何而来呢？

　　有一些质量非常大的恒星，当其生命进入最后阶段，会发生巨大的坍缩，这一过程称为超新星爆发。超新星爆发的能量造就了黄金这样重的元素。我们佩戴的金首饰中的金原子可能是利用一颗很久以前、在一个非常遥远的星系中爆炸的超新星的能量创造出来的。

要点回顾
CONCEPTUAL CHEMISTRY >>>

- 生活中的辐射有约 19% 来自大自然之外，其中有 15% 来自医疗领域，4% 来自消费品，以及核试验、煤炭与核能工业的放射性灰尘。

- 大多数原子具有稳定的原子核，这意味着核子能很好地结合在一起。这种稳定性源于质子数与中子数的最佳平衡。一旦这种稳定性被破坏，原子核就具有了放射性。

- 当放射性元素的原子核发射 α 粒子或者 β 粒子时，原子核的原子序数就会改变，该元素就变成了另一种元素。从一种元素变为另一种元素的过程被称为嬗变。

- 可以通过检测物质的放射性水平来判断其年代。这种方法被称为碳-14 定年法，它能帮助研究人员探测到的最早年代是 5 万年前。如果超过 5 万年，由于所检测物质中的碳-14 的残留量太少，就无法进行精确的测定。

- 能够产生可持续的链式反应所需的最小铀块的质量被称为临界质量。任何达到或超过临界质量的铀块都会释放稳定的能量。如果设计得当，这种能量的释放可以得到控制，核电站就是通过这一可控的过程来发电的。

- 在著名的质能方程 $E = mc^2$ 中，E 代表静止状态下任何质量所包含的能量，m 代表质量，c 代表光速。这种能量和质量之间的关系是理解核反应的关键。

- 热核聚变是太阳的能量来源，而太阳是地球上所有生命的能量来源。

CONCEPTUAL
CHEMISTRY

05

原子是如何结合的?

妙趣横生的化学课堂

- 为什么电子喜欢成对出现?

- 为什么宝石会有不同的颜色?

- 为什么海水中的黄金难以提炼?

- "钻石星球"如何存在?

- 为什么可以用二氧化碳来清洁衣物?

- 为什么油和水不能融合?

1892 年，房地产开发商威廉·洛夫（William Love）提议修建一条连接尼亚加拉河上游和下游的运河。到了 1910 年，该项目失去了财政支持，最后只剩下一条宽约 18 米、长约 914 米的沟渠。

这条沟渠位于尼亚加拉瀑布的东部，后来被作为有毒化学废物的掩埋场所，人们将包括汞等重金属和苯等致癌溶剂在内的有毒液体装到罐子里，掩埋在这条沟渠中。到了 20 世纪 50 年代初，埋在地下的罐子破裂，有毒物质渗入地下。大雨过后，地下水位上升，与泄漏的有毒物质混合，并渗漏到邻近房屋的地下室，甚至渗出地表，使附近的居民深受影响，苦不堪言。这一事件是美国历史上最重大的污染事件之一。

这次污染事件之所以在大雨过后升级，是因为雨水与有害物质混在一起。从微观角度来说，就是水分子中的原子和有害物质中的原子结合。

我们知道，在室温条件下，二氧化碳以气体的形式存在，水以液体的形式存在。从分子的角度看，二氧化碳的质量是水的两倍以上。本章将介绍二氧化碳分子不具有粘连性，这使得分子间相互远离，从而处于气态；相对较轻的水分子具有粘连性，这使得水分子聚集在一起，从而处于液态。这两种分子如此不同的原因就在于分子中的原子具有不同的结合方式。为什么金属不透光？为什么金属的导电和导热性能良好？这同样与金属原子的结合方式息息相关。因此，想了解物质为什么会呈现某种特性，先要了解它的原子是如何结合的。

Q1 为什么电子喜欢成对出现？

正如前文所讨论的那样，电子具有自旋的特性。自旋可分为顺时针旋转和逆时针旋转两种情况。因为电子带有电荷，所以在旋转时会产生一个微小的磁场。两个朝相反方向旋转的电子会形成方向相反的磁场，这使得这两个电子成为一对。

成对的电子相对稳定。这些电子是参与形成化学键的电子，不参与形成化学键的电子对被称为非键合电子对。当然，我们不能仅从字面上来理解这个术语，在适当的条件下，即使非键合电子对也可以形成化学键。

未成对的电子有充分参与化学结合的趋势，这种趋势使它们容易与另一个原子的电子成对。本章所探讨的离子和共价键都是由未成对的电子转移或共享而产生的。

要想知道原子是否有成对的电子，还要先从第 3 章中谈到的壳层模型说起。你应该还记得电子是如何围绕原子核排列的吧：电子并不像围绕太阳的行星那样沿着精确的轨道运行，而是像波浪一样在被称为电子层的不同能级中盘旋。

在如图 5-1 所示的模型中，一个原子中的电子有 7 个电子层，电子按照从内到外的顺序填充这些电子层。第一层中允许的最大电子数为 2 个，第 2 层和第 3 层各可容纳 8 个电子，第 4 层和第 5 层各可容纳 18 个电子，第 6 层和第 7 层各可容纳 32 个电子。这些数字与元素周期表中每个周期的元素数量匹配。图 5-2 展示了这个模型如何适用于元素周期表第 18 族的前 3 种元素。

（a）

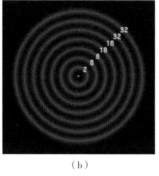
（b）

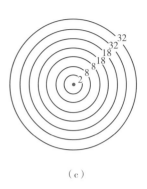
（c）

图 5-1　有 7 个电子层的原子模型

原子最外层的电子对其化学性质，包括其形成化学键的能力都起着重要的作用。为了表明这些最外层电子的重要性，它们被称为价电子。这个名称来自拉丁文 valentia，意为"力量"。这些价电子所占据的电子层被称为价电子层。价电子可以简单地表示为原子符号上一系列的圆点。这种符号叫作电子点结构或路易斯结构，以纪念首先提出电子层和价电子概念的美国化学家吉尔伯特·路易斯（Gilbert Lewis）。

图 5-3 所示的电子点结构有助于我们理解离子键和共价键。然而，电子点结构并不能准确地表示金属键。在金属键中，成键电子很容易从一个原子流向另一个原子。

那么，原子是如何获得或失去电子并形成离子的呢？

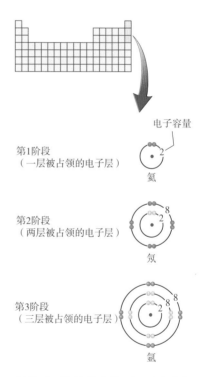

电子容量

第1阶段
（一层被占领的电子层）
氦

第2阶段
（两层被占领的电子层）
氖

第3阶段
（三层被占领的电子层）
氩

图 5-2　第 18 族的氦、氖、氩元素的原子中被占领的电子层

注：这 3 种元素的原子中最外层电子都达到了最大值。请注意，每层的电子数（2、8、8……）与元素周期表中的元素数一致。

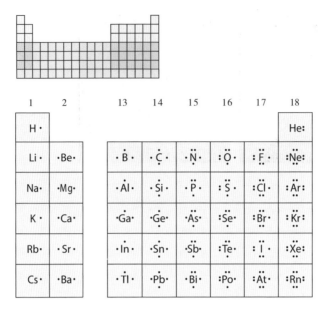

图 5-3　原子的价电子显示在其电子点结构中

注：在价电子层中，并非所有电子都是价电子。例如，氩原子的
价电子层中有 18 个电子，但其中只有 8 个是价电子。

　　当原子中的质子和电子数量相等时，电荷达到平衡，原子呈电中性。如果原
子失去或获得电子，如图 5-4 和图 5-5 所示，则会导致电荷失衡，原子就会带
上净电荷，变成离子。当原子失去电子时，质子的数量超过电子的数量，形成的
离子带正电荷，被称为阳离子；当原子获得电子时，电子的数量超过质子的数量，
形成的离子带负电荷，被称为阴离子。

　　化学家通过在原子符号的右上角做标记来表示离子的电荷强度。因此，由钠
原子形成的阳离子写为 Na^{1+}，由氟原子形成的阴离子写为 F^{1-}。当正电荷或负电荷
数为 1 时，通常省略数字 1。因此，这 2 个离子常常写成 Na^+ 和 F^-。再举两个例子，
失去 2 个电子的钙离子可写作 Ca^{2+}，获得 2 个电子的氧离子可写作 O^{2-}。

　　我们可以用电子的壳层模型来推测原子可能会形成的离子类型。根据这个模
型，原子可能会通过失去或获得电子来将价电子层填满。

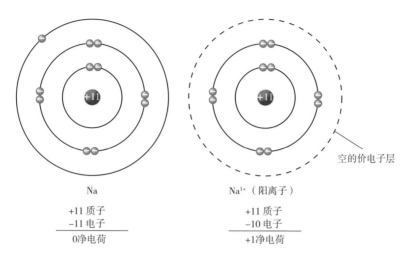

Na

+11 质子
−11 电子
─────────
0 净电荷

Na¹⁺（阳离子）

空的价电子层

+11 质子
−10 电子
─────────
+1 净电荷

图 5-4　钠原子变成钠离子

注：1 个电中性的钠原子包含 11 个带负电荷的电子，以及组成原子核的 11 个带正电荷的质子。当钠原子失去 1 个电子时，它就会变成 1 个阳离子。

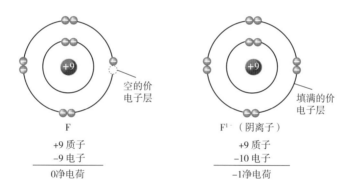

F

+9 质子
−9 电子
─────────
0 净电荷

空的价电子层

F^{1−}（阴离子）

填满的价电子层

+9 质子
−10 电子
─────────
−1 净电荷

图 5-5　氟原子变成氟离子

注：1 个电中性的氟原子包含 9 个质子和 9 个电子。当氟原子获得 1 个电子时，它就会变成一个阴离子。

　　当 1 个原子的价电子层中只有 1 个或几个电子时，该原子可能会失去这些电子，这时已被填满的次外层电子层就变成了价电子层。例如，图 5-4 中的钠原子在第 3 层电子层中只有 1 个电子。由于钠原子只有 1 个价电子可以失去，因此它倾向于形成 1 个阳离子。当钠原子变为 1 个阳离子时，质子的数量（+11）超过了电子的数量（−10）。

如果 1 个原子的价电子层几乎被填满，该原子就会吸引另 1 个原子的电子，从而形成 1 个阴离子。例如，图 5-5 中的氟原子有多余的空间可以容纳 1 个额外的电子。在得到这个额外的电子后，氟原子的价电子层被填满。因此，它倾向于形成 1 个阴离子。请注意，电子带负电荷，因此获得 1 个电子会得到 1 个阴离子。

元素周期表可以帮助我们了解每个原子倾向于形成的离子类型。从图 5-6 可以看到，第 1 族元素的原子都只有 1 个价电子，因此这些原子都倾向于形成 1 个阳离子；而第 17 族元素的原子在其价电子层中都仍有空间来容纳 1 个额外的电子，因此这些原子都倾向于形成 1 个阴离子；稀有气体元素的原子则很难形成任何类型的离子，因为它们的价电子层已被填满。

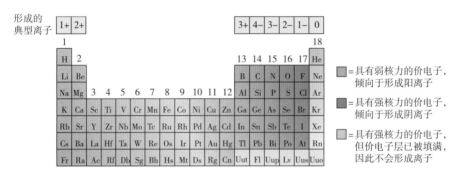

图 5-6　元素周期表为原子在离子化合物中倾向于形成的离子类型提供了指南

由此可见，在元素周期表中，靠左侧元素的原子核与价电子之间的吸引力最弱，靠右侧元素的这种吸引力最强。从钠元素在元素周期表中的位置可以判断，钠原子的单个价电子并不稳定，这就解释了钠原子的电子容易丢失的原因。然而，钠原子核对第 2 层电子的吸引力要强得多，这就解释了钠原子很少失去 1 个以上电子的原因。

在元素周期表的另一边，氟原子的原子核强烈吸引着其价电子，这就解释了为什么氟原子往往不会失去任何电子而形成阳离子。氟原子核对价电子的吸引力足够强，甚至能从其他原子那里获得 1 个电子。

稀有气体原子的原子核对其价电子的吸引力也非常强，因此价电子很难被移除，所以稀有气体原子通常不会失去电子。然而，由于稀有气体原子的价电子层已被填满，通常情况下也不会获得电子，因此这些原子往往不会形成任何类型的离子。

第 1 族、第 2 族，以及第 13 族至第 18 族元素形成离子的原因都可以用电子的壳层模型来解释。然而，这个模型过于简单，不适用于第 3 族至第 12 族的过渡金属。一般来说，这些金属原子倾向于形成阳离子，只是失去的电子数量有所不同。例如，在一定条件下，1 个铁原子可能会失去 2 个电子，形成二价铁离子（Fe^{2+}），或失去 3 个电子，形成三价铁离子（Fe^{3+}）。

分子可以形成离子

现在我们知道，原子可以通过失去或获得电子形成离子。有趣的是，分子也可以形成离子。在大多数情况下，当 1 个分子失去或获得 1 个与氢离子（H^+）等价的质子时，就会发生这种情况。（回想一下，氢原子包括 1 个质子和 1 个电子，因此氢离子就只有 1 个质子）。例如，水分子（H_2O）可以通过获得一个氢离子（H^+，即一个质子）形成水合氢离子（H_3O^+）：

同样，碳酸分子（H_2CO_3）失去 2 个氢离子，就会形成碳酸根离子（CO_3^{2-}）：

本书将在后续的章节中探讨这些反应是如何发生的。现在你应该了解了，水合氢离子和碳酸根离子是典型的多原子离子，也就是带有净电荷的离子。表 5–1 列出了一些常见的多原子离子。

表 5–1　一些常见的多原子离子

名称	化学式
水合氢离子	H_3O^+
铵离子	NH_4^+
碳酸氢根离子	HCO_3^-
乙酸根离子	$CH_3CO_2^-$
硝酸根离子	NO_3^-
氰根离子	CN^-
氢氧根离子	OH^-
碳酸根离子	CO_3^{2-}
硫酸根离子	SO_4^{2-}
磷酸根离子	PO_4^{3-}

Q2 为什么宝石会有不同的颜色？

红宝石和蓝宝石因含有不同的杂质而呈现不同的颜色。因为含有少量的铬离子，红宝石呈现红色，蓝宝石则因为含有少量的铁离子和钛离子而呈现蓝色。

虽然代表颜色的离子不同，但红宝石和蓝宝石中有相同的离子化合物：一个铝离子带有 3 个正电荷，而一个氧化物离子带有 2 个负电荷。这些离子共同构成了离子化合物三氧化二铝（Al_2O_3，简称氧化铝），它是红宝石和蓝宝石的主要成分。图 5–7 说明了氧化铝的形成过程。氧化铝中的 3 个氧化物离子带有 6 个负电荷，这与 2 个铝离子所带的 6 个正电荷相互平衡。

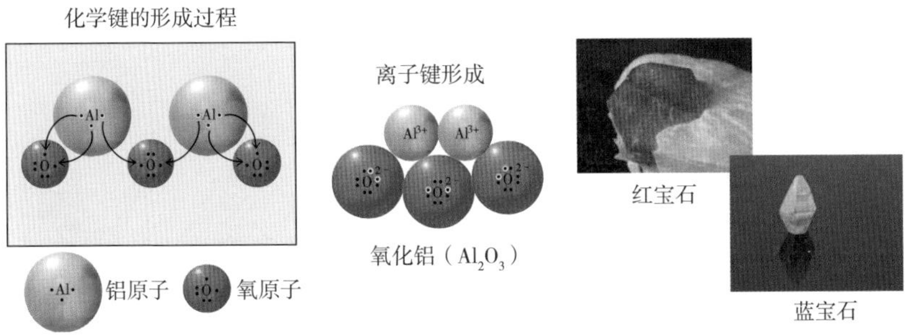

化学键的形成过程

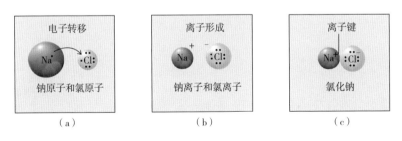

离子键形成

氧化铝（Al₂O₃）

·Al· 铝原子   :Ö: 氧原子

红宝石

蓝宝石

图 5-7　氧化铝的形成过程

注：2个铝原子总共失去6个电子，这6个电子被3个氧原子获得，在这个过程中，铝原子成为铝离子，而氧原子变成氧离子。这些带相反电荷的离子结合形成离子化合物氧化铝。

由此可知，电子转移形成离子键。接下来具体介绍这个过程是怎么发生的。

当1个倾向于失去电子的原子与1个倾向于获得电子的原子接触时，结果是电子转移并形成2个带相反电荷的离子。当钠原子和氯原子结合时，就会发生这种情况，如图 5-8 所示。钠离子和氯离子共同构成了化合物氯化钠，俗称食盐。像食盐这样含有离子的化合物被称为离子化合物。所有离子化合物都与其所含的元素完全不同——氯化钠既不是钠，也不是氯，而是钠离子和氯离子结合形成的一种具有全新物理性质和化学性质的独特物质。

电子转移

Na· → :Cl:

钠原子和氯原子

（a）

离子形成

Na⁺ :Cl:⁻

钠离子和氯离子

（b）

离子键

Na⁺ :Cl:

氯化钠

（c）

图 5-8　氯化钠的形成过程

注：图（a），1个电中性的钠原子失去价电子，并将价电子转移给1个电中性的氯原子。图（b），这种电子转移会产生2个带相反电荷的离子。图（c），2个离子通过离子键结合在一起。围绕这些电子点结构绘制的球体表明了原子和离子的相对大小。

离子化合物通常由位于元素周期表两侧的元素组成，例如图 5-9 所示的两种离子化合物。此外，根据金属和非金属在元素周期表中的排列方式，阳离子通常来自金属元素，阴离子通常来自非金属元素。

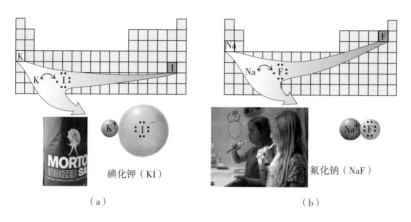

（a）　　　　　　　　　　　　　　　（b）

图 5-9　碘化钾和氟化钠

注：图（a），离子化合物碘化钾所含的碘离子是人体必需的物质，常被添加到食盐中。图（b），离子化合物氟化钠富含能够强化牙齿的氟离子，常被添加到城市供水和牙膏中。

对于所有的离子化合物，正负电荷必须保持平衡。例如，在氯化钠中，每 1 个氯离子对应 1 个钠离子。在含有携带多种电荷的离子化合物中，电荷也必须保持平衡。例如，钙离子带有 2 个正电荷，而氟离子只带有 1 个负电荷，每个钙离子需要 2 个氟离子来保持电荷平衡，因此氟化钙的分子式是 CaF_2，如图 5-10 所示。氟化钙天然存在于一些地区的饮用水中，它富含可以强化牙齿的氟离子。

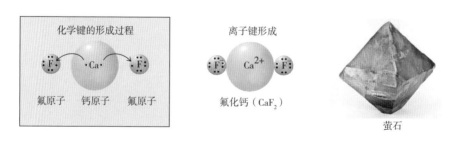

图 5-10　氟化钙的形成

注：1 个钙原子失去了 2 个电子，这 2 个电子给了 2 个氟原子，在这个过程中，钙原子变成了钙离子，而氟原子则变成了氟离子。这些带相反电荷的离子结合形成离子化合物氟化钙，氟化钙以萤石的形式存在于自然界中。

离子化合物通常包含大量离子，这些离子排列在高度有序的三维阵列中。以氯化钠为例，每个钠离子被 6 个氯离子包围，每个氯离子被 6 个钠离子包围，如图 5-11 所示。总的来说，每个氯离子对应 1 个钠离子，但没有可识别的钠－氯离子对。这种有序的离子阵列被称为离子晶体。正如本章开头提到的，在原子层面，氯化钠的晶体结构是立方体，这就是为什么肉眼可见的食盐晶体也是立方体。用锤子敲碎一个大的氯化钠晶体，会得到许多小的氯化钠晶体。同样，其他离子化合物的晶体结构（如氟化钙和氧化铝）也是由离子聚集在一起形成的。

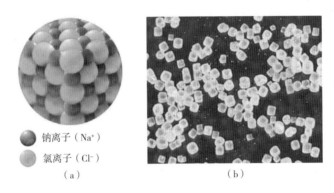

钠离子（Na⁺）
氯离子（Cl⁻）
（a）　　　　　　　　　　（b）

图 5-11　氯化钠晶体

注：图（a），氯化钠以及其他离子化合物形成离子晶体，位于晶体内部的每个离子都被带有相反电荷的离子所包围。为了简单起见，这里只列出了离子阵列的一小部分，典型的氯化钠晶体包括数百万个离子。图（b），通过显微镜观察食盐的晶体，可以看到其立方体结构，这种立方体由钠离子和氯离子排列而成。

Q3　为什么海水中的黄金难以提炼？

迄今为止，世界上所有从自然界分离出来的黄金包括已经开采的所有天然黄金，以及从含金矿石中提纯的黄金可以形成一个边长超过 20 米的立方体，其质量约为 13 万吨。由于近年来的黄金产量一直都在下降，因此人们可能会认为地球上的黄金已经所剩无几。

其实，海洋中也富含黄金——每吨海水中含有 2 毫克黄金。地球上大约有 1.5×10^{18} 吨海水，其中就含有 34 亿吨黄金！然而，到目前为止，还没有找到从海水中收集黄金的方法——海水中黄金的浓度实在太低了，如图 5-12 所示。

图 5-12　海水中含有稀薄的黄金

注：当收集自然资源所需的能量远远超过其本身的价值时，就没有必要去收集了。世界上大部分黄金都在海水中，但海水中黄金的浓度太低了，不值得收集。

实际上，金和铂是少数以天然金属的形式出现在自然界中的元素。天然金属相当罕见，这也是它们非常贵重的原因。在自然界中发现的大部分金属都是化合物。例如，铁最常见的形式是氧化铁（Fe_2O_3），而铜最常见的形式是黄铜矿（$CuFeS_2$）。含有相对高浓度的金属化合物的地质矿床被称为矿石。冶金工业即从地下开采这些矿石，然后将其加工成金属。图 5-13 展示了世界上最大的露天铜矿。

虽然含金属的化合物几乎无处不在，但只有通过矿石来提取金属才划算。要想知道金属到底是如何提炼的，还要从金属的性质和金属键开始讲起。

图 5-13　位于美国犹他州宾厄姆峡谷的世界最大露天铜矿

前文介绍了金属的性质：金属可以导电、导热，不透光，在压力下会变形而不会断裂。由于具有这些性质，因此金属常被用来建造房屋、桥梁，制造电器、汽车和飞机。横跨山河的金属电线传输着通信信号和电力。人们佩戴金属首饰，兑换金属货币，用金属容器喝水。然而，是什么赋予了金属这些性质？我们可以通过观察其原子结构来回答这个问题。

由于大多数金属原子的外层电子与原子核之间的吸引力往往不太强，因此这些电子很容易失去，从而留下带正电荷的金属离子。图 5-14 展示了通过自由流动的电子结合在一起的金属离子。

一大群金属原子失去的电子在产生的金属离子中自由流动，这种电子"流体"将带有正电荷的金属离子结合在一起，这种化学键被称为金属键。

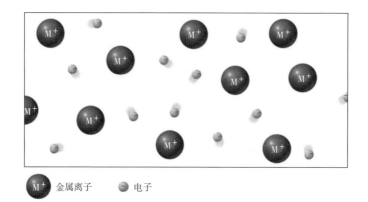

图 5-14　金属离子通过自由流动的电子结合在一起

注：这些松散的电子形成一种电子流体，流经带正电荷的金属离子。

金属中的电子具有流动性是金属能导电的重要原因。金属是不透明并有光泽的，因为金属被光照射时，自由电子很容易因受光子的冲击而振动，从而反射大部分光。此外，金属离子并不像离子晶体中的离子那样被牢牢地固定在指定位置。因为金属离子由电子"流体"固定在一起，所以这些离子可以产生相对移动，这种情况会在金属被敲碎、拉扯或塑造成不同形状时发生。

两种或多种不同的金属可以通过金属键结合。例如，当熔融金和熔融钯混合形成白金的均匀溶液时，就会出现这种情况。白金的质量可以通过改变金和钯的比例来调整。白金是合金的一种，它是由两种或多种金属元素组成的混合物。通过调整金属的比例，可以很容易地改变合金的性能。

例如，在设计图 5-15 所示的萨卡加维亚①
1 美元硬币（Sacagawea dollar）时，美国铸币局

图 5-15　萨卡加维亚 1 美元硬币

注：萨卡加维亚 1 美元硬币的金色表面是由 77% 的铜、12% 的锌、7% 的锰和 4% 的镍合金制成的，硬币内部是纯铜。

①萨卡加维亚是一位肖肖尼印第安人（Shoshone Indian），也是美国西进运动中的"传奇女英雄"。——编者注

需要一种金色的金属——这样硬币才会受人欢迎。并且，这种金属还需要具有与苏珊·安东尼① 银圆（Susan B. Anthony dollar）相同的电气特性，这样新的硬币就可以在自动售货机上替代苏珊·安东尼银圆。

由于地球上充满了含金属的化合物，因此很难想象会出现金属短缺的情况。然而，专家认为，如果继续保持目前的消耗速度，金属短缺的问题将在两个世纪内出现。金属短缺不是指含金属的化合物短缺，而是指能够以较低的成本提取出这些化合物的矿石短缺。

就像海洋中的黄金一样，地壳中的大多数含金属的化合物都与其他物质混合在一起。也就是说，这些化合物的纯度被稀释了。根据定义，矿石是地壳的一部分，由于地质原因，这些化合物集中在地壳中。

首先被开采的是高品位矿石，高品位矿石是指含有相对高浓度金属化合物的矿石。在这些矿石耗尽后，才会开采低品位矿石。低品位矿石的金属化合物含量较低，因此提炼时将产生更高的成本。最终，一个国家的矿石供应将会枯竭，美国的氧化铝矿石正是如此，如图 5-16 所示。矿石枯竭的国家被迫从其他国家进口金属或矿石，然而，那些出口矿石的国家的资源也是有限的。

● 趣味课堂 ●

金属如何被铸成各种形状？

金属矿石含有离子化合物，其中金属原子失去电子变成阳离子。本书后文将会介绍，要将矿石转化为金属，需要将电子还给金属离子。这是通过用能够释放电子的材料（如碳）在 1 500℃左右加热矿石来实现的。在这个温度下，金属呈现熔融状态，可以被铸成各种形状。

---

① 美国民权运动与女权运动的著名领袖，在 19 世纪美国废奴运动与妇女选举权运动中扮演了关键角色。——编者注

图 5-16 美国的氧化铝矿石供应已经枯竭

注：由于氧化铝矿储量已经急剧减少，目前美国已停止开采氧化铝矿，因为从本土开采不如从澳大利亚等国家进口划算。

　　有趣的是，在海底发现的高品位矿石是一种潜在的金属资源，太空中富含金属的小行星也是。然而，与其投资新的矿石资源，不如从回收的产品中收集金属，这样要划算得多。也许未来有一天，金属回收计划将在世界范围内逐渐壮大，人类从此不再需要去各种不寻常的地方开采矿石。

Q4 "钻石星球"如何存在？

　　天文学家最近发现了一颗已经死亡的恒星，它有一个由钻石构成的固体核心。这颗恒星的固体核心宽度约为 4 000 千米，相当于 1 万亿兆亿（1×10^{35}）克拉的钻石。这颗恒星被命名为"露西"（Lucy），取自披头士乐队的歌曲《缀满钻石天空下的露西》（*Lucy in the Sky with Diamonds*）。在大约 70 亿年后，太阳也有可能变成一个钻石球。

　　钻石又称金刚石。要想了解恒星为何会变成金刚石球，就需要了解金刚石的特殊性质。在地球上，大多数天然金刚石形成于地球深处。我们都知道，金刚石极端坚硬，这是由它特殊的分子性质决定的。

金刚石是一种不寻常的共价化合物,它由在 4 个方向上以共价键结合在一起的碳原子组成。金刚石是一种共价晶体,如图 5–17 所示,它具有高度有序、由共价键连接的原子组成的三维网格结构,这种碳原子网格使金刚石非常坚固。

图 5–17　金刚石的晶体结构,图中十分形象地用棒状结构来表示共价键

此外,由于金刚石是一组仅由共价键结合在一起的原子,因此一块金刚石可以被看成一个单独的分子。与其他分子不同的是,这个分子可以直接用肉眼看到。

要想理解金刚石为什么这么坚硬,关键是要理解共价键的形成机制,下面就来详细介绍这一过程。

我们可以想象有两个孩子在一起玩耍,他们分享彼此的玩具,那么让孩子们在一起玩耍的力量是这些玩具的吸引力。同样,2 个原子可以通过其对共同电子的吸引力而结合在一起。例如,1 个氟原子极有可能获得 1 个额外的电子,从而填满最外层的电子层。

图 5–18 所示的 1 个氟原子就通过吸引另 1 个氟原子的未成对价电子来填满其最外层电子层,这就导致了 2 个氟原子共享 2 个电子。原子通过共享电子对而形成的化学键被称为共价键。

由被共价键连接的原子组成的物质是一种共价化合物。因为大多数共价化合物的基本单位是分子,所以可以将共价化合物定义为由共价键连接在一起的分子组成的化合物。图 5–19 是由氟分子组成的共价化合物氟气。

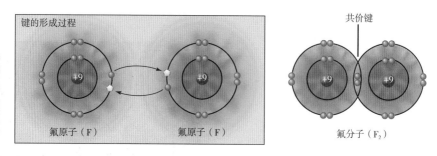

图 5-18　两个氟原子通过共价键结合在一起

注：氟原子的正核电荷（用红色阴影表示）可以吸引相邻氟原子的未成对价电子。如此一来，2 个氟原子的最外层电子层都被填满。这 2 个原子通过 2 个共享电子的吸引力结合在一起，形成氟分子。这 2 个氟原子就是通过共价键结合在一起的。

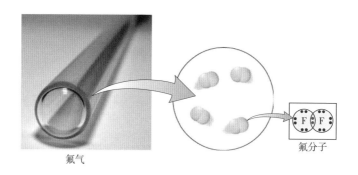

图 5-19　分子是组成共价化合物氟气的基本单位

注：在这个氟分子的模型中，球体是重叠的，而前面显示的离子化合物的球体则没有重叠。现在我们知道，这种表现形式上的差异是因为键的类型不同。

在书写共价化合物的电子点结构时，化学家通常用一条直线来表示共价键中的 2 个电子。但在某些表述中，非键合电子对被忽略了，这通常是因为非键合电子在该表述中没有发挥重要的作用。以下是两种常用的显示氟分子电子点结构的方法（在后一种方法中，并未使用点来表示原子）：

$$\overset{..}{\underset{..}{:F}} — \overset{..}{\underset{..}{F:}} \qquad F — F$$

以上两种方法中的直线都代表 2 个电子，这 2 个电子分别来自 2 个原子。因此，现在有 2 种类型的电子对需要跟踪。非键合电子对是指存在于单个原子的电子点结构中的电子对，而键合电子对是指由共价键形成的电子对。在非键合电子对中，2 个电子都来自同 1 个原子；在键合电子对中，2 个电子都来自参与该化学键的原子。

前文讲过，当 1 个倾向于失去电子的原子与 1 个倾向于获得电子的原子接触时，就会形成 1 个离子键。当 2 个都倾向于获得电子的原子接触时，就形成了共价键。因此，倾向于形成共价键的原子主要是元素周期表右上角的非金属元素原子。请注意，稀有气体元素除外，因为稀有气体非常稳定，不倾向于形成任何化学键。

氢原子倾向于形成共价键，因为它对额外的电子有相当强的吸引力。2 个氢原子通过共价键形成 1 个氢分子，如图 5-20 所示。

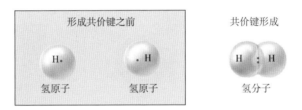

图 5-20　2 个氢原子通过共享其未成对的电子而形成共价键

原子能形成共价键的数量等于它能吸引的额外电子的数量，也就是填满其价电子层所需的电子数量。氢原子只能吸引 1 个额外的电子，所以氢原子只形成 1 个共价键。氧原子可以吸引 2 个额外的电子，当氧原子遇到 2 个氢原子时，就会寻找其所需的电子，并与之发生反应，生成水分子，如图 5-21 所示。

在水中，不仅氧原子通过与 2 个氢原子共价结合得到了 2 个额外的电子，而且每个氢原子还通过与氧原子的结合得到了 1 个额外的电子。因此，每个原子的价电子层都被填满了。

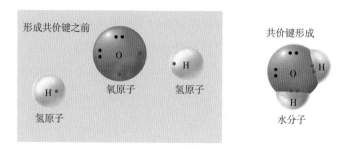

图 5-21 氧原子的 2 个未成对价电子与 2 个氢原子的未成对价电子配对

氮原子可以吸引 3 个额外的电子，因此能够形成 3 个共价键，生成氨分子（NH₃）；同样，一个碳原子可以吸引 4 个额外的电子，因此能够形成 4 个共价键，生成甲烷分子（CH₄），如图 5-22 所示。请注意，这些和其他非金属元素形成的共价键的数量与这些离子倾向于获得的负电荷数量成正比。这一结论是十分合理的，因为共价键的获得和阴离子的形成原理相同：非金属元素的原子倾向于获得电子，直到这些原子的价电子层被填满为止。

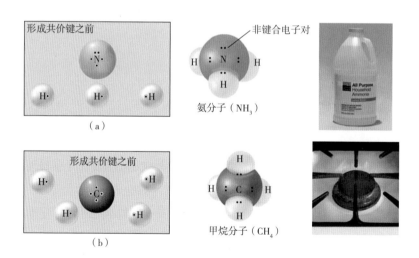

图 5-22 氨分子和甲烷分子的形成

注：图（a），1 个氮原子吸引 3 个氢原子中的 3 个电子，形成氨分子。氨气是一种可以溶于水的气体，它溶于水后会形成有效的清洁剂。图（b），1 个碳原子吸引 4 个氢原子中的 4 个电子，形成甲烷分子。甲烷是天然气的主要成分。在以上这种形成共价键的情况下，所有参与成键的原子的价电子层最终都会被填满。

2 个原子之间有可能共享 2 个以上的电子，图 5-23 中举了几个例子。氧分子由 2 个氧原子通过 4 个共享电子连接组成。这种排列被称为双重共价键，简称双键。共价化合物二氧化碳的分子由 2 个双键组成，它们将 2 个氧原子连接到 1 个中心碳原子上。有些原子可以形成三重共价键，其中有 6 个电子（每个原子贡献 3 个电子）是共享的。前面已经出现过这种情况，那就是氮分子（N_2）。双重共价键和三重共价键通常被称为多价键，而高于三重的多价键很难被观察到。

氧分子（O_2）　　　　二氧化碳分子（CO_2）　　　　氮分子（N_2）

图 5-23　氧分子和二氧化碳分子中的双重共价键以及氮分子中的三重共价键

图 5-24 显示了一些分子的电子点结构，从这些结构中可以看到，每种原子始终会形成相同数量的键。例如，氢原子形成 1 个键，碳原子形成 4 个键，氮原子形成 3 个键，氧原子形成 2 个键。前面已经介绍过，形成键的数量等于原子能够吸引的额外电子的数量，而这是由该元素在元素周期表中的位置决定的。从这些结构中还可以看出，原子中的孤对电子数量也是一致的。氢原子、铝原子和碳原子没有孤对。氮原子有 1 个孤对，氧原子有 2 个孤对，而氯原子和氟原子有 3 个孤对。这些孤对的数量使每个原子都有一个被填满的电子层。

对于多原子离子内的带电原子来说，其模式略有不同。一个多原子离子中带正电的原子有一个额外的共价键和一个孤对。例如，氨分子（NH_3）中的氮原子有 3 个键和 1 个孤对。向氨气（NH_3）中加入氢离子（H^+），就会产生铵离子（NH_4^+）。铵离子中的氮有 4 个键，没有孤对，如图 5-25a 所示。这是因为氨分子的孤对与氢离子反应，形成了第 4 个键。

同样，多原子离子中带负电的原子少了 1 个共价键和 1 个孤对。例如，水分子中的氧原子有 2 个键和 2 个孤对。从水分子中除去 1 个氢离子（H^+），就会产生氢氧根离子(OH⁻)。氢氧根离子的氧原子只有 1 个键,但有 3 个孤对,如图 5–25b 所示。当氢离子离开没有电子的水分子时,就产生了额外的孤对。

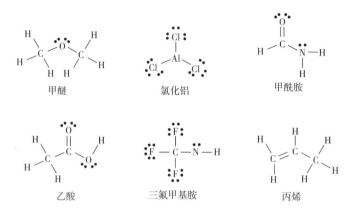

|甲醚|氯化铝|甲酰胺|
|乙酸|三氟甲基胺|丙烯|

图 5–24　一些分子的电子点结构

注：每个碳原子总是形成 4 个键。在甲酰胺中, 2 个键是单键, 另外 2 个是双键的一部分。因此, 1 个双键算作 2 个键, 而 1 个三键算作 3 个键。

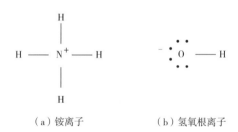

（a）铵离子　　　（b）氢氧根离子

图 5–25　铵离子和氢氧根离子的电子点结构

Q5 为什么可以用二氧化碳来清洁衣物?

　　干洗是指不用水而用干洗溶剂清洗衣服的过程。有一些污垢、灰尘和污渍通常更容易溶解于干洗溶剂,而且这些干洗溶剂对衣服的刺激也很小。干洗完成后,干洗溶剂经过过滤、蒸馏,还可以循环利用。

过去常见的干洗溶剂是四氯乙烯（C_2Cl_4），它是一种致癌物，并可能导致使用它的人头晕。四氯乙烯的替代品是二氧化碳，它在超高压条件下会形成一种不寻常的、液态和气态混合的物质，被称为超临界流体，具有显著的清洁效果。

二氧化碳的清洁特性取决于它的分子形状。化学家可以利用价层电子对互斥模型来预测一个小分子的形状。

分子是三维实体，因此最好用三维模型来描述。使用价层电子对互斥模型，可以将代表分子的二维电子点结构转化为更精确的三维模型。根据这个模型，价电子层中的电子对使自身尽可能地远离电子层中的其他电子对（包括非键对、成键对和以双键或三键结合的成键对组），这是电子对之间简单静电相互排斥的结果。

甲烷分子（CH_4）的二维电子点结构为：

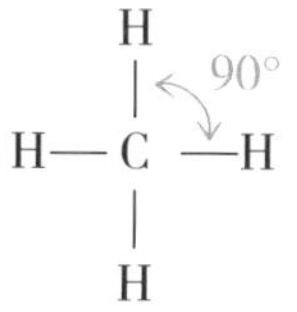

$$
\begin{array}{c}
H \\
| \quad \curvearrowleft 90° \\
H — C — H \\
| \\
H
\end{array}
$$

在这个结构中，成键电子对（以直线表示，每个电子对代表两个电子）相距 90°，因为这是它们在二维空间中可显示的最远距离。然而，当我们将视角扩展到三维空间时，就可以创建更精确的渲染——其中 4 个成键电子对相距 109.5°，如图 5-26 所示。

在这个三维结构中，有一个氢原子从中心碳原子的顶部伸出来，碳原子被固定在一个三脚架上，而三脚架的腿是由 3 个较低的碳–氢键构成，如图 5-27 所示。

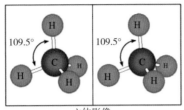

立体影像

图 5-26 甲烷分子的三维结构

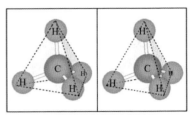

四面体甲烷分子的立体图像

图 5-27 甲烷分子三维结构简化模型

上图画出了由氢原子定义的 4 个三角形：一个三角形为底面，支撑着其他 3 个直立的三角形，甲烷分子的形状看起来像一个金字塔。在几何学中，这种结构叫作正四面体，因此甲烷分子是正四面体。

借助价层电子对互斥模型，我们可以使用电子点结构来预测简单分子在三维空间中的几何形状，这种几何形状通过围绕中心原子排列的周围原子或非键电子对的数量来确定。化学家将围绕中心原子的任何原子或非键电子对叫作取代基。例如，甲烷分子的碳原子有 4 个取代基——4 个氢原子；水分子的氧原子也有 4 个取代基——2 个氢原子和 2 个非键电子对：

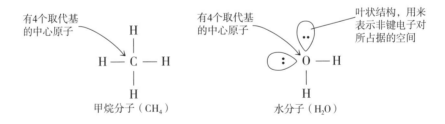

分子的几何形状如表 5-2 所示。当一个中心原子只有两个取代基时，分子的几何形状是线性的。也就是说，可以画出一条通过 2 个取代基和中心原子的直线。3 个取代基排列成一个三角形，中心原子也位于这个三角形的平面上，这种几何形状被称为平面三角形。4 个取代基形成一个正四面体，这种情况前面已经探讨过了。分子为什么会形成这些几何形状？简单来说，这些几何形状允许取代基之间有最大的距离。

表 5-2 分子几何形状

取代基数量	几何形状	示例		
2	180° 直线形	H — Be — H BeH$_2$	O = C = O CO$_2$	H — C ≡ N HCN
3	120° 平面三角形	H | B H H BH$_3$	O || C H H H$_2$CO	Ge Cl Cl GeCl$_2$
4	109.5° 正四面体	H | C······H H CH$_4$	N······H H H NH$_3$	O H H H$_2$O

分子形状是由取代基原子决定的

当我们谈论分子的形状时，其实是在谈论分子中原子的相对位置。原子的定位可以由价层电子对互斥模型来确定。从价层电子对互斥模型中可以看到，非键电子（孤对）也会影响分子中原子的定位。

可以通过以下两个步骤来弄清一个分子的形状：第一步，使用价层电子对互斥模型来定位所有的取代基；第二步，忽略所有非键对，确定原子的几何形状。下面通过表 5-2 中的几个示例来详细说明。

如果一个分子的中心原子周围没有非键对，那么该分子的形状与表 5-2 中的几何形状相同。在表 5-2 中，第 1 行的所有分子（BeH$_2$、CO$_2$、HCN）的形状都是直线形的，第 2 行的两个分子（BH$_3$ 和 H$_2$CO）的形状是平面三角形，第 3 行的第一个分子（CH$_4$）的形状是正四面体。

现在来看看有非键对的分子。首先是氯化锗（GeCl$_2$），它有一个非键对。氯化锗分子的几何形状是平面三角形，其中包含 1 个锗原子和 2 个氯原子，它们以一定的角度结合在一起——这种形状被称为弯曲形。水分子也有弯曲的几何形状，它有 2 个非键对，这 2 个非键对推动 2 个氢原子逐渐靠近。

严格来说，氨分子模型并非正四面体，因为正四面体的 4 个角离中心原子的距离必须是相等的。氨分子的这种几何形状通常又被描述为三角锥形。弯曲形和三角锥形的示例如图 5-28 所示。

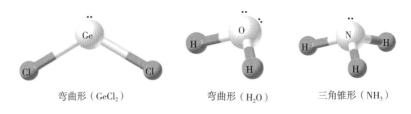

弯曲形（GeCl₂）　　　弯曲形（H₂O）　　　三角锥形（NH₃）

图 5-28　弯曲形和三角锥形示例

Q6　为什么油和水不能融合?

2010 年，英国石油公司在墨西哥湾的深海钻油平台发生了爆炸，导致石油泄漏，大量石油被冲上了岸。这是人类历史上最大的石油泄漏事件。石油来自海底的石油涌流，石油分子和水分子之间的吸引力小于水分子和水分子之间的吸引力，这就是油和水不相容的原因。

很多人认为油和水不能混合是因为油和水相互排斥，其实这是错误的。在这里，我们需要引入一个新的概念——极性。

水分子因为具有极性，所以会聚集到一起，并将那些非极性的油分子排除在外。以一瓶油醋沙拉汁为例，当我们剧烈摇晃瓶子后，醋中的水分子粘在一起，排除了油分子，油分子分离成单独的一层。由于油的密度比水小，因此油会浮到瓶子顶部。

　　由价层电子对互斥模型确定的分子形状在决定分子极性方面起着重要的作用。反过来，分子的极性对物质的物理性质和化学性质也有很大影响。想象一下，如果水分子中的氧原子没有 2 个非键电子对，即水分子不是弯曲形的，而是直线形的（就像二氧化碳分子的形状），那么世界会是什么样子的？ 2 个氢氧键的偶极子将相互抵消，从而使水成为非极性物质，同时其沸点会变低。在地球的环境温度下，水将不会以液体形态存在，而我们也就不会在这里讨论这些概念了。

　　接下来，我们将深入探讨键的极性是如何影响分子极性的。

　　如果 1 个共价键中的 2 个原子是相同的，那么这 2 个原子的原子核带有相同数量的正电荷，这 2 个相同原子共享的电子（成键电子）是均匀共享的。我们可以用 1 个电子点结构来表示这些成键电子的均匀共享状态——成键电子正好位于 2 个原子符号的中间。我们还可以画一个云图，将 2 个成键电子在一段时间内的位置用一系列的点来表示，点最集中的地方就是成键电子最有可能被定位的地方。以氢– 氟键为例：

　　在不同原子之间的共价键中，核电荷是不同的，因此成键电子可能不是被均匀共享的。

　　在氢 – 氟键中就会发生这种情况：成键电子更容易被带有较大正电荷的氟原子核所吸引，导致成键电子在氟原子周围停留的时间更长，从而使化学键中氟的一侧略带负性，而氢的一侧略带正性。这种分离的电荷被称为偶极子，用符号 δ– 和 δ+（分别读作"略带负性"和"略带正性"）或者指向化学键负性的箭头来表示：

$$\begin{array}{cc} \delta+ & \delta- \\ H \!-\! F & \end{array} \qquad \begin{array}{c} \longrightarrow \\ H \!-\! F \end{array}$$

因此，形成化学键的原子之间进行了一场争夺电子的拉锯战。原子的成键电子拉力被称为原子的电负性。目前，科学家已通过实验测量出每种元素的电负性，如图 5-29 所示。可以看到，电负性的范围为 0.7 ～ 3.98。某种元素的原子的电负性越强，它在成键时将电子拉向自己的能力就越大。因为氟的电负性比氢强，所以在氟化氢中，氟比氢具有更强的拉力。

图 5-29　实验测量的元素电负性

元素周期表右上方元素的电负性最强，左下方元素的电负性最弱。在讨论电负性时，并没有讨论稀有气体，因为稀有气体很少参与化学键。当共价键中的 2 个原子具有相同的电负性时，不会形成偶极子（如 H_2），该键被归类为非极性键。当原子的电负性不同时，可能会形成偶极子（如 HF），该键被归类为极性键。键的极性的强弱取决于 2 个原子的电负性差值——差值越大，键的极性越强。2 个原子的电负性差值小于 0.4 时为非极性共价键，在 0.4 ～ 1.7 时为极性共价键，大于 1.7 时为离子键。

从图 5-29 可以看出，元素周期表中两个原子之间的距离越大，它们的电负性差值就越大，因此它们之间的键的极性就越大。通过这个方法，化学家可以在不读取电负性的情况下预测出哪些键比其他键更具有极性。

　　键的极性大小可以通过箭头的长短或 δ- 和 δ+ 符号的长短来表示，如图 5-30 所示。请注意，形成离子键的原子之间的电负性差值相对较大。例如，NaCl 中的键的电负性差值为 2.23，大于碳－氟键的 1.43。

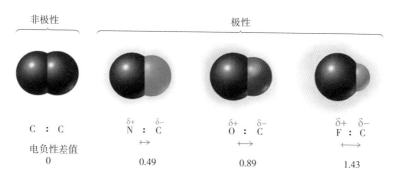

图 5-30　键的极性大小的表示方法

注：这些键的极性从左到右依次变大，这一趋势可以用越来越长的箭头和 δ- 和 δ+ 符号来表示。想一想，在元素周期表中，以上哪一对元素相距最远？

　　这里需要了解的是，离子键和共价键的键极性之间的界限并没有那么分明。随着成键的原子在元素周期表中的位置越来越远，化学键就会逐渐从其中一种变成另一种，图 5-31 展示了这种变化。位于元素周期表两侧的原子在电负性上有很大的差异，因此它们之间形成的键是高度极性的。

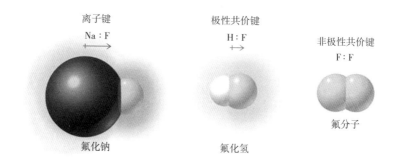

图 5-31　离子键和共价键的变化

注：离子键和非极性共价键代表了化学键的两个极端。离子键涉及一个或多个电子的转移，而非极性共价键涉及电子的均分共享，极性共价键的特性介于这两个极端之间。

　　这意味着，正负电荷的分离相对明显，形成了带电的离子，从而形成了离子键。同一元素的非金属原子具有相同的电负性，因此它们之间形成的键是非极性共价键。在这两个极端之间，存在着极性共价键。这类键具有电子对不均匀共享的特点，表现出轻微带电的特性。

　　如果一个分子中所有的键都是非极性的，那整个分子也是非极性的——如 H_2、O_2 和 N_2。当 1 个分子只由 2 个原子组成，并且它们之间的键是极性的，那分子的极性与键的极性相同，如 HF 和 HCl。

　　当评估一个含有 2 个以上原子的分子的极性时，情况就比较复杂了。例如，二氧化碳分子的碳 – 氧键中形成偶极子的原因是氧对成键电子的拉力更大，这是因为氧的电负性比碳强。与此同时，与碳原子相对的氧原子又将这些电子拉回到碳上，最终的结果就是成键电子在整个分子周围均匀分布。因此，分子中大小相同但方向相反的偶极子会相互抵消，其结果是整个分子是非极性的，如图 5–32 所示。

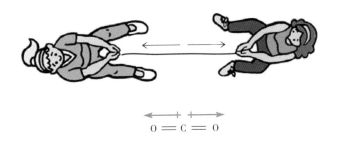

$$O = C = O$$

图 5–32　二氧化碳分子呈现非极性

注：这就好比两个人在进行拔河比赛，只要他们以相同的力量从相反的方向来拉绳子，就会保持静止。二氧化碳分子中没有净偶极子，所以该分子呈现非极性。

　　图 5–33 展示了类似的情况——三氟化硼（BF_3）分子中的 3 个氟原子围绕着中心的硼原子，彼此之间的角度为 120°。由于角度都相同，而且每个氟原子都以相同的力拉动硼 – 氟键的电子，因此该分子呈现非极性。

图 5-33 三氟化硼分子呈现非极性

注：这就好比 3 个人用同样的力量拉着连接在一个中心环上的绳子，只要他们都以同样的力量拉动，并且都保持120°的角度，中心环就会保持静止。三氟化硼分子的 3 个氟原子彼此之间的角度为 120°，这使得整个分子呈现非极性。

　　后文将进一步讨论一个非极性分子对其他非极性分子只有相对较弱的吸引力的情况。非极性分子之间缺乏吸引力是许多非极性物质沸点低的原因。前文介绍过，沸腾是一个过程，液体分子在转换成气体分子时会相互远离。当液体分子之间只有微弱的吸引力时，只需要少量的热能就可以使分子相互远离，从而变成气体分子。这就意味着液体的沸点相对较低，因此，图 5-34 展示的氮气，以及氢气、氧气、二氧化碳和三氟化硼的沸点也很低。

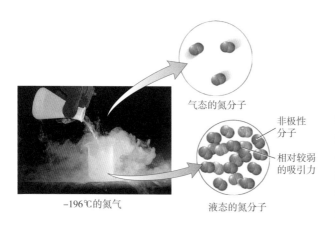

气态的氮分子

非极性分子

相对较弱的吸引力

−196℃的氮气

液态的氮分子

图 5-34 液氮蒸发实验

注：在温度低于 −196℃时，氮气变成液体。由于氮分子不具有极性，彼此之间的吸引力不大，因此在 −196℃时，只需要少量热能就可以使氮分子分离，变成气体。

　　然而，在许多情况下，分子中不同键的偶极子并不会互相抵消。回头看看图 5-33，只要每个人的拉力相同，中心环就不会动。想象一下，此时有一个人忽然松手，如图 5-35 所示，现在拉力不再平衡，中心环开始远离那个松手的人。

同样，如果一个人忽然开始用力拉，中心环就会远离另外两个人。

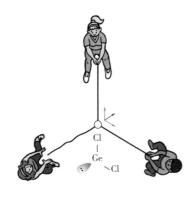

图 5-35　二氧化锗分子呈现极性

注：这就好比 3 个人用同样的力量拉着连接在一个中心环上的绳子，一个人忽然松手，中心环就会被拉走。二氧化锗分子的两个氯原子电负性强，它们将锗原子的孤对向内拉。

　　类似的情况也发生在极性共价键既不相等也不相反的分子中。例如，水分子的每个氢氧共价键都有 1 个相对较大的偶极子，这是由电负性的巨大差值造成的。然而，由于水分子是弯曲形的，因此图 5-36a 中蓝色的 2 个偶极子并不会像图 5-32 中的碳 - 氧键偶极子那样相互抵消，而会共同作用，形成一个整体的偶极子，即图中的紫色部分，其电负性如图 5-36b 所示。

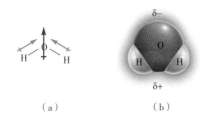

（a）　　　（b）

图 5-36　水分子的极性和电负性

注：图（a），将水分子中的各个偶极子加在一起，表示为一个大的整体偶极子——以紫色显示。图（b），氧原子周围的区域是略带负性的，2 个氢原子周围的区域是略带正性的。

　　图 5-37 说明了极性分子是如何相互吸引的。极性分子相对来说很难分离，可以认为极性分子是具有"黏性"的，这就是为什么需要更多的能量才能分离它们，从而改变物质的形态。

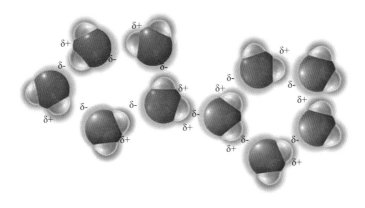

图 5-37 极性分子是如何相互吸引的

注：水分子之间之所以能够相互吸引，是因为每一个水分子中都包含一个略带负性的区域和一个略带正性的区域。这样一来，一个水分子的正性区域就能吸引另一个水分子的负性区域。

部分极性物质和非极性物质的沸点如表 5-3 所示，极性物质通常比非极性物质具有更高的沸点。例如，水的沸点是 100℃，而二氧化碳的沸点是 −79℃。一个二氧化碳分子的质量只是一个水分子质量的 2 倍多，然而二者的沸点相差了 179℃。

表 5-3　部分极性物质和非极性物质的沸点

名称	物质	沸点 /℃
极性物质	氟化氢（HF）	20
	水（H_2O）	100
	氨气（NH_3）	−33
非极性物质	氢气（H_2）	−253
	氧气（O_2）	−183
	氮气（N_2）	−196
	三氟化硼（BF_3）	−100
	二氧化碳（CO_2）	−79

要点回顾

CONCEPTUAL CHEMISTRY >>>

- 电子具有自旋的特性。因为电子带有负电荷，所以在旋转时会产生一个微小的磁场。两个朝相反方向旋转的电子会形成方向相反的磁场，这使得这两个电子成为一对。成对的电子相对稳定，它们通常不会与其他原子的电子形成化学键。

- 当 1 个倾向于失去电子的原子与 1 个倾向于获得电子的原子接触时，结果是电子转移并形成 2 个带相反电荷的离子。这 2 个带相反电荷的离子在电力的作用下相互吸引，紧密结合在一起。2 个带相反电荷的离子之间的这种吸引力被称为离子键。

- 金和铂是少数以天然金属形式存在的元素。天然金属相当罕见，这也是它们非常贵重的原因。在自然界中发现的大部分金属是化合物。

- 金刚石是一种不寻常的共价化合物，它由在 4 个方向上以共价键结合在一起的碳原子组成。金刚石是一种共价晶体，具有高度有序、由共价键连接的原子组成的三维网格结构，这种碳原子网格使金刚石非常坚固。

- 借助价层电子对互斥模型，我们可以使用电子点结构来预测简单分子在三维空间中的几何形状，这种几何形状通过围绕中心原子排列的周围原子或非键电子对的数量来确定。

- 由价层电子对互斥模型确定的分子形状在决定分子极性方面起着重要的作用。反过来，分子的极性对物质的物理性质和化学性质也有很大影响。

CONCEPTUAL
CHEMISTRY

06

混合物是如何形成的?

妙趣横生的化学课堂

- 为什么墨汁不能迅速溶于水?

- 糖水中的糖去哪儿了?

- 如何计量微观粒子?

- 在极寒地区开车时, 为什么需要油管防冻剂?

- 为什么肥皂能去污?

- 是什么决定了水垢的多少?

- 如果没有对饮用水进行氯化处理, 会发生什么?

在生活中，我们总能在不经意间发现物质正不断地分分合合，并由此产生各种奇妙的变化。

将糖放入水中搅拌，没过一会儿，糖就会消失。那么，糖去了哪里呢？饮用冰凉的汽水时，密密麻麻的小气泡瞬间充满口腔，气泡又是怎么来的？将肥皂放入水中，过一会儿水便浑浊起来，清洁效果也大大加强，这是怎么回事？将肥皂放在"硬水"中，清洁效果却大大降低，为什么会这样？

这些问题的答案，都涉及对混合物的理解。

前文重点探讨了原子是如何形成离子和共价化合物的，这一过程是化学变化。本章将研究离子化合物的离子和共价化合物的分子一旦生成，是如何相互作用并形成混合物的，这一过程是物理变化。

Q1 为什么墨汁不能迅速溶于水？

你相信吗？只用一滴浓缩的墨水、一张餐巾纸、几滴水，就能得到绚丽的圆形彩虹。首先把一滴墨水滴到餐巾纸上，然后用手蘸取一些水，将其中一滴滴在之前的墨水点上，等水被餐巾纸吸收后，再滴上一滴水，如此循环，水便会以放射状在餐巾纸上扩散。随着水的扩散，墨水中的不同颜色也会渐渐分层，由此形成彩虹。

墨水分离实验其实是简单的纸色谱技术应用，通过这一实验，我们能直观地看到混合物内部的复杂状态。

化合物中含有偶极子，这意味着化合物中的电子并不是均匀分布的。相反，这些电子倾向于优先聚集在化合物的一侧。离子化合物中存在一种极端的情况。以氯化钠为例，在氯化钠中，成键电子几乎一直与氯原子结合在一起，这使氯原子转化为带负电荷的氯离子，而钠原子转化为带正电荷的钠离子。氯化钠的沸点非常高，约为 1 413℃，因为所有带电荷的钠离子和氯离子之间都有着强大的吸引力。

水中存在一种较温和的偶极子形式，每个水分子的氧原子将电子从氢原子上拉走，这使得水分子中的氧原子带有部分负电荷，而氢原子带有部分正电荷。具有这种特性的分子被称为极性分子，水分子就是典型的极性分子。由于具有极性，水的沸点相对较高，为 100℃。

下面先介绍 4 种涉及偶极子的分子吸引力，如表 6-1 所示，其中的每一种吸引力都是电性引力。

表 6-1   4 种涉及偶极子的分子吸引力

分子吸引力	相对强度
离子 - 偶极力	最强
偶极 - 偶极力	↑
偶极 - 诱导偶极力	
诱导偶极 - 诱导偶极力	最弱

离子－偶极力

我们都见过盐水，那么水分子和氯化钠接触时究竟发生了什么？当极性分子（如水分子）靠近离子化合物（如氯化钠）时，异种的电荷会相互吸引。正的钠离子吸引水分子的负极，而负的氯离子则吸引水分子的正极，如图6-1所示。离子和极性分子的偶极之间的这种吸引力被称为离子－偶极力。

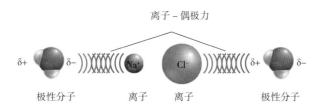

图 6-1　电性引力显示为一系列重叠的弧线

注：蓝色弧线表示负电荷，红色弧线表示正电荷。

虽然离子－偶极力比离子键的作用力弱得多，但是大量的离子－偶极力可以共同作用来破坏离子键。这就是把氯化钠放在水中时出现的情况。水分子施加的吸引力破坏了离子键，并拉开了离子之间的距离，如图6-2所示，结果是氯化钠溶于水中，成为氯化钠的水溶液。用水作为溶剂的溶液称为水溶液。

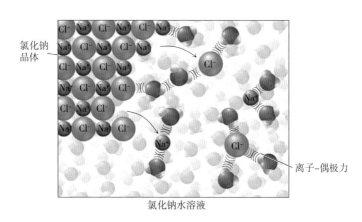

图 6-2　氯化钠溶于水示意图

偶极－偶极力

两个极性分子之间的吸引力被称为偶极－偶极力。氢键是一种异常强烈的偶极－偶极力，这种吸引力出现在氢原子与体积较小且具有高电负性的原子（通常是氮、氧或氟原子）共价结合形成的分子之间。例如，以双螺旋形式存在的脱氧核糖核酸，便是通过氢键对两条单链进行连接的。图 6-3 直观地展示了氢键的作用。前文讲过，原子的电负性描述了该原子吸引成键电子的能力。原子的电负性越大，就越能吸引成键电子，并使自身带负电荷。在图 6-3 中，水分子中的氢原子带有部分正电荷，因为电负性更强的氧原子对共价键的电子有更强的拉力，所以氢原子被另一个水分子中带负电荷的氧原子上的一对非键电子所吸引。氢原子和另一个水分子中带负电荷的氧原子之间的这种相互吸引就叫作氢键。

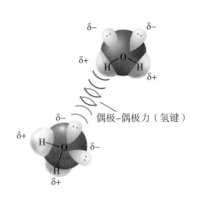

图 6-3　氢键的作用

注：2 个水分子之间的偶极－偶极力是氢键，它涉及氢原子与具有高电负性的氧原子的结合。

尽管氢键比任何共价键或离子键都要弱，但氢键的影响也是非常明显的，水的许多特性都是由氢键决定的，后文将就此问题进行深入探讨。此外，氢键在大分子化学，如关于脱氧核糖核酸和蛋白质的研究中也非常重要。

偶极－诱导偶极力

鱼为什么能在水中呼吸？可能很多人会直接回答，因为鱼能呼吸水中的氧气。那么，氧气在水中是如何存在的呢？这就与偶极－诱导偶极力有关。

在许多分子中，电子是均匀分布的，所以不存在偶极子。然而，当这种非极性分子靠近水分子或任何其他极性分子时，会被诱导成为一个临时偶极子。以氧分子为例，它的电子重新分布情况如图 6-4 所示。水分子中带有负电荷的一端将氧分子中的电子推开，因此氧分子的电子被推向离水分子较远的一侧，结果就是电子暂时分布不均匀，成为诱导偶极子。由此产生的永久偶极子（水分子）和诱导偶极子（氧分子）之间的吸引力就是偶极–诱导偶极力。

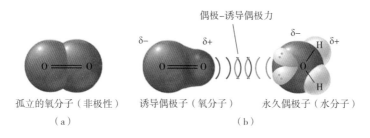

偶极–诱导偶极力

孤立的氧分子（非极性）　　　诱导偶极子（氧分子）　　　永久偶极子（水分子）
（a）　　　　　　　　　　　　　　　　（b）

图 6-4　氧分子中的电子重新分布

注：图（a），一个孤立的氧分子没有偶极子，它的电子是均匀分布的。图（b），一个相邻的水分子诱导氧分子中的电子重新分布。图中氧分子带有负电荷的一端的直径大于带有正电荷的一端，因为带有负电荷的一端含有更多电子。

请记住，诱导偶极子只是暂时的。如果图 6-4b 中的水分子被移除，氧分子将恢复到正常的非极性状态。一般来说，偶极–诱导偶极力比偶极–偶极力要弱，但也足以容纳溶解在水中的少量氧分子，如图 6-5 所示。水分子和氧分子之间的这种吸引力对依赖溶解在水中的氧分子生存的鱼类和其他水生生物至关重要。

图 6-5　水分子和氧分子之间的电性引力较弱

注：在室温下充分通气的水，每 20 万个水分子中大约只含有 1 个氧分子，因此鱼的鳃必须努力工作，才能从水中提取这种氧分子。

偶极–诱导偶极力也是使保鲜膜服帖地贴在玻璃上的原因，如图 6-6 所示。保鲜膜是由很长的非极性分子组成的，当这些非极性分子与由极性分子组成的玻

璃接触时，会被诱导成为一个临时偶极子。正
如接下来要讨论的，非极性材料（如保鲜膜）
的分子之间也能相互诱导成为临时偶极子，这
就解释了为什么保鲜膜不仅能粘在玻璃等极性
材料上，还能与自身粘在一起。

图 6-6　非极性分子中的诱导偶极
子使保鲜膜粘在玻璃上

诱导偶极 - 诱导偶极力

　　总的来说，单个原子和非极性分子的电子分布得相当均匀。然而，由于电子
分布的随机性，在一些特定的时刻，原子或非极性分子中的电子可能会聚集在一
处，其结果是临时产生一个诱导偶极子，如图 6-7 所示。

　　除了一个极性分子的永久偶极子可以诱导非极性分子临时成为偶极子，临时
产生的诱导偶极子也可以做同样的事。这样一来，就产生了相对较弱的诱导偶极 -
诱导偶极力，如图 6-8 所示。

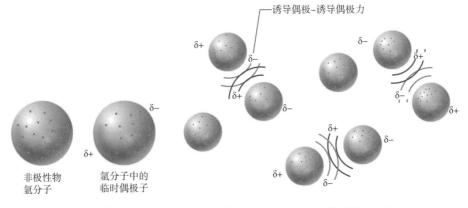

非极性物
氩分子

氩分子中的
临时偶极子

诱导偶极–诱导偶极力

图 6-7　氩分子中的电子分布

注：电子通常是均匀分布的，
在一些特定的时刻，电子有可
能会分布不均匀，导致临时偶
极子出现。

图 6-8　诱导偶极 - 诱导偶极力的产生

注：由于原子中电子的均匀分布会暂时
变得不均匀，因此原子可以通过诱导偶
极 - 诱导偶极力相互吸引。

诱导偶极－诱导偶极力（又被称为色散力）能够解释为什么天然气在室温下是气体，而汽油在室温下是液体。天然气的主要成分是甲烷，而汽油的主要成分是辛烷（C_8H_{18}）。2 个甲烷分子之间的诱导偶极－诱导偶极力的数量明显少于 2 个辛烷分子之间的数量，如图 6-9 所示。要知道，2 块粘在一起的小魔术贴比 2 块粘在一起的大魔术贴更容易被拉开。与辛烷相比，甲烷分子就像小的魔术贴，因此甲烷分子可以不费吹灰之力就被拉开。这就是为什么甲烷的沸点很低（－161℃），而且在室温下是气体。由于存在的诱导偶极－诱导偶极力更大，因此辛烷分子就像大的魔术贴，相对更难拉开。这就是辛烷的沸点（125℃）远高于甲烷，而且在室温下是液体的原因。当然，辛烷的质量较大，这也是它沸点更高的原因之一。

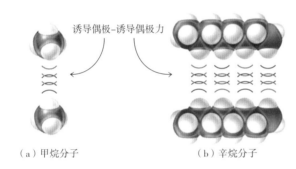

（a）甲烷分子　　　　　（b）辛烷分子

诱导偶极–诱导偶极力

图 6-9　甲烷分子和辛烷分子间的诱导偶极－诱导偶极力

注：图（a），2 个非极性的甲烷分子受诱导偶极－诱导偶极力作用而相互吸引，但每个分子只有一个吸引点。图（b），2 个非极性的辛烷分子与甲烷分子相似，但辛烷分子更长，因此这 2 个分子之间的诱导偶极－诱导偶极力更大。

诱导偶极－诱导偶极力也解释了壁虎为什么能在玻璃墙上爬，并且只用一个脚趾就能支撑其整个身体的重量。壁虎的脚趾上覆盖着数十亿根被称为铲状匙突的极细刚毛，每根刚毛的直径约为人类发丝直径的 1/300。这些刚毛和墙壁之间的吸引力就是诱导偶极－诱导偶极力。由于刚毛数量较多，接触的表面积相对较大，因此能产生足够的吸引力，防止壁虎坠落，如图 6-10 所示。目前，科学家正在研究一种基于壁虎脚趾吸附力的合成干胶。

图 6-10　壁虎能够吸附在玻璃上

注：壁虎的脚趾有这么强的吸引力，那么它是如何保持脚趾清洁的呢？因为壁虎的脚趾是非极性的，污物可能会暂时粘在脚趾上，不过只要走几步，污物就会留在壁虎爬过的物体表面上。

对于较大的原子而言，临时产生的偶极子更为重要。其中一个原因是这些大原子核最外层的电子离原子核的距离以及彼此之间的距离都比较远，这些电子很容易被"推来推去"，如图 6-11 所示。因此，较大的原子有时会很"软"——更像棉花糖而不是大理石。

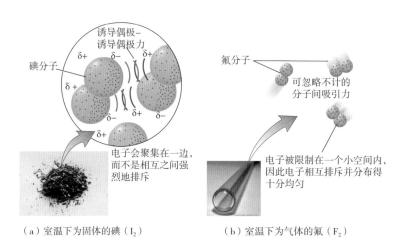

图 6-11　电子被"推来推去"

注：图（a），临时偶极子更容易在较大的原子（如碘原子）中形成，因为在较大的原子中，电子的位置比较松散，可以聚集在一边，而且彼此之间的距离仍然比较远。图（b），在较小的原子（如氟原子）中，电子被紧紧束缚着，不能很好地聚集在一边，因为随着电子之间的距离越来越近，产生的排斥力也越来越大。

用来描述这一特质的术语是极化性。我们说较大的原子极化性更强，这意味着它更容易形成一个诱导偶极子。

氟是最小的原子之一，这意味着它是一个"硬"原子（像大理石一样），不具有很强的极化性。用氟原子制成的非极性分子只表现出非常弱的诱导偶极 – 诱导偶极力，这就是特氟龙不粘表面的原理。特氟龙分子是一条与氟原子进行了化学结合的碳原子长链，氟原子对于与特氟龙表面接触的任何材料（如煎锅中的炒蛋）基本上都不产生吸引力，因而常用于制造厨房用具，如图 6-12 所示。

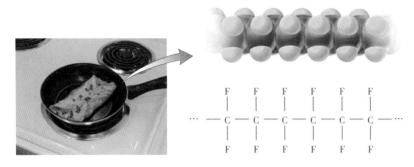

图 6-12　用非极性材料特氟龙制作的不粘锅

氟除了可用于规范制造不粘锅，还可以添加在牙膏中用来保护牙齿。20 世纪初，一位年轻的牙医弗雷德里克·麦凯（Frederick McKay）在美国科罗拉多州开了一家牙科诊所。他发现许多当地居民的牙齿上都有棕色的洞，尽管这种洞很难看，当地居民却极少出现龋齿。经过多年的调查，麦凯和他的同事确定，当地居民牙齿上的洞是由当地饮用水中异常高含量的天然氟化钙引起的，他们称出现这种情况的牙齿为氟斑牙。

鉴于这一发现，美国公共卫生署从 20 世纪 30 年代开始研究在饮用水中添加氟离子预防龋齿的办法，并将氟化物添加到公共饮用水中进行实验。当实验进行到一半时，美国公共卫生署宣布蛀牙率下降了 65%。这一消息很快传开，更多地方也开始向水中添加氟化物。

然而，反对的声音一直存在。随着科学研究的进一步深入，向水中添加氟化物对预防龋齿是否有用也一直存在争议。有科学家发现，使用含氟牙膏也能预防龋齿。目前，大多数欧洲国家和日本在 20 世纪 70 年代就不再向水中添加氟化物，也有一些国家继续采用这一做法，如美国如今约有 1.45 亿人仍经常饮用添加了氟化物的水。

尽管争论从未停歇，但有一点是可以肯定的：那些熟悉化学基本概念和科学方法的人，在理解问题、识别有根据的论点，以及做出决定方面都具有很大的优势。

Q2 糖水中的糖去哪儿了？

还记得本章开头列出的那几个问题吗？将糖放入水中并搅拌一会儿后，糖就会消失，那么糖去了哪里？接下来，我们就来解释与此相关的问题。

把糖（主要成分为蔗糖）放入水中搅拌时发生了什么？蔗糖被破坏了吗？并没有，因为它让水变甜了。如果将水蒸发掉，蔗糖就会重新以固体的形式出现。当蔗糖溶于水时，它为什么看起来像消失了一样？其实，蔗糖并没有消失，这一点从水的体积增加了就可以看出来。起初这可能并不明显，如果持续加入蔗糖，你就会看到水位上升，就像向水中加入沙子一样。

蔗糖溶于水后，会失去其结晶形式。每个蔗糖晶体都是由数十亿个排列整齐的蔗糖分子组成的。当晶体暴露在水中时，更多的水分子通过蔗糖分子和水分子之间形成的氢键来拉住蔗糖分子。只要稍加搅拌，蔗糖分子就会很快混合在水中，取而代之的是蔗糖水溶液。

这样一来，水中就有了蔗糖分子的均匀混合物。正如前面所讨论的，从均匀混合物的任意一个部分提取的样本与从其他部分提取的样本完全相同。在这个例子中，就意味着第一口溶液的甜度与最后一口溶液的甜度是完全相同的，如图6-13所示。

由两种或两种以上物质组成的均匀、稳定的混合物被称为溶液。糖水是一种液态溶液。然而，溶液并不总是液态的，也可以是固态或气态的，如图6-14所示。例如，宝石就是固态溶液：红宝石是透明氧化铝中含有微量的红铬化合物形成的固态溶液；蓝宝石是氧化铝中含有微量的浅绿色铁化合物和蓝色钛化合物形成的固态溶液。固态溶液的另一个重要例子是合金，即不同金属元素的混合物。例如，黄铜合金是铜和锌的固态溶液，而不锈钢合金是铁、铬、镍和碳的固态溶液。

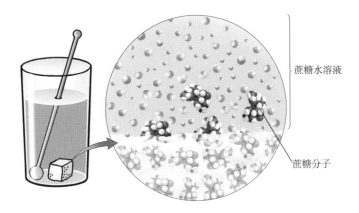

图 6-13　水分子将蔗糖晶体中的蔗糖分子彼此拉开

注：这种分离并不影响每个蔗糖分子内的共价键，这就是为什么每个溶解的蔗糖分子仍然是一个完整的分子。

（a）固态溶液

（b）液态溶液

（c）气态溶液

图 6-14　溶液可以是固态、液态或气态的

气态溶液的例子就是我们所呼吸的空气。按体积计算，我们吸入的空气是由 78% 的氮气、21% 的氧气，以及 1% 的其他气态物质，包括水蒸气和二氧化碳等组成的气态溶液。我们呼出的空气是由 75% 的氮气、14% 的氧气、5% 的二氧化碳和约 6% 的水蒸气组成的气态溶液。这种成分的变化是人体内化学反应的结果。

在描述溶液时，占比最大的成分是溶剂，其他成分都是溶质。例如，当 1 茶匙食糖与 1 升水混合时，我们把食糖称为溶质，把水称为溶剂。那么空气这一气态溶液中的溶剂是什么呢？答案是氮气，因为它是占比最大的成分。

溶质与溶剂混合的过程被称为溶解。为了制作溶液，溶质必须溶解在溶剂中。也就是说，溶质和溶剂必须形成均匀混合物。一种物质是否溶解于另一种物质，要看组成这两种物质的分子之间电性引力的大小。电性引力越大，溶解的可能性就越大。

给定溶质在给定溶剂中的溶解量是有限度的。例如，当向一杯水中加糖时，糖会迅速溶解。继续加糖，直到达到临界点，糖便

糖是白色的吗?

无论大小，单个糖晶体都是透明的。虽然一茶匙的食糖看起来是白色的，但那是因为光线以无数个不同的角度进出无数个小晶体时会发生散射。从技术层面来说，当食糖溶于水时，消失的是这种散射效应，而不是糖本身。

不再溶解。即使进行搅拌，糖也只会聚集在玻璃杯底部，如图 6–15 所示。这代表到达临界点时，水里的糖已经饱和了，水不能再溶解糖了。当这种情况发生时，我们就得到了所谓的饱和溶液，即溶质不能继续溶解的溶液。未达到溶质溶解极限的溶液是不饱和溶液。

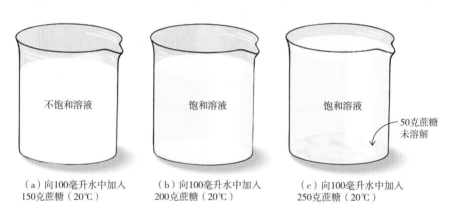

不饱和溶液　　　　饱和溶液　　　　饱和溶液

50克蔗糖
未溶解

（a）向100毫升水中加入
150克蔗糖（20℃）

（b）向100毫升水中加入
200克蔗糖（20℃）

（c）向100毫升水中加入
250克蔗糖（20℃）

图 6–15　不饱和溶液和饱和溶液

注：在20℃时，100毫升水中最多能溶解200克蔗糖。图（a），在20℃时，将150克蔗糖与100毫升水混合，形成不饱和溶液。图（b），在20℃时，将200克蔗糖与100毫升水混合，形成饱和溶液。图（c），在20℃时，将250克蔗糖与100毫升水混合，有50克蔗糖未溶解（饱和溶液的浓度会随温度发生变化）。

Q3 如何计量微观粒子？

当我们向一杯水中加糖时，放入不同量的糖，水的甜度会发生变化。为了更好地描述一定体积的溶液中所含溶质的量，这里引入溶液浓度这一概念，即单位溶液中所溶解的溶质的量，计算公式如下：

$$溶液浓度 = \frac{溶质质量}{溶液质量}$$

如果蔗糖水溶液的浓度为每升溶液含 1 克蔗糖，这时就可以将其与其他溶液的浓度进行比较。例如，每升溶液中含有 2 克蔗糖的蔗糖水溶液的浓度更高，而每升溶液中含有 0.5 克蔗糖的蔗糖水溶液的浓度更低。

比起溶质的克数，化学家通常对溶液中溶质颗粒的数量更感兴趣。由于亚微观粒子非常小，因此在任何可观察到的样本中，它们的数量都大得惊人。为了避免记录一长串的数字，科学家们使用"摩尔"来表示这些数字。1 摩尔任何物质均包含 6.02×10^{23} 个粒子。例如，1 摩尔金原子对应 6.02×10^{23} 个金原子，1 摩尔蔗糖分子对应 6.02×10^{23} 个蔗糖分子。

即使之前从未听说过摩尔这个术语，你现在也已经熟悉了这个基本概念。"1 摩尔"只是"6.02×10^{23} 个粒子"的一种速记方式。就像"一对"指的是两个，"一打"指的是 12 个一样，"1 摩尔"指的就是 6.02×10^{23} 个。来看看下面的例子：

- 一对椰子 = 2 个椰子。
- 一打甜甜圈 = 12 个甜甜圈。
- 1 摩尔分子 = 6.02×10^{23} 个分子。

需要再次强调的是，摩尔是个非常大的单位：1 摩尔的弹珠足以覆盖美国 50 个州的整个陆地面积，且深度超过 1.1 千米。

但是，因为蔗糖分子非常小，所以 1 摩尔蔗糖分子也只有 342 克，大约一杯的量。我们可以用速记的方法，将 342 克蔗糖记为 1 摩尔蔗糖。因此，每升含有 342 克蔗糖的水溶液，也就是每升含有 1 摩尔蔗糖的水溶液，也可以说是每升含有 6.02×10^{23} 个蔗糖分子的水溶液，如图 6-16 所示。克数表示给定溶液中溶质的质量，摩尔数表示分子的实际数量。

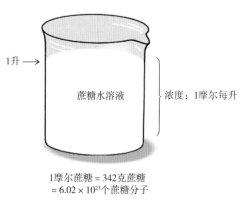

1升 →

蔗糖水溶液　　　}浓度：1摩尔每升

1摩尔蔗糖 = 342克蔗糖
= 6.02×10^{23}个蔗糖分子

图 6-16　1 摩尔蔗糖的水溶液

● 趣味课堂 ●

为 1 摩尔计数，要数多久？

　　如果不间断地计数的话，数到一百万需要 11.6 天，数到十亿需要 31.7 年，数到一万亿则需要 31 700 年！数到 6 020 亿万亿的话，大约需要宇宙估计年龄的 200 万倍。简而言之，6 020 亿万亿，即 6.02×10^{23}，是一个难以想象的庞大数字。

化学家常用的浓度单位是摩尔，以每升溶液中溶质的摩尔数来表示溶液的摩尔浓度，其计算公式如下：

$$摩尔浓度 = \frac{溶质的摩尔数}{溶液容量}$$

每升含有 1 摩尔溶质的溶液是 1 摩尔溶液，通常缩写为 1M。2 摩尔（2M）溶液则表示每升溶液中含有 2 摩尔溶质。

溶质的分子数和溶质克数是两个不同的概念，二者的区别可以通过以下问题来说明。饱和的蔗糖水溶液含有 200 克蔗糖和 100 克水，如图 6-17 所示，其中哪一种是溶剂？是蔗糖还是水？

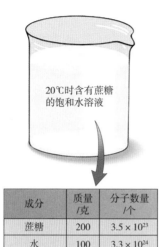

20℃时含有蔗糖的饱和水溶液

成分	质量/克	分子数量/个
蔗糖	200	3.5×10^{23}
水	100	3.3×10^{24}

图6-17　区分蔗糖和水哪一个是溶剂

注：尽管蔗糖的质量（200克）是水（100克）的2倍，但100克水中的水分子数量大约是200克蔗糖中蔗糖分子数量的10倍。为什么会出现这种情况？因为每个水分子的质量大约是每个蔗糖分子的1/20。

200克蔗糖中有3.5×10^{23}个蔗糖分子，但100克水中的水分子数为3.3×10^{24}个，大约是200克蔗糖中蔗糖分子数量的10倍！如前所述，溶剂是指溶液中含量最多的成分，但这个量指的是什么？如果指的是分子数量，那么水就是溶剂。如果指的是质量，那么蔗糖就是溶剂。所以答案取决于你看待问题的角度。从化学家的角度来看，量通常意味着分子数量，所以他们认为水是溶剂。

●───── 趣味课堂 ●

1摩尔一美分的硬币摞起来有多高？

　　1摩尔一美分的硬币摞起来的高度可以达到约860万亿千米，这大致相当于银河系的直径。你可以自己估计一下：首先，测量1厘米可以堆叠多少个硬币；其次，用1摩尔的硬币数量（6.02×10^{23}个）除以1厘米可以堆叠的硬币数，就会得到以厘米为单位的1摩尔的硬币高度。如果要换算成千米，再除以100 000。这得是多么高的一摞硬币啊！

Q4 在极寒地区开车时，为什么需要油管防冻剂？

　　汽车司机冬季在极寒的地区开车时，会发现潮湿大气凝结而成的水时常进入汽车的油管，水会冻结并堵塞油管。为了防止这种情况发生，细心的司机在每次加油时都会倒入一小瓶油管防冻剂。对于使用燃油直喷发动机的汽车，一般建议使用异丙醇（C_3H_7OH）作为油管防冻剂；对于使用化油器发动机的汽车，则建议使用甲醇（CH_3OH）作为油管防冻剂。就像乙醇一样，这些化合物都可溶于水，同样也可溶于汽油。因此，添加这些化合物有助于水与汽油混合，从而防止油管结冰。

在理解溶解时，我们经常会提到溶质的溶解度，这是指溶质溶解于溶剂的能力。溶解度主要取决于溶质和溶剂的基本粒子之间的吸引力。如果一种溶质在某种溶剂中的溶解度很高，那么就称该溶质可溶于该溶剂。

溶解度还取决于溶质颗粒之间和溶剂颗粒之间的相互吸引力。例如，蔗糖分子中有许多氢氧共价键，因此蔗糖分子之间可以形成多个氢键，如图 6-18 所示。这些氢键的强度足以使蔗糖在室温下呈固态，并使其具有185℃的相对较高的熔点。

为了让蔗糖溶于水，水分子必须先拉开这些蔗糖分子。这就限制了蔗糖在水中的溶解量，使其有一个临界点，此时已经没有足够的水分子能够将蔗糖分子拉开。临界点也就是饱和点，此时再向溶液中添加蔗糖，蔗糖就不会再溶解。

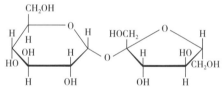

图 6-18 蔗糖

注：蔗糖分子中含有许多氢氧共价键，其中氢原子带正电荷，氧原子带负电荷，蔗糖分子中的这些偶极子会与邻近的蔗糖分子形成氢键。

当溶质分子之间的吸引力与溶剂分子之间的吸引力相当时，就没有实际的饱和点。例如，水分子之间的氢键与乙醇分子之间的氢键一样强，因此这两种液体几乎能以任何比例混合在一起，如图 6-19 所示。我们甚至可以把乙醇加到水中，使乙醇的量足够成为溶剂。

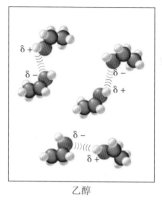 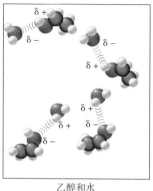 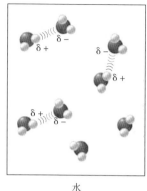

乙醇   乙醇和水   水

图 6-19　乙醇和水混合

注：乙醇分子和水分子的大小差不多，它们都会形成氢键，因此乙醇和水很容易混合。

如果溶质在某一特定溶剂中没有实际饱和点，则可以称该溶质无限溶于该溶剂。例如，乙醇可以无限溶于水。此外，所有气体通常都能无限溶于其他气体，因为它们能够以任何比例混合在一起。

现在让我们来看看另一种极端的情况，即溶质在特定溶剂中的溶解度极小。一个典型的例子是水中的氧气。100 毫升水可溶解 200 克蔗糖，而 100 毫升水只能溶解 0.004 克氧气。可以通过氧分子和水分子之间的作用力来解释氧气在水中的低溶解度，这两种分子之间的唯一吸引力就是相对较弱的偶极 - 诱导偶极力。更重要的是，水分子之间拥有更强的吸引力——氢键，它有效地阻止了氧分子与水分子的混合。

如果某种物质在溶剂中不能明显溶解，则称该物质不溶于该溶剂。然而，一种物质不溶于一种溶剂，并不意味着其不会溶于另一种溶剂。例如，沙子和玻璃可溶于氢氟酸，氢氟酸可以使玻璃具有图 6-20 所示的装饰性磨砂外观。

此外，尽管聚苯乙烯泡沫塑料不溶于水，但它可以部分溶于丙酮。将少量丙酮倒入用聚苯乙烯泡沫制作的杯子中，杯子很快就会变形，如图 6-21 所示。

图 6-20 用氢氟酸溶解玻璃表面形成的磨砂效果   图 6-21 杯子溶解了

溶解度随温度变化而变化

由经验可知，水溶性固体在热水中的溶解度通常比在冷水中要好。例如，可以通过将溶液加热到沸点制备高浓度的蔗糖水溶液，这也是制作糖浆和硬糖的方法。

溶解度之所以会随着温度的升高而增加，是因为热的水分子具有更大的动能，因此会与固体溶质产生更剧烈的碰撞。剧烈的碰撞有利于破坏固体中颗粒之间的吸引力。

尽管许多固体溶质（如蔗糖）的溶解度会随着温度的升高而大大增加，但也有一些固体溶质（如氯化钠）的溶解度受温度的影响非常小，如图 6-22 所示。这种差异涉及许多因素，包括溶质分子中化学键的强度以及这些分子的排列方式。一些化学物质会随着水温的升高而变得不容易溶解，如碳酸钙，这就解释了为什么茶壶的内表面经常会有碳酸钙的残留物。

高温条件下呈饱和状态的糖溶液一旦降温，糖就会从溶液中析出，形成所谓的沉淀物。

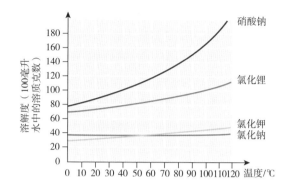

图 6-22　一些物质的溶解度
与温度的关系

注：许多水溶性固体的溶解度会
随温度升高而增加，而有些固
体的溶解度受温度的影响则非
常小。

从图 6-22 中可以看到，在 100℃时，100 毫升水可溶解 165 克硝酸钠。冷却该溶液时，硝酸钠的溶解度降低。溶解度的变化导致一些已经溶解的硝酸钠从溶液中析出。在 20℃时，100 毫升水仅可溶解 87 克硝酸钠。因此，如果将 100℃的溶液冷却到 20℃，就会有 78（165-87）克硝酸钠析出，如图 6-23 所示。

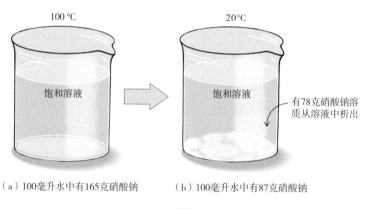

（a）100毫升水中有165克硝酸钠　　　　（b）100毫升水中有87克硝酸钠

图 6-23　硝酸钠析出

气体的溶解度

也许你在喝饮料的时候已经注意到，与冰的碳酸饮料相比，热的碳酸饮料中的气体消失得更快。这涉及气体的溶解度，较高的温度使二氧化碳气体分子以更高的速度从液体溶剂中逸出。

与大多数固体不同，气体在液体中的溶解度会随着温度升高而降低。例如，一个标准大气压下，氧气在水中的溶解度与温度的关系如表 6-2 所示。这种现象是因为随着温度的升高，溶剂分子具有了更大的动能。这使得气态溶质更难留在溶液中，因为溶质分子实际上是由高能溶剂分子排出的。

表 6-2　一个标准大气压下氧气在水中的溶解度与温度的关系

温度 /°C	氧气的溶解度 /（克 / 升）
0	0.014 1
10	0.010 9
20	0.009 2
25	0.008 3
30	0.007 7
35	0.007 0
40	0.006 5

气体在液体中的溶解度也取决于液体所受的压力。一般来说，液体所受的压力越高，能够溶解的气体就越多，巨大的压力迫使很多气体粒子挤在一定的体积内。例如，未开封的软饮料瓶中的"空"地方，挤满了气态的二氧化碳分子。由于无处可去，大部分的分子便溶解在液体中，如图 6-24 所示。换句话说，巨大的压力迫使二氧化碳分子进入溶液。当瓶子打开时，高压的二氧化碳气体形成"泡沫"逸出。现在，液体上方的压力变得比之前要低，因此二氧化碳的溶解度下降，曾经被挤压到溶液中的二氧化碳分子可以逃逸到液体上方的空气中。

下面有几个方法能让你亲身体验到气体逸出液体的速度。同时打开塑料瓶汽水和软饮料汽水，你会发现二氧化碳分子逸出开封软饮料的速度是相对较慢的。你也可以往汽水中倒入砂糖、盐或沙子，你会发现二氧化碳分子的逸出速度会加快。这是因为加入的这些颗粒的凹凸表面和小孔能作为汽化核心，使二氧化碳气泡加速形成，然后通过浮力作用逸出。此外，很多人此前就已经发现，打开经过摇晃的饮料会瞬间冒出大量的泡沫，这是因为摇晃增加了液体与气体接触的表面积，使二氧化碳更容易从液体中逸出。当你把饮料倒进嘴里时，也会提高二氧化碳的逸出速度，因为你的嘴里凹凸不平，那里有许多汽化核心，所以能使二氧化碳气泡加速形成并逸出，你可以感受到由此产生的刺痛感。

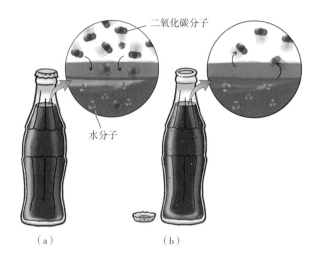

图 6-24　碳酸饮料中存在大量二氧化碳分子

注：图（a），在未开封的软饮料瓶中，液体上方存在许多被紧密压缩的二氧化碳分子，另一些分子则在压力的作用下被迫进入溶液。图（b），当瓶子被打开时，压力释放，原先溶解在液体中的二氧化碳分子可以逃逸到空气中。

让二氧化碳溶于水的不仅是偶极-诱导偶极力。后文将介绍，二氧化碳与水反应生成碳酸，而碳酸在水中更容易溶解。打开一罐碳酸饮料时，大部分碳酸会迅速转化成水和二氧化碳。因为二氧化碳的溶解度较低，所以会很快从液体中逸出。

Q5 为什么肥皂能去污？

洗衣粉是如何清洁衣物的？为什么清水中加入肥皂就能拥有更强的清洁能力？要想回答这一问题，我们首先要了解污垢和肥皂的构成。

污垢由尘埃和油污构成。由于污垢中含有许多非极性成分，因此仅用水很难从手上或衣服上将其清除。要想去除大多数污垢，我们可以使用非极性溶剂，如油漆稀释剂。油漆稀释剂可以溶解污垢，因为它具有强大的诱导偶极-诱导偶极力，因此很适合用来清除给汽车换机油后残留在手上的污垢。但是，油漆稀释剂等非极性溶剂是有毒的，它们的气味非常难闻，而且对皮肤有很强的刺激性。

比起用非极性溶剂清洁双手和衣服，我们还可以选择刺激性更小的肥皂。

肥皂之所以有效，是因为肥皂分子同时具有非极性和极性。

典型的肥皂分子可以分为两部分：由碳原子和氢原子组成的长长的非极性尾部和至少含有 1 个离子键的极性头部，如图 6-25 所示。大部分肥皂分子是非极性的，会通过诱导偶极 - 诱导偶极力（色散力）来吸引非极性的污垢分子。事实上，在三维空间中，污垢很快就会被肥皂分子的非极性尾部所包围。通常情况下，这种作用力足以将污垢从需要清洁的表面上去除。由于非极性尾部朝向污垢，极性头部朝向外部，污垢就会被相对较强的离子 - 偶极力吸引到水分子中。如果水在流动，那么整个污垢和肥皂分子的聚集体也会随水流动，离开你的手或衣服，然后流入下水道，如图 6-26 所示。

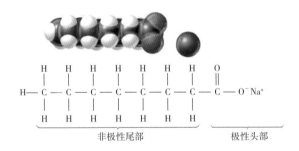

图 6-25　典型的肥皂分子结构

在过去的几个世纪里，人们使用的肥皂是用氢氧化钠（NaOH，也称火碱）处理动物脂肪来制备的。在这个沿用至今的反应中，每个脂肪分子会分解成 3 个脂肪酸皂分子和 1 个甘油分子，如图 6-27 所示。

20 世纪 40 年代，化学家开始研制一类被称为洗涤剂的合成肥皂状化合物，这种化合物与真正的肥皂相比具有一些优势，如更强的油脂渗透性和更低廉的价格。

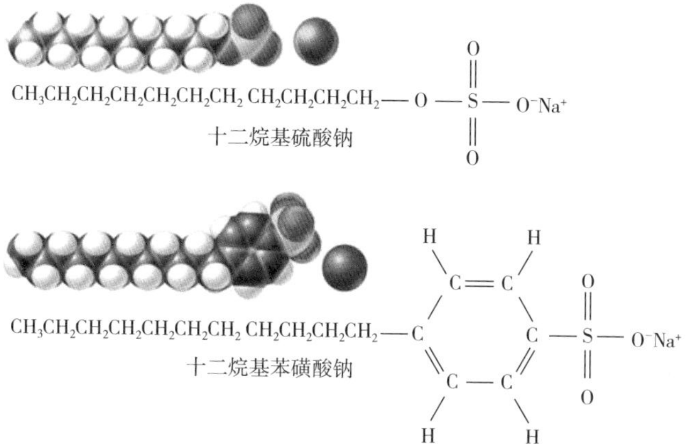

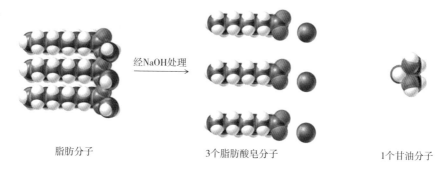

CH₃CH₂CH₂CH₂CH₂CH₂ CH₂CH₂CH₂ — O — S — O[−] Na⁺

$CH_3CH_2CH_2CH_2CH_2CH_2 CH_2CH_2CH_2 - O - S - O^- Na^+$

十二烷基硫酸钠

$CH_3CH_2CH_2CH_2CH_2 CH_2CH_2CH_2$

十二烷基苯磺酸钠

图 6-26　用肥皂去污的过程

注：非极性污垢吸引肥皂分子的非极性尾部并被其包围，形成所谓的胶束。然后，肥皂分子的极性头部会被水分子的离子-偶极力吸引，水分子就可以带走肥皂与污垢的聚集体。

经NaOH处理

脂肪分子　　　　　　　3个脂肪酸皂分子　　　　　1个甘油分子

图 6-27　1 个脂肪分子分解成 3 个脂肪酸皂分子和 1 个甘油分子

　　洗涤剂分子的化学结构与肥皂分子相似，二者都有一个极性头部和一个非极性尾部。然而，洗涤剂分子中的极性头部通常由硫酸基（$-OSO_3^-$）或磺酸基（$-SO_3^-$）组成，而非极性尾部则有多种多样的结构。

　　最常见的硫酸盐洗涤剂之一是十二烷基硫酸钠（又称月桂醇硫酸钠），这也是许多牙膏的主要成分。有一种常见的磺酸盐洗涤剂是十二烷基苯磺酸钠（又称线性烷基磺酸盐），这也是洗洁精的主要成分。这两种洗涤剂都是可生物降解的，也就是说，一旦这些分子暴露于环境中，微生物就能将其分解。

Q6 是什么决定了水垢的多少？

人们发现，将同一块肥皂放在不同的水中时，清洁效果却不一样。会使肥皂的清洁效果减弱的水被称为硬水，而使肥皂的清洁效果增强的水则被称为软水，二者的差异主要是由水中的物质造成的。

含有大量钙离子和镁离子的水是硬水，这种水的品质并不好。当加热硬水时，其中的钙离子和镁离子往往与水中带负电荷的离子结合，形成固体化合物（水垢），如图 6-28 所示，这些固体化合物会堵塞热水器和锅炉。在经常使用的茶壶内壁，我们也会发现这些化合物的覆盖层。由于这些化合物的溶解度会随着温度的升高而降低，因此它们在使用热水的地方往往堆积得更快。

图 6-28　水垢的形成

注：硬水中的钙离子和镁离子会形成化合物，在水管的内表面堆积，尤其是输送热水的水管。

硬水会减弱肥皂的清洁作用，也会稍微减弱洗涤剂的清洁作用。肥皂分子和洗涤剂分子中的钠离子带有 1 个正电荷，而钙离子和镁离子都带有 2 个正电荷（注意它们在元素周期表中的位置）。肥皂分子和洗涤剂分子的极性头部带负电的部分更容易被钙离子和镁离子所带的 2 个正电荷吸引，而不会被钠离子所带的 1 个正电荷吸引。因此，肥皂分子和洗涤剂分子不会选择与钠离子结合，而会与钙离子和镁离子结合。

与钙离子和镁离子结合的肥皂分子和洗涤剂分子往往不溶于水，它们会形成浮渣，浮于溶液表面，并附在浴缸内壁形成一个圈。因为肥皂分子和洗涤剂分子与钙离子和镁离子结合了，所以必须添加更多的肥皂和洗涤剂来保证清洁效果。

为了保证清洁效果，如今许多洗涤剂中都含有碳酸钠（Na_2CO_3，通常称为洗涤碱）。当加入这种洗涤剂时，硬水中的钙离子和镁离子更容易被带有 2 个负电荷的碳酸根离子所吸引，而不会被带有 1 个负电荷的肥皂分子和洗涤剂分子所吸引。当钙离子和镁离子与碳酸根离子结合后，肥皂和洗涤剂就可以发挥清洁作用了，如图 6-29 所示。因为碳酸钠可以去除使水变硬的离子，所以它也被称为硬水软化剂。

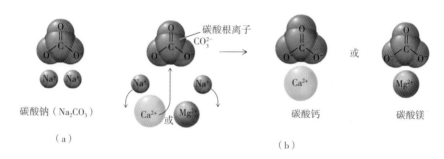

图 6-29　碳酸根离子优先与钙离子和镁离子结合

注：图（a），许多洗涤剂中添加了碳酸钠作为硬水软化剂。图（b），硬水中的带有 2 个正电荷的钙离子和镁离子优先与带有 2 个负电荷的碳酸根离子结合，使洗涤剂分子得以发挥作用。

在一些地区，水质非常硬，不仅会影响日常生活，长期饮用还会影响人体健康，因此必须通过软化装置来软化硬水。图 6-30 所示是典型的硬水软化装置的工作原理。在该装置中，硬水会经过一个装满了不溶于水的树脂（称为离子交换树脂）球的大水箱。树脂球的表面有许多与带正电荷的钠离子结合的负电离子。当钙离子和镁离子经过树脂球时，便取代钠离子与树脂球结合。钙离子和镁离子能够做到这一点是因为它们所带的正电荷（2 个）大于钠离子所带的正电荷（1 个）。因此，钙离子和镁离子对树脂球上的负电荷具有更大的吸引力。于是，树脂球每结合 1 个钙离子或镁离子，就会释放 2 个钠离子。该硬水软化装置便是通过树脂球进行离子交换的，从装置中流出的水就不再含有钙离子和镁离子，但含有钠离子。最终，当树脂球上所有的负电荷位都被钙离子和镁离子填满后，就需要更换树脂球，或者修复树脂球。修复的方法是用高浓度的氯化钠溶液冲洗树脂球，此时大量的钠离子便会取代钙离子和镁离子（再次进行离子交换），从而腾出了树脂球上的结合位。

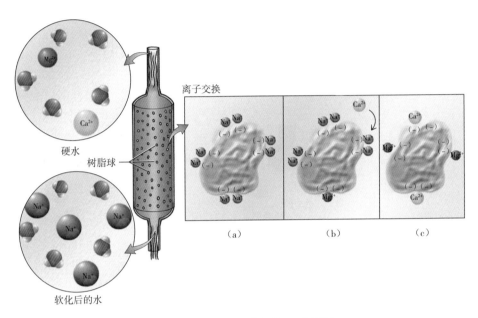

图 6-30　典型的硬水软化装置工作原理

注：图（a），钠离子占据了未经过离子交换的树脂球上的负电荷位。图（b），当硬水流过树脂球时，钠离子被钙离子和镁离子取代。图（c），当树脂球上可交换的离子饱和后，就无法再发挥软化作用。

Q7 如果没有对饮用水进行氯化处理，会发生什么？

20 世纪 90 年代初，秘鲁政府曾停止对饮用水进行氯化处理。在几个月后，霍乱就袭击了那里的城市，导致超过 1.3 万人死亡。

前面曾讨论过，我们无法获得 100% 的纯净水。但是，我们可以通过净化水来满足对水质的要求。例如，可以通过水及其包含的溶质或微粒的物理性质差异来对其进行净化。

可安全饮用的水被称为饮用水。大多数企业用天然水源生产饮用水。首先，要去除所有污垢颗粒和病原体（如细菌）。这一步可以通过将水与某些矿物质（如熟石灰和硫酸铝）混合来完成，这些矿物质会凝结成胶状物质，并散布在水中，如图 6-31 所示。该步骤在一个大型沉淀池中进行，缓慢的搅拌可以使胶状物质聚集在一起，并沉淀到池底。这些胶状物质在形成过程中吸附了许多污垢颗粒和病原体。水流过沙子和砾石后就得到了过滤。

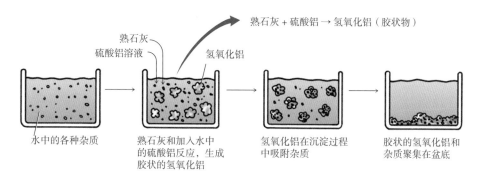

图 6-31　用熟石灰和硫酸铝去除水中的污垢颗粒和病原体

注：熟石灰 $[Ca(OH)_2]$ 和硫酸铝 $[Al_2(SO_4)_3]$ 反应形成氢氧化铝 $[Al(OH)_3]$ 和硫酸钙 $(CaSO_4)$，这些生成物会凝结成胶状物质。

为了改善水的气味和味道，许多企业还通过将水倾泻到空气柱中来给水充气，如图 6-32 所示。这一过程还可以去除许多难闻的挥发性杂质，如硫黄化合物。同时，空气会溶解到水中，使其味道变得更好——如果水中没有溶解的空气，那么味道会十分平淡。最后，还需要用消毒剂对水进行处理。通常使用氯气作为消毒剂，有时也用臭氧。将处理好的水储存在一个贮水罐中，通过城市总管道，就可以为市民供水了。

发达国家拥有可以生产大量饮用水的技术和基础设施，因此生活在那里的人们理所当然地认为饮用水很便宜，也很方便获得。然而，在一些发展中国家，公共水处理设施的数量相对较少。在这些地区，许多人只能通过煮沸对水进行消毒，也有人使用消毒碘片来对水进行消毒。

图 6-32 企业的净化水装置

注：将饮用水倾泻而下，通过这些层叠的塔架中的空气柱，可以去除饮用水中的挥发性杂质。

然而，烧水的燃料有时会短缺，消毒的药片也并不总是有用的。世界上每小时就有超过 400 人（大部分是儿童）死于霍乱、伤寒、痢疾和肝炎等可预防的疾病，他们因饮用了受污染的水而感染这些疾病。为了应对这种情况，有几家企业开发了一种台式系统，用可以杀死病原体的紫外线来照射水。图 6-33 所示是这种系统的一个模型，它每分钟可消毒约 57 升水，由光伏电池供电，可以在无人监管的情况下运行。

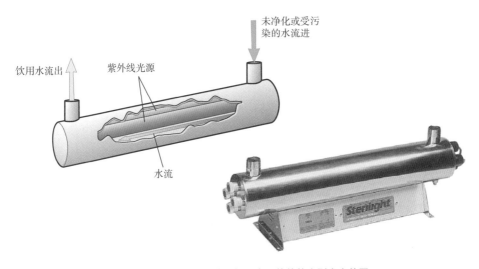

图 6-33 在一些落后地区极具实用价值的小型净水装置

　　除了病原体，未经处理的井水或河水可能含有有毒金属，这些金属会从地下渗入供水系统。例如，孟加拉国的许多水井都挖得很深，以避免井水被该地区地表水中肆虐的病原体污染。然而，这些水井中的水仍会被砷污染。砷是天然存在于地壳中的一种元素，它广泛存在于深层岩石中，这些岩石是由来自喜马拉雅山脉的河流沉积物形成的。该地区人口稠密，多达 7 000 万人可能会有不同程度的砷中毒现象，这种中毒表现为皮肤病变和更高的患癌概率。这里的人们迫切需要低成本的方法去除井水中的砷。

从盐水中提取淡水

　　随着许多地区天然淡水资源的枯竭，人们对从地球上储量更大的海水、咸水（中等盐度）或地下水中提取淡水的技术越来越感兴趣。2010 年，全球海水淡化厂的总产能约为每天 760 亿升，根据国际脱盐协会（International Desalination Association）与国际水务情报平台（Global Water Intelligence）的统计数据，截至 2022 年 10 月，全球海水淡化工程每日可生产淡水 10 795 万立方米，全球海水淡化厂的数量达 22 757 家。在加勒比海、北非和中东的许多地区，淡化的海水是市政供水的主要来源，如图 6-34 所示。

图 6-34　位于沙特阿拉伯的海水淡化厂

注：沙特阿拉伯是世界上最大的淡化海水生产国，其海水淡化厂每天的总产能约为 40 亿升。

在对海水进行淡化处理时，通常采用蒸馏的方法，即先用热量使水汽化，然后将水蒸气冷凝成纯净的液态水。因为水具有非常高的汽化热，所以通过蒸馏淡化海水需要消耗大量燃料。使用太阳能蒸馏器能减少燃料的消耗，每生产 4 升淡水需要用到大约 1 平方米的太阳能，如图 6-35 所示。因为产能较低，所以这种技术仅适用于单独的家庭或一个小村庄。

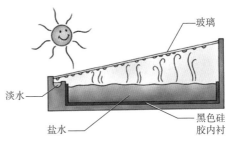

图 6-35   用太阳能蒸馏器淡化水的产能较低

注：这些太阳能蒸馏器在美国得克萨斯州和墨西哥边境的偏远地区很受欢迎，那里的居民用这一装置来淡化里奥格兰德河的水。这条河由于受到上游灌溉用农业化学品的污染，含盐量较高。

对于更多的地区而言，反渗透是淡化水的更好方法。要了解反渗透，必须先了解渗透作用。渗透作用涉及半透膜，半透膜包含亚微观孔，这种孔允许水分子通过，但不允许较大的溶质离子或溶质分子通过。当淡水通过半透膜从盐水中分离出来时，水分子从淡水进入盐水的速度比从盐水进入淡水的速度快。其原因是沿着膜的淡水面存在的水分子比沿着盐水面存在的水分子多，因此淡水流入盐水，如图 6-36 所示。这种水穿过半透膜进入更高浓度溶液的净流动被称为渗透。

◦━趣味课堂━◦

对饮用水进行氯化处理为什么能降低伤寒的死亡率？

1908 年，新泽西州泽西城成为美国第一个开始对饮用水进行氯化处理的城市。到了 1910 年，随着用氯气对饮用水进行消毒变得更加普遍，每 10 万人的伤寒死亡数从 100 人下降到 20 人。到了 1935 年，这一数字下降为 3 人。到了 1960 年，全美国只有不到 20 人死于伤寒。

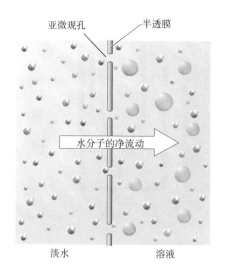

图 6-36 渗透作用

注：半透膜的亚微观孔只允许水分子通过，因为贴近膜的淡水面位置的水分子比贴近膜的盐水面位置的水分子多，所以流入盐水的水分子比流入淡水的水分子多。

渗透的结果是盐水的体积增加，淡水的体积减小，这一变化反过来又会使盐水的压力增加。水从低渗溶液穿过半透膜进入高渗溶液时产生的压力称为渗透压。对于图 6-37 中的系统，渗透压是因为盐水高度较高而形成的，因此盐水在半透膜上的压力较大。随着渗透压的增加，水分子从盐水进入淡水的速度也在增加。盐水中的水分子实际上被渗透压挤回了半透膜处。最终，水分子从两个方向通过半透膜的速度是相同的，系统达到平衡，如图 6-37b 所示。如果给盐水施加压力，更多的水分子会从盐水中挤过半透膜进入淡水，如图 6-37c 所示。水被迫穿过半透膜进入浓度较低的溶液的过程被称为反渗透。由此可见，反渗透是一种从盐水中提取淡水的方法。

• 趣味课堂 •

腌制黄瓜的原理是什么？

这一过程不涉及外部压力，这样就排除了反渗透的可能性。黄瓜的萎缩告诉我们，黄瓜中的水分在向浓度更高的盐水转移，这就是渗透，即水分子穿过半透膜进入盐浓度较高的区域。此时，如果你在溶液中加入一些其他成分，如香料和适当的微生物，就会得到美味的腌制黄瓜。

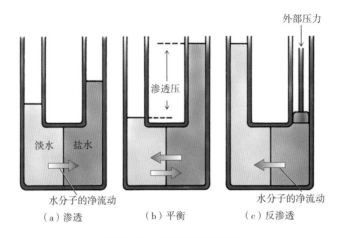

图 6-37　渗透压作用示意图

注：图（a），渗透作用导致盐水体积增大，从而使半透膜盐水一侧的
压力增加。图（b），当盐水一侧的压力升到足够高时，相同数量的水
分子双向通过。图（c），施加外部压力迫使水分子从盐水进入淡水，
现在水分子从盐水流向淡水的速度超过了从淡水流向盐水的速度。

　　海水的渗透压十分惊人，达到 24.8 个标准大气压。如果要产生比这更大的压力，技术上会有点困难，而且需要太多能量。尽管如此，工程师还是成功地建造了耐用的工业反渗透装置，如图 6-38 所示。这些装置可以联网，以每天数百万升的速度从海水中提取淡水。这些装置在工作时不需要太高的压力，因此成本相对较低。

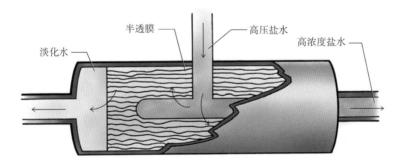

图 6-38　工业反渗透装置

注：工业反渗透装置由许多半透膜组成，里面包裹着高压盐水。当淡化水从一侧被
挤出时，剩余的盐水浓度变得更高，并从另一侧流出。通过一个由多个反渗透装置
组成的网络协同工作，人们可以从盐水中提取大量的淡水。

瓶装水值得购买吗?

如今,很多人选择饮用瓶装水。超市中也能看到各种各样的瓶装水,有的还宣称能给人体带来额外的好处,真的是这样吗?

在美国,天然淡水资源相对丰富,政府提供的饮用水的价格非常低廉。尽管如此,很多人仍然愿意以每升 2 美元的价格去购买瓶装水。每年,美国人在瓶装水上的花费约为 40 亿美元。

瓶装水也带来了一些环境问题。在美国,每年大约有 290 亿个水瓶被丢弃,其中只有约 20% 被回收,剩下的都被填埋到垃圾场。一些未经证实的数据显示,仅在美国,每年就要燃烧多达 5 400 万桶石油,以满足瓶装水的市场供应。从这个角度来看,根据美国地球政策研究所的数据,生产一个塑料瓶所需的石油体积约为瓶子体积的 1/4。

为了减少瓶装水对生态环境的不利影响,并适当降低瓶装水的价格以吸引更多消费者,许多瓶装水销售商正在想一些新的办法,包括向饮用水中添加溶解氧等。从表 6–2 中可以看到,在一个标准大气压下,每升水中的溶解氧不超过 0.008 3 克,而我们呼吸一次,吸入的氧分子大约是半升声称"含氧"瓶装水中氧分子的 100 倍。

有的瓶装水声称具有"功能性",其中水的结构通过不可察觉的"微妙能量"进行了改变,使水更有营养。还有的瓶装水声称是通过电流的水,这些水具有碱性,而喝碱性水对人体有好处,因为它是"离子水、重组水、微聚水、活化水、氢饱和和氧化还原水"。这类误导性的说法欺骗了数百万的人,因为一旦修改了水的结构,那水就不再是水了。因此,消费者一定要当心!本书后文还将介绍当电流通过水时会发生的情况。

有趣的是,在美国出售的瓶装水中,大约有 25% 只是通过反渗透净化的市政用水。越来越多的人发现，与其购买纯净水，不如在自己家里安装一个小型反渗透装置，这样更便宜，也更环保。如果为了好玩，还可以安装碳酸化器，这样你就可以拥有苏打水了，如图 6-39 所示。

图 6-39　用碳酸化器制造苏打水

注：使用碳酸化器可以在自己家里制造苏打水，这样不仅有趣，而且比从商店购买苏打水更便宜，也更环保。

要点回顾

- 分子间存在吸引力。这些吸引力可以分为 4 种：离子 – 偶极力、偶极 – 偶极力、偶极 – 诱导偶极力和诱导偶极 – 诱导偶极力。以上 4 种吸引力都是电性引力。

- 由两种或两种以上物质组成的均匀、稳定的混合物被称为溶液。溶液并不总是液态的，也可以是固态或气态的。溶液中占比最大的成分是溶剂，其他成分都是溶质。溶质与溶剂混合的过程被称为溶解。

- 1 摩尔粒子等于 6.02×10^{23} 个粒子。每升含有 1 摩尔溶质的溶液是 1 摩尔溶液，通常缩写为 1M。

- 溶解度是指溶质溶解于溶剂的能力，主要取决于溶质和溶剂的基本粒子之间的吸引力。如果一种溶质在某种溶剂中的溶解度很高，那么就称该溶质可溶于该溶剂。溶解度还取决于溶质颗粒之间和溶剂颗粒之间的相互吸引力。

- 大部分肥皂分子是非极性的，会通过诱导偶极 – 诱导偶极力（色散力）来吸引非极性的污垢分子，从而将污垢从需要清洁的表面上去除。由于非极性尾部朝向污垢，极性头部朝向外部，污垢就会被相对较强的离子 – 偶极力吸引到水分子中。

- 含有大量钙离子和镁离子的水是硬水。当加热硬水时，其中的钙离子和镁离子往往与水中带负电荷的离子结合，形成固体化合物（水垢）。

- 可安全饮用的水被称为饮用水。大多数企业用天然水源生产饮用水。此外，也可通过从盐水中提取淡水来获得饮用水。

CONCEPTUAL
CHEMISTRY

07

水有哪些奇妙的现象？

妙趣横生的化学课堂

- 为什么水结冰后会膨胀?

- 为什么要在下完雪的路上撒盐?

- 为什么回形针能停留在水面上?

- 洗完澡后,为什么在浴室擦干自己会更舒服?

- 为什么热汤必须要等几分钟才能入口?

- 你能给冰块加热,同时保证它不融化吗?

水是奇妙的。

水有许多容易被我们忽略的不同寻常的性质。例如，水是地球表面唯一可以以 3 种形态（固体、液体和气体）大量存在的物质。水的另一个独特的性质是它对温度较强的调节能力。人体内的水可以调节人的体温，就像海洋可以调节全球气温一样。与大多数其他液体不同的是，液态水是自下而上凝固的。

对于富有专业知识的化学家来说，水绝不只是普通物质，相反，水充满了神秘与奥妙。水的奇妙性质几乎都是水分子通过电性引力顽强粘连的结果。本章将探索水的物理性质，同时深入研究水分子"粘性"的细节和重要性。本章首先将探索固态水（冰）的性质，然后探索液态水的性质，最后探索气态水（水蒸气）的性质。

Q1 为什么水结冰后会膨胀？

水有多种形态。在炎热的夏季，我们会将饮用水放入冰箱冻成冰块。经验告诉我们，不要把装有液态水的密封玻璃瓶放进冰箱冷冻，因为水在凝固时体积会膨胀。

图 7–1 所示是一个杯子里的水凝固后膨胀，导致玻璃胀破。发生膨胀的原因是，当水凝固成冰时，冰中的水分子排列成六边形晶体结构，这种结构包含许多开放空间，从而占据了比液态水分子更大的体积，如图 7–2 所示。

因此，与液态水相比，冰体积较大，密度较小，分子会形成一个开放的晶体结构。这就是冰会漂浮在水面上的原因。

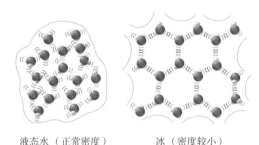

液态水（正常密度）　　　冰（密度较小）

图 7–1　水凝固后膨胀，导致玻璃杯破裂　　　图 7–2　液态水分子比固态水分子排列得更紧凑

水这种凝固后体积会膨胀的性质，在其他物质上非常罕见。大多数固体的原子或分子的排列方式都会使其体积变得比液态时更小，如图 7–3 所示。

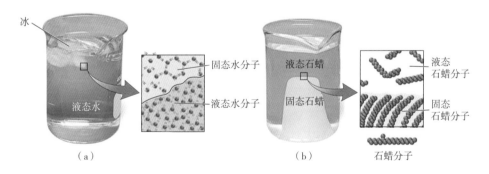

图 7–3　冰会上浮，固态石蜡会下沉

注：图（a），由于水结冰后体积会膨胀，而冰的密度比液态水小，因此冰漂浮在水上。图（b），像大多数其他材料一样，固态石蜡的密度比液态石蜡的密度大，因此固态石蜡会沉入液态石蜡。

● 趣味课堂 ●

冰山为什么能漂浮在淡水湖上？

　　水在凝固成冰后体积会膨胀,膨胀部分的体积等于浮在水面上的冰的体积,也就是那些我们看到的漂浮在水面上的冰山的体积。

　　冰中的水分子的六边形晶体结构还有一些有趣的性质,大多数雪花都有类似的六边形形状,图 7-4 所示是冰中的水分子几何结构的微观形象。此外,对冰施加足够大的压力会导致其空间结构发生坍塌,结果是形成液态水。例如,冰川的巨大重量会导致冰川底部融化。由于底部潮湿,冰川会慢慢滑下山脉,并滑向海洋,由此产生了导致泰坦尼克号沉没的那种漂浮移动的冰山。

图 7-4　冰晶的六边形结构赋予雪花六边形的外观

　　有趣的是,即使在温度略低于冰点的情况下,冰也被一层薄薄的液态水所覆盖。这是因为冰的六边形晶体结构需要 3 个维度的支撑,但是在冰的表面,冰中的水分子找不到可以支撑它们的东西。因此,冰表面的六边形晶体结构被削弱,进而塌陷成一层液态水膜,这就是冰的表面如此光滑的原因。图 7-5 所示是溜冰者的冰鞋在这层薄薄的水膜上滑行。

　　那么,当两个冰块的表面接触在一起时会发生什么？结果是那层薄薄的水膜不复存在,因为这层水膜冻结了,并将两个冰块粘在一起。在制作雪球的过程中,雪块也是这样被"粘"在一起的。当然,如果天气太冷,那么无论你如何用力将雪压在一起,因为冰晶的表面是固体,所以都无法形成雪球。滑雪者往往更喜欢这种"干雪",因为它更像粉末,而不是黏稠的雪泥,这样更有利于滑行。除了在超级冷的天气滑雪,还有一种选择是在高海拔地区滑雪,那里较低的大气压有利于更薄的水膜产生，因此雪会更干燥，更像粉末。

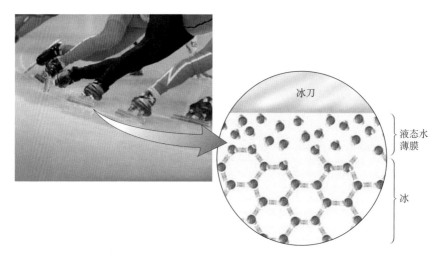

图 7-5　冰的表面很滑的原因是其晶体结构的表面不易维持

Q2 为什么要在下完雪的路上撒盐？

　　在寒冷的冬季，下完大雪后，地面经常会结冰，令出行困难。此时，市政人员便会在路面上撒盐，让冰融化。

　　这是因为溶质会抑制晶体的形成。不论在什么情况下，只要溶质（如食盐或糖）被添加到水中，溶质分子就会占据水分子的空间结构。当溶质被添加到 0℃ 的冰水混合物中时，溶质分子会减少固液界面上液态水分子的数量，如图 7-6 所示。一旦能够形成冰晶的液态水分子减少，冰的形成速度就会减慢。

　　因为冰本质上是一种相对纯净的水，所以从固态变为液态的水分子数量不受溶质的影响。最终结果是，冰中的水分子变成液态水分子的速度快于液态水分子变成冰中水分子的速度。可以通过将温度降低到 0℃ 来使这两个速度达到平衡。在较低的温度下，液态水分子移动更慢，更容易凝固，因此晶体形成的速度会加快。

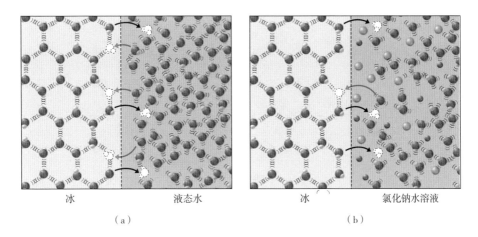

冰　　　　　　　　　液态水　　　　　　冰　　　　　　氯化钠水溶液

（a）　　　　　　　　　　　　　　　　　　（b）

图 7-6　向冰水混合物中加入溶质

注：图（a），在0℃的冰水混合物中，进入固态一侧的水分子数量与进入液态一侧的水分子数量相等。
图（b），加入溶质，如氯化钠，会减少进入固态一侧的水分子数量，因为现在界面上的液体分子较少。

　　一般来说，向水中添加任何东西都会降低混合物的冰点。防冻剂正是这一现象的一种应用，而在结冰的道路上撒盐则是另一种应用。

　　实际上，凝固和融化是同时发生的。这也同时解答了诸如"冰的表面为什么总是滑溜溜的？""装着液态水的玻璃瓶为什么不能冷冻？""湖水结冰后，鱼及其他水生生物还能生存吗？"等问题。

　　前面曾讨论过，当物质从固体变为液体时，就会发生融化现象，而当物质从液体变为固体时，就会发生凝固现象。当从分子角度来观察这些过程时，我们可以看到，这些过程会同时发生，如图 7-7 所示。

　　0℃既是冰的融化温度，也是水的凝固温度。在这个温度下，液态水中的水分子运动缓慢，因此它们容易凝结在一起，形成冰晶，看起来就是水凝固了。然而，在相同的温度下，冰中的水分子则更为活跃——比在更冷的温度下活跃得多。因此，许多冰中的水分子从晶体结构中挣脱出来，形成液态水，看起来就是冰融化了。由此可知，融化和凝固是同时发生的。

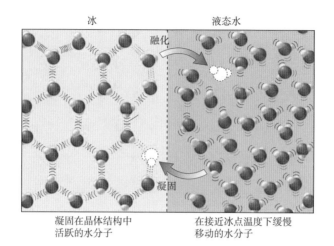

图 7-7　在 0℃时，冰晶同时获得和失去水分子

对水来说，0℃是一个特殊的温度。在这个温度下，固态冰的形成速度等于液态水的形成速度。换句话说，0℃是能够使融化和凝固的这两种相反的过程保持平衡的温度。这意味着，如果冰和液态水的混合物正好保持在0℃，那么这两种形态就能够无限期共存。

如果我们想让0℃的冰水混合物凝结成固体的话，就需要达到有利于冰形成的条件。这可以通过消除热量（冷却）来实现，因为冷却过程有利于氢键的形成。当水分子聚在一起形成氢键，变成冰中的水分子时，就会放热，如图7-8所示。为了使冰中的水分子保持氢键，就必须消除这些热量，否则冰中的水分子就有可能吸收这些热量，导致氢键分离。因此，消除热量可以使氢键在形成后保持完整。这样一来，冰晶就有了增长的趋势。

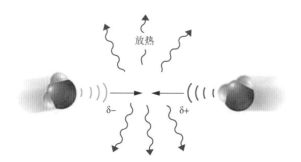

图 7-8　水分子聚集形成氢键

注：2个水分子聚集在一起形成氢键时，电性引力使其加速靠近。这就使其动能（运动的能量）增加，在宏观上，这种动能被视为热量。

相反，我们也可以通过增加热量使 0℃ 的冰水混合物完全融化。这些热量可以打破使冰中的水分子结合在一起的氢键，如图 7-9 所示。当越来越多的冰中的水分子之间的氢键被打破后，冰晶便趋于融化。

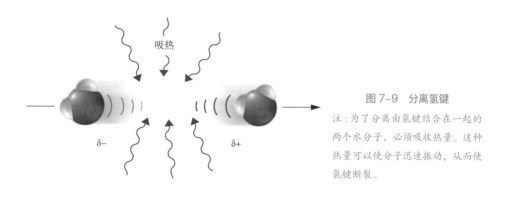

吸热

δ-   δ+

图 7-9　分离氢键

注：为了分离由氢键结合在一起的两个水分子，必须吸收热量。这种热量可以使分子迅速振动，从而使氢键断裂。

•———— 趣味课堂 •

为什么冷冻的瓶装纯净水打开后会迅速变成冰碴子？

在没有其他因素干扰的情况下，冷冻的瓶装纯净水会变得"过冷"。也就是说，瓶装纯净水在低于 0℃ 时仍然是液体。发生这种情况，是因为晶体通常需要一个基质（如微粒子）才能形成。当打开瓶子后，这瓶过冷的水会迅速变成冰碴子。同样，在冰暴期间，当在温暖的大气上层形成的雨滴穿过较冷的下层时，会变得过冷，一旦碰到地面、树枝或电线，过冷的雨滴（即所谓的冻雨）就会迅速结冰。雨后的景观可能很漂亮，但非常危险，对飞机飞行而言尤其危险。

0℃ 是水凝固或融化时的温度，为了方便人们的生活，有时可以通过一些方式改变水凝固或融化的温度。

水在 4℃ 时密度最大

我们通常认为"热胀冷缩"是大多数物质具有的性质。当物质的温度升高时，其分子振动得更快，而且移动得更远，因此物质会膨胀。除了少数物质，绝大多数的物质（不论是固体、液体还是气体）在受热时都会膨胀，在冷却时都会收缩。

在许多情况下，这些体积的变化并不是很明显，但只要仔细观察，就能发现这些细微的变化。例如，电话线在炎热的夏天会变得更长，垂得也更厉害，而在寒冷的冬天会变得更短、更紧绷；在热水中加热时，玻璃瓶上的金属盖子会松动得更快；如果一块玻璃其中一部分的温度比相邻部分热得更快（或冷却得更快），由此产生的膨胀（或收缩）可能会使玻璃破碎。

在任何形态（不论是固态、液态，还是气态）下，水的体积都会随着温度的升高而膨胀，随着温度的降低而收缩。然而，接近冰点的液态水是一个例外。

0℃的液态水可以像其他液体一样流动。但是，在0℃时，也可能会形成纳米级的冰晶，这些晶体使液态水的体积稍微膨胀，如图7-10所示。当温度上升到0℃以上时，越来越多的晶体结构发生坍塌，因此液态水的体积就会变小。

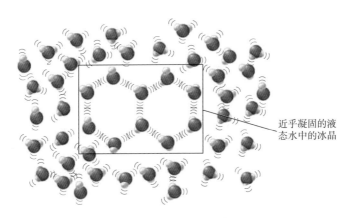

近乎凝固的液态水中的冰晶

图 7-10　接近冰点的液态水

注：在 0℃左右，液态水中含有冰晶，这些晶体的开放结构使水的体积比没有晶体的时候大。

图 7-11 显示了在 0～4℃时，液态水体积随着温度的升高收缩。然而，这种收缩状态只持续到 4℃。当接近冰点的水被加热时，由于更强烈的分子运动，水会具有膨胀的趋势。

在 0 ～ 4℃，由晶体结构坍塌引起的体积减小的效果超过了由快速运动的分子引起的体积增加的效果。因此，水的体积继续减小。在温度刚刚超过 4℃时，由于大多数晶体结构已经坍塌，因此膨胀的效果超过了收缩的效果。

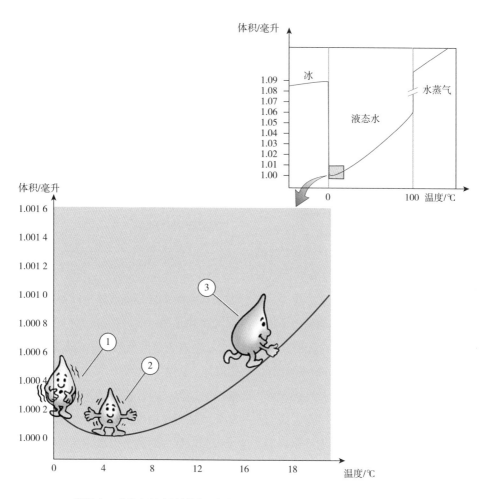

①低于4℃的液态水因冰晶结构而膨胀
②升温后，晶体坍塌，导致液态水的体积变小
③4℃以上，液态水在加热时因剧烈的分子运动而膨胀

图 7-11　水的体积会随温度的变化而变化

注：在 0 ～ 4℃，液态水的体积随着温度的升高而减小；4℃以上，水就与所有其他物质一样，体积随着温度的升高而变大。这里显示的是 1 克样本的体积。

受纳米冰晶崩塌影响，液态水在4℃时体积最小，密度最大。前文已经介绍过，物体的密度等于物体的质量除以体积。根据定义，可以计算出4℃时1克纯水的体积为1.000 0毫升，0℃时1克液态水的体积为1.000 2毫升，0℃时1克冰的体积为1.087 0毫升。从图7-11右上方的小图中可以看出，1克冰的体积即使在0℃以下也保持在1.08毫升以上，这就说明即使冰被冷却到远低于冰点的温度，它的密度仍然比液态水小。

> **• 趣味课堂 •**
>
> **为什么夏季不应给汽车油箱加满油？**
>
> 在多数情况下，液体受热膨胀的体积比固体受热膨胀的体积更大，这就是在温暖的夏日不应该给汽车油箱加满油的原因。汽油在加油站的地下储存库时是冷的，被加进汽车油箱后，就会变暖并开始膨胀。如果油箱和汽油的膨胀程度相同，汽油就不会溢出，但二者的膨胀程度其实是不同的。同样，如果温度计玻璃的膨胀程度和水银一样的话，水银柱就不会随着温度的升高而上升。现在我们知道了，温度计中的水银柱之所以能随着温度升高而上升，是因为液态水银的膨胀程度超过了固态玻璃的膨胀程度。

虽然4℃时的液态水只比0℃时的液态水密度稍大，但这种微小的差异在自然界中具有重要的意义。思考一下，如果水像大多数其他液体一样在冰点时密度最大，那么在冬季，池塘中最冷的水会沉降到底部，池塘将自下而上冻结，将其中的生物冻死。幸好这种情况并没有发生。随着冬季的到来，水的温度下降，其密度也下降。当温度下降到0℃时，水会结冰。但在自然界中，水并不是在达到0℃时立即全部结冰。水的结冰是一个渐进的过程，通常从表层开始，因为表层水与冷空气接触，最先冷却。表层水冷却后，如果其密度比底层水大，它会下沉，而底层较温暖的水会上升至表层，这个过程被称为对流。当水体温度整体下降到4℃时，水的密度达到最大，此时水体的对流会停止，因为4℃以下的水密度会随着温度的降低而减小。如果空气温度持续低于4℃，表层水会继续冷却，但由于其密度较小，不会下沉。这样，较冷的水会停留在表面，形成一层较薄的冰层，而下面的水保持在4℃，不会继续冷却。冰层的形成实际上对水下的生物起到了保护作用。冰层隔绝了冷空气，减缓了水下温度的进一步下降，使得水下生物能够在相对温暖的条件下生存，如图7-12所示。

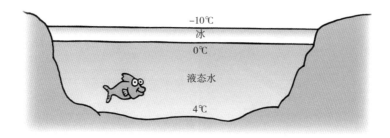

图 7-12 池塘冰层以下的水并没有那么冷

注: 当水冷却到4℃时, 就会下沉。当表面的水冷却到4℃以下并且漂浮在表面时,
才会结冰。理论上讲, 只有在表面冰层形成后, 下层的水才会继续冷却。然而,
这种情况并不容易发生, 因为表面的冰会将液态水与冷空气隔绝开来。

水的垂直运动的一个重要影响是产生垂直流。垂直流会为生活在水中的生物造福, 它把富含氧气的表层水输送到底部, 把富含营养物质的底层水输送到表层。

即使在最冷的冬天, 很深的水域也不会被冰覆盖。这是因为只有全部水体都冷却到4℃后, 表层水的温度才能降到4℃以下。对于很深的水域来说, 冬季的时间还不够长, 不足以完成这一过程。

如果一个池塘中只有部分水的温度是4℃, 这些水就会位于池塘底部。水抵抗温度变化的能力和导热能力都较差, 因此寒冷地区的深层水体的底部全年温度都恒定在4℃。

Q3 为什么回形针能停留在水面上?

轻轻地将一个表面干燥的回形针放在静水的表面, 如果你非常小心而且动作轻柔的话, 回形针会停留在水面上, 如图 7-13 所示。这怎么可能呢? 回形针通常不是会沉入水里吗?

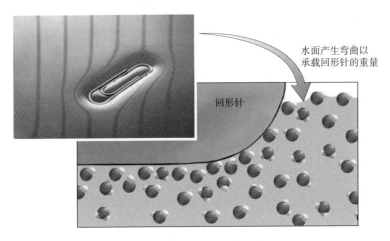

图 7-13　回形针停留在水面上

水面产生弯曲以
承载回形针的重量

回形针

在回答这个问题之前，让我们先来学习一个相关的概念：黏度。黏度是流体在流动时对形变的阻力。一般来说，流体中的分子间吸引力越强，其黏度就越大。冷水中的氢键比热水中的氢键多，这就是为什么冷水比热水的黏度大。

本节将探讨液态水分子如何通过内聚力相互作用。内聚力是单一物质的分子之间的吸引力。对于水来说，内聚力就是氢键。另外，本节还将探讨水分子如何通过附着力（两种不同物质的分子之间的吸引力）与其他极性材料（如玻璃）相互作用。

在阅读本节时，请牢记一点：水的内聚力和附着力是动态的。例如，不是水滴中的某一组水分子将水滴固定在玻璃的一侧，而是水滴中的数十亿个水分子轮流与玻璃表面结合。本节插图中的信息虽然丰富，但只是静态描述，实际情况比插图中的更复杂。

液态水的表面像覆盖了一层弹性薄膜

现在，让我们回到回形针为何会停留在水面这个问题上来。要知道，回形针不是像船一样漂浮在水中，而是停留在水面上。水面的轻微凹陷是由回形针的重量造成的，它对水的推力就像孩子对蹦床的推力。这种使液体表面呈现弹性趋势的力被称为表面张力。

水的表面张力是由氢键引起的。在水面之下,每个水分子在各个方向上都被相邻的水分子所吸引,因此不会被拉向任何方向,如图 7-14 所示。然而,水面上的水分子只被两侧的水分子和下面的水分子吸引,没有受到向上的吸引力。因此,水面上的水分子会被拉入水下,从而使水面变得尽可能小,最终被收紧成一个弹性薄膜。这时将不会刺穿水面的轻质物体(如回形针)放在水面上,该物体就能够停留在那里。

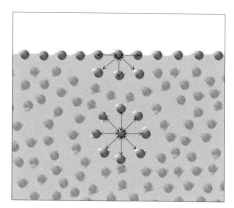

图 7-14 水的表面张力

注:水面上的分子只在侧面和下面被邻近的分子拉动,水面下的分子在各个方向上受到的力都是同等的。

表面张力也是液滴球形成的原因。雨滴、油滴和落下的熔融金属滴都是球形的,因为它们的表面趋于收缩,这种收缩迫使每个液滴形成球体这种在单位体积下具有最小表面积的几何体。在失重环境中(如航天飞机内),一团水会自然形成球体,如图 7-15 所示。在地球上,蜘蛛网或植物绒毛上的水珠会形成水滴状,这是地球引力造成的扭曲。

（a）

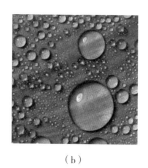

（b）

图 7-15 水滴在不同环境下具有不同的形状

注:图(a),在失重的环境中,自由下落的水滴由于表面张力的影响呈现球状。图(b),如果不是因为重力将水滴压成水珠,停在植物表面上的小水滴也会变成球体。

　　水的表面张力比其他液体大，因为水中的氢键相对较强。然而，加入肥皂或洗涤剂后，水的表面张力会急剧下降。图 7-16 显示，肥皂或洗涤剂分子倾向于聚集在水的表面，其非极性尾部会伸出水面。在水面，这些分子会干扰相邻水分子之间的氢键，从而降低水的表面张力。将一枚回形针放在水的表面，然后用一块湿肥皂或一滴液体洗涤剂小心地接触几厘米外的水面，你就会看到表面张力急剧下降的结果。

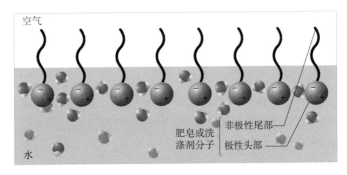

图 7-16　肥皂或洗涤剂分子在水表面的排列

注：肥皂或洗涤剂分子在液态水的表面排列，其非极性尾部可以摆脱水的极性，这种排列方式破坏了水的表面张力。

　　水的表面张力较强，这使其无法浸润具有非极性表面的物质，如蜡质树叶、雨伞和刚抛光的汽车。水并不能均匀地铺展开来将这些物质浸湿，只能形成水珠。这种特性在需要防水的情况下非常实用；如果我们想清洁一个物体，则需要尽可能弄湿它。图 7-17 所示是用肥皂和洗涤剂提高水的清洁力的另外一种方式，通过破坏水的表面张力，肥皂和洗涤剂增强了水的浸润能力，这样就能使沾满污渍的织物和

（a）　　　　　　（b）

图 7-17　肥皂和洗涤剂提升了水的清洁力

注：图（a），水在干净且干燥的物体表面形成水珠。图（b），在涂有一层薄薄的洗涤剂的盘子上，水均匀扩散，因为洗涤剂破坏了水的表面张力。

餐具上的非极性污垢更快地被水浸湿，从而提高清洁效率。

○ 趣味课堂 ●

为什么汤在冷却后会令人觉得油腻?

　　热水的表面张力比冷水要小，因为热水分子的运动速度较快，其分子结合得没有冷水分子那么紧密。由于具有较弱的表面张力，热水能更有效地浸透衣服面料，这就是为什么许多人会用热水洗衣服。热水的弱表面张力也会让汤中的油脂在汤的表面聚集成油珠。当汤冷却时，表面张力增加，油脂会在汤的表面扩散，使汤变得更油腻。热汤和冷汤的味道不同，主要是其表面张力随温度变化的结果。

毛细现象——附着力和内聚力的相互作用

　　如果一名宇航员在航天轨道上将一根狭窄的玻璃管插入一团悬浮的水滴中，会发生什么? 答案是管子里会充满水。出现这一结果的原因是毛细现象。

　　玻璃是一种极性物质，因此玻璃和水之间有附着力，而且两者之间的附着力相对较强。与玻璃容器内表面接触的水分子竞相与玻璃产生相互作用，从而附着在玻璃的内表面上。仔细看一下图 7-18 中的彩色水管，你会发现水面在玻璃两侧呈现一种弯曲的形态。我们把水的表面（或任何其他液体

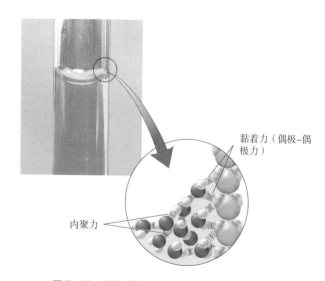

黏着力（偶极-偶极力）

内聚力

图 7-18　水和玻璃之间的附着力导致形成弯月面

的表面）与容器之间接触形成的曲面称为弯月面。

图 7-19 展示了将直径较小的玻璃管放入水中后会发生的情况：

- 附着力最初会使水面形成弯月面。
- 一旦弯月面形成，水分子之间的吸引力就会对弯月面产生作用，并将弯月面的表面积减到最小，其结果是管内的水位上升。
- 附着力又会形成另一个弯月面。
- 水分子之间的吸引力，将弯月面"填满"。

这个过程反复进行下去，直到向上的附着力等于管内升高的水的重力为止。这种由于附着力和水分子之间的吸引力相互作用，使液体表面上升的现象被称为毛细现象。

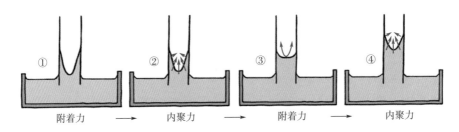

图 7-19　水在附着力和内聚力的共同作用下被拉到狭窄的玻璃管内

在一个内径约为 0.5 毫米的管子中，水面上升的高度略高于 5 厘米。在直径较小的管子中，在一定的高度内，水的体积越小，重量越轻，水面上升得越高，如图 7-20 所示。

如果把这一实验放到航天飞机内进行，由于毛细现象的存在，水会被吸入管

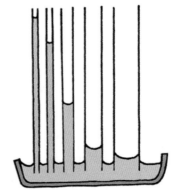

图 7-20　管子直径越小，液体上升得越高

子内。然而，在航天飞机的失重环境中，没有向下的力量来阻止水面上升。因此，水面会一直沿着管子的内表面上升，直到管子充满水为止。

我们可以从许多现象中看到毛细现象：如果把画笔浸入水中，水会挤入刷毛之间的狭窄空间；把头发浸入浴缸中，水也会以同样的方式接触到头皮；把一根灯芯的一端放进灯油中，灯油会自动向上浸湿灯芯的另一端；将糖块的一端浸入咖啡中，整个糖块很快就会湿透；土壤颗粒之间的毛细现象有助于将水输送到植物根部。

Q4 洗完澡后，为什么在浴室擦干自己会更舒服？

我们洗完澡后，会因浴室内的水蒸气液化所释放的热量而感到温暖。如果我们不擦干身体就走出浴室，就会像图 7-21 中的人一样打寒战。在湿度较低的地方，水分子蒸发的速度比水蒸气液化的速度要快得多，因此我们会感到冷。当留在浴室中时，那里的湿度较高，水蒸气液化的速度更快，所以我们会感到温暖。现在，你知道为什么在浴室里擦干身体会更舒服了吧。

接下来，让我们深入了解蒸发的过程与热量的关系。

液态水可以结成冰，冰能重新融化成液态水。当水被加热时，水分子以不同的速度向各个方向移动，其中一些水分子可能到达水的表面。随着温度的升高，水分子的移动速度快到足以克服氢键的作用并逃逸到空气中。这种水分子从液态转化为气态的过程叫作蒸发，有

图 7-21　湿的身体会让人感觉到冷

注：如果你在浴室外感到很冷，就应该赶快回到里面，浴室内水蒸气的液化会使人感到温暖。

时也称汽化。蒸发的逆过程是液化——气体变为液体。当水在身体表面蒸发时，我们往往会感到凉爽。液化过程则与之相反，往往会给人带来温暖的感受。在水的表面，随时都有水分子从一种状态转变为另一种状态，如图 7-22 所示。

当被蒸发的水分子离开水的表面时，会带走动能。这会降低残留在水中的所有水分子的平均动能，使水冷却，如图 7-23 所示。蒸发对周围的空气也有冷却作用，因为逃逸到空气中的水分子与空气中的其他分子相比，运动速度相对缓慢——这些新出现在空气中的水分子在克服氢键作用时失去了许多动能。当这些速度较慢的水分子进入周围的空气时，有效地降低了构成空气的所有分子的平均动能，因此空气会冷却。无论你相信与否，蒸发都是一个冷却过程。图 7-24 展示了这种冷却效应的一种实际应用。

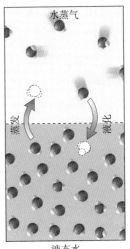

图 7-22 水表面的
分子转换

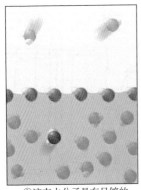

①液态水分子具有足够的
动能以克服氢键来接近
液体表面

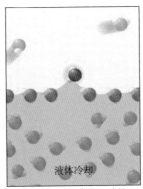

②在失去这种高速运动的
水分子的过程中，液态
水逐渐冷却

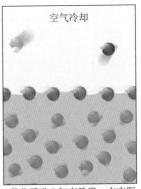

③分子进入气态阶段，在克服
液体表面的氢键时失去了动
能，空气在容纳这些缓慢移
动的气态粒子时被冷却

图 7-23 蒸发是一个吸热（降温）的过程

随着水的冷却，其蒸发速度变慢，因为已经没有多少水分子拥有足够的能量摆脱氢键的束缚。如果水与相对温暖的表面（如人的皮肤）接触，就可以保持较高的蒸发速度，而热量就会从人体流向水。通过这种方式，水可以保持较高的温度，并以相对较高的速度继续蒸发。这就是为什么你在洗完澡后会感到凉爽——你身体的热量在蒸发过程中流失了。

当人的体温过高时，汗腺就会产生汗液。汗液的蒸发可以帮助人体降温，从而使人保持稳定的体温。许多动物（如图 7-25 中的动物）都没有汗腺，因此它们必须通过其他方式来散热，以降低体温。

图 7-24　湿布套有助于给水壶降温

注：随着移动速度较快的水分子从湿布上蒸发，湿布的温度会降低并冷却水壶，进而冷却了水壶中的水。

（b）

（a）

图 7-25　没有汗腺的动物

注：图（a），狗没有汗腺（脚趾间除外），因此它们通过张嘴呼吸来散热。这时，蒸发发生在口腔和支气管位置。图（b），猪也没有汗腺，不能通过汗液的蒸发来降温，因此它们通过在泥浆中打滚来散热。

温水会蒸发，凉水也会蒸发，甚至冻结的水也会"蒸发"。三者唯一的区别是，越冷的水蒸发的速度越慢。冻结的水"蒸发"时，水分子直接从固态变为气态，这个过程称为升华。由于水分子在固态时被牢牢地固定住，冻结的水不会像液态水那样轻易地释放水分子到空气中。然而，升华确实是冰雪消融的一个重要原因，特别是在阳光充足、干燥的山顶。冰块在冰箱里放久了会变小，也是因为它们升华了。

● 趣味课堂 ●

为什么酒精比水有更强的降温效果?

　　水分子只有在具有足够的动能克服氢键时才会从液态变为气态。正是氢键使水具有粘性，水的粘性降低是指氢键作用变弱了。那么，在一定的温度条件下，液态水中将有更多的水分子有足够的动能来克服较弱的氢键并逃逸到空气中，从而将热量从水中带走。

前面已经讲过，在水的表面，液化和汽化随时都在发生。液化是指缓慢移动的水蒸气分子与液态水表面发生碰撞并粘在一起。这时，快速移动的水蒸气分子会相互反弹，并努力离开水面，因此失去的动能很少。只有速度最慢的水蒸气分子会被液化，成为液态水分子。当这种情况发生时，随着氢键的形成，能量被释放出来。这种能量被水吸收，使其温度升高。液化过程将从水蒸气中移除那些移动速度较慢的水蒸气分子，因此剩余的水蒸气分子的平均动能增加，这意味着水蒸气的温度会升高。无论你相信与否，液化都是一个放热（升温）的过程，如图 7-26 所示。

液化导致升温的一个典型例子是水蒸气会烫伤皮肤——如果水蒸气在人的皮肤表面液化，可能会造成严重的后果。100℃的水蒸气造成的烫伤比 100℃的液态水造成的烫伤更严重，因为水蒸气在液化时放出了大量的热能。液化过程中释放的热能被用于供暖系统，图 7-27 所示的家用取暖器就是利用这个原理制造的。

大气圈中的水蒸气在液化时也会释放热能，这种热能是许多天气现象的能量来源。例如，飓风的大部分能量来自潮湿的热带空气中水蒸气的液化，如图 7-28 所示。在 1 平方千米的范围内形成约 10 毫米的降水量，产生的能量相当于约 12 355 吨炸药爆炸释放的能量。

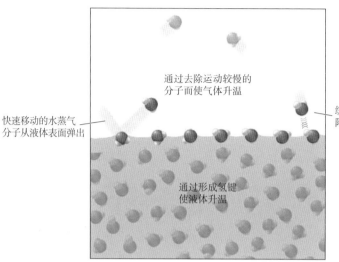

图 7-26　液化是一个升温的过程

图中文字：
通过去除运动较慢的分子而使气体升温

快速移动的水蒸气分子从液体表面弹出

缓慢移动的水蒸气分子附着在液体表面上

通过形成氢键使液体升温

图 7-27　水蒸气在取暖器内发生液化时会释放热量

图 7-28　飓风

注：当潮湿的热带空气中的水蒸气液化时，会释放大量的热量，持续的液化有时会形成强大的风暴系统。

沸腾是水面下的蒸发

高压锅、冰箱、空调……这些耳熟能详的电器在人们的生活中扮演着重要的角色，让人们的生活更方便。它们的工作原理与水的蒸发和沸腾有关。

当液态水加热到足够高的温度时，水蒸气的气泡在水面下形成。这些气泡浮到水面，并从水面逃逸到空气中，这种现象叫作沸腾。只有达到液体的沸点时，气泡内部的蒸汽压力等于或大于周围水和上方大气的总压力，才能形成气泡，如图 7-29 所示。在较低的温度下，气泡内部的压力不够，就会被周围的压力压垮，从而破裂。

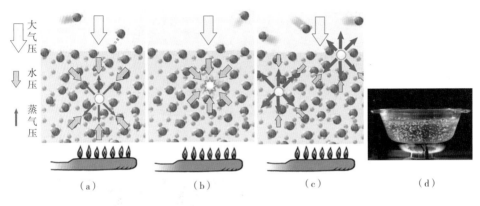

图 7-29　沸腾

注：图（a），当液态水被加热时，水分子获得足够的能量在水面下蒸发，形成水蒸气的气泡。图（b），在达到沸点之前，气泡内部的蒸气压小于大气压和水压之和，因此水蒸气的气泡会破裂。图（c），当达到沸点时，气泡内部的蒸汽压等于或超过了大气压和水压之和，此时水蒸气的气泡会浮到水面上并逸出。图（d），这种蒸发就是沸腾。

沸腾开始的时间不仅取决于温度，也取决于压力，包括来自周围液体重量的压力，以及来自水面大气重量的压力。随着大气压的增加，气泡内的蒸气分子必须移动得更快，以便从气泡内施加足够的压力来抵消额外的大气压力。因此，增加施加在液体表面的压力会提高其沸点。图 7-30 显示了增加压力在烹饪中的应用。

较低的大气压（如高海拔地区的大气压）会降低液体的沸点，如图 7-31 所示。例如，在美国

图 7-30　增加压力在烹饪中的应用

注：高压锅的密封盖将加压的水蒸气保持在水面之上，这就抑制了水沸腾。这样一来，水沸腾的温度就提高了，食物在这种水中熟得更快。

科罗拉多州的丹佛市，水的沸点为95℃，而不是海平面上的100℃。如果在低于100℃的沸水中烹饪食物，烹饪时间就会更长。如果水的沸腾温度很低，食物根本不会熟。

图 7-31　液体的沸点会随着海拔的升高而降低

沸腾和蒸发一样，是一个降温过程。乍一看，这似乎不可思议——也许是因为我们经常将沸腾与加热联系在一起。但加热水是一回事，煮沸水是另一回事。沸腾的水冷却的速度与加热的速度相同，因此沸腾的水会保持在一个恒定的温度，如图7-32所示。如果不让水降温，并持续加热，沸水的温度就会继续升高。图7-30中的高压锅之所以能将食物加热到更高的温度，是因为增加的压力阻止了水的沸腾，这实际上是在阻止降温。

一个简单的实验可以证明蒸发和沸腾的降温效果，该实验的主要装置由真空泵、玻璃瓶和瓶中浅浅的室温水组成，如图7-33所示。用真空泵慢慢降低玻璃瓶里的压力，水开始沸腾。沸腾的过程带走了热量，水由此降温。随着压力进一步降低，越来越多移动较慢的水分子开始沸腾。持续的沸腾导致温度进一步降低，直到达到约0℃，这时持续沸腾产生的降温导致水的表面结冰。从图7-33中可以看到，沸腾和结冰同时发生！

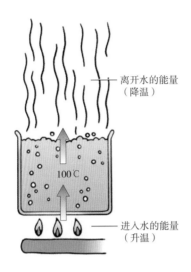

离开水的能量
（降温）

100℃

进入水的能量
（升温）

图 7-32　加热和沸腾使水的温度保持不变

图 7-33　水在真空环境下可以同时结冰
和沸腾

　　向真空环境中喷洒一些咖啡滴，这些咖啡滴也会沸腾，直到冻结为止。即使在其被冻结后，水分子也会继续蒸发到真空中，最终会出现肉眼可见的小晶体，这就是冻干咖啡的制作方法。整个过程的低温并不会使咖啡固体的化学结构发生变化。因此，当加入热水时，咖啡的大部分原始风味都能被还原。

　　冰箱也采用了沸腾的降温效应。低沸点的液体冷却剂被泵入冰箱内的线圈，液体在线圈内沸腾（蒸发）并从储存在冰箱内的食物中吸取热量。然后，气态的冷却剂连同其吸收的能量，被引导至冰箱后部外面的线圈，该线圈被称为冷凝线圈。当冷却剂冷凝成液体时，热量被释放到空气中。当冷却剂历经汽化和液化的循环过程时，电机将其泵入系统中。当你靠近冰箱时，将手放在后面的冷凝线圈附近，就能感觉到从冰箱中吸取的热量。

　　空调也采用了同样的原理，将热能从建筑物内抽送到建筑物外。如果将空调外机放进室内，室内的冷气就会被抽到室外，空调就成为一种被称为热泵的加热器。

Q5 为什么热汤必须等几分钟才能入口？

　　为什么有些食物的保温时间比其他食物更长？热苹果派的馅料会烫伤你的舌头，而饼皮却不会，即便是刚从烤箱里拿出来的饼皮也是如此。一片吐司从热的烤面包机里拿出来后，等几秒钟就可以入口，而热汤却必须要等几分钟才能够入口。

不同的物质储存能量的能力不同，这是因为不同的物质吸收能量的方式不同。增加的能量可能会增强分子的振动速度，从而提高分子的温度。但能量也可能破坏分子之间的吸引力，从而转变成势能。势能不会提高分子的温度。以水和铁为例，将 1 克液态水的温度提高 1℃ 需要 4.184 焦耳能量，而将 1 克铁的温度升高 1℃ 所需要的能量只是这个数值的大约 1/9，如图 7-34 所示。换句话说，与铁相比，在相同的温度变化下，水吸收的热量更多。也就是说，水具有更高的比热容。比热容的定义为使 1 克物质的温度变化 1℃ 所需的热量。

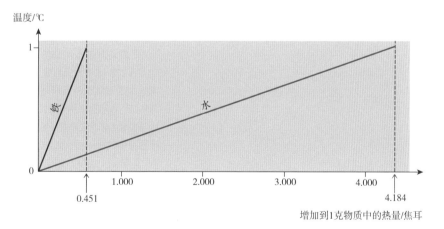

图 7-34　加热 1 克铁和加热 1 克水需要不同的热量

注：将 1 克铁的温度提高 1℃，只需要 0.451 焦耳的热量，而 1 克水则需要高达 4.184 焦耳的热量才能提高同样的温度。

猜一猜为什么水有这么高的比热容。答案还是氢键。当加热水时，大部分热量都用于打破氢键，断裂的氢键将热量转换为势能。当水中的大部分热量被转换为这种势能后，可用于增加水分子动能的热量就减少了。温度是动能的体现，当加热水时，其温度会缓慢上升。同理，当水冷却时，其温度会缓慢下降——随着动能的降低，分子的运动速度减慢，越来越多的氢键重新形成。这一过程又释放出热量，用以维持水的温度。

对于比热容，我们可以把它看作热的惯性。前文介绍过，惯性用于表示物体对其运动状态变化的阻碍程度。比热容就像惯性的热力学版本，它可以表示物质对温度变化的阻碍程度。每种物质都有其特有的比热容，因此比热容可以帮助我们识别不同的物质。表 7-1 中给出了一些常见物质的比热容。比热容的单位是 J/（kg·℃），读作焦耳每千克摄氏度。

表 7-1　一些常见物质的比热容

物质	比热容 / [J/（g·℃）]
氨气	4.70
液态水	4.184
乙二醇（防冻剂）	2.42
冰	2.01
水蒸气	2.0
铝	0.90
铁	0.451
银	0.24
金	0.13

○ 趣味课堂 ●

水在不同形态时的比热容一样吗？

从表 7-1 可以看到，冰和水蒸气的比热容约为液态水的一半。只有液态水的比热容比较显著，这是因为只有在液态时水中的氢键会不断断裂并重新形成。当热量作用于冰（如果冰不融化）或水蒸气时，氢键就不容易被破坏。

水的高比热容会影响全球气候

液态水抵抗温度变化的趋势也改善了许多地方的气候。欧洲大部分地区的纬度较高，如图 7-35 所示，如果水没有这么高的比热容，那么欧洲的国家就会像加拿大东北部地区一样寒冷，因为欧洲和加拿大每平方千米的土地上获得的阳光量大致相同。一股洋流将温暖的海水从加勒比海带到加拿大东北部。这些海水携带大量热能到达欧洲海岸的北大西洋,然后在那里冷却。暖流释放的能量(每克海水冷却 1℃就释放出 4.184 焦耳的能量)被西风(自西向东吹的风)带到欧洲大陆上空。

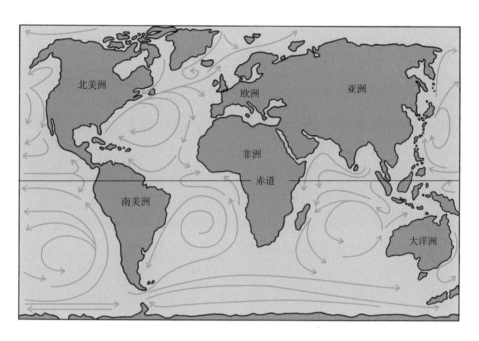

图 7-35 洋流(图中用蓝色表示)将热量从温暖的赤道地区带到寒冷的极地地区

北美洲常年刮西风。因此,在该大陆的西海岸,空气从太平洋流向陆地。由于海水的比热容较高,海洋温度从夏季到冬季的变化并不是很大。在冬季,海水使空气变暖,然后吹向东边的沿海地区。在夏季,海水使空气变冷,沿海地区也因此而变得凉爽。在该大陆的东海岸,大西洋的温度调节作用非常明显,但由于风从西边吹过陆地,因此东

· 趣味课堂 ·

海滩上的沙子为何比水明显更热?

在同样的阳光下,因为水的比热容较高,所以水的温度比沙子的温度升高得慢。经常去海滩的人都知道,在阳光明媚的日子里,海滩上的沙子很快就会变热,而水却仍然相对凉爽。到了晚上,沙子就会变得凉爽,而水的温度和白天差不多。

部地区受影响的范围比西部地区大得多。例如，旧金山相比于处于同一纬度的华盛顿特区就更为冬暖夏凉。

地球上的岛屿和半岛因为或多或少被水包围，所以并没有出现与大陆内部相同的极端温度。例如，加拿大马尼托巴省和美国达科他州常见的夏季高温和冬季低温，主要是缺乏大量水体造成的。欧洲居民、岛国居民和生活在洋流附近的人应该为海水具有如此高的比热容而感到高兴。

Q6 你能给冰块加热，同时保证它不融化吗？

很多人都认为冰的温度不能低于 0℃，这是错误的。事实上，冰的温度可以低于 0℃，最低能达到绝对零度，即 -273℃。给低于 0℃ 的冰加热会提高其温度。例如，我们可以将冰块的温度从 -200℃ 提高到 -100℃，但只要其温度保持在 0℃ 以下，冰就不会融化。

实际上，任何物质形态的改变都涉及分子吸引力的消失或形成。例如，物质从固态到液态再到气态的变化涉及分子吸引力的消失，因此这个过程会吸收能量。相反，物质从气态变为液态再变为固态的过程涉及分子吸引力的形成，因此会释放能量。图 7-36 对这两个过程进行了总结。

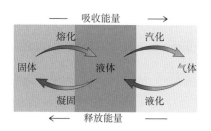

图 7-36　能量随物质形态变化而变化

当水蒸气液化成液态水时，每克水蒸气会释放 2 259 焦耳热量；当液态水变成冰时，每克水会释放 335 焦耳热量，如图 7-37 所示。请注意，这些过程是可逆的。

将固体变为液体所需的热量称为熔化热，而液体凝固时释放的热量称为凝固热，二者有时被笼统地称为熔化热。水的熔化热为每克 +335 焦耳，正号表示吸收热量,即熔化一克冰会吸收335焦耳热量。水的凝固热是每克-335焦耳,负号表示释放热量,即使一克水结冰会释放335焦耳热量,这与熔化一克冰所需的热量相同。

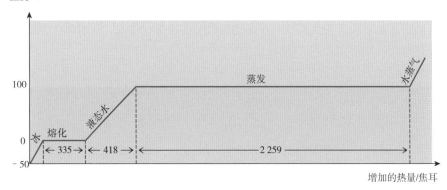

图7-37　在-50℃时,将1克冰转化为水蒸气所需要的热量

注:图中的水平部分表示恒温区域。

将液体转换为气体所需的热量称为汽化热,对于水来说,这个数值是每克+2 259焦耳。气体液化时所释放的热能称为液化热,对于水来说,这个数值是每克-2 259焦耳。与大多数其他物质的汽化热和液化热相比,这些数值相对较高。这是由于在这些过程中,水分子之间必须打破或形成相对牢固的氢键,如图7-38所示。

图7-38　加热冰时温度
不会上升

注:给正在融化的冰加热,温度没有变化,这是因为吸收的热量用于打破氢键了。

水蒸气液化为水时,尽管100℃的水蒸气和100℃的液态水具有相同的温度,但每克水蒸气含有额外的2 259焦耳的势能。当气态水分子结合在一起成为液态水分子时,这些势能就以热量的形式释放。换句话说,当分子之间的距离越来越近时,相距较远的水蒸气分子的势能转化为热量。这就像两个彼此分离却相互吸引的磁铁,当它们靠近时,其势能首先转化为动能,然后在撞击时转化为热量。

　　水具有高汽化热这一性质在生活中的很多方面都有体现。例如，将手指打湿，再接触到热炉子的瞬间就不会被烫伤，这是因为灼伤手指的热量用来将水分从液态变为气态了。

　　还有，某些类型的火焰最好用细水雾来扑灭，而不要用水流，如图 7-39 所示。细密的水雾很容易变成水蒸气，并在此过程中迅速吸收热量，从而降低燃烧物的温度。

图 7-39　消防员用细水雾灭火

注：水通过吸收火的热量来扑灭火焰，并通过润湿的作用阻隔氧气，避免氧气接触燃烧的物质。

　　此外，得益于水的高汽化热，即使人们打湿了脚走在烧红的木炭上，也不容易被灼伤，如图 7-40 所示。如果你的脚是湿的，无论是因为出汗还是因为刚从湿草地上走过，那么当你走在烧红的木炭上时，木炭的大部分热量都会被水吸收，而不会被你的皮肤吸收。另外还有一个原因，即木材是热的不良导体，即使是烧红的木炭。

下面来看一幅隐藏了诸多奇妙信息的图，如图 7-41 所示。我们首先注意到的是一只巨大的熊正从浮冰上跳下来。冰能漂浮，是因为氢键将冰中的水分子以一种开放的晶体结构结合在一起，使冰的密度低于液态水的密度。同时，融化冰块和蒸发液态水都需要大量能量，因此北极大部分的冰块全年都保持固态。而在海水与冰接触的部分，因为溶解在海水中的盐抑制了冰晶的形成，从而降低了海水的冰点，所以这部分的温度低于 0℃。此外，海水的高比热容调节了北极的气候，这令北极地区的冬天虽然很冷，但还是没有南极洲那么冷。在南极洲，1 600 米厚的冰的比热容大

图 7-40　高汽化热会保护双脚
注：特雷西·苏卡奇（Tracy Suchocki）用湿漉漉的赤脚在烧红的木炭上行走，并没有被灼伤。

概只有北极地区主要水体的一半。在冰的覆盖下，南极洲整体的比热容要比北极地区低得多，因此南极洲温度要比北极地区低得多，换句话说，就是南极洲冷的时候会更冷。

图 7-41　北极的大部分冰块常年保持固态

纸是如何制造出来的?

纸在人类文明的发展史上占有非常重要的地位。随着造纸术和印刷术的发明,许多人有了获得知识的机会。可以说,纸推动了技术、政治和经济的变革,造就了今天这个复杂的社会。

早在东汉时期,中国就已经开始造纸。人们从桑树皮中提取纤维,并将其捣碎成薄片。将纤维浸泡在水中并使之悬浮起来,再将丝网举起,穿过纤维的悬浮液,使缠结的纤维聚集在丝网上。干燥后,这些纤维仍然交织在一起,最终生产出细腻的纸,如图7-42所示。

当时的技术只能生产手工制作的单张纸。到了1798年,法国发明了一台可以制作连续卷纸的机器。这台机器由一条传送带组成,传送带的一端浸没在悬浮着纤维的大桶中。传送带是一个筛网,当其将纤维从悬浮液中拉出来时,水会通过传送带上的网孔流回大桶。缠结在一起的纤维经过一组辊子挤压,形成一张长且连续的纸。现代造纸机也采用了同样的工作原理,今天,美国每年大约生产1 400万吨纸,如图7-43所示。

图7-42 纸由无数微小的纤维组成

图7-43 美国每年大约生产 1 400万吨纸

纸最初是由植物纤维制成的,包括树皮、灌木和各种草。之所以没有使用木材,是因为木材的纤维嵌在一种叫作木质素的高黏性物质中,这种物质不溶于水。1867年,美国的研究人员发现,将木屑浸泡在亚硫酸中可以分离出木质纤维,因为亚硫酸可以溶解木质素。从此,木材也可以用于造纸了。木材的造纸能力对当时北美的企业家来说是巨大的福音,因为北美大陆一度有大量的树木供应。大约在同一时间,人们在造纸时加入了明矾等添加剂,以增加纸的强度,并帮助纸吸收油墨。今天,美国制造的纸大约有75%由木浆制成,剩下的则来自回收的废纸。

用明矾或类似的添加剂制造的纸往往会在几十年内变黄、变脆，这是因为这些添加剂的酸性性质会使纤维分解，如图7-44所示。无腐蚀性的碱性添加剂直到20世纪50年代才被研制出来。用碱性添加剂制成的纸被指定为档案用纸，这些纸至少可以保存300年。20世纪80年代末，当木浆成本飙升时，造纸公司迫于无奈，选择生产无酸纸。使用酸性明矾添加剂制成的纸必须至少含有90%的纤维才能保证韧性，而使用碱性添加剂制造的纸只需含有75%的纤维就能保证韧性。纤维含量越低，利润越高。

图7-44 明矾等添加剂会使纸变黄、变脆

注：到了1984年，美国国会图书馆估计其藏书中约有25%（即300万册）已经变得太脆而无法流通。

碱性添加剂的另一个好处是，在非酸性环境中，可以用廉价而丰富的碳酸钙代替相对昂贵的二氧化钛作为增白剂。无酸纸还有一个好处，那就是在制造它时可以用过氧化氢漂白剂来代替氯气。氯气曾被广泛用于纸的漂白，但后来人们发现，用氯气漂白纸会产生有毒的化学物质二噁英。此外，消费者已经认识到档案用纸的价值，现在他们都要求生产这种纸。

树木一度成为造纸的主要材料，因为树木资源一直很丰富，同时也是可再生资源——每砍掉一棵树，就可以种下一棵新的。然而，过度依赖树木有一些显著的缺点。木材需要几十年才能成熟，这个时间周期不能满足人们日益增长的需求。因此，林地的数量在不断减少。另外，重新种植木材并不能重新创造一片森林。用于造纸的木材通常是作为经济林单独种植的，而真正的森林则是由许多物种组成的更复杂的系统，这些物种彼此依赖，茁壮成长。

其实，有许多植物能替代木材作为造纸原料，包括甘草、洋麻等，如图7-45所示。这些植物的纤维产量是树木的好几倍，生长的速度也更快。树木通常需要20年才能长成，而这些植物如果生长在有利的气候条件下，可以在一年内收割3次。此外，这些植物的木质素含量非常低，这意味着其纤维更容易分离。如果用这些材料代替木材，造纸厂就可以避免使用太多的亚硫酸。亚硫酸不仅对环境有害，而且会使生产的纸带有臭味。

图 7-45   工人正在收割富含纤维的洋麻

如今，人们使用了大量的纸——仅在美国，一年就消耗约 7 000 万吨纸。平均每个美国人约消耗 230 千克纸，也就是 6 棵全尺寸的树。好消息是，在过去的几十年里，废纸回收工作有了显著进步。1996 年，全美国回收了大约 40% 的废纸。如今，废纸回收率刚刚超过 60%。这是一个非常好的趋势，因为回收废纸不仅能保护树木，还能节约能源。用木材造纸需要大量的能源，而将废纸加工成新纸所需要的能源不到用木材造纸的一半。

要点回顾

- 当水凝固成冰时，冰中的水分子排列成六边形晶体结构，占据了比液态水分子更大的体积。因此，与液态水相比，冰体积较大，密度较小，这就是冰会漂浮在水面上的原因。

- 0℃既是冰的融化温度，也是水的凝固温度。在这个温度下，液态水中的水分子运动缓慢，因此它们容易凝结在一起，形成冰晶。然而，在相同的温度下，冰中的水分子则更为活跃——比在更冷的温度下活跃得多。因此，融化和凝固是同时发生的。

- 水的表面张力是由氢键引起的。在水面之下，每个水分子在各个方向上都被相邻的水分子所吸引，因此不会被拉向任何方向。然而，水面上的水分子只被两侧的水分子和下面的水分子吸引，没有受到向上的吸引力。因此，水面上的水分子会被拉入水中，从而使水面变得尽可能小，最终被收紧成一个弹性薄膜。

- 蒸发是一个冷却的过程。当被蒸发的水分子离开水的表面时，会带走动能。这会降低残留在液体中的所有分子的平均动能，使水冷却。蒸发对周围的空气也有冷却作用，因为逃逸到空气中的水分子与空气中的其他分子相比，运动速度相对缓慢。当这些速度较慢的水分子进入周围的空气时，有效地降低了构成空气的所有分子的平均动能。温水会蒸发，凉水也会蒸发，二者唯一的区别是凉水蒸发的速度较慢。

- 不同的物质储存能量的能力不同，这是因为不同的物质吸收能量的方式不同。增加的能量可能会增加分子的振动速度，从而提高分子的温度。但能量也可能会破坏分子之间的吸引力，从而转变成势能。势能不会提高分子的温度。将 1 克液态水的温度提高 1℃需要 4.184 焦耳能量。

- 任何物质形态的改变都涉及分子吸引力的消失或形成。物质从固态到液态再到气态的变化涉及分子吸引力的消失，这个过程会吸收能量。相反，物质从气态变为液态再变为固态涉及分子吸引力的形成，因此会释放能量。当水蒸气液化成液态水时，每克水蒸气会释放 2 259 焦耳热量；当液态水变成冰时，每克水会释放 335 焦耳热量。这些过程都是可逆的。

CONCEPTUAL
CHEMISTRY

08

化学反应如何发生?

妙趣横生的化学课堂

- 木材烧成木炭后, 为什么重量会发生变化?

- 物质的数量和质量有什么关系?

- 烹饪和化学研究有什么相似之处?

- 化学反应中如何吸热和放热?

- 为什么燃烧汽油能给汽车供暖?

- 为什么闪电能帮助植物生长?

- 我们如何阻隔 95% 的紫外线?

从大气中获得氮基肥料，从岩石中获得金属，从石油中获得塑料和药物。这些物质以及由化学反应生成的数千种其他物质极大地改善了我们的生活，就像化石燃料在燃烧时会释放大量的能量一样。如今，科学家已经学会了通过控制化学反应来生成许多有用的物质。

前面几章重点讨论了分子和离子的物理性质，同时关注水分子的奇妙物理性质，在接下来的几章中，我们将重点关注分子和离子的化学性质。

当分子和离子发生化学反应时，其基本性质究竟发生了什么变化？为什么化学反应会生成新的物质？为什么化学方程式必须始终保持平衡？如果两个分子相遇，它们是否一定会反应生成新的分子？什么是催化剂？催化剂的作用是什么？为什么有些化学反应（如木材的燃烧）会产生热量，而有些反应（如烹饪食物时发生的反应）需要吸收热量？所有化学反应的最终驱动力是什么？在本章中，我们将先学习化学反应基础知识，为后面的学习打下坚实的基础。

Q1 木材烧成木炭后，为什么重量会发生变化？

木炭是一种常见的燃料，可以用于煮饭烹饪，也能用来生火取暖，还可以作为冶炼金属的燃料，甚至在绘画、医药等领域也都有着多样的用途。为了获得木炭，人们会将木材在隔绝空气的条件下进行高温炭化。然而，人们经过这一系列操作后会发现，最终得到的木炭重量与最初木材的重量并不相等。实际上，木材变为木炭的过程伴随着化学反应的发生。

正如前文所讨论的，在化学反应过程中，原子会重新排列，生成一种或多种新物质。如果用书面形式表示这一过程，可以简单地用一个化学方程式来表示。化学方程式显示了正在发生反应的物质（反应物）和新生成的物质（生成物），中间用箭头连接：

反应物→生成物

通常，反应物和生成物用元素符号或化学式表示，有时可以用分子模型或只用名称表示。反应物和生成物的物态变化也经常会被显示出来：s 表示固体，l 表示液体，g 表示气体。溶解在水中的化合物的水溶液用 aq 表示。在化学方程式中，这些字母要放在括号中。此外，要在反应物或生成物前加上数字，表明这些物质按怎样的比例结合在一起，生成新的物质。这些数字被称为系数，它们代表单个原子和分子的数量。例如，为了表示煤在氧气中燃烧生成气态二氧化碳的化学反应，我们用系数 1 来书写化学方程式：

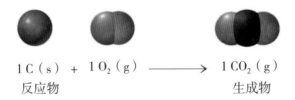

$$1\,C\,(s)\ +\ 1\,O_2\,(g)\ \longrightarrow\ 1\,CO_2\,(g)$$

反应物　　　　　　　　　　　　生成物

前文提到，化学中最重要的原则之一是质量守恒定律。质量守恒定律指出，**在化学反应过程中，物质既不能被创造也不能被消灭**。反应开始时存在的原子，在反应过程中只是经过重新排列。也就是说，任何化学反应都不会失去或得到任何原子。因此，化学方程式必须是平衡的。在经过配平的化学方程式中，每个原子在箭头左右两侧出现的次数必须相同。在木材变为木炭的过程所发生的化学反应中，原子在反应前和反应后也是平衡的，虽然我们最终要得到的是木炭，但在高温炭化的过程中，木材、木材中的大部分水和有机物质形成了烟等其他物质。上面这个生成二氧化碳的化学方程式也是平衡的，因为方程式的两边各有 1 个碳原子和 2 个氧原子。

在另外一个化学反应中，2 个氢分子（H_2）与 1 个氧分子（O_2）反应，生成 2 个气态的水分子（H_2O）。这个生成水的化学方程式也是经过配平的，箭头左右两侧各有 4 个氢原子和 2 个氧原子。反应物或生成物前面的系数表明了化学反应中元素或化合物的数量。例如，$2H_2O$ 表示 2 个水分子，其中共含有 4 个氢原子和 2 个氧原子。

按照惯例，系数 1 可以省略不写，因此前面的化学方程式通常写作：

$$C\,(s) + O_2\,(g) \longrightarrow CO_2\,(g) \qquad （已配平）$$
$$2H_2\,(g) + O_2\,(g) \longrightarrow 2H_2O\,(g) \qquad （已配平）$$

如果化学方程式未配平，表明反应物和生成物的系数不正确。例如，箭头前有 1 个氮原子和 1 个氧原子，但箭头后有 3 个氮原子和 3 个氧原子，那么这个化学方程式是未配平的：

$$NO\,(g) \longrightarrow N_2O\,(g) + NO_2\,(g) \qquad （未配平）$$

为了将前面的化学方程式配平，需要在 NO 前面增加系数 3：

$$3NO\,(g) \longrightarrow N_2O\,(g) + NO_2\,(g) \qquad （已配平）$$

现在，箭头左右两侧各有 3 个氮原子和 3 个氧原子，并没有违背质量守恒定律。

　　化学家在实践中掌握了配平化学方程式的技巧。这种技巧蕴含着创造力，并且像其他技巧一样，随着经验的增加而越发成熟。但比配平化学方程式更重要的是知道为什么要配平。答案是，化学反应遵循质量守恒定律。这告诉我们，在化学反应中，原子既不会被创造，也不会被消灭，它们只是被重新排列。因此，反应前存在的每一个原子在反应后都必须仍然存在，只不过存在于不同的物质中。

　　或许是因为配平化学方程式就像解纵横字谜或数独游戏一样，所以我们在课堂上能看到许多学生喜欢学习如何配平化学方程式。目前，配平化学方程式有许多种方法，也可以用一些技巧来配平一些不太容易配平的化学方程式。你的老师可能会与你分享一些他最喜欢的配平方法或技巧。你可以尝试按以下步骤配平化学反应式。

化学方程式快速配平指南

　　你可以通过改变系数来配平化学方程式，但不能改变元素的下标数字，因为改变下标的数字等于改变了化学物质本身，比如 H_2O 是水，而 H_2O_2 是过氧化氢。此外，系数是一个分子内所有原子的乘数。例如，$2Fe_2O_3$ 就意味着有 4 个铁原子和 6 个 O 氧原子：

- 一次只能配平一个元素。从最左边的元素开始修改系数，使这个元素出现在箭头两侧的次数相同。
- 继续修改系数来配平下一个元素。如果你不小心使前一个元素不平衡了，请不要担心，可以在后续的步骤中对其配平。
- 重复上述步骤，直到将所有元素配平为止。

Q2 物质的数量和质量有什么关系？

　　我们观察上述化学方程式可以发现，当碳和氧反应生成二氧化碳

时，它们总是以 1 个碳原子对 1 个氧分子的比例结合。或许有很多人会
产生疑问：为什么不能将 4 个碳原子与 1 个氧分子结合起来呢？

这是因为，在任何化学反应中，一定数量的反应物会生成一定数量的生成物。
如果一位化学家想在实验室里将 4 个碳原子与 1 个氧分子结合起来，那就是在浪
费化学品和金钱。由于没有多余的氧分子与剩下的 3 个碳原子发生反应，这 3 个
碳原子在反应后仍将以碳原子的形式存在。

但如何测量并取出一定数量的原子或分子呢？实际上，化学家通常不直接一
个一个地去数这些粒子，而是通过测量物质质量来推算粒子的数量。然而，不同
的原子和分子具有不同的质量，因此直接测量质量并不可行。例如，化学家需要
相同数量的碳原子和氧分子，而相同质量的这两种物质却有着不同的数量。

为了便于理解，我们可以用乒乓球和高尔夫球进行类比：乒乓球比高尔夫球
轻很多，因此，如果你需要乒乓球和高尔夫球各 1 千克，那么 1 千克乒乓球的数
量远远大于 1 千克高尔夫球的数量，如图 8-1 所示。现在你就能理解，物质的数
量和物质的质量是两个概念，千万不要把二者混为一谈。

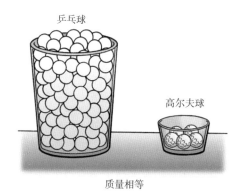

图 8-1　质量相等的高尔夫球和乒乓球数量对比

由于不同的原子和分子具有不同的质量，所以在质量相同的样本中，它们的
数量不同。碳原子的质量比氧分子的质量小，因此 1 克碳样本中的碳原子数量比

1 克氧样本中的氧分子数量多。

如果我们知道不同物质的相对质量，就可以测量出相等数量的这些物质。例如，高尔夫球的质量是乒乓球质量的 20 倍，也就是说，高尔夫球和乒乓球的相对质量之比是 20 : 1。因此，如图 8-2 所示，测量结果显示高尔夫球的质量是乒乓球质量的 20 倍，此时二者的数量相等。

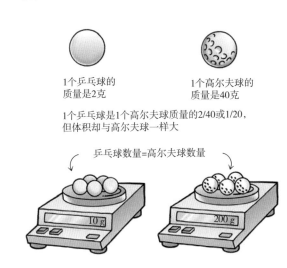

图 8-2　200 克高尔夫球的数量等于 10 克乒乓球的数量

那么，我们要在哪儿才能找到原子和分子的相对质量呢？你猜对了！就在元素周期表中。元素周期表上显示的元素的质量是相对质量。利用这些质量，我们可以得到相同数量的原子或分子。

例如，一个碳原子的质量是 12.011amu，如图 8-3 所示。amu 是一个原子质量单位。1amu 等于 1.661×10^{-24} 克。一种物质的分子式质量是其化学式中各元素原子质量之和。因此，一个氧分子（O_2）的分子式质量约为 32amu（15.999amu+15.999amu），1 个碳原子的质量约为 1 个氧分子质量的 12/32。为了得到相同数量的碳原子和氧分子，我们可以测量并取出 12 克碳原子和 32 克氧分子，按这一比例测量并取出两者，也可以使碳原子和氧分子的数量相等。例如，3 克碳中的碳原子数量与 8 克氧气中的氧分子数量相同，因为 3/8 等于 12/32。

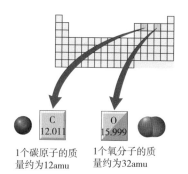

1个碳原子的质
量约为12amu

1个氧分子的质
量约为32amu

1个碳原子的质量是1个氧分子质量的3/8

碳原子的数量 = 氧分子的数量

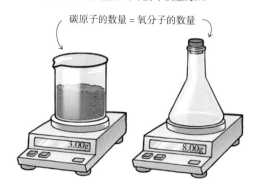

3.00g

8.00g

图 8-3　当碳和氧气的质量比为 3：8
时，碳原子的数量与氧分子的数量相同

注：图中所示的体积经过了处理。3 克
固体碳的体积大约只有 4 毫升，而 8 克
气态氧的体积则超过 6 升。

Q3 烹饪和化学研究有什么相似之处？

烹饪和化学研究非常相似，都需要测量配料。厨师通过食谱中标注
的几杯或几汤匙来确定配料的用量，化学家则通过元素周期表及相关计
算方法确定每种元素或化合物的用量。

还记得前文提到的"摩尔"吗？它被用来描述原子、分子和其他微观粒子
的数量，就像我们用"一打"来表示数字 12 一样，一打就是 12 个，而 1 摩尔则
等于一个大得惊人的数字：6.02×10^{23}。在化学领域，1 摩尔水分子的数量约为
6.02×10^{23} 个。

6.02×10^{23} 其实也有一个名字，那就是阿伏伽德罗常量。这是为了纪念 18 世纪的科学家阿伏伽德罗而采用的。

如图 8-4 所示，如果将任何元素的原子质量的单位换成克，那么具有该质量的元素样本中的原子数量始终为 6.02×10^{23} 个，也就是 1 摩尔。例如，22.990 克金属钠样本（钠的原子质量 =22.990amu）包含 6.02×10^{23} 个钠原子，207.2 克铅样本（铅的原子质量 =207.2amu）包含 6.02×10^{23} 个铅原子。

图 8-4　1 摩尔任何元素均包含 6.02×10^{23} 个原子

分子（或任何化合物）的情况也是如此。如果将分子式质量的单位换成克，那么具有该质量的样本包含 6.02×10^{23} 个分子。例如，31.998 克氧气包含 6.02×10^{23} 个氧分子（氧分子式质量 =31.998amu），在 44.009 克的二氧化碳中有 6.02×10^{23} 个二氧化碳分子（二氧化碳分子式质量 =44.009amu）。

无论是元素还是化合物，任何物质的摩尔质量都被定义为 1 摩尔物质的质量。

因此，摩尔质量的单位是克/摩尔。例如，碳的相对原子质量为 12.011amu，这意味着 1 摩尔碳的质量为 12.011 克，因此我们称碳的摩尔质量为 12.011 克/摩尔。氧分子的摩尔质量是 31.998 克/摩尔。为方便起见，像这样的数值通常被四舍五入到整数。因此，碳的摩尔质量也可以表示为 12 克/摩尔，氧分子的摩尔质量为 32 克/摩尔。

为了计算化学反应中反应物或生成物的数量，科学家平时会用一种名为化学计量学的方法：首先，确定要分析的化学反应，写出化学方程式，并根据化学方程式确定反应物和产物的质量比例关系；随后，根据质量比例关系，计算出各物质的质量，而根据计算出的质量，可以进一步计算出各物质的浓度等其他物理量。

因为 1 摩尔的物质总是含有 6.02×10^{23} 个粒子，所以摩尔是化学反应的理想单位。例如，1 摩尔碳原子（12 克）与 1 摩尔氧分子（32 克）发生反应，会得到 1 摩尔二氧化碳（44 克）。

但在很多情况下，化学物质发生反应的比例并不是 1 : 1。如图 8-5 所示，2 摩尔（4 克）氢分子与 1 摩尔（32 克）氧分子反应，生成 2 摩尔（36 克）水。

请注意，已配平化学方程式的系数可以直观地解释为反应物或生成物的摩尔数。因此，化学家只需要将这些摩尔数换算成克数，就能知道每种反应物所需的质量，也就能得到合适的反应物的比例。

> ● 趣味课堂 ●
>
> **将 1 阿伏伽德罗常量克沙粒放在美国，会是什么情况？**
>
> 　　1 阿伏伽德罗常量克沙粒可以覆盖全美国且深度可达到约 2 米。1 阿伏伽德罗常量克硬币堆叠起来与银河系的直径大约相等。将这些硬币并排摆放，连起来的长度可以到达仙女座星系，这个星系距离地球大约 250 万光年。阿伏伽德罗常量是非常巨大的，但它仅相当于 18 克水包含的水分子的数量。由此可见，水分子多么小！

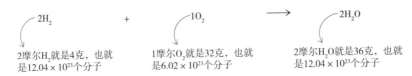

$2H_2$　　　+　　　$1O_2$　　　$\longrightarrow$　　　$2H_2O$

2摩尔H_2就是4克，也就
是12.04×10^{23}个分子

1摩尔O_2就是32克，也就
是6.02×10^{23}个分子

2摩尔H_2O就是36克，也就
是12.04×10^{23}个分子

图 8-5　2 摩尔 H_2 与 1 摩尔 O_2 反应得到 2 摩尔 H_2O

注：这表示 4 克 H_2 与 32 克 O_2 反应得到 36 克 H_2O，或者表示 12.04×10^{23} 个 H_2 分子
与 6.02×10^{23} 个 O_2 分子反应，得到 12.04×10^{23} 个 H_2O 分子。

Q4 化学反应中如何吸热和放热？

日常生活中时时刻刻都在发生着化学反应，比如植物的光合作用、
篝火的燃烧、火箭升入太空……但仔细观察，这些化学反应也存在着不
同，有的会释放热量，有的会发出红光。这种差异直观地表明，化学反
应的发生过程会释放能量或吸收能量。一旦反应完成，就可能出现能量
的净释放或净吸收。

在反应过程中，反应物总能量大于生成物总能量（净释放）的反应被称为
放热反应，火箭升入太空和篝火发红光都是放热反应，而在反应过程中吸收能量
（净吸收）的反应被称为吸热反应，例如，光合作用涉及一系列吸热反应，这些
反应由阳光提供的能量来驱动。

图 8-6 所示的放热反应和吸热反应都可以通过键能的概念来解释。

图 8-6　放热反应和吸热反应

注：木材燃烧时发生的化学反应伴随着
能量的净释放，是放热反应。而植物中
光合作用发生的化学反应伴随着能量的
净吸收，是吸热反应。

化学反应过程之所以会出现能量的净释放或净吸收，主要原因在于化学键的断裂和形成，而这种化学键的断裂和形成涉及能量的变化。你可以想象有两块吸在一起的磁铁。要将它们分开，需要输入"肌肉能量"。而当这两块被分开的磁铁重新吸在一起时，它们变得比原来略微温暖一些，这种温暖就是能量释放的证据。如果要将磁铁分开，就必须吸收能量，而当它们吸附在一起时，能量就会被释放出来。同样的原则也适用于原子。将键合的原子分开，需要输入能量。原子结合在一起时，会释放能量。而释放能量有 3 种形式，分别是快速运动的原子和分子、电磁辐射或两者兼有。

将 2 个成键的原子拉开所需的能量与将这 2 个原子合在一起释放的能量相同，这种能量被称为键能。不同化学键的键能不尽相同。例如，氢－氢键的能量为每摩尔 436 千焦。这意味着，当 1 摩尔氢－氢键断裂时，就会吸收 436 千焦能量，而当 1 摩尔氢－氢键形成时，就会释放 436 千焦能量。如表 8-1 所示，不同元素的不同化学键具有不同的键能。

我必须给这些球状磁铁提供能量，才能将它们拉开

当两个磁铁吸到一起时，能量就会被释放

表 8-1 部分键能

化学键	键能 /（千焦 / 摩尔）	化学键	键能 /（千焦 / 摩尔）
H－H	436	N－N	159
H－C	414	O－O	138
H－N	389	Cl－Cl	243
H－O	464	C＝O	803
H－F	569	N＝O	631
H－Cl	431	O＝O	498
C－O	351	C≡C	837
C－C	347	N≡N	946

按照惯例，正键能代表化学键断裂时吸收的能量，负键能代表化学键形成时释放的能量。因此，当你计算反应过程中释放或吸收的净能量时，你需要注意正号和负号。在进行这种计算时，标准做法是给吸收的能量加上正号，给释放的能量加上负号。例如，当处理一个 1 摩尔 H–H 键断裂的反应时，你应该写 +436 千焦来表示吸收的能量。正号表示分子获得了能量，而这些能量用于使化学键断裂。当处理 1 摩尔 H–H 键的形成时，你应该写 –436 千焦来表示释放的能量。负号表示分子释放了能量，这些能量被释放到环境中。

放热反应涉及能量的净释放

对大多数化学反应来说，反应物的化学键断裂时吸收的总能量与生成物中形成化学键时释放的总能量不同。我们可以用氢气和氧气反应生成水的过程作为参考：

$$H\text{—}H + H\text{—}H + O\text{=}O \longrightarrow \underset{O}{\overset{H}{\diagdown}}\diagup{H} + \underset{O}{\overset{H\;\;H}{\diagdown}}\diagup{H}$$

在反应物中，氢原子与氢原子形成单键，氧原子与氧原子形成双键。这些键断裂时吸收的总能量为 +1370 千焦。请注意，我们用加号来表示化学键断裂时吸收的能量：

化学键类型	化学键数量	键能	总能量
H —— H	2摩尔	+436千焦/摩尔	+ 872千焦
O == O	1摩尔	+498千焦/摩尔	+ 498千焦
		吸收的全部能量	+1 370 千焦

生成物中有 4 摩尔氢 – 氧键。这些化学键形成时释放的总能量为 –1 856 千焦。请注意，我们使用负号来表示化学键形成时释放的能量：

化学键类型	化学键数量	键能	总能量
H —— O	4摩尔	–464千焦/摩尔	–1 856千焦
		释放的全部能量	–1 856千焦

在这个反应中，释放的能量超过了吸收的能量。将这两个量相加，就可以得出反应的净能量：

$$反应的净能量=吸收的能量+释放的能量$$
$$=+1\,370千焦+（-1\,856千焦）$$
$$=-486千焦$$

净能量中的负号表示能量的净释放，因此该反应是放热反应。任何放热反应中的能量都可以被视作一种生成物，因此有时会被放在化学方程式的箭头右侧：

$$2H_2 + O_2 \longrightarrow 2H_2O + 能量$$

在放热反应中，生成物分子中原子的势能低于反应物分子中原子的势能。生成物分子中的原子势能降低是由于它们更紧密地结合在一起。这就像两个自由浮动的磁铁，在吸附到一起的瞬间，吸附的速度达到最大一样，反应物的势能被转化为动能。

放热反应释放的总能量取决于反应物的数量，比如航天飞机在进入轨道的过程中，就需要借助大量氢气和氧气发生反应释放的能量，如图 8-7 所示。与航天飞机的轨道飞行器连接的是一个大型外部燃料箱。外部燃料箱有两个隔间，一个装满液态氢，另一个装满液态氧。点火后，液态氢和液态氧混合并发生化学反应，形成水蒸气，当水蒸气被火箭筒排出时，就产生了所需的推力。额外的推力由一对含有高氯酸铵（NH_4ClO_4）和铝粉（Al）混合物的固体燃料火箭助推器提供。在点火时，这些化学品发生反应，生成生成物，并从火箭尾部排出。代表铝反应的配平方程如下：

图 8-7 航天飞机利用放热的
化学反应从地球表面升空

$$3NH_4ClO_4 + 3Al \longrightarrow Al_2O_3 + AlCl_3 + 3NO + 6H_2O + 能量$$

吸热反应涉及能量的净吸收

与放热反应截然相反，如果生成物释放的能量小于反应物的化学键断裂时吸收的能量，那么这种反应就是吸热反应。例如，大气中的氮气和氧气反应生成一氧化氮：

$$N \equiv N + O = O \longrightarrow N = O + N = O$$

反应物的化学键断裂时所吸收的能量如下：

化学键类型	化学键数量	键能	总能量
N ≡ N	1摩尔	+946千焦/摩尔	+946千焦
O = O	1摩尔	+498千焦/摩尔	+498千焦
		吸收的全部能量	+1 444千焦

生成物的化学键在形成时所释放的能量如下：

化学键类型	化学键数量	键能	总能量
N = O	2摩尔	−631千焦/摩尔	−1 262千焦
		释放的全部能量	−1 262千焦

如前文所述，反应的净能量由这两个量相加得出：

$$反应的净能量=吸收的能量+释放的能量$$
$$=+1\,444千焦+（-1\,262千焦）$$
$$=+182\ 千焦$$

净能量上的正号表示能量的净吸收，因此该反应是吸热反应。对于任何吸热反应，能量都可以被视作一种反应物，因此有时会被放在化学方程式的箭头左侧：

$$能量 + N_2 + O_2 \longrightarrow 2NO$$

趣味课堂

氧原子能用来修复什么？

美国国家航空航天局的科学家会定期测试各种材料对氧原子的耐久性，因为航天飞机的低轨道上有大量氧原子。他们发现，氧原子能有效地将物体表面的有机物质转化为气态二氧化碳。科学家们发现，氧原子可以用来修复被烟雾或其他有机污染物破坏的绘画作品。他们与艺术保护专家一起，用氧原子来修复某些受损的画作，结果显示，修复效果非常好。

在吸热反应中，生成物分子中原子的势能高于反应物分子中相同原子的势能。图 8-8 所示的反应曲线说明了这个现象。提高生成物分子中原子的势能需要净输入能量，这些能量必须来自某种外部来源，如电磁辐射、电或热。

氮和氧在被施加大量热量的情况下反应形成一氧化氮，如在闪电附近或内燃机中会出现这种情况。

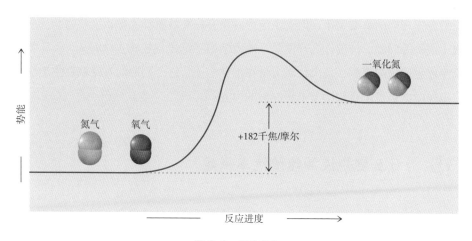

图 8-8 吸热反应

注：反应吸收的净能量等于反应物分子和生成物分子的势能之差。

在化学反应中的能量是守恒的

研究能量在化学反应中发挥的关键作用的科学领域被称为热力学。

我们在前面提及的放热反应和吸热反应的概念，完全符合热力学第一定律，该定律可以描述为：

> 物体内能量的增加等于物体吸收的热量和对物体所做的功的总和。
> 也就是说，热量可以从一个物体转移到另一个物体，也可以与机械能或其他能量互相转换，但是在转换过程中，能量的总值保持不变。

这是一个常识，我们从这个定律中可以得出"不劳而获是不可能的"的说法。能量并不会凭空出现或消失。能量要么来自某处，要么去往某处。在放热反应中，能量来自化学键的形成，在此过程中，原子结合得更为紧密且振动得更快。这是势能向动能的向下转化。在吸热反应中，能量在形成化学键时被吸收，在此过程中，原子更松散、振动得更慢。这是动能向势能的向上转化。

热力学第一定律告诉我们，能量既不能被创造也不能被消灭。这是一个需要我们深入理解的重要定律，但这个定律并没有完整地解释为什么反应物会反应生成生成物等问题。仿佛什么都没做，热力学第一定律自然成立。那么，反应物反应生成生成物的过程，是由什么力量在推动的呢？这个问题的答案就在热力学第二定律中，这也是我们接下来将探讨的内容。

Q5 为什么燃烧汽油能给汽车供暖？

我们在做饭时会发现，当把锅放在炉子上时，能量会向锅里集中，使饭菜变熟，但一旦将锅从炉子上拿下来，原本集中在锅里的能量便会迅速散开。汽车的点火系统点燃汽油的过程也会发生类似的情况，当汽油被点燃后，能量会瞬间爆发，其中一些能量会被发动机用来驱动汽车的行驶，同时还有部分能量会转移到发动机缸体和散热液中，并从排气管排出。

这些现象都展现了能量趋向于分散的特点，即能量会从集中的区域流向分散的区域。科学家认为这种能量分散是物理变化和化学变化发生的主要原因之一。换句话说，导致能量分散的变化往往会自行发生，它们自然受到青睐。能量分散的例子在日常生活中随处可见，比如热锅的冷却或汽油的燃烧。在这两种情况下，都有能量转移到环境中。

但是，导致能量集中的变化往往不会自然发生，例如，室内的热量永远不会自动地集中到锅中，加热锅里的食物。同样，从汽车尾气管排出的低能量的废气分子也不会自动地聚到一起，形成高能量的汽油分子。能量的自然流动总是从集中的区域流向分散的区域，在流动过程中扩散开，因此能量的自然流动是一种单向流动。

热力学第二定律便阐明了能量趋向于分散的特点，该定律的内容如下：

> 任何自然发生的过程都会导致能量的净分散。例如，热量自然地从温度较高的物体流向温度较低的物体。

因为只有这样，能量才会从集中的地方（热锅）转移到分散的地方（较冷的厨房）。

熵是衡量能量自然转移的尺度。凡是有能量分散的地方，熵就会相应地增加。将熵的概念应用于化学，可以帮助我们回答一个最基本的问题：如果你把两种材料放在一起，它们会不会自行反应生成新材料？如果反应导致能量分散（熵整体增加），那么答案是肯定的。相反，如果反应导致能量集中（熵整体减少），那么反应就不会自行发生。

利用熵的概念，你就可以理解为什么放热反应可以自我维持，也就是在不需要外界干预的情况下自行发生，而大多数吸热反应需要持续的能量输入才能进行下去。放热反应将能量分散到周围环境中，就像热锅的冷却，对应熵的增加。因此，放热反应更容易发生。相比之下，吸热反应需要反应物吸收来自周围环境的能量，对应能量的集中，这与能量的自然转移方式相悖。因此，吸热反应只有在不断输入能量的情况下才能发生。但是，这种能量从哪里来？答案是"来自其他地方发生的一些自我维持的放热反应"。

一个典型的例子是光合作用，这是一种吸热反应。在光合作用过程中，植物利用太阳能将二氧化碳和水生成碳水化合物和氧气，反应过程如下：

$$阳光 + 6CO_2\,(g) + 6H_2O\,(l) \longrightarrow C_6H_{12}O_6\,(s) + 6O_2\,(g)$$

$$\qquad 二氧化碳 \qquad\quad 水 \qquad\qquad 碳水化合物 \qquad 氧气$$

在光合作用中，从太阳散发出的能量包含在碳水化合物和氧气生成物中，当然，这些生成物也是生物体的主要燃料，如图 8-9 所示。同样，塑料、合成纤维、药品、肥料和金属（如铁和铝）等大多数现代材料，都是利用吸热反应制造或提纯的。我们生产这些全新且有用的材料的能力是现代化学的标志。然而，制造这些新材料必然需要输入能量，因此必须从外部获得能量，例如从燃烧化石燃料或核燃料的发电厂获得电力。

图8-9 太阳是一个真正的"温室"

注：太阳内部发生的核聚变能够产生大量能量。这些能量中的一小部分用于光合作用，而光合作用对植物和像人类这样的以植物为食的生物来说至关重要。

在讨论热力学第二定律时，我们就不能不讨论熵和人们心理上的时间感之间的密切关系。能量趋于分散是人类认知经验的一部分。人们认为一个热锅能够冷却，就像认为热气能够从排气管中排出一样。但是如果看到相反的情况，你会有怎样的感想呢？例如，如果看到烟雾进入烟囱，或者看到一个潜水员飞出水面并向上升到跳台上，如果是在视频中观看到这些能量集中的例子，你会很快得出结论：视频是倒放的。然而，如果我们在现实生活中真的看到了这样的事情，那么在能承受这种震惊之感的同时，会立即感觉到时间正在倒退。因为我们看到烟雾从烟囱中冒出，潜水员潜入水中，会感觉到时间在流逝，如图8-10所示。因此，热力学第二定律赋予了人们对时间的心理感知，它就是"时间之箭"。

图8-10 潜水员下潜过程的能量分散

注：当潜水员下潜时，他的势能被转化为动能。当他潜入水中时，这种动能就会扩散，使水分子运动得更快，并使水分子的温度稍微升高。这些消散的能量是否会重新集中在潜水员身上，并通过空气将他推回跳台呢？热力学第二定律给出了否定的答案。

Q6 为什么闪电能帮助植物生长？

为什么对着篝火吹气会让火烧得更旺？为什么有些化学反应（如铁生锈）是缓慢的，而有些反应（如汽油的燃烧）则是快速的？为什么闪电的出现能在一定程度上帮助植物生长？

反应物究竟是如何通过反应变成生成物的？这将是本章接下来的重点。首先说明，反应的速度取决于参与反应的物质分子的浓度和温度。而任何反应的速度都由其反应速率来表示，反应速率是衡量反应物转化为生成物快慢的指标。如图 8–11 所示，最初，烧瓶中可能只含有反应物分子。随着时间的推移，这些反应物分子变成生成物分子，因此，生成物分子的浓度增加。所以，可以将反应速率定义为生成物浓度增加的速度，或定义为反应物浓度减少的速度。

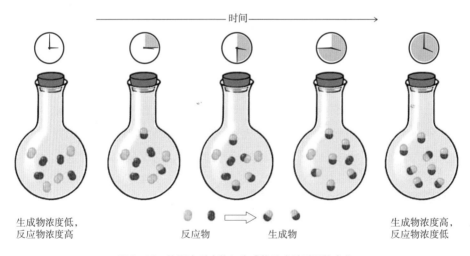

时间

生成物浓度低，
反应物浓度高

反应物　　生成物

生成物浓度高，
反应物浓度低

图 8–11　烧瓶中反应物与生成物浓度随时间的变化

注：随着时间的推移，烧瓶中的反应物可能转化为生成物。如果反应发生得很快，反应速率就快。如果反应发生得慢，反应速率就慢。

决定化学反应速率的因素是什么？答案很复杂，但有一个重要的因素是，反应物分子必须以物理方式聚集。由于分子的快速运动，这种物理接触被贴切地形容为碰撞,如图 8-12 所示。

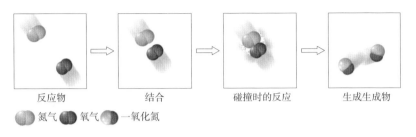

反应物　　　　　结合　　　　　碰撞时的反应　　　　生成生成物

氮气　氧气　一氧化氮

图 8-12　反应物分子相互碰撞

因为反应物分子必须碰撞才能发生反应,所以可以通过增加碰撞的次数提高反应速率。增加碰撞次数的一个有效方法就是增加反应物的浓度。如图 8-13 所示,浓度越高,一定体积内的分子数量就越多,分子之间碰撞的概率就越大。作为类比,我们可以假设舞池中有一群人,随着人数的增加,他们会碰到彼此的次数也会增加。因此,氮分子和氧分子浓度的增加会导致这些分子之间发生更多碰撞,从而在一定时间内会形成更多的一氧化氮分子。

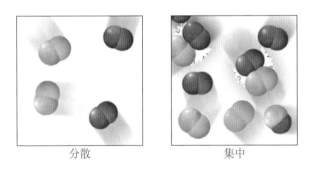

分散　　　　　　　　　　　集中

图 8-13　氮气和氧气分子的浓度与生成一氧化氮的概率

然而,并非所有反应物分子之间碰撞都会生成生成物,因为分子必须以特定的方向碰撞才能发生反应。例如,当分子以图 8-12 所示的平行方向碰撞时,氮气和氧气更有可能形成一氧化氮。当它们以图 8-14 所示的垂直方向碰撞时,就不会形成一氧化氮。对可能具有多种运动方向的大分子来说,它们之间的反应对这种方向的要求更为严格。

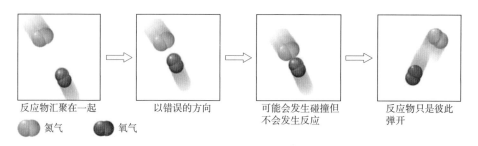

反应物汇聚在一起　　　以错误的方向　　　可能会发生碰撞但　　　反应物只是彼此
　　　　　　　　　　　　　　　　　　　不会发生反应　　　　　弹开

🔵🔵 氮气　　　⚫⚫ 氧气

图 8-14　碰撞中反应物分子的方向决定是否发生反应

注：氮分子和氧分子之间的垂直碰撞往往不会生成生成物分子。

　　并非所有碰撞都会生成生成物的另外一个原因是，反应物分子必须以足够的动能进行碰撞，才能打破分子之间的化学键。只有这样，反应物分子中原子之间的化学键才有可能断裂并形成新的化学键，从而形成生成物分子。例如，氮分子和氧分子中的键相当牢固。为了打破这些键，分子之间的碰撞必须包含足够的能量。因此，缓慢移动的氮分子和氧分子之间，即使是以适当方向进行碰撞，也可能不会形成一氧化氮，如图 8-15 所示。

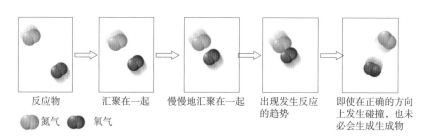

反应物　　　汇聚在一起　慢慢地汇聚在一起　出现发生反应　　即使在正确的方向
　　　　　　　　　　　　　　　　　　　　的趋势　　　　　上发生碰撞，也未
🔵🔵 氮气　　⚫⚫ 氧气　　　　　　　　　　　　　　　　　必会生成生成物

图 8-15　分子碰撞未必会生成生成物

注：缓慢移动的分子可能会发生碰撞，但没有足够的力量来打破分子间的化学键。因此不能反应生成生成物分子。

　　温度也是影响化学反应速度的因素，物质的温度越高，其分子运动越快，分子之间的碰撞越强烈、越频繁。因此，温度越高，反应速度越快。构成大气圈的氮分子和氧分子不断地相互碰撞。然而，在大气圈的正常温度下，这些分子通常没有足够的动能生成一氧化氮。但闪电的出现以及产生的热量极大地增加了这些分子的动能，因此在闪电附近发生的大部分碰撞会生成一氧化氮。

以这种方式生成的一氧化氮经过进一步的大气反应，生成了被称为硝酸盐的化学物质，这种物质是植物生存所必需的。

吸收电磁辐射也可以提供键断裂所需的能量。当辐射被反应物分子吸收时，分子中的原子开始迅速振动，因此它们之间的键更容易断裂。在许多情况下，直接吸收电磁辐射就足以使化学键断裂，使化学反应发生。例如，常见的大气污染物二氧化氮（NO_2），仅暴露在阳光下就可能转变为一氧化氮和氧原子：

$$NO_2 + 阳光 \longrightarrow NO + O$$

反应物发生反应需要活化能

无论是碰撞、吸收电磁辐射还是两者兼有，在大多数化学反应中，化学键断裂是必不可少的第一步。这种化学键的初始断裂所需的能量可以被视为一种能量障碍，克服这一能量障碍所需的最小能量被称为活化能（E_a）。

化学反应的活化能类似于汽车驶过山顶所需的能量。如果没有足够的能量爬到山顶，汽车就不可能到达山的另一边。同样，只有当反应物分子拥有的能量大于或等于活化能时，才能转变为生成物分子。

在氮和氧生成一氧化氮的化学反应中，活化能非常高（因为氮和氧中的化学键的键能很高），只有运动速度最快的氮分子和氧分子才有足够的能量进行反应。图 8-16 显示了该化学反应中的活化能为一个垂直的波峰。

为了打破化学键断裂的能量障碍，升高温度可以成为一个助推器。如图 8-17 所示的鳄鱼，它的体温会随着环境温度的变化而变化。在暖和的天气里，鳄鱼体内发生的化学反应是"加速"进行的，因此它会更加活跃。在寒冷的天气里，化学反应的速度会降低，因此，鳄鱼的行动会不可避免地变得迟缓。

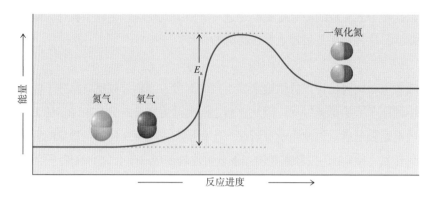

图 8-16　活化能对应垂直的波峰

注：反应物分子在转化为生成物分子之前必须获得的最小能量被称为活化能。

图 8-17　鳄鱼在天气寒冷时会无法动弹

注：司机们要小心了！鳄鱼会在夜间寒冷的空气中被困在人行道上无法动弹。如图
所示，到了上午，气温回暖后，鳄鱼就能够行动了。

在任何特定的温度下，反应物分子中的动能差别很大。一些分子运动缓慢，
而另一些分子运动迅速。正如我们在前文中所讨论的，材料的温度与所有这些动
能的平均值有关。图 8-18 中的几个快速运动的反应物分子有足够的能量克服能
量障碍，并转化为生成物分子。

冰箱为什么能延长食品的保质期？

　　在日常生活中，面包霉菌等微生物无处不在并难以避免。冰箱通过降低食品的温度，降低了这些微生物生长所依赖的化学反应速率，从而延长了食品的保质期。

　　但鳄鱼的案例告诉我们，当反应物的温度升高时，能够克服能量障碍的反应物分子的数量也会增加，这就是为什么在较高温度下，化学反应会发生得更快。相反，在较低的温度下，能够克服能量障碍的分子数量较少，反应通常会发生得更慢。

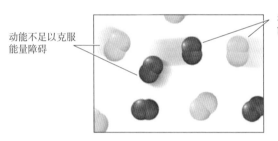

动能不足以克服
能量障碍

动能足以克服
能量障碍

图 8-18　克服能量障碍才能使化学反应进行

注：因为快速移动的反应物分子拥有足够的能量来克服能量障碍，所以可以
转化为生成物分子。

Q7 我们如何阻隔 95% 的紫外线？

　　1985 年，南极大陆上空平流层臭氧季节性消耗的发现，令全世界的人们意识到臭氧层正在变薄。臭氧层变薄的区域被称为臭氧洞。如图 8-19 所示，通过测量该地区上空的一氧化氯浓度，人们发现氯原子是破坏南极臭氧的主力。此外，卫星图像显示，南半球臭氧洞的形状通常与一氧化氯的分布地图形状一致，如图 8-20 所示。

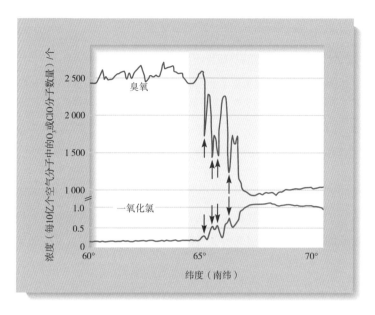

图 8-19　南纬地区平流层臭氧和一氧化氯的浓度

注：随着一氧化氯含量的增加，臭氧的含量在下降。黄色突出显示了一氧化氯浓度的小幅波动会导致臭氧浓度的大幅波动。这与催化的作用十分一致。

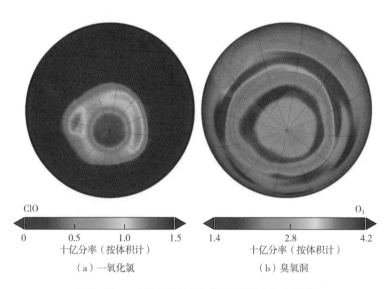

图 8-20　一氧化氯的浓度与平流层臭氧的浓度接近

在禁止使用氯氟化碳等破坏臭氧层物质方面，国际合作达到了前所未有的紧密程度。因此，平流层中的氯浓度一直在下降。然而，即使有了这些约定，氯氟烃（CFC）破坏臭氧的反应仍会持续一段时间。大气中的氯氟化碳预计要到22世纪的某个阶段才会回落到臭氧洞形成之前的水平。

为什么我们会突然聊到臭氧层？因为这是一个催化剂提高化学反应速度的典型案例。接下来，我们来学习具体内容。正如前文所讨论的，可以通过增加反应物的浓度或提高温度来提高化学反应的速度。但提高反应速度还有另外一种方法，那就是使用催化剂。催化剂是指任何能提高化学反应速度而不消耗自身的物质。

海拔 20 千米以上的区域是平流层。在这里，太阳的紫外线（UV）会使氧气分子转化为臭氧分子：

$$3O_2（g）+UV \longrightarrow 2O_3（g）$$
氧气分子　　　　　　臭氧分子

此外，臭氧本身一旦形成，就能够将紫外线转化为热量：

$$O_3（g）+UV \longrightarrow O_3（g）+ 热量$$
臭氧分子　　　　　　臭氧分子

总而言之，这些臭氧反应阻止了来自太阳的 95% 的紫外线直达地球表面。这有利于地球上的生命体生存，因为紫外线对生物组织的危害非常大。平流层臭氧是地球的安全屏障。但从 20 世纪 70 年代开始，科学家们开始认识到人造氯氟烃对平流层臭氧构成了严重威胁。氯氟烃是稀有气体，因此曾被广泛用作空调的制冷剂。图 8-21 显示了两种最常用的氯氟烃。

人们发现，这些氯氟化碳会飘进平流层，然后被强烈的紫外线分解，从而产生氯原子。氯原子的产生又加快了臭氧分子被分解的速度。如图 8-22 所示，这一反应是通过提供较低的活化能实现的。

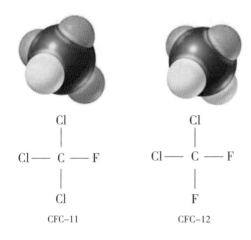

图 8-21 两种常见的氯氟化碳

注：氯氟化碳也被称为氟利昂，三氯氟甲烷（CFC-11）和二氯二氟甲烷（CFC-12）是两种最常见的类型。在 1988 年氯氟化碳生产高峰时，全世界大约生产了共 113 万吨氯氟化碳。由于其惰性，氯氟化碳曾经被认为对环境没有威胁。

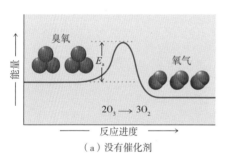

（a）没有催化剂

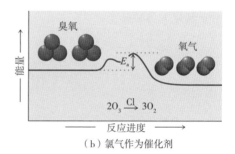

（b）氯气作为催化剂

图 8-22 氯原子的产生与臭氧分子被分解

注：图（a），高活化能表明，只有能量最高的臭氧分子才能反应生成氧气分子。图（b），氯原子的存在使臭氧能以较低的活化能转化为氧气，这意味着更多的臭氧分子有足够的能量转化为氧气分子。注意，按照惯例，应将催化剂写在反应箭头的上方。

氯原子提供了一种涉及中间反应的替代途径，每个中间反应的活化能都比未催化的反应的活化能低。这条替代途径包括两个步骤。首先，氯气与臭氧反应，生成一氧化氯和氧气：

$$Cl + O_3 \longrightarrow ClO + O_2$$

氯气　臭氧　　一氧化氯　氧气

然后，一氧化氯与另一个臭氧分子反应，重新形成氯原子，并产生另外两个氧气分子：

$$ClO \quad + \quad O_3 \quad \longrightarrow \quad Cl \quad + \quad 2O_2$$
一氧化氯　　　臭氧　　　氯气　　氧气

催化剂可以加速化学反应，但有趣的是，它不会被所催化的反应破坏。请注意，尽管氯气在第一个反应中被耗尽，但在第二个反应中又重新生成。因此，氯气没有被消耗殆尽。相反，它仍然存在，所以它可以反复加速反应过程。例如，在氯原子被自然净化前的一两年内，臭氧层中的一个氯原子可以催化 10 万个臭氧分子转化为氧分子。简而言之，氯气对平流层的臭氧来说并无好处，对地球上的生物来说也是如此。

○ 趣味课堂 •

我们可以时时监测大气被破坏的情况吗？

西伯利亚的许多石油钻井曾经被允许向大气中肆意排放天然气。苏联解体后，为了遏制这种无节制的排放行为，这些钻井被封闭。几周后，位于夏威夷冒纳罗亚气象观测站的仪器测量发现，大气中的甲烷及其副产品二氧化碳的含量大幅下降。由此可见，人类对全球大气状况的影响是可以被测量的。

○ 趣味课堂 •

为什么南极上空的臭氧洞面积比北极上空的大？

氯氟烃在地球的平流层中的分布非常均匀，但它们的影响在南极和北极尤为明显。在南极和北极上空，平流层的云层能够在黑暗和极度寒冷的冬季形成。这些云层为氯氟烃分子提供了与冰晶结合的环境。当春季的阳光照射到这些云层时，与冰晶结合的氯氟烃分子就会破裂，产生大量破坏臭氧的氯原子。在南极洲，这一过程在 9 月达到高峰，因此 9 月通常是能观察到最大的臭氧洞的时期。南极上空的臭氧洞通常比北极上空的臭氧洞面积更大，这是因为南冰洋的地理环境有利于在南极周围形成一个稳定的漩涡，有利于平流层中云的形成。

催化剂也有益处

由于催化剂会促使臭氧层被进一步破坏，人们开始加快找寻更多补救的方法，从而保护我们赖以生存的家园。值得注意的是，化学家经过不断研究发现，催化剂的作用并非都是负面的，也有许多益处。例如，人们可以借助催化剂来减少环境污染。

处理汽车废气便是催化剂有益的一面。我们知道，从汽车发动机中排出的废气中含有各种各样的污染物，如一氧化氮、一氧化碳和未燃烧的燃料蒸汽（碳氢化合物）。为了减少这些污染物排入大气的量，大多数汽车都配备了催化转化器，如图 8-23 所示。催化转换器中的金属催化剂加快了将废气污染物转化为毒性较低的物质的反应速度。一氧化氮被转化为氮气和氧气，一氧化碳被转化为二氧化碳，而未燃烧的燃料被转化为二氧化碳和水蒸气。由于催化剂不会被其所催化的反应消耗，因此一个催化转化器可以在汽车的使用期限内持续有效地发挥作用。

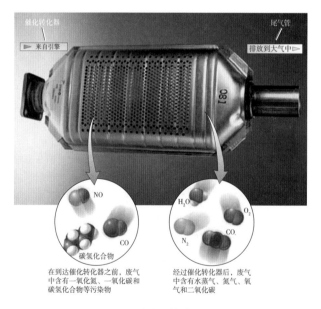

图 8-23　汽车上的催化转化器

注：催化转化器通过将一氧化氮、一氧化碳和碳氢化合物等有害燃烧产物转化为无害的氮气、氧气、二氧化碳和水蒸气，从而降低汽车尾气造成的污染。催化剂通常为铂（Pt）、钯（Pd）或铑（Rd）。

催化转化器以及微芯片控制燃料和空气的比例，使每辆车的污染物排放大幅下降。然而，这一改善带来的影响却被汽车数量的增加所抵消，如图8-24所示。人们还需要找寻更多方法降低汽车废气对空气的污染。催化剂除了能够作为催化转化器净化汽车废气，还有其他用途。由于催化

图 8-24　汽车数量的增加会对空气造成更多污染

剂能够降低反应所需温度以及提高生成物数量而不消耗自身，它可以降低制造成本。这也成为催化剂的另一个优势。事实上，90%以上的制成品是在催化剂的作用下生成的。如果没有催化剂，汽油的价格会更高，橡胶、药品、汽车零部件、服装和用化肥种植的农产品等消费品的价格也会变得更高。此外，生物体自身也依赖着一种特殊的催化剂——酶，酶可以使生物体复杂的生物化学反应更容易发生。后文将介绍更多酶的性质和作用。

○• 趣味课堂 •○

地球上的汞污染有多严重？

在元素周期表中的所有金属中，汞（Hg，原子序数为80）是唯一一种在室温下以液体形式存在的金属。汞具有挥发性，这意味着游离的汞原子会通过蒸发进入大气。如今，大气中含有大约5 000吨汞。其中，大约2 900吨由当前的人类活动产生，如煤炭的燃烧；2 100吨来自自然，如来自从地壳和海洋排出的气体。自19世纪中期以来，人类已经向大气中排放了大约20万吨汞，其中大部分已经沉降到陆地上和海洋中。因此，在"自然"来源的汞中有很大一部分可能是人类在过去150多年里排放的汞的再排放。

美国地质调查局2009年的一项调查显示，在过去20多年里，北太平洋海水中的汞含量上升了约30%。该研究预测，到2050年，该区域的汞含量还会增加50%。根据该研究，汞的这种增加可归因于世界各国向大气中排放汞的速度增加。大气中的汞在空气中停留大约一年，这使汞能够到达地球的所有区域。目前，大气中的汞污染问题已成为全球性问题，这也从侧面反映了人类在寻找解决方案时的惰性。

汞对神经系统有毒害作用，其中甲基汞离子（CH_3Hg^+）的危害最大，该离子由存在于水中的汞元素形成。甲基汞离子容易在生物体内累积，因此，处于海洋食物链较高位置的生物体，如梭鱼、金枪鱼和剑鱼，其体内的汞含量往往较高。经常食用这些鱼的人可能会摄入更多汞。汞中毒的典型表现包括注意力不集中和性情改变。对于婴儿和儿童，汞的危害性更为严重，因为汞会影响他们的大脑发育。建议孕妇或哺乳期的女性避免食用受汞污染的鱼类，因为甲基汞会通过胎盘和母乳进入胎儿和婴儿体内。

人们逐渐认识到了汞的危险性，且由于政府的强制规定，在过去的几十年里，汞已逐渐不再应用于商品制造（如不再用汞制造水银温度计）以及工艺流程，尤其是不再用汞制造另外一种元素——氯。如表 8-2 所示，人类活动产生的游离于大气中的汞的最主要来源是煤的燃烧，而此类行为在很大程度上仍未受到管制。

表 8-2　美国国家环境保护局公布的美国汞排放量清单

汞的来源	排放量／（千克／年）
非点源	
灯具破损	1 500
实验室的一般用途	1 100
牙科制剂	700
燃烧源	
煤炭（电力公司）	51 600
煤炭（商业用途）	20 700
石油	11 100
城市废弃物	29 600
医疗废弃物	16 000
制造业	
氯	7 100
硅酸盐水泥	4 800
造纸业	1 900

资料来源：Keating, Martha, et.al. Mercury Study Report to Congress, Volume I: Executive Summary, Environmental Protection Agency December 1997。

要点回顾

- 在化学反应过程中，原子会重新排列，生成一种或多种新物质。如果用书面形式表示这一过程，可以简单地用一个化学方程式来表示。化学方程式显示了正在发生反应的物质（反应物）和新生成的物质（生成物），中间用箭头连接。

- 在任何化学反应中，一定数量的反应物会生成一定数量的生成物。元素周期表上显示的元素的质量是相对质量，利用这些质量，我们可以得到相同数量的原子或分子。

- 无论是元素还是化合物，任何物质的摩尔质量都被定义为 1 摩尔物质的质量。因此，摩尔质量的单位是克／摩尔。例如，碳的相对原子质量为 12.011amu，这意味着 1 摩尔碳的质量为 12.011 克。因此我们称碳的摩尔质量为 12.011 克／摩尔。为方便起见，像这样的数值通常被四舍五入到整数。

- 化学反应的发生过程会释放能量或吸收能量。其中，在反应过程中，反应物总能量大于生成物总能量（净释放）的反应被称为放热反应，而在反应过程中吸收能量（净吸收）的反应被称为吸热反应。

- 放热反应可以在不需要外界干预的情况下自行发生，而大多数吸热反应需要持续的能量输入才能进行下去。放热反应将能量分散到周围环境中，就像热锅的冷却，对应熵的增加。因此，放热反应更容易发生。相比之下，吸热反应需要反应物吸收来自周围环境的能量，对应能量的集中，这与能量的自然转移方式相悖。因此，吸热反应只有在不断输入能量的情况下才能发生。

- 任何反应的速度都由其反应速率来表示，反应速率是衡量反应物转化为生成物快慢的指标。可以将反应速率定义为生成物浓度增加的速度，或定义为反应物浓度减少的速度。

- 人造氯氟烃对平流层臭氧构成了严重威胁。氯氟烃是稀有气体，因此曾被广泛用作空调的制冷剂。氟氯化碳会飘进平流层，然后被强烈的紫外线分解，从而产生氯原子。氯原子的产生又加快了臭氧分子被分解的速度。

未来，属于终身学习者

我们正在亲历前所未有的变革——互联网改变了信息传递的方式，指数级技术快速发展并颠覆商业世界，人工智能正在侵占越来越多的人类领地。

面对这些变化，我们需要问自己：未来需要什么样的人才？

答案是，成为终身学习者。终身学习意味着永不停歇地追求全面的知识结构、强大的逻辑思考能力和敏锐的感知力。这是一种能够在不断变化中随时重建、更新认知体系的能力。阅读，无疑是帮助我们提高这种能力的最佳途径。

在充满不确定性的时代，答案并不总是简单地出现在书本之中。"读万卷书"不仅要亲自阅读、广泛阅读，也需要我们深入探索好书的内部世界，让知识不再局限于书本之中。

湛庐阅读 App: 与最聪明的人共同进化

我们现在推出全新的湛庐阅读 App，它将成为您在书本之外，践行终身学习的场所。

- 不用考虑"读什么"。这里汇集了湛庐所有纸质书、电子书、有声书和各种阅读服务。
- 可以学习"怎么读"。我们提供包括课程、精读班和讲书在内的全方位阅读解决方案。
- 谁来领读？您能最先了解到作者、译者、专家等大咖的前沿洞见，他们是高质量思想的源泉。
- 与谁共读？您将加入优秀的读者和终身学习者的行列，他们对阅读和学习具有持久的热情和源源不断的动力。

在湛庐阅读 App 首页，编辑为您精选了经典书目和优质音视频内容，每天早、中、晚更新，满足您不间断的阅读需求。

【特别专题】【主题书单】【人物特写】等原创专栏，提供专业、深度的解读和选书参考，回应社会议题，是您了解湛庐近千位重要作者思想的独家渠道。

在每本图书的详情页，您将通过深度导读栏目【专家视点】【深度访谈】和【书评】读懂、读透一本好书。

通过这个不设限的学习平台，您在任何时间、任何地点都能获得有价值的思想，并通过阅读实现终身学习。我们邀您共建一个与最聪明的人共同进化的社区，使其成为先进思想交汇的聚集地，这正是我们的使命和价值所在。

CHEERS

湛庐阅读 App
使用指南

读什么

· 纸质书
· 电子书
· 有声书

怎么读

· 课程
· 精读班
· 讲书
· 测一测
· 参考文献
· 图片资料

与谁共读

· 主题书单
· 特别专题
· 人物特写
· 日更专栏
· 编辑推荐

谁来领读

· 专家视点
· 深度访谈
· 书评
· 精彩视频

HERE COMES EVERYBODY

下载湛庐阅读 App
一站获取阅读服务

欢呼 CHEERS

与最聪明的人共同进化

HERE COMES EVERYBODY

CHEERS
湛庐

Conceptual
Chemistry, 5e

元素咖啡化学

2

John Suchocki

[美]
约翰·苏卡奇
著

肖楠 高平 张焕香
译

浙江科学技术出版社·杭州

与生活息息相关的化学，你了解吗？

- 一千克重的金条，无论是在地球上、月球上还是其他地方，其（　　）都是相同的；但是（　　）却不同。

  A. 质量，重量

  B. 重量，质量

- 人体内的酸碱性能通过饮食或生活习惯的改变而轻易改变吗？（　　）

  A. 能

  B. 否

- 户外的电线什么季节会更长？（单选题）

  A. 春天

  B. 夏天

  C. 秋天

  D. 冬天

扫描左侧二维码查看本书更多测试题

献给我的引路人：

尼尔·德格拉斯·泰森（Neil Degrasse Tyson）。

07 如何保护大气和水资源? 257

08 如何利用清洁能源? 295

CONCEPTUAL
CHEMISTRY

01

酸和碱如何影响人类的生活?

妙趣横生的化学课堂

- 酸和碱的差别是什么?

- 为什么阿司匹林可能导致胃出血?

- 染发剂靠什么持久着色?

- 人体是酸性的还是碱性的?

- 酸雨为什么是正常的?

- 二氧化碳进入海洋有什么危害?

　　酸、碱，这两个字总会不时地出现在我们耳边。胃要消化食物，离不开胃酸。人在剧烈运动后，由于肌肉中的乳酸堆积，会出现肌肉酸痛的现象。做饭时为了调味会加一些醋，而醋里面含有乙酸。柠檬、柑橘等水果有酸味，是因为柠檬酸的存在。

　　碱在日常生活中也普遍存在。我们日常吃的豆腐，在制作过程中会加入碱水，以便凝固成形。当胃酸分泌过多导致胃部不适时，可以吃一点苏打饼干，这是因为苏打饼干是碱性的，可以中和部分胃酸。人们在制作面包、馒头等食物时，在面团中放入一些小苏打会使面团变得蓬松，小苏打就是碱性的。

　　在自然环境中，酸与碱也离人们很近。雨水在降落过程中会吸收大气中的二氧化碳。二氧化碳一旦进入雨水中，便会与雨水反应生成碳酸（H_2CO_3），使雨水呈酸性。由于海水含有许多碱性矿物，因此一望无际的海洋呈碱性。值得注意的是，当呈酸性的雨水落入海洋，雨水中的碳酸与海水中的碱会反应生成碳酸钙（$CaCO_3$）等盐类。此后，碳酸钙会被无数海洋生物吸收，它们利用这种化合物形成保护壳。这些生物死亡后，大部分会沉入海底，经过数百万年后，它们的外壳会变成一种坚硬的岩石，被称为石灰岩。通过地质作用，海底会被抬升成为大陆的一部分。例如，美国大平原下的岩石就是由古老的石灰岩海底形成的，多佛引人注目的白崖也是如此。在本章中，我们将深入酸与碱的世界，探索它们究竟是如何发挥影响的。

Q1 酸和碱的差别是什么？

在化学课上，老师通常会用 pH 试纸让学生们直观地了解酸与碱的不同。当将酸性溶液滴在试纸上时，试纸呈现红色，如果是微酸溶液，则试纸呈现浅紫色；当所测试的溶液为中性时，试纸呈现蓝色；当溶液为中等碱性或极碱性时，试纸又会分别呈现浅绿色和深绿色。

在生活中，酸与碱的用途也由于各自的特性而有所不同。醋和柑橘类水果的酸味就是由于酸的存在，图 1-1 仅展示了其中常见的几种。酸可充当催化剂，用于合成有机物，制备无机物，裂解石油，清洗和处理金属表面，因此在化学工业中是必不可少的。例如，美国每年生产 4 000 多万吨硫酸，因此成为化学品制造大国。而硫酸在商品制造中具有非常重要的作用，可用于制造肥料、洗涤剂、油漆染料、塑料、药品和蓄电池，并且可用于生产钢铁，因此硫酸产量成为衡量一个国家工业实力的标准之一。

（a）　（b）　（c）　（d）

图 1-1　几种常见的酸

注：图（a），柑橘类水果含有多种酸，包括抗坏血酸（$C_6H_8O_6$），也就是维生素 C。图（b），醋含有乙酸（$C_2H_2O_2$），可用于保存食物。图（c），许多马桶清洁剂是用盐酸（HCl）配制的。图（d），所有碳酸饮料都含有碳酸（H_2CO_3），而许多碳酸饮料中也含有磷酸（H_3PO_4）。

含有碱的溶液通常被称为碱性溶液，这一术语源于阿拉伯语 al-qali，后者是"灰烬"的意思。虽然灰烬看似与碱毫无关联，但实际上，灰烬中含有碳酸钾（K_2CO_3）等碱性物质。

有个口诀可以帮助我们记忆酸和碱是如何处理质子的：碱接受质子，酸提供质子

酸 ← 质子提供者

碱 → 质子接受者

碱的特点是有苦味和在湿润状态下有滑腻感。例如，肥皂就含碱，打湿肥皂后产生的皂液就有光滑之感。此外，大多数用于疏通下水道的商业制剂都含有氢氧化钠（NaOH），也被称为火碱。浓缩的氢氧化钠溶液是一种强碱性溶液，具有腐蚀性，非常危险。碱也被大量应用于工业生产。比如在美国，每年约有 1 000 万吨氢氧化钠用于各种化学品的生产以及造纸。图 1-2 展示了一些常见的碱。

图 1-2　几种常见的碱

注：图（a），涉及碳酸氢钠的反应会使烘焙食品膨胀。图（b），灰烬中含有碳酸钾。图（c），肥皂是由碱与动物或植物油发生化学反应制成的。因此，肥皂本身是微碱性的。图（d），氢氧化钠（NaOH）等强碱可用于制造下水道清洁剂。

布朗斯特－劳里酸碱理论

酸和碱的定义有很多种，我们选用来自丹麦化学家约翰尼斯·布朗斯特德（Johannes Brønsted）和英国化学家托马斯·劳里（Thomas Lowry）在 1923 年共同提出的定义。根据布朗斯特－劳里酸碱理论，酸是任何提供氢离子（H^+）的化学物质，碱是任何接受氢离子的化学物质。

回想一下，氢原子由一个质子和一个围绕质子运动的电子组成。氢离子是由于氢原子失去一个电子而形成的，氢离子只是一个孤立的质子。因此，人们有时会说，酸是一种提供质子的化学物质，碱是一种接受质子的化学物质。

氯化氢（HCl）向水分子上的一个非键合电子对提供氢离子，导致第三个氢键与氧结合。在这种情况下，氯化氢呈酸性（质子供体），水呈碱性（质子受体）。这个反应的产物是氯离子和水合氢离子（H_3O^+），如图 1-3 所示。水合氢离子是通过向水分子（H_2O）中添加一个质子（H^+）实现的。

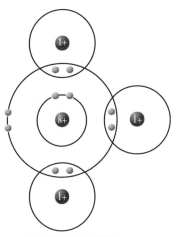

氢离子的电子分布情况

质子总数11+
电子总数10-
净电荷1+

H_3O^+
水合氢离子空间填充模型

图 1-3　水合氢离子由于额外获得了质子而带正电荷

注：在许多酸碱反应中，起作用的氢离子是多原子离子，它们是携带净电荷的分子。

让我们来试着想一下，氯化氢与水混合会发生什么？

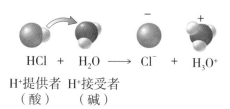

$$HCl + H_2O \longrightarrow Cl^- + H_3O^+$$

H⁺提供者　H⁺接受者
（酸）　　（碱）

当我们把氨气添加到水中时，氨表现为碱，因为它的非成键电子接受来自水的氢离子，在这种情况下，氢离子呈酸性：

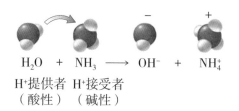

$$H_2O + NH_3 \longrightarrow OH^- + NH_4^+$$

H⁺提供者　H⁺接受者
（酸性）　（碱性）

回想一下，带正电荷的氢离子只是1个孤立的质子。当然，我手中的这些模型是无法缩放的，因为1个原子的原子核比原子小很多倍

氢原子　　　　　正氢离子
　　　　　　　　（孤立质子）

该反应生成一个铵根离子和一个氢离子，如图 1-4 所示，这是通过从水分子中去除质子（氢离子）来实现的。

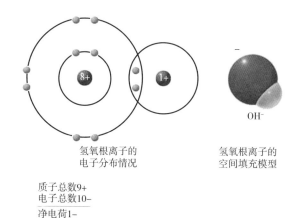

氢氧根离子的
电子分布情况

氢氧根离子的
空间填充模型

OH⁻

质子总数9+
电子总数10-
净电荷1-

图 1-4　氢氧根离子因失去 1 个
　　　　质子而带 1 个净负电荷

注：像氢离子一样，氢氧根离子在
许多酸碱反应中扮演着重要角色。

　　从以上两个案例中我们能看出，布朗斯特 – 劳里酸碱理论的一个关键点：物质是否被定义为酸或碱，取决于它们在特定反应中的表现。例如，氯化氢与水混合时表现为酸，而水表现为碱。同样，氨与水混合时表现为碱，而在这种情况下，水则表现为酸。由于是表现决定某种化学物质是酸还是碱，所以化学物质（如水）在一种情况下表现为碱，而在另一种情况下表现为酸并不矛盾。打个比方，想想你自己。你就是你自己，但你的表现会因你跟谁在一起而发生改变。同样，水的化学性质是，当与氯化氢混合时呈碱性（接受氢离子），与氨混合时呈酸性（提供氢离子）。

　　酸碱反应的产物也呈酸性或碱性。例如，铵根离子可以将氢离子还给氢氧根离子，重新生成氨和水：

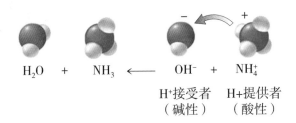

$$H_2O \quad + \quad NH_3 \quad \longleftarrow \quad OH^- \quad + \quad NH_4^+$$

　　　　　　　　　　　　　　　　　　H+接受者　　H+提供者
　　　　　　　　　　　　　　　　　　（碱性）　　（酸性）

　　正向和反向酸碱反应同时进行，因此可以用双向箭头表示两者同时发生：

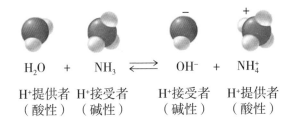

$$H_2O \quad + \quad NH_3 \quad \rightleftharpoons \quad OH^- \quad + \quad NH_4^+$$

H+提供者　H+接受者　　　　H+接受者　　H+提供者
（酸性）　（碱性）　　　　（碱性）　　（酸性）

　　当从左到右看方程式时，氨呈碱性，因为它接受了来自水的氢离子，而氢离子呈酸性。如果从右向左看该方程式，会发现铵根离子呈酸性，因为它向氢氧根离子提供氢离子，而氢氧根离子呈碱性。

刘易斯的定义

布朗斯特-劳里酸碱理论的关注点为质子的转移。20 世纪 30 年代，吉尔伯特·刘易斯（Gilbert Lewis）提出了一个更为广泛的定义，他引入了电子壳层的概念来解释元素周期表的排列以及化学键的形成。根据刘易斯的定义，当一个分子提供一个孤电子对时，它就表现出碱性。相反，一个分子接受一个孤电子对时，就表现出酸性。所以布朗斯特-劳里酸碱理论关注质子的转移，而刘易斯的定义关注孤电子对的转移。

回顾之前有关碱的例子，我们看到，每一种碱中都有一个孤电子对被提供给一个带正电荷的质子，如下列反应式所示。请注意曲线箭头所指示的电子的运动：

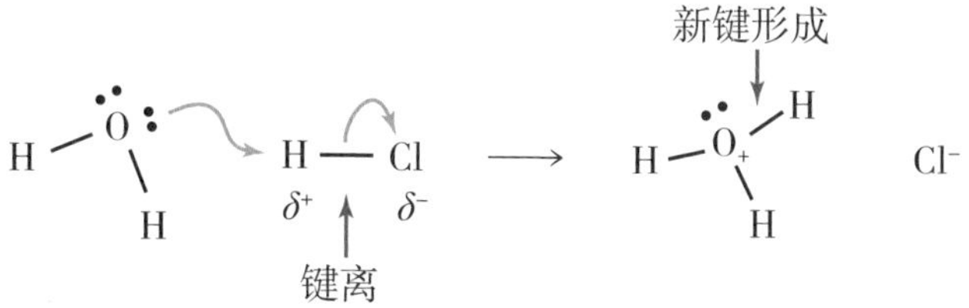

在这种情况下，水呈碱性，因为它的孤电子对没有与之结合的正电荷（质子），而盐酸呈酸性，因为它接受了孤电子对。

再来看水和二氧化碳形成的碳酸，如下列反应式所示：

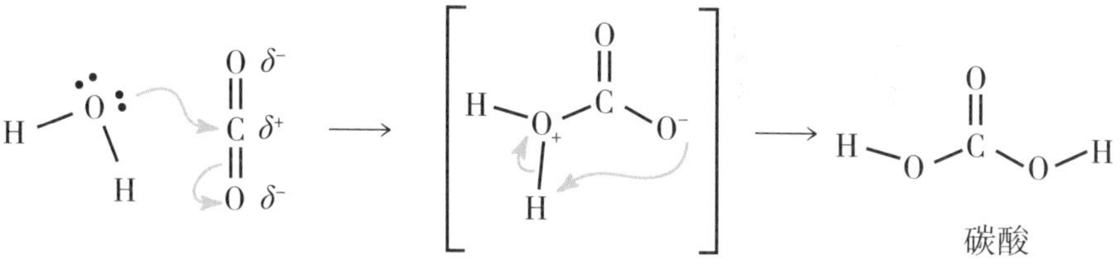

该反应的起始阶段是一种典型的偶极-诱导偶极相互作用，发生在水分子中的氧原子和二氧化碳分子中的碳原子之间。然而，当碳原子接受水分子的孤电子

对时，开始为其相邻的两个氧原子中的一个提供电子。这使水和二氧化碳之间形成了共价键，然后二氧化碳变成一个既带正电荷又带负电荷的大分子（如方括号所示）。这种分子在转化为更稳定的非带电产物——碳酸之前，只会短暂存在，正如本章开头所描述的那样，碳酸是雨水自然呈酸性的原因。

盐是酸碱反应的离子产物

盐对于人体至关重要，在维持人体正常生理功能、新陈代谢等方面都起着至关重要的作用。盐不仅参与调节人体内水分的平衡分布，维持细胞内外的渗透压，还能促进胃酸的形成，激活胃蛋白酶，从而促进食物中蛋白质的消化和吸收。此外，盐还是神经系统的守护者。因为神经系统传递信息时需要钠离子，而盐就含有钠离子，所以补充足够的盐才能摄入足够的钠离子，维持神经系统的正常功能。

在日常用语中，"盐"指氯化钠（NaCl），也就是我们所说的食盐（但有些食盐替代品含有氯化钾而不是氯化钠，如图 1–5 所示）。然而，在化学语言中，盐是一种离子化合物，通常是由酸碱反应形成的。例如，氯化氢和氢氧化钠反应生成氯化钠和水：

图 1–5　食盐替代品

注：Lite 食盐替代品含有氯化钾而不是氯化钠。但是，在使用这些产品时要小心，因为过量的钾盐会导致严重的疾病。此外，钠离子是日常饮食的重要组成部分，绝不能完全摒弃。为了使这两种重要的离子保持平衡，食盐替代品通常为氯化钠和氯化钾的混合产品。

$$HCl \quad + \quad NaOH \quad \rightarrow \quad NaCl \quad + \quad H_2O$$

氯化氢（酸）　　氢氧化物（碱）　　氯化钾（盐）　　　水

同样，氯化氢和氢氧化钾反应生成氯化钾和水：

$$HCl \quad + \quad KOH \quad \rightarrow \quad KCl \quad + \quad H_2O$$

氯化氢（酸）　　氢氧化物（碱）　　氯化钾（盐）　　　水

众所周知，酸和碱往往具有一定的腐蚀性，而腐蚀性化学物质具有分解材料或磨损材料表面的能力。比如氯化氢是一种腐蚀性极强的酸，可用于清洁抽水马桶和蚀刻金属表面。氢氧化钠是一种腐蚀性很强的碱，可用于疏通下水道。然而，由这些强腐蚀性的酸和碱生成的盐的腐蚀性要弱得多。例如，当氯化氢和氢氧化钠混合在一起，生成的氯化钠水溶液的腐蚀性就不像两种初始物质那样强。

酸和碱发生的反应叫作中和反应。如表 1–1 中中和反应的颜色编码所示，盐的正离子来自碱，负离子来自酸。剩余的氢离子和氢氧根离子结合生成水。

表 1–1　酸碱反应及其生成的盐

酸		碱		盐		水
HCN	+	NaOH	→	NaCN	+	H_2O
氰化氢		氢氧化钠		氰化钠		
HNO_3	+	KOH	→	KNO_3	+	H_2O
硝酸		氢氧化钾		硝酸钾		
2HCl	+	Ca（OH）$_2$	→	$CaCl_2$	+	$2H_2O$
氯化氢		氢氧化钙		氯化钙		
HF	+	NaOH	→	NaF	+	H_2O
氟化氢		氢氧化钠		氟化钠		

但并非所有中和反应都会生成水。例如，在氯化氢存在的情况下，伪麻黄碱能够接受氯化氢中的氢离子，形成盐酸伪麻黄碱，这是一种常见的减充血剂，如图 1-6 所示。因为盐酸伪麻黄碱是一种盐，所以比伪麻黄碱更易溶于水，很容易被消化系统吸收。

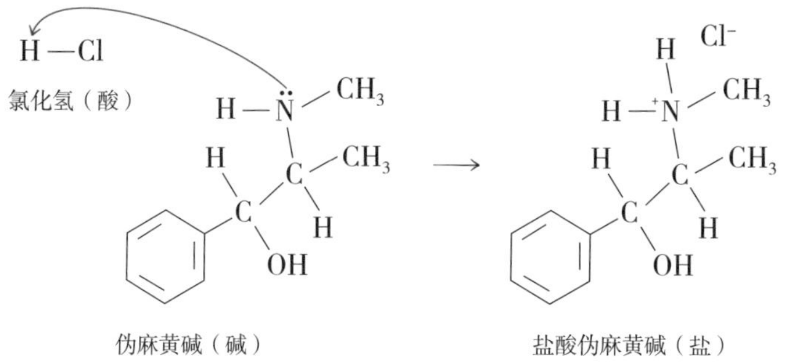

图 1-6　盐酸伪麻黄碱

注：氯化氢与伪麻黄碱反应生成盐酸伪麻黄碱，由于它的水溶性强，很容易被人体吸收。大多数可以口服的药物都是已经转化为盐类形式的碱。

酸和碱有多少，盐就有多少。如表 1-1 所示，这些酸碱反应最后都形成了盐，并有各自的作用。氰化钠（NaCN）是一种致命的毒药。硝石，即硝酸钾（KNO_3），是制作肥料和火药的原料。氯化钙（$CaCl_2$）通常用于为人行道除冰，而氟化钠（NaF），有助于防止蛀牙。

Q2 为什么阿司匹林可能导致胃出血？

阿司匹林是一种酸性分子，但不如胃里用来消化食物的盐酸的酸性强。那么，阿司匹林为什么会对胃造成损害呢？胃酸的酸性很强，在这种环境中，阿司匹林无法失去氢离子，这意味着它仍然保持着"未电离"状态。这种未电离的阿司匹林是非极性的，不溶于水，这使得它更容易穿透主要由非极性脂质构成的胃黏膜。

阿司匹林穿透胃黏膜后，处于酸性较弱的环境中，因此可以释放氢离子。这个过程降低了胃黏膜下层内壁的 pH 值，可能损伤组织，甚至导致出血。当然，这种情况的解决方法是吞下用特制包衣包裹的阿司匹林片，将阿司匹林释放氢离子的过程推迟到通过胃部之后。

在日常生活中，强酸和强碱无处不在。我们日常食用醋时，大多数情况下并不会觉得不舒服，然而，即便是这样的弱酸，摄入过量也会让人感觉不适。但若是氯化氢这种强酸，就算只有一滴滴在皮肤上，也会立即引起皮肤红肿、灼痛、水泡、溃烂等不良反应。

一般说来，酸性越强，酸就越容易提供氢离子。同样，碱性越强，碱就越容易接受氢离子。氯化氢便是强酸的代表，而强碱的代表是氢氧化钠。这些材料的腐蚀性来自它们的强酸性和强碱性。

衡量某种物质酸性或碱性强弱的一种方法是，观察它加入水中后形成的溶液的浓度。如果形成的溶液的浓度很低，说明该物质的酸性或碱性很强。如果形成的溶液的浓度很高，说明其酸性或碱性很弱。以强酸氯化氢为例，观察将氯化氢加入水中后会发生什么。再想一想将弱酸乙酸——醋的活性成分加入水中后，会发生什么。

氯化氢向水提供氢离子，形成氯离子和氢离子。因为氯化氢是一种很强的酸，所以绝大多数氯化氢都转化为氯离子和氢离子，如图 1-7 所示。

而乙酸是一种弱酸，所以它向水提供氢离子的倾向要小得多。当乙酸溶于水时，只有一小部分乙酸分子转化为离子，这一过程伴随着极性键 O-H 的断裂。乙酸的 C-H 键受水的影响较小，因为 C-H 键的极性较弱。大多数乙酸分子保持其原始的未电离状态，如图 1-8 所示。

图 1-7 和图 1-8 显示了强酸和弱酸在水中的微观行为。分子和离子非常微小，肉眼看不见，那么化学家如何测量酸的强度呢？一种方法是测量溶液的导电性，如图 1-9 所示。在纯水中，几乎没有可以导电的离子。但是当强酸溶于水时，会产生许多离子，如图 1-7 中圆圈部分所示。这些离子的存在使强电流得以流动。与强酸相比，溶解在水中的弱酸只产生少量离子，如图 1-8 所示。离子数量较少意味着只能产生微弱的电流。

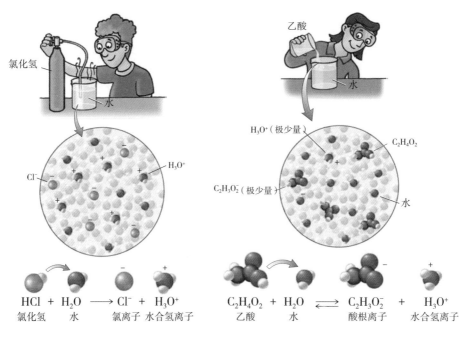

图 1-7 盐酸向水提供大量氢离子

注：气态氯化氢入水后，立即与水反应生成氯离子和水合氢离子，只剩余极少量氯化氢（这里没有显示），所以氯化氢是一种强酸。

图 1-8 乙酸只向水提供少量氢离子

注：当液体乙酸入水时，只有少数乙酸分子与水反应生成离子。大多数乙酸分子仍保持未电离状态，所以乙酸是一种弱酸。

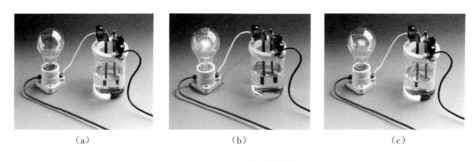

图 1-9 溶液导电性测量

注：图（a），在这个电路中，纯水由于几乎不含离子，无法导电，因此灯泡不会被点亮。图（b），因为盐酸是一种强酸，其分子在水中几乎完全分解，产生高浓度的离子，这些离子能够导电，点亮灯泡。图（c），乙酸是一种弱酸，在水中，只有一小部分乙酸分子分解成离子，由于产生的离子较少，只能传导微弱的电流，因此灯泡只能发出微弱的光。

同样的现象也出现在强碱和弱碱溶液中。例如，强碱比弱碱更容易接受氢离子。因此，强碱溶液能够传导较强的电流，而弱碱溶液只能传导较弱的电流。

物质的酸性或碱性较强，并不意味着它的溶液具有腐蚀性。强酸或强碱的稀释溶液可能没有腐蚀性，因为在这种溶液中，水合氢离子或氢氧根离子的数量十分有限。虽然几乎所有强酸或强碱的分子都会分解成离子，但由于浓度较低，因此初始的酸或碱分子的数量极少，解离出的水合氢离子或氢氧根离子的数量也极少。因此，如果你发现一些牙膏中含有氢氧化钠（已知的一种强碱），也不必惊慌。因为其中的氢氧化钠的含量相当少。

此外，弱酸的浓溶液，比如食醋中的酸——乙酸的浓溶液，可能与稀释的强酸溶液腐蚀性相当，甚至比氯化氢等强酸溶液更具腐蚀性。因此，只有在两种酸溶液或两种碱溶液浓度相同的情况下，才能比较其酸性或碱性的强弱。

Q3 染发剂靠什么持久着色？

在日常生活中，我们会通过调控酸性和碱性来达成各种目的，染发便是一个典型的例子。人类头发的外表面由微小的鳞片状结构组成，这种结构也被称为角质层。它们就像百叶窗一样，可以打开和关闭。碱性溶液会让角质层张开，使头发呈多孔的状态。酸性溶液会让角质层关闭，赋予头发一定的抵抗力。美发师正是利用这一原理，通过调整染发液的pH值来控制染发效果的持续时间。在酸性环境中，毛鳞片关闭，这样染料就只能黏附在每根头发的表面，导致染色效果持续时间较为短暂，颜色可能会在下一次洗发时被洗掉。使用碱性溶液可以使染料通过角质层渗透头发的内部，实现更持久的染色效果。

但除了酸性和碱性，我们在前文中已经了解，水有着特殊的性质，有时呈现酸性，有时却又呈现碱性。当一种物质表现为酸的能力与表现为碱的能力大致相同时，我们就称其为两性物质。水就是两性物质的典型代表。因为水是两性的，所以它具有自我反应能力。水分子呈酸性时，会向邻近的水分子提供氢离子，水分子在接受氢离子时，呈碱性。这个反应产生 1 个氢氧根离子和 1 个水合氢离子，它们结合在一起，重新生成水分子：

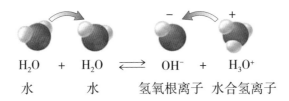

$$H_2O + H_2O \rightleftharpoons OH^- + H_3O^+$$

水　　　　水　　　　氢氧根离子　水合氢离子

当有 1 个水分子获得 1 个氢离子时，必然有 1 个水分子失去 1 个氢离子。因此，每形成 1 个水合氢离子，就会形成 1 个氢氧根离子。因此，在纯水中，水合氢离子的总数必然与氢氧根离子的总数相同。实验表明，纯水中水合氢离子和氢氧根离子的浓度极低，约为 1.0×10^{-7}M（摩尔／升）。因此，水本身既是一种弱酸，也是一种弱碱，图 1–9a 中未被点亮的灯泡就很好地说明了这一点。

那么，水分子之间能否相互反应呢？答案是能，但反应并不强烈。当它们发生反应时，形成水合氢离子和氢氧根离子。我们一定要注意这一点，因为这将是本章其余大部分内容的基础。

随着进一步的实验，科学家揭示了在任何水溶液中都存在的有关水合氢离子和氢氧根离子浓度的一个有趣规律。在任何水溶液中，水合氢离子的浓度乘以氢氧根离子的浓度，总是等于常数 K_W，这是一个非常非常小的数字：

水合氢离子浓度 × 氢氧根离子浓度 = $K_W = 1.0 \times 10^{-14}$

溶液的浓度通常以用摩尔浓度表示，可以用括号来缩写方程式如下：

$$[H_3O^+] \times [OH^-] = K_W = 0.000\,000\,000\,000\,010$$

括号的意思是这个方程式为"水合离子的摩尔浓度乘以氢氧根离子的摩尔浓度等于 K_W。对于纯水来说，K_W 是水合氢离子的浓度 $1.0 \times 10^{-7}M$ 乘以氢氧根离子的浓度 $1.0 \times 10^{-7}M$"。常数值 K_W 是相当重要的，因为它意味着无论水中的溶解物是什么，氢离子和氢氧根离子浓度的乘积总是等于 1.0×10^{-14}。所以如果水合氢离子的浓度上升，氢氧根离子的浓度必然下降，两者的乘积始终为 1.0×10^{-14}：

$$[H_3O^+] \times [OH^-] = K_W = 1.0 \times 10^{-14}$$

$$[1.0 \times 10^{-7}][1.0 \times 10^{-7}] = K_W = 1.0 \times 10^{-14}$$

任何含有相同数量的水合氢离子和氢氧根离子的溶液都被称为中性溶液。纯水就是一种中性溶液——不是因为它含有的水合氢离子或氢氧根离子数量很少，而是因为它含有的这两种离子的数量相等。当等量的酸和碱结合时，也会得到中性溶液，这就解释了为什么酸和碱可以中和。

在中性溶液中，水合氢离子和氢氧根离子的平衡会因为加入酸或碱而被打破。加入一种酸，水就会与这种酸反应，产生更多水合氢离子。这些新增的水合氢离子中和了氢氧根离子，导致氢氧根离子数量减少。最终结果是，水合氢离子浓度大于氢氧根离子浓度，使溶液呈酸性。

在水中加入碱后，水会与碱发生反应，产生更多氢氧根离子。这些多出来的氢氧根离子会中和水合氢离子，使水合氢离子的数量变得更少。结果表明，水合氢离子的浓度小于氢氧根离子的浓度，使溶液呈碱性，如图 1-10 所示。

• 趣味课堂 •

水有腐蚀性吗？

在温度超过 374℃，大气压达到标准大气压的 218 倍时，水会转变为一种被称为超临界水的物质，超临界水既类似于液体也类似于气体。中性的超临界水溶液，pH 值约等于 2，这意味着它含有高浓度的水合氢离子和氢氧根离子，具有很强的腐蚀性。目前，化学家正在进行研究，以了解如何利用超临界水来销毁有毒的化学物质，如化学战剂。

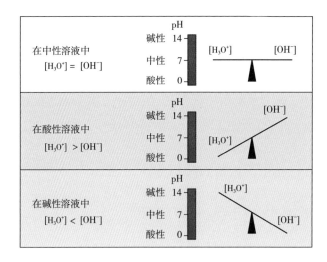

图 1-10 溶液的酸碱性与
离子的相对浓度

注：水合氢离子和氢氧根离
子的相对浓度决定了溶液是
中性、酸性还是碱性。当酸
碱浓度相等时，溶液呈中性。
当水合氢离子浓度增加时，
氢氧根离子浓度必然降低，
溶液呈酸性。相反，当氢氧
根离子浓度增加时，水合氢
离子浓度必然降低，溶液呈
碱性。

pH 值用来描述酸碱度

既然 pH 试剂能够帮我们分辨酸与碱及其强度，那么应该如何理解 pH 值呢？pH 值是用来表示溶液酸碱度的数字刻度。从数学上讲，pH 值等于水合氢离子浓度的负对数：

$$pH = -\log[H_3O^+]$$

再次提醒，方括号代表摩尔浓度，$[H_3O^+]$ 表示"水合氢离子的摩尔浓度"。

以水合氢离子浓度为 1.0×10^{-7} M 的中性溶液为例，要换算此溶液的 pH 值，我们首先取这个值的对数，即 -7。根据定义，pH 值是这个值的负值，即 $-(-7)$ =7。因此，在中性溶液中，水合氢离子浓度等于 1.0×10^{-7} M，pH 值为 7。

酸性溶液的 pH 值小于 7。例如，对于水合氢离子浓度为 1.0×10^{-4} 的酸性溶液，$pH = -\log(1.0 \times 10^{-4}) = 4$。溶液的酸性越强，水合氢离子的浓度越高，pH 值越小。碱性溶液的 pH 值大于 7。例如，对于氢离子浓度为 1.0×10^{-8} 的碱性溶液，$pH = -\log(1.0 \times 10^{-8}) = 8$。溶液碱性越强，其水合氢离子浓度越低，pH 值越大。

图1-11显示了一些常见溶液的pH值，图1-12展示了测定pH值的两种常用方法。

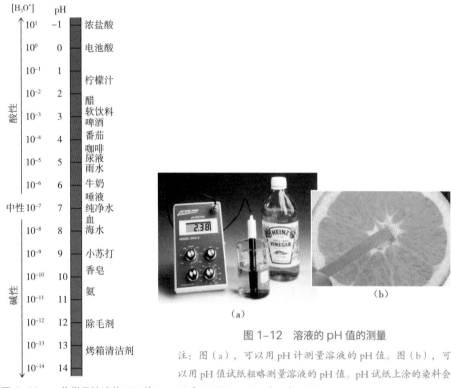

图 1-11 一些常见溶液的 pH 值

图 1-12 溶液的 pH 值的测量

注：图（a），可以用 pH 计测量溶液的 pH 值。图（b），可以用 pH 值试纸粗略测量溶液的 pH 值。pH 试纸上涂的染料会随着 pH 值的变化发生颜色变化。

Q4 人体是酸性的还是碱性的？

不知道你有没有听过这样一种说法，称人体也分为酸性体质和碱性体质。但实际上，人体是一个非常复杂的系统，其酸碱平衡是由肾脏、肺部等多个器官共同调节的，不会因为饮食或生活习惯的改变而轻易改变，比如人体内血液的 pH 值能够维持在一个相对稳定的范围内。那么，这究竟是如何实现的呢？其他溶液也能实现稳定 pH 值的效果吗？答案是通过缓冲溶液就可以达到稳定 pH 值的效果。

缓冲溶液是指能抵抗 pH 值发生较大变化的溶液，这主要是因为它包含两种成分，一种成分可以中和加入其中的酸，另一种成分可以中和加入其中的碱。将弱酸与该弱酸的盐混合起来，就能配制出缓冲溶液。有趣的是，该弱酸的盐通常是弱碱。

乙酸
（弱酸）　　　　　　　　　　　乙酸钠
　　　　　　　　　　　　　　　（弱酸盐）

将乙酸（$C_2H_4O_2$，一种弱酸）和乙酸钠（NaC_2H_3，一种弱碱）的溶液混合起来，就能得到缓冲溶液。任何加入其中的强酸都会被乙酸钠中和，如图 1–13 所示。同样，任何加入其中的强碱都会被乙酸中和，如图 1–14 所示。因此，缓冲溶液发挥缓冲作用的原理是同时含有弱酸和弱碱，每一种弱酸都将中和会导致溶液 pH 值大幅改变的外来物质。

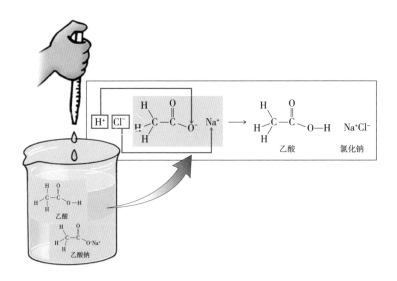

图 1–13　强酸与缓冲溶液的中和反应

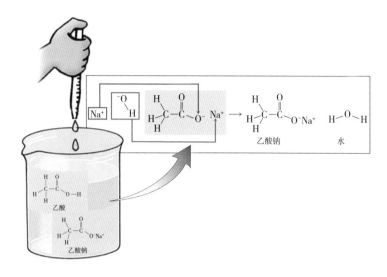

图 1-14　强碱与缓冲溶液的中和反应

注：将氢氧化钠加入含有乙酸和乙酸钠的溶液进行中和，生成额外的乙酸钠和水。

所以，强酸和强碱都能被缓冲溶液中和，但这种中和并不意味着溶液的 pH 值保持不变。当氢氧化钠被加入含有乙酸和乙酸钠的缓冲溶液时，会生成乙酸钠和水。因为乙酸钠是弱碱（接受少量氢离子），所以溶液的 pH 值略有增加。当加入盐酸时，会生成乙酸。由于乙酸为弱酸，因此溶液的 pH 值略有下降。缓冲溶液的特别之处在于，它能抵抗 pH 值的大幅变化。

许多不同的缓冲系统能够将 pH 值维持在一定的范围内。例如，乙酸 - 乙酸钠体系可以将 pH 值维持在 4.8 左右。含有等量弱碱和弱酸盐的缓冲溶液的 pH 值始终呈碱性。例如，由氨这种弱碱和它的对应弱酸盐氯化铵等量混合而成的溶液的 pH 值保持在 9.3 左右。

人体里血液的 pH 值之所以能够保持在稳定的范围内，原理也与之相似。血液中有几个缓冲系统，它们协同工作将 pH 值维持在 7.35 ～ 7.45 这一较小的范围内。pH 值略高于或略低于该数值，都会给人体造成致命影响，主要是因为这会导致细胞蛋白变性。这与向牛奶中加入醋时牛奶会凝固的原理类似。

人体中血液的主要缓冲系统由碳酸和碳酸氢钠这种盐组成，如图 1–15 所示。在血液中集聚的任何酸都会被碳酸氢钠中和，形成的任何碱都会被碳酸中和。

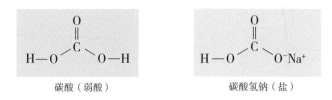

碳酸（弱酸）　　　　　　　　碳酸氢钠（盐）

图 1–15　碳酸和碳酸氢钠

血液细胞产生的二氧化碳生成的碳酸会进入血液，然后随着血液流动并与水发生反应。这与前文讨论的二氧化碳进入雨滴后发生的反应一样。你可以通过调整呼吸频率微调血液中的碳酸水平，从而调整血液的 pH 值，如图 1–16 所示。呼吸太慢或屏住呼吸，二氧化碳的浓度会增加，碳酸的浓度也会增加，从而导致 pH 值略微下降。过度换气会呼出过多二氧化碳，导致碳酸浓度下降，从而导致 pH 值略微升高。

（a）　　　　　　　　（b）

图 1–16　调节呼吸可改变血液中的二氧化碳水平

注：图（a），屏住呼吸会使二氧化碳在血液中积聚。这会使碳酸的浓度增加，使血液的 pH 值降低。图（b），过度呼吸会使血液中的二氧化碳浓度降低，使血液的 pH 值升高。

人体会利用这种机制来保护自身免受血液 pH 值变化的影响。例如，严重过量服用阿司匹林的症状之一是过度换气。阿司匹林也被称为乙酰水杨酸，是一种酸性化学物质，当大量服用时，会严重影响血液缓冲系统的正常运转，导致血液的 pH 值下降，后果十分危险。因此，当你服用过量的阿司匹林后，身体会通过过度换气降低血液中碳酸的浓度，从而努力将血液的 pH 值维持在合理的范围内。

有时，人们也会主动调整土壤的酸碱度，从而使其更有利于农作物生长，如图 1-17 所示。

图 1-17　碳改良法

注：通过添加一种碱性矿物来提高土壤的 pH 值的方法被称为碳改良法。

大多数植物在酸性土壤中难以很好地生长。一方面是因为土壤的 pH 值过低会干扰植物吸收土壤中养分的自然机制，另一方面是因为土壤的 pH 值过低时，证明土壤中含有过量的氢离子，这些氢离子会与土壤中的碱性养分（如氨）产生反应，形成水溶性的盐。遇上下雨，这些盐很容易被雨水冲走，最终导致土壤缺乏营养。因此，如果园丁使用 pH 值测量工具包测得土壤的 pH 值远低于正常水平，就会在田地里撒下粉状石灰石。石灰石的主要成分是碳酸钙，能中和氢离子，从而将 pH 值提高到中性范围。

Q5 酸雨为什么是正常的？

如前文所述，园丁会通过在土壤中加入碳酸钙来提高土壤的pH值，使植物更好地生长。但一个有趣的事实是，碳酸钙与酸性土壤反应形成的二氧化碳，在进入大气后，会部分溶解在雨滴中，使雨水呈微酸性。

在正常情况下，雨水天然呈微酸性。这种酸性的一个主要来源便是二氧化碳，碳酸饮料中的气体就是二氧化碳。

大气中的水与二氧化碳反应生成碳酸：

$$CO_2\ (g) + H_2O\ (l) \rightleftharpoons H_2CO_3\ (aq)$$
二氧化碳　　　　水　　　　　碳酸

　　碳酸是一种酸，能降低水的 pH 值。大气中的二氧化碳使雨水的 pH 值达到大约 5.6，明显低于 7 这一中性 pH 值。由于局部波动，雨水的正常 pH 值为 5～7。雨水的这种天然酸性会加速对土地的侵蚀，在某些情况下，也会导致地下洞穴的形成。大气中约有 8 920 亿吨二氧化碳，大部分来自火山喷发和有机物腐烂等自然过程，但越来越多（约 2 300 亿吨）由人类活动产生。与此同时，人类活动还会产生其他物质，如二氧化硫，使雨水的 pH 值进一步降低，导致酸雨的出现。酸雨通常指 pH 值低于 5 的空气污染物，而二氧化硫（SO_2）被大气中的水蒸气吸收时，很容易转化为三氧化硫（SO_3）。三氧化硫与水反应生成硫酸，这是一种比碳酸酸性更强的酸，会形成酸雨：

$$2SO_2\ (g) + O_2\ (g) \longrightarrow 2SO_3\ (g)$$
二氧化碳　　　　氧气　　　　　三氧化硫

$$SO_3\ (g) + H_2O\ (l) \longrightarrow H_2SO_4\ (aq)$$
三氧化硫　　　　水　　　　　硫酸

　　每年，大约有 2 000 万吨二氧化硫通过含硫煤和石油的燃烧释放到大气中。雨水含有硫酸，因此高浓度的水合氢离子最终会腐蚀金属、油漆和其他暴露的物体表面，每年会造成数十亿美元的损失。酸雨对环境的破坏力极大，如图 1-18 所示，许多受到酸雨影响的河流和湖泊的生态承载能力下降，大量遭受酸雨侵蚀的植物无法存活，这种情况在工业化程度较高的地区尤为明显。

　　酸雨对环境会产生多大的影响？这取决于当地的地质情况，图 1-19 说明了这一点。在美国中西部等地，由于地表的土壤中含有大量碱性化合物碳酸钙，当酸雨降落时，就会被土壤中的碳酸钙中和。然而，在美国东北部和许多其他地区，由于地表多被化学活性较低的花岗岩等材料覆盖，因此只含有少量碳酸钙。在这些地区，酸雨对湖泊和河流的影响不断累积。

（a）　　　　　　　　　（b）　　　　　　　　　（c）

图 1-18　酸雨的破坏性

注：图（a）和图（b），纽约中央公园的同一块方尖碑遭受酸雨侵蚀前后的对比照。图（c），许多高度工业化地区下风向区域的森林，例如美国东北部和欧洲，明显受到了酸雨的严重影响。

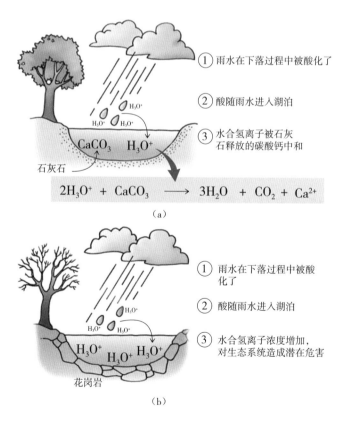

图 1-19　碳酸钙可减弱酸雨的破坏性

注：图（a），在含有碳酸钙的淡水水体中，酸雨的破坏性并不明显，这是因为碳酸钙能够中和酸性物质。图（b），用惰性材料（如混凝土）衬砌的湖泊和河流得不到这种保护。

科学家由此找到了解决酸雨问题的一种方法，那就是通过添加碳酸钙提高酸化湖泊和河流的 pH 值。但考虑到碳酸钙的运输成本，以及这种水系统需要密切监测处理，这种石灰改良法的使用范围仅限于已受到影响的大量水系统中的一小部分。此外，随着酸雨继续降落在这些地区，人们对石灰的需求量也会继续增长。可见，人类在解决酸雨这一问题上还需要持续探索。

● 趣味课堂 ●

应对酸雨问题的长期策略是什么？

酸雨问题在世界上许多地区依然严峻。然而，人们在解决该问题方面已经取得了重大进展。以美国为例，自 1980 年以来，二氧化硫和氮氧化物的排放量已经减少了近一半。此外，2009 年，美国联邦法院还批准了 2005 年《清洁空气州际法规》（Clean Air Interstate Rule，CAIR），该规则旨在进一步降低这些污染物的水平，特别是处于工业化程度严重地区的下风区地区的污染程度。

应对酸雨问题的长期策略关键在于防止大量二氧化硫和其他污染物进入大气。这可以通过设计或改造烟囱，从而最大限度地减少污染物的排放来实现。虽然成本高昂，但这些调整带来的积极影响已得到证明。然而，最终的长期解决方案是用核能、太阳能等清洁能源代替化石燃料。

Q6 二氧化碳进入海洋有什么危害？

众所周知，人类活动导致的二氧化碳排放量正在不断增长。然而，令人惊讶的是，大气中二氧化碳的浓度却没有呈现与之对应的增长。有一种观点认为，这与海洋有关，如图 1-20 所示。当大气中的二氧化碳溶解在雨滴、湖泊或海洋等水体中时，会形成碳酸。在淡水中，碳酸会再次分解为水和二氧化碳，而二氧化碳又会被释放到大气中。然而，海水是碱性的，pH 值约为 8.2，其中的碱性物质会很快与碳酸发生中和。正如本章开头所提到的，这种中和作用的产物最终以不溶性固体的形式沉积在海底。因此，碳酸被海水中的碱性物质中和，防止了二氧化碳被重新释放到大气圈。到目前为止，海洋已经吸收了大约 1/3 的二氧化碳排放物。因此可以说，将更多二氧化碳排放进大气圈，相当于将更多二氧化碳送入浩瀚的海洋。

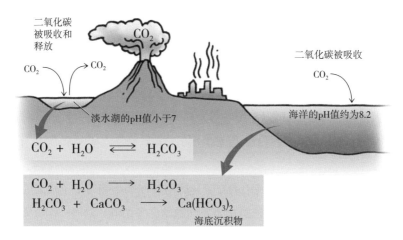

图 1-20　二氧化碳进入海洋后会沉积在海底

注：二氧化碳一旦进入水体就会形成碳酸。在淡水中，这种反应是可逆的，二氧化碳会被重新释放回大气。在呈碱性的海水中，碳酸被中和成碳酸氢钙等化合物，沉积到海底。因此，进入海洋的大部分二氧化碳都留在了那里。

当然，任何事情都有两面，二氧化碳进入海洋也是有代价的。从图 1-20 中我们注意到，二氧化碳生成的碳酸，会与碳酸钙发生反应。因此，二氧化碳进入海洋，会使海水中的碳酸钙以及碳酸镁等其他碳酸盐的含量降低。然而，珊瑚、有壳生物和许多其他海洋生物会利用这些碳酸盐来建造和维持它们的身体结构。更重要的是，这些生物只有在海水中的这些矿物质达到饱和时才能利用它们。但是二氧化碳的加入会导致海水中的碳酸盐变为不饱和状态。在发生这种情况的地区，那些依赖碳酸盐矿物质的生物开始溶解，这意味着它们正在走向灭亡。这种情况会对整个海洋生态系统产生重大影响，也会危及人类自身。例如，阿拉斯加南部海岸的粉红色鲑鱼以海蜗牛为食，海蜗牛也被称为翼足类动物，依赖碳酸盐矿物质。海洋酸化对翼足类种群的破坏也意味着阿拉斯加粉红鲑鱼捕捞业的终结。

　　人类产生的二氧化碳对海洋 pH 值产生的影响是可以测量的，而且意义重大。在过去的 100 多年里，大气中二氧化碳含量的增加主要是由于化石燃料的燃烧，从结果上看，这使海洋的平均 pH 值降低了约 0.1，但如果按照地质时间的尺度来看待这种变化的速度，可谓快如闪电。

　　上一次可与之相比的海洋 pH 值下降发生在大约 5 600 万年前，当时，大气中二氧化碳的大量增加导致海洋 pH 值降低了约 0.45，但这一变化的发生用了 5 000 年以上，意味着海洋 pH 值平均每个世纪下降约 0.01。但这种情况仍导致海洋生物大量死亡。这一点可以由海底岩心样本中一层明显的棕色沉积物得到证实。目前的海洋 pH 下降速度大约为此前的 4 倍，事态十分严重。

　　如今，全球各界对于大气中的二氧化碳对气候的影响给予了极大的关注，如图 1-21 所示。后续章节将讨论这个重要问题的许多细节。然而，你应该明白，人类活动产生的大量二氧化碳是一个双重问题。一方面是全球气候可能发生不可预测的变化。另一方面是海洋中将发生可预测的变化。两种情况都需要我们认真对待。

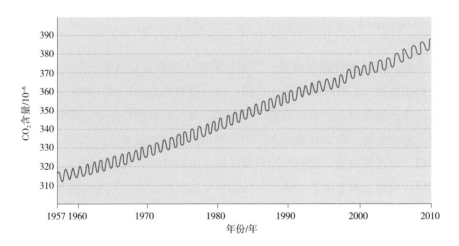

图 1-21　基林曲线

注：图为美国夏威夷莫纳罗亚气象观测站的研究人员自 20 世纪 50 年代开始收集的数据，记录了大气中二氧化碳浓度的不断上升。这个著名的图形被称为基林曲线，以科学家查尔斯·基林（Charles Keeling）的名字命名，他发起了这个项目，并首次注意到了这种趋势。基林曲线内部的振荡反映了二氧化碳水平的季节变化。图中二氧化碳的含量为每百万个空气分子中的二氧化碳分子数。

要点回顾

CONCEPTUAL CHEMISTRY >>>

- 酸和碱发生的反应叫作中和反应，酸提供质子，碱接受质子，盐是酸碱反应的离子产物。盐的正离子来自碱，负离子来自酸。剩余的氢离子和氢氧根离子结合生成水。

- 酸和碱也有强弱之分。酸性越强，酸就越容易提供氢离子。同样，碱性越强，碱就越容易接受氢离子。氯化氢便是强酸的代表，而强碱的代表是氢氧化钠。

- 当一种物质表现为酸的能力与表现为碱的能力大致相同时，我们就称其为两性物质。水就是两性物质的典型代表。因为水是两性的，所以它具有自我反应能力。水分子呈酸性时，会向邻近的水分子提供氢离子，水分子在接受氢离子时，呈碱性。在任何水溶液中，水合氢离子的浓度乘以溶液中氢氧根离子的浓度，总是等于常数 K_W，即 1.0×10^{-14}。

- pH 值是用来表示溶液酸度的数字刻度。从数学上讲，pH 值等于水合氢离子浓度的负对数。

- 缓冲溶液是指能抵抗 pH 值发生较大变化的溶液，这主要是因为它包含两种成分，一种成分可以中和加入其中的酸，另一种成分可以中和加入其中的碱。将弱酸与该弱酸的盐混合起来，就能配制出缓冲溶液。

- 在正常情况下，雨水天然呈微酸性，pH 值为 5～7。酸雨通常指 pH 值低于 5 的空气污染物，会腐蚀金属、油漆和其他暴露的物体表面，每年会造成数十亿美元的损失。

- 人类活动导致的二氧化碳排放量正在不断增长，但大气中二氧化碳的浓度却没有呈现与之对应的增长。有一种观点认为，这与海洋有关，当大气中的二氧化碳溶解在海洋中时，会形成碳酸，由于海水是碱性的，pH 值约为 8.1，其中的碱性物质会很快与碳酸发生中和。但二氧化碳进入海洋，会使海水中的碳酸钙以及其他碳酸盐的含量降低。而珊瑚、有壳生物和许多其他海洋生物会利用这些碳酸盐来建造和维持它们的身体结构，当碳酸盐变为不饱和状态时，那些依赖碳酸盐矿物质的生物开始溶解，这意味着它们正在走向灭亡。这种情况会对海洋生态系统产生重大影响。

CONCEPTUAL
CHEMISTRY

02

氧化还原反应如何发生?

妙趣横生的化学课堂

- 为什么醋能去除铜锈？

- 为什么化学反应会产生电流？

- 为什么有些电池可以充电？

- 电池如何为新能源汽车提供动力？

- 光伏电池的工作原理是什么？

- 为什么铝曾是稀有贵金属？

- 金属化合物如何提纯成金属？

- 氧气如何腐蚀金属？

这里有一个有趣的问题：人体与篝火有什么共同之处？可能有人会回答，两者都会发热，还有人可能会回答都会产生其他物质。这些答案其实都对，无论是身体反应，还是燃烧的篝火，所得到的产物都是二氧化碳、水和能量。而经过更深层次的探索，你会发现这些现象的背后其实涉及氧化还原反应。

生活中其实处处可见氧化还原反应现象，比如铁长期暴露在潮湿的空气中，表面会生成一层红褐色的铁锈，而银器长时间接触空气则容易变黑。此外，煤炭的燃烧、燃料电池高效发电、光伏电池将太阳光转化为电能等现象的背后也都存在氧化还原反应。

与前文介绍的酸碱反应类似，氧化还原反应也涉及原子在反应物之间的转移，只不过酸碱反应转移的是质子，氧化还原反应转移的是电子。本章将深入介绍氧化还原反应究竟是怎么发生的。

Q1 为什么醋能去除铜锈？

铜是一种容易铸造和雕刻的材料，因此经常被用来制造工艺品和装饰品，例如雕塑、钟表、烛台、花瓶等，也常被用来制造硬币。铜在空气中放置一段时间后，表面会慢慢失去光泽，同时生成一层红色或绿色的物质。人们去除铜锈时，经常会用到醋，即先把生锈的铜器在醋中浸泡 24 小时，取出后用小刷子刷，再用清水洗净并擦净，这样铜器便会恢复原有的光泽。

以上其实就是一个完整的氧化还原反应过程。从微观层面来看，氧化是反应物失去一个或多个电子的过程。还原是反应物获得一个或多个电子的过程。氧化和还原是同时发生的互补过程，它们总是一起发生。一种化学物质在氧化反应中丢失的电子并不会简单地消失，而是被另一种物质接收，发生还原反应。

图 2-1　氧化还原反应

注：在放热生成氯化钠的过程中，金属钠被氯气氧化，氯气被金属钠还原。

当钠和氯反应生成氯化钠时，会发生氧化还原反应，如图 2-1 所示。该反应的方程式是：

$$2Na（s）+ Cl_2（g）\rightarrow 2NaCl（s）+ 热量$$

为了了解电子在这个反应中是如何转移的，可以单独观察每个反应物。每一个电中性的钠原子都变成一个带正电荷的钠离子，因此可以说每个钠原子都会失去一个电子，因而被氧化：

$$2Na（s）\rightarrow 2Na^+ + 2e^-　氧化反应$$

每个电中性的氯分子都变成两个带负电荷的氯离子。每个氯原子都获得了一个电子，因此它们被还原：

$$Cl_2（g）+ 2e^- \rightarrow 2Cl^-　还原反应$$

最终的结果是，钠原子损失的 2 个电子转移到了氯原子上。因此，上述两个方程式实际上都代表了整个过程的一半，这就是为什么它们都是半反应。换句话说，没有氯原子来接收电子，钠原子就不会失去电子。两个半反应共同构成了完整的氧化还原过程。通过半反应，哪些反应物失去电子、哪些反应物获得电子的情况一目了然，这就是为什么本章会使用半反应这种说法。

因为钠引起氯被还原，钠充当了还原剂。还原剂是指任何能使另一种反应物还原的物质。值得注意的是，钠在作为还原剂时，自身被氧化——失去电子。相反，氯使钠被氧化，因此氯是氧化剂。因为氧化剂在这个过程中获得了电子，所以它被还原了。只需记住，失去电子的过程是氧化反应，获得电子的过程就是还原反应。另外，不同元素有不同的氧化还原倾向。例如，金属容易失去电子，而大多数非金属则更倾向于获得电子，如图 2-2 所示。

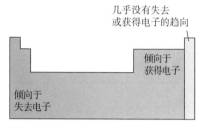

更有可能作为氧化剂（被还原）

更有可能作为还原剂（被氧化）

稀有气体元素既抗氧化又抗还原

图 2-2　原子获得或失去电子的能力由它在元素周期表中的位置来表示

注：位于右上角的非金属元素倾向于获得电子，而位于左下角的金属元素更倾向于失去电子。

有时很难直观地判断一个反应是不是氧化还原反应。然而，化学方程式可以提供一些重要的线索。图 2-3 概述了判断一个反应为氧化反应或还原反应的三种方法。第一种方法是，寻找元素离子态的变化。例如，金属钠由电中性的钠原子组成。在氯化钠的形成过程中，这些原子转变成带正电荷的钠离子。第二种方法是，确定一个元素是获得了还是失去了氧原子。当元素获得氧原子时，由于氧原子的高电负性，元素就会失去电子。因此，获得氧原子就是氧化反应（失去电子），而失去氧原子就是还原反应（获得电子）。例如，氢气与氧气反应生成水，如下式所示：

$$H\text{-}H + H\text{-}H + O = O \longrightarrow H\text{-}O\text{-}H + H\text{-}O\text{-}H$$

注意，在该反应中，氢原子与氧原子结合，因此氢气被氧化了。

氧化反应
（离子态更积极）

失去电子

获得氧原子

失去氢原子

还原反应
（离子态更消极）

获得电子

失去氧原子

获得氢原子

图 2-3　氧化还原反应与电荷变化

注：氧化导致正电荷增加，这可以通过失去电子、获得氧原子或失去氢原子来实现。还原导致负电荷增加，这可以通过获得电子、失去氧原子或获得氢原子来实现。

第三种方法是，看某个元素究竟会在反应中获得还是失去氢原子。获得氢原子的反应是还原反应，而失去氢原子的反应则是氧化反应。在上述生成水的反应中，可以看到氧元素获得了氢原子，这意味着氧元素被还原了，也即氧从氢原子中获得了电子，这就是为什么水中的氧原子带有少量的负电荷。

Q2 为什么化学反应会产生电流？

还记得前文中用电流的方式来理解酸和碱吗？氧化还原反应同样能借助电流来进行观察与解释。电化学便是研究电能与化学变化之间关系的学科，它包括使用氧化还原反应产生电流的过程，也包括使用电流促使氧化还原反应发生的过程。

为了理解氧化还原反应如何产生电流，考虑一下当还原剂与氧化剂直接接触时发生的情况：电子从还原剂流向氧化剂。这种电子的流动就是电流，它是一种可被利用的动能。

例如，相比于铜离子（Cu^{2+}），铁原子（Fe）是更好的还原剂。因此，当一枚铁钉放入含有铜离子的溶液时，电子会从铁流向铜离子，如图 2-4 所示。其结果是铁原子被氧化，铜离子被还原。

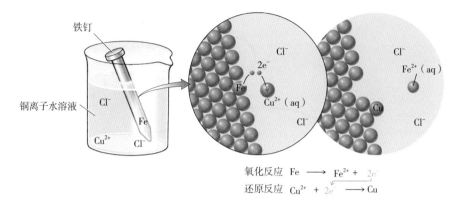

氧化反应 Fe $\longrightarrow$ Fe^{2+} + 2e$^-$
还原反应 Cu^{2+} + 2e$^-$ $\longrightarrow$ Cu

图 2–4　铁钉在含有铜离子的溶液中的反应

注：将一枚铁钉放入含有 Cu^{2+} 的溶液，铁被氧化，生成的 Fe^{2+} 溶解在水中。与此同时，Cu^{2+} 被还原成金属铜，覆盖在铁钉表面。溶液中还必须存在带负电荷的离子，如氯离子（Cl$^-$），以平衡这些带正电荷的离子。

实际上，铁和铜离子并不需要物理接触就能实现电子的流动。如果将它们放置在不同的容器中，通过导线连接起来，电子就可以通过导线从铁流向铜离子。导线中的电流可以用来为灯泡等设备供电。但是，这种装置并不能提供持续的电流。

电流无法持续的原因如图 2–5 所示。电子通过导线的初始流动立即导致两个容器中电荷的积累。左边的容器由于钉子上积累的 Fe^{2+} 离子而带有正电荷，右边的容器随着电子的逐渐积累而带有负电荷，这种情况阻止了电子通过导线的进一步迁移。

电子是带负电荷的，所以它们被右边容器中的负电荷排斥，被左边容器中的正电荷吸引，于是最终的结果就是电子不再通过导线流动，灯泡不会发光。

换句话说，如果你是一个处于带有正电荷的容器中的电子，你会想去另一个带有负电荷的容器吗？绝对不会。记住，异性相吸，同性相斥。

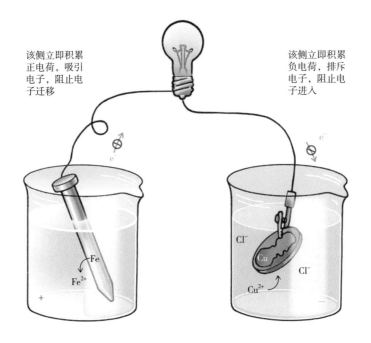

该侧立即积累正电荷，吸引电子，阻止电子迁移

该侧立即积累负电荷，排斥电子，阻止电子进入

图 2-5　电子流动受阻导致无法产生电流

注：将铁钉放进水中，用导线将其与含有铜离子的溶液相连。由于电荷的积累阻止了电子的进一步流动，因此灯泡不会出现明显的变化。

　　解决这个问题的办法是允许离子在容器之间迁移，以避免任何一侧容器积累过多正电荷或负电荷。这可以通过搭建盐桥来实现。只需将在盐水中浸泡过的纸巾搭在两个容器之间就搭建成了一个简单的盐桥，可以在两个容器之间形成离子迁移的通道，使溶液中的离子得以迁移。

　　当两种具有不同种类离子的电解质溶液共存时，盐桥便形成一个离子通道，而盐桥中的离子会逐渐交换到与其浓度相同的溶液中，维持电位平衡。通常，盐桥是一个 U 形管，里面装满了硝酸钠（$NaNO_3$）等盐类的糊状物，两端用半透性的塞子封闭。如图 2-6 所示，盐桥可根据需要允许离子进入任一容器。这就形成了一个完整的电路，使电子能通过导线流动。

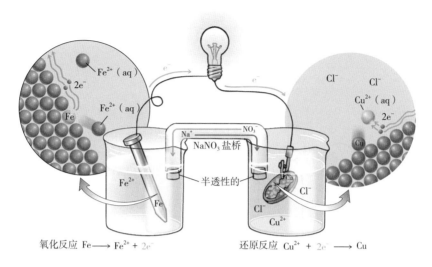

氧化反应 Fe $\longrightarrow$ Fe^{2+} + 2e$^-$ 还原反应 Cu^{2+} + 2e$^-$ $\longrightarrow$ Cu

图 2-6　盐桥完成了电路的闭合

注：铁被氧化时释放的电子通过电线到达右侧容器。硝酸根离子（NO$_3^-$）经由盐桥流入左侧容器，以平衡形成的 Fe^{2+} 离子的正电荷，从而阻止任何正电荷的积累。同时，钠离子（Na$^+$）经由盐桥进入右侧容器，以平衡铜离子（Cu^{2+}）因得到电子变成金属铜时失去的氯离子（Cl$^-$）。

Q3 为什么有些电池可以充电?

如前所述，通过适当的设置，利用氧化还原反应产生电能是完全可行的，这正是电池的原理。我们身边有各种各样的电池，有一次性的，也有可充电的。尽管它们在设计和组成上各不相同，但作用原理相同：将两种能进行氧化还原反应的材料通过一种介质连接起来，使离子通过该介质传导，以平衡外部的电子流动。下面就将通过案例来探索每一种电池的工作原理。

先来看看一次性电池，其中最常见的是干电池。干电池发明于19世纪60年代，沿用至今。它是手电筒、玩具等设备中常用的、最便宜的一次性能源。干电池的核心在于其复合结构设计：一个由锌制成的杯子，杯内填充了由氯化铵（NH$_4$Cl）、氯化锌（ZnCl$_2$）和二氧化锰（MnO$_2$）组成的糊状物，浸没在这种糊状物中的是一根多孔的石墨棒，它贯穿电池的内部并延伸至顶部，如图 2-7 所示。

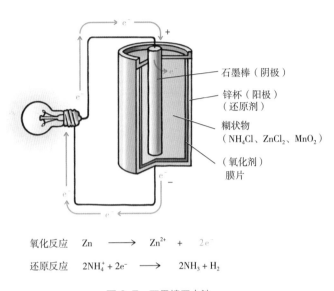

氧化反应 Zn $\longrightarrow$ Zn^{2+} + 2e$^-$

还原反应 2NH$_4^+$ + 2e$^-$ $\longrightarrow$ 2NH$_3$ + H$_2$

图 2-7 石墨棒干电池

注：石墨棒浸入氯化铵、二氧化锰和氯化锌的糊状物中，放在锌杯里。

由于石墨具有良好的导电性，糊状物中的化学物质在石墨棒处接收电子并被还原。铵根离子参与的反应如下：

$$2NH_4^+ （aq） + 2e^- \longrightarrow 2NH_3 （g） + H_2 （g）\quad 还原反应$$

电极则是允许电子流入或流出正在发生电化学反应的介质的材料。其中，化学物质获得电子（被还原）的电极叫作正极，通常标记为（＋）。这表明电子被吸引到这个位置。而化学物质失去电子（被氧化）的电极叫作负极，通常标记为（－）。这表明电子会从这个位置流出。图 2-7 的正极就是锌杯，锌原子在这里失去电子形成锌离子：

$$Zn （s） \longrightarrow Zn^{2+} （aq） + 2e^-\quad 氧化反应$$

在干电池中，铵根离子被还原会产生两种气体——氨气（NH$_3$）和氢气（H$_2$），为了避免因气体积聚导致的压力增加和爆炸，我们需要清除这些气体。这可以通过使氨气和氢气与氯化锌和二氧化锰反应来实现：

$$2\,NH_4^+ + 2e^- \longrightarrow 2\,NH_3 + H_2 \qquad 还原反应$$

干电池的寿命相对较短，这主要是因为锌杯在氧化过程中逐渐变质，最终导致内容物泄漏。即使干电池不工作时，锌也会与铵根离子发生反应，受到腐蚀。为了抑制这种锌的腐蚀现象，可以将电池储存在冰箱中。化学反应速度会随着温度的降低而减慢，因此，冷却电池会减缓锌被腐蚀的速度，从而延长电池的寿命。

除了干电池外，还有另一种价格更贵的一次性电池，那就是碱性电池。如图 2-8 所示，碱性电池通过在一个强碱性的糊状电解质中进行化学反应，规避了干电池面临的许多问题，比如不使用会腐蚀锌的铵根离子（这意味着碱性电池比干电池的续航时间要长得多），同时避免了任何气体产物的形成，因此能够在较长的操作周期内维持稳定的电压。在氢氧化物离子的存在下，锌被氧化成不溶性氧化锌：

图 2-8　性能更好、价格更贵的碱性电池

$$Zn\,(s) + 2OH^-\,(aq) \longrightarrow ZnO\,(s) + H_2O\,(l) + 2e^- \qquad 氧化反应$$

同时，二氧化锰减少：

$$2MnO_2\,(s) + H_2O\,(l) + 2e^- \longrightarrow Mn_2O_3\,(s) + 2H_2O\,(l) \qquad 还原反应$$

计算器和照相机使用的小型汞电池和一次性锂电池都是碱性电池的衍生产品。在汞电池中，被还原的是氧化汞（HgO）。由于汞具有毒性，会对环境造成危害，制造商正在逐步淘汰这类电池。在锂电池中，电子源于金属锂，而不是锌。

锂不仅能够维持比锌更高的电压，而且密度大约是锌的 1/13，因此锂电池更轻。

一次性电池的寿命相对较短，这是因为在使用过程中产生电子的化学物质会逐渐被耗尽。相比之下，可充电电池的显著特征是氧化还原反应的可逆性。镍金属氢化物（NiMH）电池就是可充电电池的典型代表。给这种电池充电时，镍金属从水中提取氢，形成带负电的氢化物离子（H:），其中两个点代表两个电子：

$$H_2O \ + \ Ni \ + \ e^- \ \longrightarrow \ H\text{:}Ni \ + \ HO^-$$
水　　镍金属　　　　　　　氢化镍　氢氧根离子

镍的作用是稳定氢化物离子的两个电子，因为它含有一个附加的电子，所以被称为氢化物离子。类似地，带有一个额外电子的氯被称为氯离子。因此，充满电的电池含有大量的氢化镍。当电池放电时，氢化物离子释放电子，从而与氢氧根离子结合，重新形成水：

$$H\text{:}Ni \ + \ HO^- \ \longrightarrow \ H_2O \ + \ Ni \ + \ e^-$$
氢化镍　氢氧根离子　　　　水　　镍金属

因此，给可充电电池充电实际上是重新生成可按需释放电子的化学物质。对于镍金属氢化物电池来说，这种化学物质是氢化镍。对传统的汽车电池来说，这种化学物质是铅。汽车电池充电时，铅通过释放电子转化为硫酸铅；在充电时，硫酸铅又转化为铅。给汽车电池充电的过程涉及吸热反应，需要来自车载发电机（交流发电机）的能量输入。交流发电机从汽车的内燃机获得能量，而内燃机则是由油箱中的燃料提供动力的。

可充电的锂离子电池已经广泛应用于从笔记本电脑到手机等各种设备，而更安全的磷酸锂离子电池也被用于制造混合动力汽车，比如图 2-9 所示混合动力汽车。混合动力汽车在提升燃油效率方面取得了显著进步，因为当汽车减速时，它可以将原本会以热量形式通过刹车片散失的动能转化为电池中的电势能。电池捕获的电能随后被用来辅助燃油发动机驱动汽车。此外，混合动力车辆的电池系统

允许发动机在怠速或车辆移动缓慢时（如
遇到交通拥堵）关闭。

电池技术的持续进步催生出了下一
代的混合动力车。它们配备了更大容量
的电池和更小的油箱，能够插入电源插
座充电，第二天则无须加油即可行驶长
达60千米。这一点意义重大，因为在美
国，人们一般每天行驶的路程不超过65

图 2-9　混合动力汽车

现在，到处都可以看到能够插入家用电源在夜
间充电的混合动力汽车。

千米。此外，由于夜间大型发电机的使用率较低，所以公共事业公司在夜间提供
的电力更为便宜。插电式混合动力车还可以通过住宅光伏板或小型风力涡轮机进
行充电。白天，在电力需求高峰时段，这类车可以向电网提供电力，车主因此可
以拿到报酬。此外，这类车存储的电能还可以在停电期间为家庭提供紧急电力支
持。插电式混合动力车，以其大容量且高效的电池，在帮助个人和整个国家实现
能源节约与自主方面发挥了重要作用。

Q4　电池如何为新能源汽车提供动力？

除了刚刚描述的电池外，燃料电池在生活中也有着很多用途，比如
汽车、船舶使用燃料电池作为动力源。此外，燃料电池还可以应用于商
业领域，如备用发电机、电信领域和公共领域等。

燃料电池是把燃料能量转换成电能的装置，是一种有效的发电方式。如
图2-10所示，氢氧燃料电池由两个主要部分组成：氢气输入室和氧气输入室，
这两个室被一组多孔电极隔开。在氢电极（负极）处，氢气与氢氧根离子接触并
发生氧化反应。这一过程产生的电子流经外部电路，为设备提供电力，然后在氧
电极（正极）处与氧气结合。氧气很容易接收这些电子（换句话说，氧气被还原）
并与水反应生成氢氧根离子。这些氢氧根离子通过多孔电极和氢氧化钾的离子糊

状物，在氢电极处与氢结合，完成电路的循环。

如图 2-10 顶部的氧化反应方程式所示，氢气和氢氧根离子反应生成了以蒸汽形式出现的高能水分子。这种蒸汽可用于加热，还可以在蒸汽轮机中转化为电能发电。而且，从蒸汽中凝结出来的水是纯净水，可以饮用。

氧化反应

$$2H_2(g) + 4OH^-(aq) \longrightarrow 4H_2O(g) + 4e^-$$

还原反应

$$4e^- + O_2(g) + 2H_2O(g) \longrightarrow 4OH^-(aq)$$

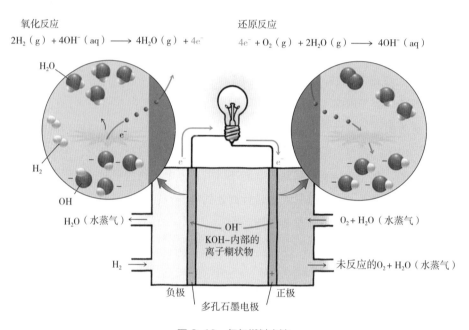

图 2-10 氢氧燃料电池

注：在氢氧燃料电池中，氢气在负极与氢氧根离子结合生成水，并释放电子为外部电路供电。这些电子随后返回正极，在那里与氧气和水结合形成氢氧根离子，这些氢氧根离子再次回到正极。

虽然燃料电池与普通电池类似，但只要能保证燃料供给，燃料电池就会持续运行。因此，国际空间站使用氢氧燃料电池来满足其电力需求，这类电池还能为宇航员提供饮用水。在地球上，研究人员正在开发用于公共汽车和家用汽车的燃料电池。如图 2-11 所示，用实验性燃料电池驱动的公共汽车已经在几个城市运行，其中就包括加拿大不列颠哥伦比亚省的温哥华和美国伊利诺伊州芝加哥。这些车辆产生的污染物很少，运行效率远高于燃烧化石燃料的车辆。

　　使用氢气作为燃料电池也存在一些问题。其中最突出的可能是氢气不是天然丰度极高的物质，需要通过特定的工艺制备，这是一个需要能量的过程，因此大大削弱了燃料电池的性能。例如，生产氢气的一种最直接的方法是电解水。电解需要消耗电能。如果所需电能来自一个会产生污染的发电厂，那么就削弱了燃料电池的环境优势。或者，正如本章稍后将讨论的，光伏电池可以产生电

图 2-11　燃料电池驱动的公交车

注：因为这辆公交车是由燃料电池供电的，它的尾管排放的大部分是水蒸气，所以有助于环保。

解所需的电力。但如今的光伏电池生产成本相对较高，只有在阳光充足的时候才能保证发电效率。

　　氢气的制备过程可以利用化石燃料，因此选择一种高效且环保的化石燃料至关重要。甲烷，也就是我们熟知的天然气，就是一种不错的选择。得益于水力压裂技术的发展，天然气的供应量大大增加。在特定的催化剂条件下，通过蒸汽加热甲烷，可以有效地将其转化为氢气和二氧化碳：

$$CH_4\,(g)\ +\ 2H_2O\,(g)\ \longrightarrow\ 4H_2\ +\ CO_2$$
$$\text{甲烷}\qquad\quad\text{蒸汽}\qquad\quad\text{氢}\quad\text{二氧化碳}$$

　　目前，在工业上使用的一种燃料电池是熔融碳酸盐燃料电池（molten carbonate fuel cell，MCFC）。经过精心设计的这些燃料电池可以与现场利用甲烷制备氢气的过程协同工作。如图 2-12 所示，产生的氢气在负极被氧化，与碳酸盐离子反应生成二氧化碳、水和电子。电子通过外部电路流动，提供电力。与此同时，二氧化碳被输送到正极，在那里氧气接收电子，与二氧化碳反应形成碳酸根离子。碳酸根离子通过电解质迁移回负极，进行后续反应。

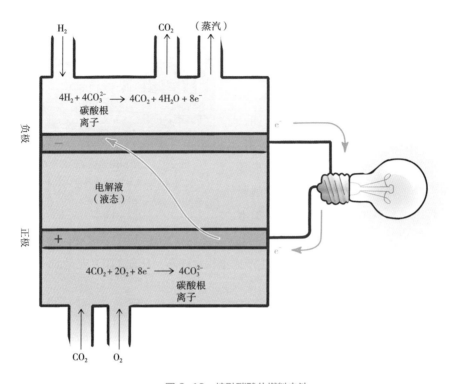

图 2-12　熔融碳酸盐燃料电池

注：在熔融碳酸盐燃料电池中，碳酸根离子促进负极上氢的氧化和正极上氧的还原。氧气来自空气，氢气可以来自甲烷等气态碳氢化合物的转化。甚至主要成分为甲烷的堆肥气体也可以作为燃料来源。

　　熔融碳酸盐燃料电池可以根据需要进行规模调整，从而建造从几千瓦到多达50兆瓦的发电厂。典型的燃煤发电装机容量约为500兆瓦，可以为整个地区集中供电。

　　相比之下，燃料电池发电厂更适合为医院、工厂或摩天大楼等单独的建筑物供电，如图 2-13 所示。它运行时较为安静，可以在建筑物的地下室或其他隐蔽位置运行，并且排放的废气较少。除了电力，熔融碳酸盐燃料电池还能产生大量热能，可以用来加热水和通风系统，从而提升整体效能。

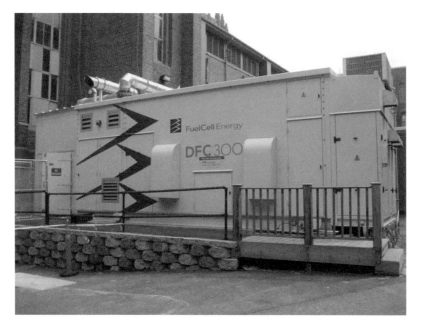

图 2-13　燃料电池发电厂

注：这是由 Fuel Cell Energy 公司建造的节能型 250 千瓦燃料电池发电厂，它是为满足耶鲁大学环境科学中心的电力和供暖需求而建造的。

　　燃料电池的电力也可以用来给电动汽车的电池充电，但它是否可以直接安置在电动车上提供动力呢？一辆汽车行驶 500 千米只需要 3 千克氢气，但这些氢气的体积大约为 36 000 升。如若将气体压缩（像图 2-11 所示的公交车那样）或将其冷却为液态，是一个能耗密集型过程，这会降低效率。然而，研究人员也正在寻找多孔材料，如图 2-14 所示的碳纳米纤维，这类材料可以在其表面吸附大量的氢，就像氢的"海绵"。通过控制温度，氢气可以根据需求从这些多孔材料中释放，材料温度越高，释放的氢气就越多。

　　也可以将液态烃（如甲醇）用在燃料电池中。有了液体燃料，就可以制造微型电池，为智能手机和平板电脑等便携式电子设备供电。到了那时，只需从当地超市购买一小瓶液体甲醇，就可以使这些设备长时间运行。

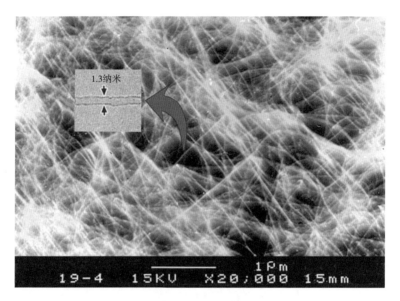

图 2-14　碳纳米纤维

注：碳纳米纤维由近乎亚微米级的碳原子管组成。它们吸收氢分子的能力超过了几乎所有其他已知材料。

Q5　光伏电池的工作原理是什么？

电池的发展进程不仅体现了技术的进步，更是人类向可再生能源转变和环保意识提升的体现。在此基础上，光伏发电技术越来越受到关注。即使在一些偏远地区，人们也开始利用光伏发电解决电力供应的问题。

光伏电池是将太阳光转化为电能的最直接方式。自 20 世纪 50 年代被发明以来，光伏发电技术取得了显著的进步。它的第一个主要应用是在 20 世纪 60 年代的阿波罗计划中，由太空卫星携带光伏电池为无线电通信装置和其他小型电子设备供电。20 世纪 70 年代中期能源危机发生期间，光伏发电技术得到了进一步发展。

光伏发电的成本主要是设备的购买和安装成本。截至 2010 年，一个 2 千瓦的住宅光伏系统的成本约为 15 000 美元。这个系统可以在大约 12 年内通过节省水电费收回成本，在光照充足的气候条件下，收回成本的时间会更短。此外，随着从以化石燃料为基础的公共事业公司购买电力的成本继续上升，回本时间将变得更短。值得注意的是，随着光伏电池技术的提高，光伏系统的价格还将继续下降，令其逐渐显现出成本优势。

在全球范围内，光伏发电的销售量在过去几十年里呈指数型增长。光伏设备维护需求很低且不需要用水，因此非常适合偏远或干旱地区。光伏系统还可以满足各种规模的电力需求，与化石燃料和核燃料发电相比，光伏发电的成本竞争力正在逐渐增强。因此，在多重作用下，光伏发电现在已经是一个价值数十亿美元的产业，并有持续增长的强劲前景。

如图 2-15 所示，光伏发电的应用范围非常广泛。目前，光伏发电电池已经为超过 10 亿台手持计算器、数百万块手表、数百万支便携式灯和电池充电器，以及数千个远程通信设施提供电力。

图 2-15　多种尺寸的光伏电池

注：光伏电池有多种尺寸，从手持计算器的电池到为房屋供电的屋顶电池。

很多人会好奇，为什么太阳能照射到一块硅上只产生热量？这是因为光伏电池依赖于光电效应，光电效应则是指物质中的电子从光能中获得足够的能量，从原子中逸出，成为自由电子。在大多数材料中，电子要么完全从物体中被弹出，要么直接跌回原位。然而，在包括硅在内的一些材料中，逸出的电子在相邻的原子中或在原子之间随机地游荡，而不会被锁定在任何一个地方，如图 2-16 所示。但是，随机的电子运动

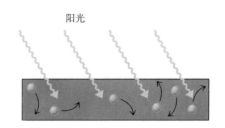

阳光

图 2-16　硅中的光电效应

注：光线击打成键电子，这些电子在晶格中自由移动。

并不能产生电流，因为有一个电子向左移动，就有另一个电子向右运动，从而相互抵消。更大的随机运动则意味着更高的温度。

　　光伏电池如今也已经历了多次技术升级。传统的光伏电池是由超纯硅薄板制成的。硅原子中的 4 个价电子可以和 4 个硅原子形成单键，如图 2-17a 所示。这种构型可以通过加入微量的砷等元素来改变，这些元素的价电子数大于或小于 4 个。例如，每个砷原子有 5 个价电子。在硅晶格中，有 4 个砷电子与 4 个硅原子成键，但第 5 个电子为自由电子。这种硅被称为 N 型硅，之所以称它为 N 型硅，是由于砷带来的自由负电荷（电子）。此外，硼原子只有 3 个价电子，如图 2-17b 所示。在硅晶格中加入硼会产生"电子空穴"，这是电子应该存在但实际并不存在的键合点。这就是 P 型硅，之所以这么说，是因为任何通过的电子都会被吸引到这个空穴上，就好像这个空穴是一个正电荷一样。

　　当一片 N 型硅压在一片 P 型硅上时会发生什么？请记住，N 型硅包含自由电子，P 型硅包含电子空穴，这些空穴只是在等待吸引任何可用的电子。果然，电子通过连接点从 N 型硅迁移到 P 型硅，如图 2-18a 所示。然而，因为失去或获得电子打破了电子对质子的平衡。当 N 型硅失去电子时，会在连接点的一侧积累正电荷，如图 2-18a 所示，当 P 型硅获得电子时，它就带负电荷，这些积聚在连接处的负电荷起到了阻碍电子继续迁移的作用，如图 2-18b 所示。

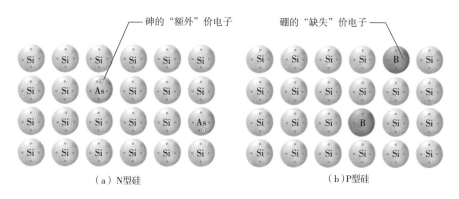

图 2-17 N 型硅和 P 型硅

注：（a）硅原子中的 4 个价电子可以形成 4 个键。砷的第 5 个电子在硅晶格中不能参与成键，因此为自由电子。含有微量砷（或任何其他原子有 5 个价电子的元素）的硅被称为 N 型硅。（b）硼只有 3 个价电子与 4 个硅原子成键。因此，一个硼 - 硅对缺少一个用于形成共价键的电子。硅含有微量硼（或任何其他原子有 3 个价电子的元素）被称为 P 型硅。

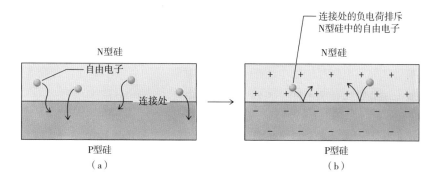

图 2-18 自由电子的迁移

注：（a）最初，自由电子从 N 型硅迁移至 P 型硅。（b）然而，连接处的电荷迅速积累后阻止了电子的继续流动。

　　相邻的 N 型和 P 型硅切片之间的连接屏障，如同一个单向阀。在 N 型晶片中的自由电子被阻止穿过连接屏障迁移到 P 型晶片。然而，P 型晶片中的自由电子很容易被吸引到 N 型晶片中，如图 2-19 所示，所以电子通过连接屏障是单向的，只能从 P 型流向 N 型。

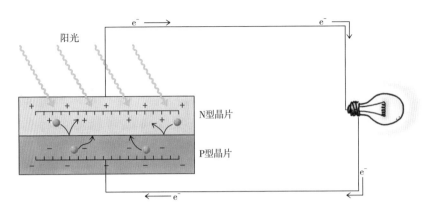

图 2-19　电子的单向移动

注：N 型晶片中的自由电子被 P 型晶片的负电荷排斥。然而，P 型晶片中的自由电子被 N 型晶片的正电荷吸引。太阳光的能量使这些电子移动到一个以单向方式被推入外部电路的位置。

　　如图 2-19 所示，我们可以通过在两片硅的外表面连接一根导线来建立一个完整的电路。当太阳光照射到任意一个晶片上时，连接屏障迫使被移出的电子朝着一个方向移动，从 N 型晶片穿过导线。这反过来会在 P 型晶片上制造空穴，使它接受从外部电路返回的电子。因此，来自太阳光的能量不是完全转化为热能，而是绝大部分被转化为电能。否则，硅只会变热。

　　光伏产业的目标是制造一种高效、廉价且易于大规模生产的电池。目前，使用超纯晶体硅制造的传统光伏电池的效率高达 15%。然而，生产超纯晶体硅的高成本使光伏电池缺乏成本竞争力。尽管光伏电池技术在过去的 20 年里取得了巨大的进步，但这类电池产生的电力价格仍然比传统能源的电力价格高 3 ～ 4 倍。

　　光伏研究的一个很有前途的领域涉及所谓的第二代和第三代光伏电池。这些电池不是用昂贵的晶体硅生产的，相反，它们是通过在玻璃或塑料衬底上沉积汽化硅或一些其他光伏材料形成的。所得薄膜比传统硅晶片薄约 400 倍，节省了材料成本，且易于大批量生产。然而，第一代硅电池在市场上占有强势主导地位，这意味着这些更新的电池还需要几年时间才得到普及。到那时，所有这些电池也都可能会被现在使用纳米技术开发的更高效的第四代电池所取代。

除了光伏电池，可持续能源技术还包括风力发电、生物质转化和水力发电等许多技术。

Q6 为什么铝曾是稀有贵金属？

在氧化还原反应中，电解是一种极其有效的促进手段，能够促进很多难以自然完成的氧化还原反应的发生。电解技术广泛应用于冶金工业中，不仅用于从矿石或化合物中提取或精炼金属，还包括从溶液中提取金属。

电解对工业经济的贡献至关重要。许多有色金属（如钠、钾、镁、铝等）和稀有金属（如锆、铪等）的冶炼，以及铜、锌、铅等金属的精炼过程都依赖电解技术。此外，氢、氧、烧碱、氯酸钾、过氧化氢、乙二腈等基础化工产品的制备，以及电镀、电抛光、阳极氧化等工艺，也都是通过电解实现的。

从化学反应的角度来看，电解是利用电能引发化学变化的过程。例如，汽车电池的充电就是电解的一个例子。另一个例子如图 2-20 所示：水通过电解产生其基本组成元素。

$$电能 + 2H_2O(1) \longrightarrow 2H_2(g) + O_2(g)$$

电解技术可用于从金属矿物中提纯金属，铝就是一个典型的例子。铝是地壳中含量第三丰富的元素，但直到 1827 年才为人所知。这是因为铝会在自然状态下与氧结合，存在于一种叫作铝土矿的矿石中。最初，人们用铝土矿和盐酸反应生成铝离子，然后使用金属钠作为还原剂，还原成金属铝：

图 2-20　水的电解

注：水的电解产生氢气和氧气，按体积比例为 2:1，符合水的化学式 H_2O。为了使这一过程起作用，离子必须溶解在水中，以便电荷能在电极之间传导。

$$Al^{3+} + 3Na \longrightarrow Al + 3Na^+$$

但这种制造铝的化学过程成本高昂，这就是为什么铝的最初价格远远超出当时普通人的承受能力，因此铝在当时被认为是一种稀有的贵金属。1855 年，在法国巴黎，铝制餐具和其他物品曾与法国国王皇冠上的珠宝一起展出。

1886 年，美国科学家查尔斯·霍尔（Charles Hall）和法国科学家保罗·埃罗（Paul Heroult），几乎同时独立发现了一种从氧化铝中制备铝的方法。这一方法现在被称为霍尔赫劳尔特电解炼铝法，在此过程中，如图 2-21 所示，强电流通过氧化铝和天然矿物冰晶石（Na_3AlF_6）的熔融混合物后，冰晶石中的氟离子与氧化铝反应生成多种氟化铝离子（如 $AlOF_3^{2-}$），然后这些离子被氧化成六氟化铝离子（AlF_6^{3-}）。在该离子中，铝离子会被还原成元素铝，沉积在反应室的底部。

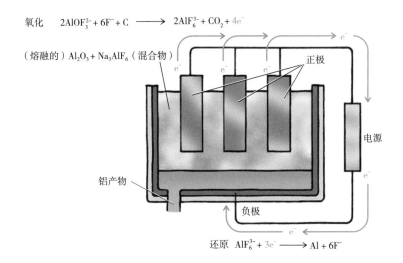

图 2-21　氧化铝在冰晶石中溶解

注：氧化铝的熔点（2 030℃）太高，无法将它有效地电解成铝金属。然而，氧化铝可以在更合理的 980℃条件下熔解在熔融的冰晶石中。强电流通过熔融的氧化铝 - 冰晶石混合物，在阴极生成铝金属，铝离子在阴极上获得电子，从而被还原为元素铝。

这一工艺极大地促进了金属铝的大规模生产。到了 1890 年，1 千克铝的价格已跌至 4 美元左右，至今这一工艺也仍被制造商使用。

如今，全球铝产量每年约为 1 600 万吨，而生产每吨铝大约需要 16 000 千瓦时的电能，这相当于一户典型的美国家庭 18 个月的用电量。与之形成鲜明对比的是，加工再生铝只消耗大约 700 千瓦时的电能。此外，在美国，优质的氧化铝矿石储量已经枯竭。因此，回收铝不仅可以提高其利用率，还有助于减轻电力公司的负担，进而减少空气污染，并有助于最大限度地减少在国外开发新铝土矿的需要。

Q7 金属化合物如何提纯成金属？

正如上文提到的铝的制作过程，氧化还原反应在金属冶炼中扮演着重要角色。在金属冶炼过程中，氧化还原反应是将金属离子还原成金属的过程。氧化还原反应不仅可以将金属离子还原成金属单质，还可以用于金属的精炼和提纯。例如，在铜的冶炼过程中，氧化还原反应被用来将铜的化合物还原成金属铜，在钢铁工业中，通过使焦炭和氧气反应则能将铁矿石中的铁氧化物还原成纯铁。

将金属化合物转化为金属单质的氧化还原反应过程是什么样的呢？在金属化合物中，金属以带正电荷的离子形式存在，因为它失去了一个或多个电子。要将金属离子转化为中性金属原子，则需要使它们获得电子：

$$M^+ \quad + \quad e^- \longrightarrow \quad M^0$$
金属离子　　电子　　　金属原子

金属离子被还原的倾向性取决于它们在元素周期表中的位置，如图 2-22 所示。位于元素周期表左侧的金属很容易失去电子。这意味着把电子还给这些金属离子是相对困难的，换句话说，这些金属很难被还原。例如，在元素周期表的左边，钠原子很容易失去电子。它形成的任何离子化合物，如氯化钠，往往非常稳定。将钠离子还原为金属钠很难，因为这样做需要给钠离子提供电子。

因此，位于元素周期表左侧尤其是左下方的金属，通常需要最耗能的回收方法，包括电解。上文提到，在电解过程中，电流将电子提供给带正电荷的金属离子，从而将其还原。通常通过电解回收的金属包括 I 至 III 族金属，它们大多以卤化物、碳酸盐和磷酸盐的形式存在。此外，铝通常通过电解回收，

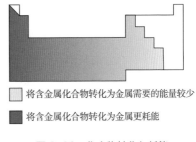

☐ 将含金属化合物转化为金属需要的能量较少

■ 将含金属化合物转化为金属更耗能

图 2-22　化合物转化与耗能

而其他金属在需要非常高的纯度时，往往也使用电解获得。以这种方式生产铜时所涉及的反应如图 2-23 所示。

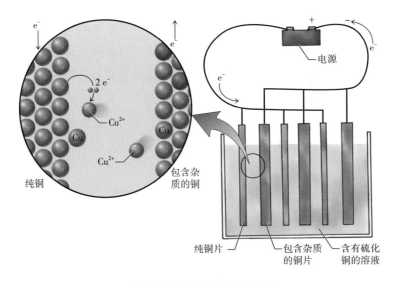

图 2-23　通过电解回收高纯铜

注：当溶液中的铜离子获得电子时，纯铜金属沉积在正极上。这些铜离子来自由含杂质的铜制成的正极。

一些金属最常从金属氧化物中获得

含金属氧化物的矿石可以通过高炉冶炼相对有效地转化为金属单质。首先，将矿石与石灰石和焦炭混合。焦炭是从煤中获得的碳的浓缩形式。然后，将混合

物投入高炉，焦炭被点燃并用作燃料。在高温下，焦炭还充当还原剂，向氧化物中带正电荷的金属离子提供电子，并将其还原为金属原子。图 2-24 展示了用这种方法生产铁的过程。铁在自然界中主要以铁氧化物的形式存在。在高炉中，石灰石与矿石中的杂质（主要是硅化合物）反应形成炉渣，炉渣的主要成分是硅酸钙：

$$SiO_2（s） + CaCO_3（s） \longrightarrow CaSiO_3（l） + CO_2（g）$$

　　硅砂　　　　石灰石　　　　　熔渣　　　　二氧化碳
（矿石杂质）　　　　　　　　（硅酸钙）

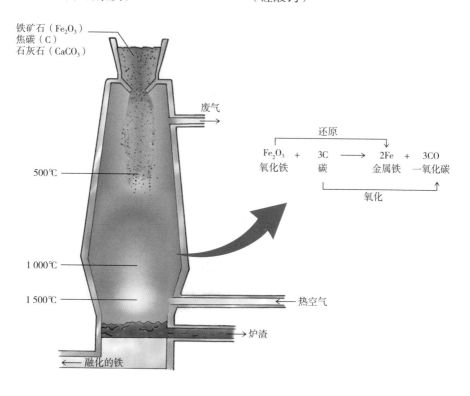

图 2-24　高炉炼铁

注：氧化铁矿石、焦炭和石灰石的混合物被投入高炉，在那里，氧化物中的铁离子被还原为铁原子。注意碳是如何被氧化的，因为它获得了一个氧原子，生成了一氧化碳。

　　由于高温，金属和炉渣都呈熔融状态。它们流到高炉底部，在那里分成两层，较轻的炉渣层浮在上面。然后，便可通过高炉底部的开口将液态金属排出。

由高炉中反应得到的金属一旦冷却下来，就得到了铸造金属。当投入高炉的矿石是铁矿石时，得到的铸造金属被称为生铁。铸造金属仍然含有杂质，如磷、硫和碳，所以相对柔软且脆质化。为了去除这些杂质，通常会将氧气吹入碱性氧气转炉中，如图 2-25 所示。氧气使杂质氧化，形成多余的炉渣，它们会浮到上层并被去除。

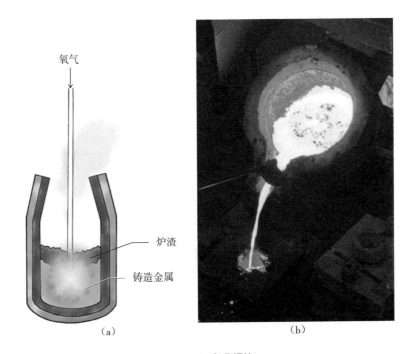

氧气

炉渣

铸造金属

（a）

（b）

图 2-25　氧化提炼

注：图（a），氧气流经碱性氧气转炉时，会氧化铸造金属中的大部分杂质，使其形成炉渣，当炉渣漂浮到上层时，可以被去除。图（b），将碱性氧气转炉吊起，并将其净化的金属物倒入用于铸铁件的贮液器中。

大多数磷和硫等杂质在碱性氧气转炉中都能被除去，但提纯后的金属仍含有约 3% 的碳。对于铁的生产而言，这种碳含量是有益的。铁原子相对较大，当它们聚集在一起时，原子之间会产生小空隙，如图 2-26，这些空隙往往会削弱铁的强度。碳原子很小，足以填满这些空隙，空隙被填满后的铁的强度显著增加。通过少量碳强化的铁被称为钢。通过在钢中加入铬或镍等抗腐蚀金属做成合金，可以抑制钢的生锈倾向，这就产生了用于制造餐具和无数其他物品的不锈钢。

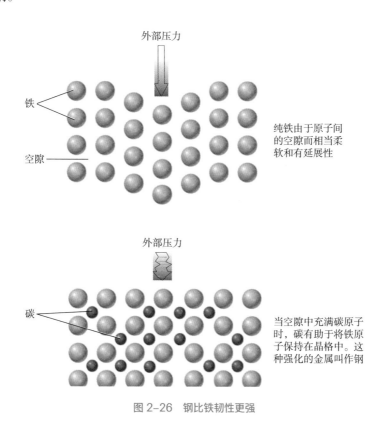

外部压力

铁

空隙

纯铁由于原子间的空隙而相当柔软和有延展性

外部压力

碳

当空隙中充满碳原子时，碳有助于将铁原子保持在晶格中。这种强化的金属叫作钢

图 2-26　钢比铁韧性更强

其他金属最常从金属硫化物中获得

金属不仅可以从其氧化物中提炼，有些金属也可以从其硫化物中提炼。从硫化物提炼金属需要通过浮选技术，这种技术利用了金属硫化物的相对非极性从而能被油吸引这一事实。

首先，将含有金属硫化物的矿石磨成细粉，然后将其与轻质油和水充分混合。

接着，在混合物中注入压缩空气，这样混合物中就会产生很多气泡。随着气泡上升，它们会被油和金属硫化物颗粒所覆盖，并以泡沫的形式浮在液体表面，如图 2-27 所示，这种泡沫富含金属硫化物，随后便会被收集起来。

图 2-27 浮选技术

注：通过浮选技术，容器中上升的气泡将金属硫化物颗粒运送到液体表面。

从泡沫中回收的金属硫化物会在氧气存在的情况下进行焙烧。整个反应是硫化物中的 S^{2-} 被氧化成了二氧化硫中的 S^{4+}，而金属离子被还原成原子：

$$\underset{\text{金属硫化物}}{\text{MS (s)}} + \underset{\text{氧}}{\text{O}_2\text{ (g)}} \longrightarrow \underset{\text{金属}}{\text{M (l)}} + \underset{\text{二氧化硫}}{\text{SO}_2\text{ (g)}}$$

由于铁的存在，从最常见的黄铜矿矿石中分离铜还需要几个额外的步骤。首先，在氧气的存在下焙烧黄铜矿：

$$\underset{\text{黄铜矿}}{\text{2CuFeS}_2} + \underset{\text{氧}}{\text{O}_2\text{ (g)}} \longrightarrow \underset{\text{硫化铜}}{\text{CuS (s)}} + \underset{\text{氧化铁}}{\text{2FeO (s)}} + \underset{\text{二氧化硫}}{\text{2SO}_2\text{ (g)}}$$

然后将从该反应中得到的硫化铜和氧化铁与石灰石、砂在高炉中混合。其中，硫化铜被转化为硫化亚铜，石灰石和砂则形成熔渣，铁氧化物存在其中。随着硫化铜熔化并沉入炉底，密度较小的含铁炉渣会浮在熔融的硫化铜上方并被去除，此后便是将分离的硫化铜焙烧成铜金属的过程：

$$\underset{\text{硫化铜}}{\text{Cu}_2\text{S (s)}} + \underset{\text{氧}}{\text{O}_2\text{ (g)}} \longrightarrow \underset{\text{金属铜}}{\text{2Cu (l)}} \longrightarrow \underset{\text{二氧化硫}}{\text{SO}_2\text{ (g)}}$$

焙烧金属硫化物需要相当多的能量。此外，二氧化硫是一种有毒的气体，会导致酸雨的形成，因此必须最大限度地减少其排放。大多数公司都遵守相关部门的排放标准，将二氧化硫转化为可销售的硫酸。

Q8 氧气如何腐蚀金属？

截至目前，本章已经分析了很多氧化还原反应，仔细观察可以发现，其中都少不了氧的存在。事实上，术语"氧化作用"就是从该元素的名称衍生而来的。

位于元素周期表右上角的氧是一种最常见的氧化剂。氧能够从许多其他元素中获得电子，尤其是从那些位于元素周期表左下方的元素中。以氧为氧化剂的两种常见的氧化还原反应是腐蚀和燃烧。

首先来看腐蚀。氧气的存在会导致金属被腐蚀这一变质过程，这令大气中的氧气引起的腐蚀成为一个广泛而代价高昂的问题。例如，铁与大气中的氧气和水反应，生成水合氧化铁。水合氧化铁是一种自然产生的红褐色物质，被称为铁锈，如图 2-28 所示。美国每年生产的钢铁中约有 1/4 用于替换被腐蚀的铁，每年的成本可达数十亿美元。铁锈的产生过程如下：

图 2-28　铁锈本身并不会破坏形成铁锈的铁结构

注：真正破坏这些物体结构完整性的是金属铁的丢失。

$$4Fe + 3O_2 + 3H_2O \longrightarrow 2Fe_2O_3 \cdot 3H_2O$$

铁　　氧气　　水　　　　　铁锈

另外一种容易被氧化的常见金属是铝，铝氧化的产物是氧化铝，它不会从铝的表面剥落。相反，它形成了一层保护性外衣，防止铝进一步氧化。这件外衣薄到透明，这就是铝能保持金属光泽的原因。

为了保护金属不被氧腐蚀，人们发明了一种在金属表面镀锌以形成保护性氧化层的方法。由于锌比铁更容易氧化，因此很多铁制品，如图 2-29 中的钉子，会被镀上一层薄薄的锌。锌被氧化成氧化锌，而氧化锌是一种惰性且难以溶解的物质，由此可以保护里面的铁免于生锈。

利用阴极保护技术，可以使铁结构与某些更容易氧化的金属（如锌或镁）接触，从而防止铁被氧化。这会迫使铁接受电子，成为阴极。只有当铁表现为阳极时，它才会生锈。例如，海洋油轮会通过在船体表面贴上锌条来防止腐蚀，如图 2-30 所示。同样，室外钢管通过与插入地下的镁棒连接来防止腐蚀。

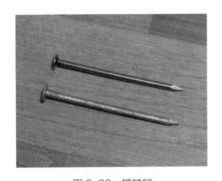

图 2-29　镀锌钉

注：下方的镀锌钉由于锌的牺牲性氧化而免于生锈。

图 2-30　锌条

注：锌条有助于保护油轮的铁壳免受氧化。此处所示的锌条附着在船体的外表面。

另外一种保护铁和其他金属免受氧化的方法是利用电镀技术给它们涂上一层耐腐蚀的金属，如铬、铂或金。电镀是通过电解使一种金属沉积在另一种金属表面的操作，如图 2-31 所示。将需要电镀的物体连接到电池阴极，然后浸入含有涂层金属离子的电解液。电池的阴极连接到由涂层金属制成的电极上。当这个电极浸没在溶液中时，闭合电路就形成了。溶解在电解液中的金属离子被吸引到带负电荷的待镀物体上，获取电子并以金属原子的形式沉积下来。与此同时，阳极上的涂层金属会失去电子，发生氧化反应，补充电解液中消耗的金属离子。

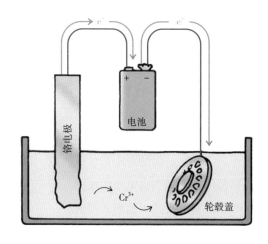

图 2-31 电镀技术的原理

注：当电子流入轮毂盖并给它一个负电荷时，带正电荷的铬离子从溶液中移动到轮毂盖，并被还原为铬金属，铬金属作为涂层沉积在轮毂盖上。阴极中的铬原子被氧化时，向溶液提供三价铬离子。

除了腐蚀，以氧为氧化剂的常见氧化还原反应还有燃烧。燃烧是物质与分子氧之间产生的快速氧化还原反应。篝火的燃烧就是一个很好的例子。燃烧反应的特点是放热（释放能量）。氢气和氧气燃烧形成水的过程属于剧烈的燃烧反应。这种反应产生的能量被用来驱动火箭进入太空。更常见的例子则包括木材和化石燃料的燃烧，这些以及其他碳基化学物质经过燃烧会产生二氧化碳和水。例如，天然气的主要成分甲烷的燃烧：

● 趣味课堂 ●

万能火柴和安全火柴的原理是什么？

火柴分两种，一种通常具有"靶心"尖端的万能火柴，几乎可以在任何表面划燃。而另一种就是安全火柴，只有在专用的摩擦条上才能划燃。两种火柴尖端都含有硫黄，但仅靠空气中的氧气来点燃硫黄是较为困难的，因此一般要将硫黄与氯酸钾等氧化剂混合使用。万能火柴的配方中还添加了红磷。摩擦产生的热量能使红磷转化为白磷——一种在空气中迅速燃烧的磷的形态。这将引发硫和氯酸钾之间的氧化还原反应，进而点燃整根火柴。安全火柴的工作原理也是一样的，区别在于将红磷嵌在专用的摩擦条上，因此只能在这个条上划燃火柴。

$$CH_4 + 2O_2 \longrightarrow CO_2 + 2H_2O + 能量$$
甲烷　氧气　　　二氧化碳　水

　　在燃烧过程中，随着极性共价键代替非极性共价键，电子会被转移，反之亦然。这与本章提到的其他类型的氧化还原反应截然不同，后者涉及原子变成离子或相反的过程。图2-32通过展示燃烧反应中的起始物质、分子氧和燃烧产物水的电子结构，阐释了这一概念。分子氧是非极性共价化合物。虽然分子中的每个氧原子都有相当强的负电性，但4个成键电子被2个原子均匀共享，因此不会偏向任何一方。然而，经过燃烧后，水分子中的氧原子和氢原子共用电子，这些电子更多地被氧原子吸引。这使氧气带上少量负电荷，换句话说，它获得了电子，因此被还原了。同时，水分子中的氢原子产生一个轻微的正电荷，或者说，氢原子失去了电子，因此被氧化了。这种氧获得电子而氢失去电子的过程是一个能量的释放过程。通常，能量以分子动能（热）或光（火焰）的形式释放。

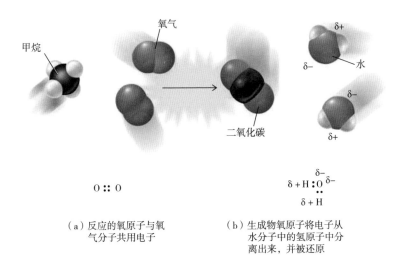

（a）反应的氧原子与氧　　　　　（b）生成物氧原子将电子从
　　气分子共用电子　　　　　　　　水分子中的氢原子中分
　　　　　　　　　　　　　　　　　离出来，并被还原

图 2-32　人体内的氧化还原反应

注：图（a），氧分子中的任何一个原子都不能优先吸引成键电子。图（b），水分子的氧原子把成键电子从水分子中的氢原子上拉开，使氧略微为负值，2个氢略带正电荷。

　　有趣的是，与燃烧相关的化学氧化还原反应发生在人的全身。可以通过

图 2-32 来直观地查看一个新陈代谢的简化模型，该模型以食物分子代替了甲烷的角色。食物分子将它们的电子交给人体吸入的氧分子，经过一系列复杂的生物化学反应，产生二氧化碳、水蒸气和能量。人体呼出二氧化碳和水蒸气，但反应产生的大部分能量用于保持体温恒定，其余的用于驱动生命所必需的许多其他生化反应。

要点回顾

- 氧化是反应物失去一个或多个电子的过程。还原是反应物获得一个或多个电子的过程。氧化和还原是同时发生的互补过程，它们总是一起发生。一种化学物质在氧化反应中丢失的电子并不会简单地消失。

- 电化学是研究电能与化学变化之间关系的学科，它包括使用氧化还原反应产生电流的过程，也包括使用电流促使氧化还原反应发生的过程。当还原剂与氧化剂直接接触时，电子从还原剂流向氧化剂。这种电子的流动就是电流，它是一种可被利用的动能。

- 电池有一次性的，也有可充电的，尽管它们在设计和组成上各不相同，但作用原理相同：将两种能进行氧化还原反应的材料通过一种介质连接起来，使离子通过该介质传导，以平衡外部的电子流动。

- 燃料电池是把燃料能量转换成电能的装置，是一种有效的发电方式，只要能保证燃料供给，它们就会持续运行。

- 光伏电池是将太阳光转化为电能的最直接方式。

- 电解是利用电能引发化学变化的过程，可用于从金属矿物中提纯金属。

- 含金属氧化物的矿石可以通过高炉冶炼相对有效地转化为金属单质。金属不仅可以从其氧化物中提炼，有些金属也可以从其硫化物中提炼，这需要通过浮选方法提纯。

- 位于元素周期表右上角的氧是一种最常见的氧化剂。氧能够从许多其他元素中获得电子，尤其是从那些位于元素周期表左下方的元素中。以氧为氧化剂的两种常见的氧化还原反应是腐蚀和燃烧。

CONCEPTUAL
CHEMISTRY

03

有机化合物如何影响人类生活？

妙趣横生的化学课堂

- 阿司匹林如何与石油相关联？

- 含有苯环的药物为什么不会致癌？

- 有机化合物为什么形形色色？

- 喝太多酒为什么会经历宿醉？

- 为什么咖啡和茶在热水中冲泡更有效？

- 水杨酸是如何进化成阿司匹林的？

- 化学家是如何合成有机分子的？

- 为什么塑料都很便宜？

- 是什么让塑料得以发展？

你有没有想过，你闻到的巧克力的香味和香草冰激凌的香味都来自哪里？

深入分子的世界可揭示答案。当鼻腔里的感觉器官吸收香兰素这种化合物时，人便能闻到香草的味道。香兰素是构成香草味的关键成分，没有香兰素，就没有香草味。而巧克力的味道则源于多种碳基分子的组合，这些分子被吸入鼻腔，从而产生独特的巧克力香味。由此可见，分子也可以创造美妙的味道，而组成这些美味分子的基础都是碳原子。

碳原子具有与自身或其他元素的原子多样化结合的独特能力，能构建出复杂的大分子结构。因此，碳基分子的结构具有无限的可能性，每个分子都有其独特的物理、化学和生物学特性。

研究含碳化合物的化学分支被称为有机化学。有机化合物与生命过程紧密相关，在调味剂、燃料、聚合物、药品乃至农业生产等许多领域都有广泛应用，碳就是生命的化学基石。

本章将深入探讨由碳构成的无数奇妙的化学结构，了解有机化合物是如何影响日常生活的。

Q1 阿司匹林如何与石油相关联？

　　碳氢化合物主要从煤和石油中获得。今天存在的大部分煤和石油形成于 3.5 亿年至 2.9 亿年前，当时地球上的大量动植物死亡并在缺氧环境下逐渐腐烂，地球被大面积的沼泽覆盖，因为这些沼泽接近海平面，所以会周期性地被淹没。沼泽中的有机物质最终被埋在海洋沉积物层下，经过漫长的地质时期，最终转化为煤或石油。

　　在现今，从石油蒸馏过程中得到的液态烃混合物，经过进一步的精炼，成为许多产品的基础成分，例如人们口服的药物阿司匹林和润肤用的凡士林霜里面常用的矿物油。要想深入了解与人类生活息息相关的有机化学，可以从最基本的有机化合物（只由碳和氢组成的化合物）开始。最简单的碳氢化合物是甲烷（CH_4），每个甲烷分子中只有 1 个碳原子。甲烷是天然气的主要成分，如图 3-1 所示。同为碳氢化合物的辛烷（C_8H_{18}）每个分子中有 8 个碳原子，它是汽油的一种成分。当然，常见的碳氢化合物还有聚乙烯，每个聚乙烯分子含有数百个碳原子和氢原子。聚乙烯是一种塑料，多用于制造日常生活中常见的物品，如牛奶容器和塑料袋。

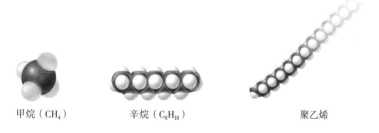

甲烷（CH_4）　　　　辛烷（C_8H_{18}）　　　　　　聚乙烯

图 3-1　碳氢化合物的不同结构特征

注：碳氢化合物是由氢原子（以白色表示）和碳原子（以黑色表示）组成的。所有碳氢化合物都是非极性的。轻碳氢化合物（如甲烷）往往是气态的，中碳氢化合物（如辛烷）常呈现液态，重碳氢化合物（如聚乙烯）则常以固态存在。

碳氢化合物中碳原子的连接方式可能不同。图 3-2 显示了三种结构不同的碳氢化合物：戊烷、异戊烷和新戊烷。这些碳氢化合物具有相同的分子式 C_5H_{12}，但结构彼此不同：戊烷的碳骨架是由 5 个碳原子组成的直链；异戊烷则在第二个碳原子上出现一个分支，主链由 4 个碳原子组成；而在新戊烷中，中心的 1 个碳原子与周围的 4 个碳原子相连。

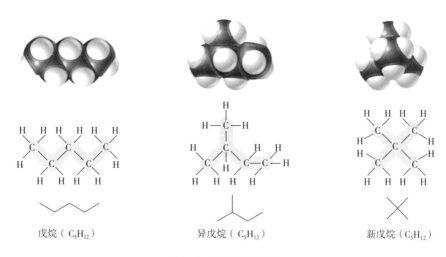

戊烷（C_5H_{12}）　　异戊烷（C_5H_{12}）　　新戊烷（C_5H_{12}）

图 3-2　碳的同分异构体

注：这三种碳氢化合物具有相同的分子式。通过在两个维度上描述它们的碳骨框，我们可以看到它们不同的结构特点。简洁易懂的棒状结构用线条将所有的碳 - 碳共价键勾勒出来，这也有助于理解。

通过绘制二维分子图，可以清楚地看到戊烷、异戊烷和新戊烷的不同结构特点，如图 3-2 所示。此外，底部展示的棒状结构（有时被称为线角图或骨架结构）也有助于了解这些结构。棒状结构是描述有机分子的常用简化符号。每条线（棒）代表一个共价键，只要两条或更多直线相交，就表明在任何一条线的末端存在碳原子（除非末端出现其他类型的原子）。通常不显示与氢原子键合的碳原子，从而使焦点保持在由碳原子形成的结构上。

戊烷、异戊烷和新戊烷虽然具有相同的分子式，意味着它们具有相同数量的同种原子，但这些原子的组合方式各不相同。它们的构型各不相同，这指的是原子连接方式的不同。不同的构型导致不同的化学结构。具有相同化学式、不同构型的分子被称为同分异构体。由于结构彼此不同，同分异构体具有不同的物理性质和化学性质。例如，同分异构体具有不同的沸点：戊烷的沸点为 36℃，异戊烷为 30℃，新戊烷为 10℃。

随着碳原子数量的增加，化学式可能产生的同分异构体的数量迅速增加。分子式为 C_5H_{12} 的化合物有 3 种同分异构体，C_8H_{18} 有 18 种，$C_{10}H_{22}$ 有 75 种，而 $C_{20}H_{42}$ 竟然有高达 366 319 种同分异构体！

一个碳基分子可以有不同的空间取向，这被称为构象。弯曲手腕、肘部和肩关节，你会发现手臂存在一系列构象。同样，有机分子可以扭转和转动它们的碳-碳单键，从而产生一系列构象。例如，图 3-3 中的结构是戊烷的不同构象。用有机化学的语言来说就是，一个分子的构型（如戊烷）有着广泛的构象范围。然而，改变戊烷的构型，它就不再有戊烷了，会产生一个不同的同分异构体，比如异戊烷，它有自己特有的构象范围。

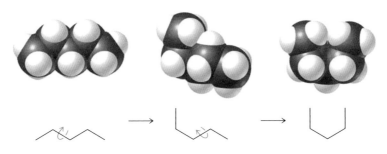

图 3-3　戊烷分子的三种构象

注：构象随着化学键的旋转而改变，如蓝色箭头所示。分子在每种构象中看起来都不一样，但五碳骨架在所有三种构象中都是一样的。在液体戊烷的样本中，这些分子存在于各种构象中，很像一桶蠕虫。

碳氢化合物中的碳原子数由碳氢化合物的名称表示，如表 3-1 所示。

当碳氢化合物包含分支时，它的命名基于最长的碳链。从最长碳链分离出来的较小的支链为相应的烃基。如表 3-1 所示，单碳分支用"甲基"表示，"甲基"就表示单碳。还有，最长的链被编号，以此表明分支出现的位置。

表 3-1 简单直链烃名称

公式	烃类名称	烃基名称
CH_4	甲烷	甲基
C_2H_6	乙烷	乙基
C_3H_8	丙烷	丙基
C_4H_{10}	丁烷	丁基
C_5H_{12}	戊烷	戊基
C_6H_{14}	己烷	己基
C_7H_{16}	庚烷	庚基
C_8H_{18}	辛烷	辛基
C_9H_{20}	壬烷	壬基
$C_{10}H_{22}$	癸烷	癸基

例如，下列化合物是 3-甲基己烷，因为它有一个从己烷的第三个碳原子上分支出来的甲基：

2　　　　　4　　　　　6

1　　　　3　　　　5　　最长的链

从第三个碳原子分支出来的支链

下面是 2,3-二甲基己烷的结构，可以看到它有两个甲基，一个甲基位于第二个碳原子上，另一个甲基位于第三个碳原子上。从最长的链向后数，会得到 4,5-二甲基己烷，它的结构与 2,3-二甲基己烷相同。然而，在命名有机化合物时，惯例是使用尽可能小的数字命名。

石油，也称原油，是一种液体，可以通过一种被称为分馏的过程很容易地分离出其碳氢化合

物成分，如图 3-4 所示。当原油被加热到足以蒸发大部分成分的温度时，热蒸汽流入分馏塔的底部，塔底部的温度比顶部更高。当蒸汽在塔内上升并冷却时，各种成分开始凝结。具有高沸点的碳氢化合物，如焦油，在较高的温度下首先凝结。低沸点的碳氢化合物，如汽油，在冷凝前会到达塔顶较冷的区域。各种液态烃组分通过管道从塔中排出。天然气的主要成分甲烷并不会凝结，仍保持气体形态，从而可以被塔顶的装置收集。

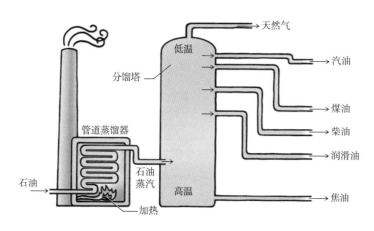

图 3-4　将石油转化为有用的碳氢化合物成分的原理图

分子吸引力强度的差异解释了为什么不同的碳氢化合物在不同的温度下凝结。在对甲烷和辛烷中的诱导偶极 - 诱导偶极吸引的比较中，较大的碳氢化合物比较小的碳氢化合物受到更多吸引。因此，较大的碳氢化合物在高温下容易凝结，因此会出现在塔的底部。较小的分子，因为它们对周边的吸引力较小，所以只有在塔顶较冷的温度下才会凝结。

◦ 趣味课堂 •

二氧化碳是如何储存在地下的？

前文提到，燃烧化石燃料会导致大量的二氧化碳排放。然而，大气并不是人类活动产生的二氧化碳的唯一储存库。例如，可以改造发电厂的烟囱以捕获二氧化碳，然后将其液化，并泵入数千米深的地下。阿尔及利亚的萨拉赫天然气处理厂已经开始使用二氧化碳的地下储存系统。不过，这种系统的成本也不低。例如，对于具有二氧化碳收集装置的燃煤发电厂而言，其生产的电力价格将上涨约 20%，但不安装这种系统的长期成本可能更高。

从石油分馏中得到的汽油由许多沸点相近的碳氢化合物组成。在汽车发动机中，其中一些成分比其他成分燃烧率更高。一些直链碳氢化合物，如己烷，燃烧得太快，会导致发动机产生爆震，如图3-5所示。具有更多分支的汽油碳氢化合物，如异辛烷，燃烧缓慢，可使发动机平稳运行。庚烷和异辛烷这两种化合物被用作确定汽油辛烷值的标准。异辛烷的辛烷值被指定为100，庚烷的辛烷值被指定为0，通过调整异辛烷和庚烷的比例，制作一系列具有不同抗爆性能的混合物。当这些混合物中的某一种与待测汽油样本的抗爆性能相匹配时，该混合物中异辛烷所占的体积百分比即为该汽油样本的辛烷值。图3-6显示了一个典型的汽油泵上出现的辛烷值信息。

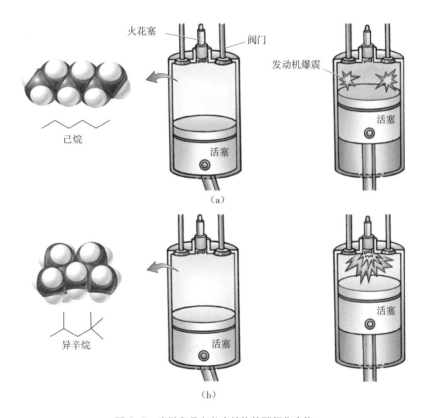

图 3-5 直链和具有分支结构的碳氢化合物

注：图（a），一种直链碳氢化合物，如己烷，在火花塞打火前，可以被汽油受活塞压缩时产生的热量点燃。这打乱了发动机循环的时间，使发动机产生爆震声。图（b），具有分支结构的碳氢化合物，如异辛烷，不易燃烧，仅通过压缩并不会被点燃，而是在火花塞打火时才被点燃。

图 3-6　汽油泵上显示辛烷值

注：大多数现代汽车发动机设计时的最佳运行用油都是普通辛烷值汽油。对于这类汽车，使用高辛烷值汽油，成本更高但性能更差。

Q2 含有苯环的药物为什么不会致癌？

长期接触苯会增加患癌风险。要知道阿司匹林的结构中就有一个苯环。这是否意味着长期接触阿司匹林会增加人们罹患癌症的风险呢？

实际上，虽然苯和阿司匹林都含有一个苯环，但这两种分子具有不同的整体结构，因此两者具有完全不同的化学性质。所以，虽然苯可能导致患癌，但阿司匹林是治疗头痛的安全药物。

每种含碳有机化合物都有一套独特的物理、化学和生物特性。接下来，就一起来学习如何识别有机化合物的结构。

前文提到，碳有 4 个未配对的价电子。如图 3-7 所示，这些电子中的每一个都可以与另外一个原子（如氢）的电子配对，形成共价键。

在目前讨论的所有碳氢化合物中，包括图 3-7 所示的甲烷，每个碳原子通过 4 个单共价键与 4 个相邻原子键合。这种碳氢化合物被称为饱和碳氢化合物。"饱和"的意思是指每一个碳原子都有尽可能多的原子与之结合。下面来探讨一下碳氢化合物中的 1 个或多个碳原子与少于 4 个相邻原子键合的情况。当碳原子与相邻原子之间的键中至少有一个是多重键时，就会发生这种情况。如果某种碳氢化合物有多重键，比如双键或者三键，那么它就被称为不饱和碳氢化合物。由于多重键的存在，2 个碳键会与不多于 4 个的其他原子的键相连。因此，这些碳原子被称为不饱和碳原子。

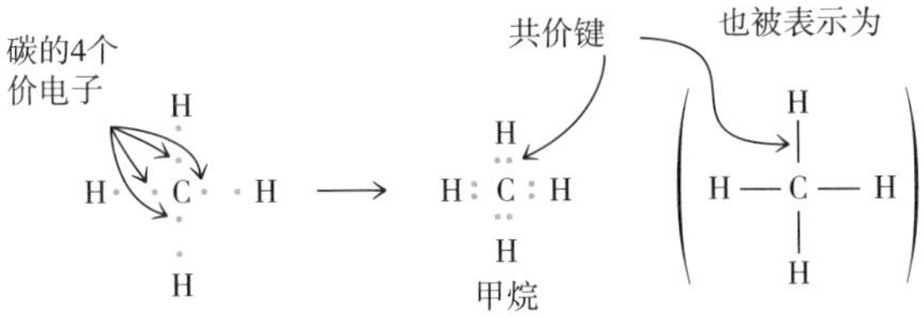

图 3-7 有 4 个价电子的碳原子

图 3-8 比较了饱和烃丁烷和不饱和烃顺 - 2 - 丁烯。丁烷的 2 个处于中间位置的碳原子上分别连着 4 个原子，而顺 - 2 - 丁烯的 2 个处于中间位置的碳原子都只与其他 3 个原子相连，即 1 个氢原子和 2 个碳原子。

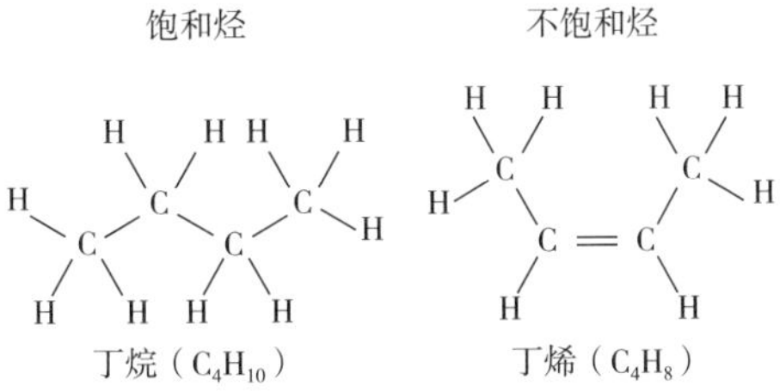

饱和烃的通用名称是烷烃，前文讨论的所有例子都是烷烃。含有一个或多个双键的不饱和烃被称为烯烃。

图 3-8 烃丁烷的碳原子都是饱和

注：由于双键的存在，不饱和烃顺 - 2 - 丁烯的 2 个碳原子只与其他 3 个原子键合，这使其成为不饱和烃。

烯烃双键的一个重要特点是其双键的旋转会受到限制。打个比方，用一根牙签将两颗橡皮糖连接在一起，可以握住其中一颗，同时随意旋转另一颗。然而，当用两根牙签连接这两颗橡皮糖时，这种旋转运动就无法进行了，因为两根牙签只能扭动到某种程度。烯烃的这种特点就是顺式结构。在顺式结构中，大部分碳原子位于双键的同侧，如图 3-9 所示。在反式结构中，大部分碳原子位于双键的异侧。

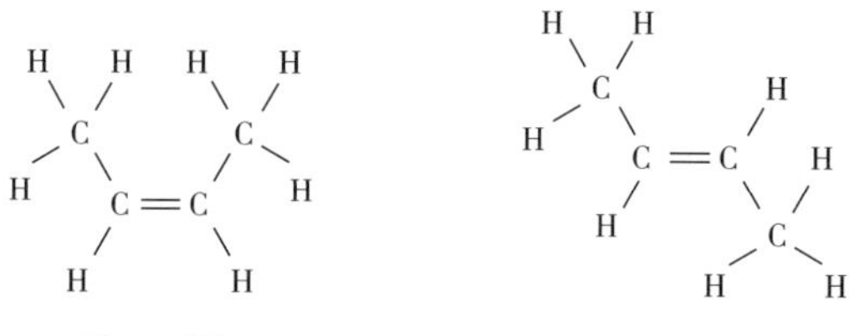

顺-2-丁烯　　　　　　反-2-丁烯

图 3-9　顺式异构体和反式异构体

注：顺式异构体在双键的同侧有大量的碳原子。在反式异构体中，碳原子位于双键的相对侧。

一种重要的不饱和烃（烯烃）是苯（C_6H_6），它具有平面六角环结构，其中包含 3 个双键，如图 3-10a 所示。与大多数其他不饱和烃中的双键电子不同，苯中的双键电子不会被固定在任何 2 个碳原子之间。相反，这些电子在环上自由运动。这通常可以通过在环内画一个圆来表示，如图 3-10b 所示，而不是用双键来表示。

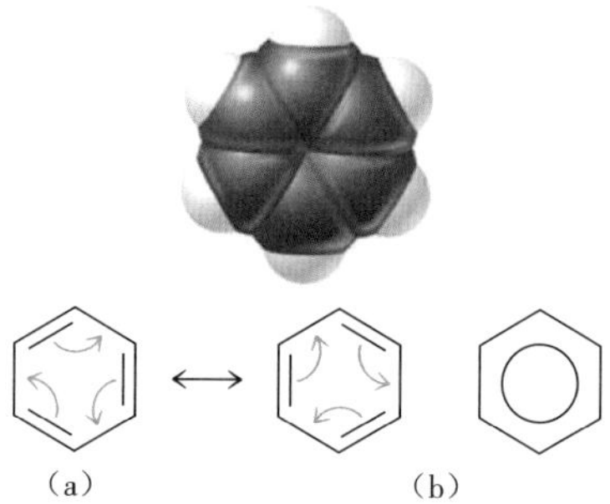

（a）　　　　　　（b）

图 3-10　苯的双键

注：图（a），苯的双键（C_6H_6）都能绕着环移动。图（b），由于这个原因，它们通常用环内的一个圆来表示。

许多有机化合物的结构都含有一个或多个苯环。因为这些化合物中许多具有芳香的气味，所以任何含有苯环的有机分子都被归类为芳香化合物（即使它不是特别香）。图 3-11 中展示了几个例子。甲苯是一种常用的溶剂，可用作油漆稀释剂，有毒性，并且是航模黏合胶独特气味的来源。有些芳香化合物，如萘，含有 2 个或 2 个以上融合在一起的苯环。以前的樟脑丸就是用萘制成的，而现今出售的大多数樟脑丸则是由毒性较低的 1,4 - 二氯苯制成的。

含有三重键的不饱和烃被称为炔烃。乙炔（C_2H_2）是一种含有三键的不饱和烃，常被称为电石气。乙炔在氧气中燃烧的受限火焰温度很高，足以熔化铁，这使得乙炔成为焊接的理想燃料，如图 3-12 所示。炔烃一般不像烷烃或烯烃那样常见。

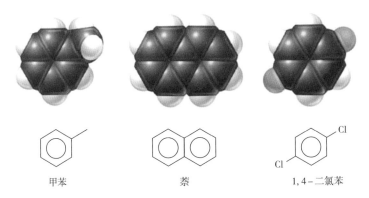

图 3-11　三种芳香化合物

注：三种含有一个或多个苯环的芳香化合物甲苯、萘和 1,4-二氯苯的结构。

图 3-12　乙炔燃烧

注：当乙炔在喷枪中燃烧时，能够产生足以熔化铁的火焰。

Q3 有机化合物为什么形形色色？

　　碳原子可以以多种方式相互结合，并与氢原子结合，这就产生了数量惊人的碳氢化合物。但是碳原子也可以与其他元素的原子结合，进一步增加了有机分子的数量。在有机化学中，除碳原子或氢原子以外的任何原子都被称为异质原子，其中异质的意思是"不同于碳或氢"。正是碳原子可与多种元素原子结合的能力，使得有机化合物种类繁多。

碳氢化合物结构可以作为各种异质原子附着的框架，这类似于圣诞树上面挂满了装饰品。正如装饰物赋予圣诞树特征一样，异质原子赋予有机分子特征并对有机分子的性质产生深远的影响。

乙烷（C_2H_6）和乙醇（C_2H_6O）之间的区别仅在于一个氧原子。乙烷的沸点是 $-88℃$，常温下为气体，而且不易溶于水。相比之下，乙醇的沸点为 $78℃$，常温下为液体，极易溶于水，是酒精饮料的活性成分。乙胺（C_2H_7N）的一个氮原子在相同的双碳结构上。这种化合物是一种腐蚀性强、刺激性强且有剧毒的气体，性质迥异于乙烷或乙醇。

有机分子可以按其所含的官能团进行分类。官能团是指作为一个单元原子的组合。大多数官能团根据它们所含的异质原子进行区分，在图 3-13 中列出了一些常见的官能团。请注意图 3-13 所示的结构不是完整的分子结构，但以蓝色高亮显示的是结合在一起组成一个特定官能团的所有原子。

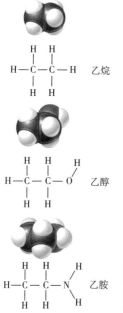
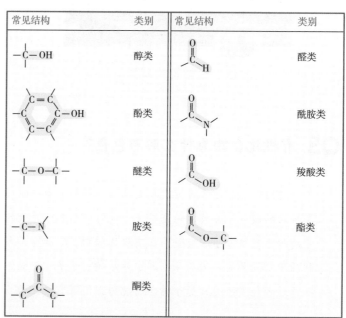

图 3-13　有机分子的官能团

本章其余部分将介绍如图 3-13 所示的有机分子的类别。异质原子在塑造这些分子类别的化学性质中扮演着关键角色。在学习这些材料时，请重点了解各种化合物类别的化学性质和物理性质，因为这能有助于更好地了解有机分子的显著多样性及其多种应用。

Q4 喝太多酒为什么会经历宿醉？

喝酒时，人体会把酒精中的乙醇代谢成乙醛，乙醛的副作用会使人感觉痛苦，比如会恶心、头晕、头痛等，所以喝太多酒的人会经历宿醉。乙醇可以食用，那甲醇呢？

就像身体把乙醇代谢成乙醛一样，甲醇在人体内会被代谢成甲醛（H_2CO）和甲酸（HCO_2H）。甲醛对眼睛有害，可能导致失明，还曾被用来保存生物标本。甲酸是蚂蚁叮咬人或其他生物时释放物质的活性成分，它可以将血液的 pH 值降低到危险的水平。摄入仅约 15 毫升（约 3 汤匙）的甲醇就可能导致失明，摄入 30 毫升左右则可致人死亡。

同样是醇类，甲醇和乙醇为什么会对人体产生完全不同的作用呢？接下来，我们就深入了解醇类的特性。

醇类是有机分子，其中羟基与饱和碳结合。羟基由与氢结合的氧组成。由于氧氢键的极性，低级醇在水中往往可以溶解，而水本身具有很强的极性。表 3-2 列出了一些常见的醇类及其熔点和沸点。美国每年生产超过 50 亿千克的甲醇。大部分甲醇用于制作甲醛和乙酸，它们都是塑料生产的重要原材料。此外，甲醇还被用作溶剂、辛烷值增强剂和汽油中的抗凝剂。甲醇还因其可从木材中获得而被称为木精。此外，乙醇是白酒的主要成分，也是人类制造的最古老的化学品之一。乙醇是通过将各种植物的糖提供给某些酵母，利用发酵过程生产的。乙醇也被广泛用作工业溶剂。以前，工业乙醇是通过发酵制造的，但如今它们则是用石油副产品（如乙烯）制造的，因而成本更低，如图 3-14 所示。

表 3-2 三种简单的胺醇

结构	名称	熔点 /°C	沸点 /°C
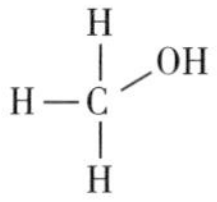	甲醇	97	65
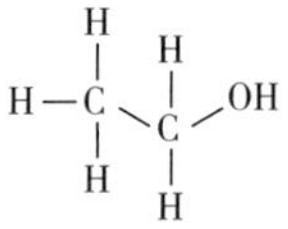	乙醇	115	78
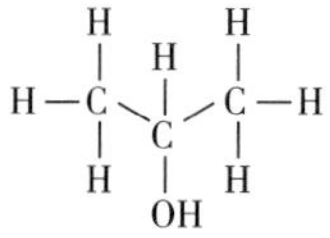	异丙醇	89	82

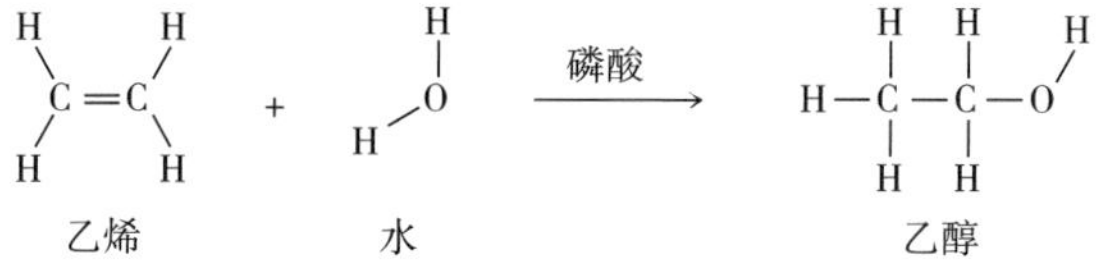

图 3-14 乙醇可由不饱和烃乙烯与水以及作为催化剂的磷酸合成

　　发酵产生的液体乙醇浓度不会超过 12%，因为一旦超过这一浓度，酵母细胞就开始死亡。这就是为什么大多数葡萄酒的酒精含量只有 12% 左右，因为它们完全是通过发酵生产的。要想达到像杜松子酒和伏特加这样的烈性酒精饮料中更高的乙醇浓度，必须对发酵液进行蒸馏。在美国，蒸馏酒精饮料的乙醇含量是以"标准酒精度"来衡量的，是乙醇百分含量的 2 倍。例如，86 度的威士忌按体积算酒精含量为 43%。"标准酒精度"这一术语是从曾经用来测试酒精含量的原始方法演变而来的。将火药在要测试酒精含量的饮料中蘸湿，如果饮料主要是水，火药就不会被点燃。如果饮料中含有大量乙醇，火药就会燃烧，从而侧面佐证了饮料酒精含量。

另外一种众所周知的醇是异丙醇，也称为 2-丙醇，它就是药店出售的外用酒精。虽然 2-丙醇的沸点相对较高，但它很容易蒸发，当将它涂在皮肤上时，会感觉冰凉，因此人们曾用外用酒精给发热的人降温。异丙醇具有很大毒性，要谨记不可误服。用冷水湿润的布代替异丙醇，在退烧方面几乎同样有效，而且安全得多。异丙醇常作为局部消毒剂进行使用。

酚醇含有一个酚基，由一个连在苯环上的羟基组成。由于苯环的存在，羟基的氢在酸碱反应中很容易丢失，使酚基呈弱酸性。

产生这种酸性的原因如图 3-15 所示。酸提供氢离子的容易程度取决于酸在失去氢离子后能够在多大程度上容纳其产生的负电荷。当一个苯酚分子提供氢离子后，它就变成一个带负电荷的苯酚离子。然而，苯酚离子的负电荷并不局限于氧原子。回想一下，苯环上的电子能够绕着环迁移。同样，使苯酚离子带负电荷的电子也能够绕环迁移，如图 3-15 所示。就像几个人通过快速传递一个烫手山芋就能很容易抓住它一样，由于电荷四处移动，苯酚离子也很容易"抓住"负电荷。因为离子的负电荷被很好地容纳，所以酚基的酸性比在其他情况下更强。

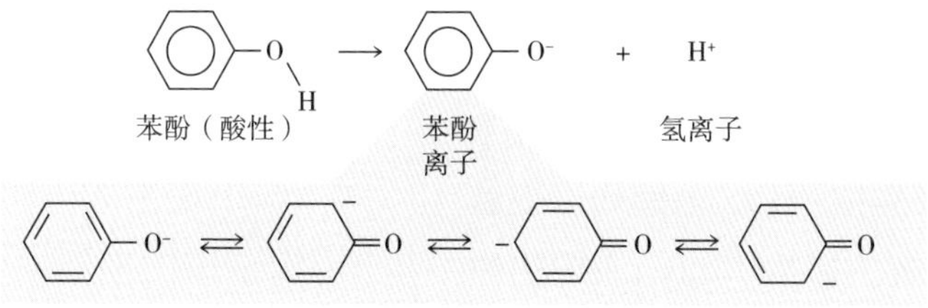

图 3-15　苯酚离子负电荷的环状迁移

注：苯酚离子的负电荷能在苯环上的某些位置迁移。这种迁移率有助于容纳负电荷，这就是为什么酚基团容易提供氢离子。

最简单的苯酚分子结构如图 3-16 所示。1867 年，约瑟夫·李斯特（Joseph Lister）发现了苯酚的防腐价值。他将其应用于手术器械和手术切口，大大提高了病患的手术存活率，苯酚因而成为第一个专门用于抗菌溶液或防腐剂的成分。

然而, 苯酚会损害健康组织, 因此后来人们引入了一些温和的苯酚衍生物。例如, 4–己基间苯二酚通常用在润喉片和漱口水中。这种化合物甚至比苯酚有更大的防腐性能, 但它不会损害组织。李施德林®（Listerine）（正是以约瑟夫·李斯特的名字命名的）漱口水含有防腐酚、麝香草酚和水杨酸甲酯。

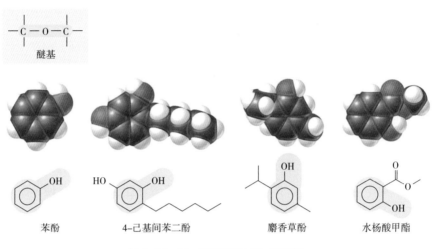

图 3–16　每一种苯酚都含有一种酚基

注: 酚基用蓝色标出。

　　醚是结构上与醇有关的有机化合物。然而, 醚基中的氧原子不是与碳原子和氢原子结合, 而是与 2 个碳原子结合。如图 3–17 所示, 乙醇和二甲醚的化学式相同, 都是 C_2H_6O, 但它们的物理性质却大不相同。乙醇的沸点是78℃, 在室温下呈液态。二甲醚的沸点是–25℃, 在室温下呈气态, 不易溶于水。

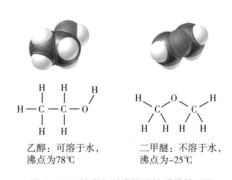

乙醇: 可溶于水, 沸点为78℃　　二甲醚: 不溶于水, 沸点为–25℃

图 3–17　醇类和醚类物理性质截然不同

注: 醇类（如乙醇）中的氧原子与 1 个碳原子和 1 个氢原子结合。醚类（如二甲醚）中的氧原子与 2 个碳原子结合。由于这种差异, 分子质量相似的醇类和醚类却具有截然不同的物理性质。

　　醚类在水中不易溶解, 因为没有羟基, 它们不能与水形成强氢键。此外, 由于没有极性羟基, 所以醚类分子间的分子吸引力相对较弱，只需很少能量就能将乙醚分子彼此分离，这就是为什么低质量醚类具有相对较低的沸点并容易挥发。

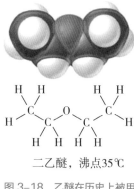

二乙醚，沸点35℃

图 3–18 乙醚在历史上被用作麻醉剂

乙醚是最早出现的全身麻醉剂之一，如图 3–18 所示。这种化合物的麻醉特性是在 19 世纪初发现的，它的使用彻底改变了外科手术实践。由于乙醚在室温下具有高挥发性，吸入后可以迅速进入血液。由于乙醚在水中的溶解度较低，挥发性高，因此一旦被吸入便可很快离开血液。由于这些物理特性，只需通过调节呼吸的气体，便可让手术患者进入或脱离全身麻醉状态（无意识状态）。现代的某些气体麻醉药的副作用要比乙醚更少，但作用原理都是相同的。

Q5 为什么咖啡和茶在热水中冲泡更有效？

许多低质胺最显著的物理性质之一是它们令人讨厌的气味。图 3–19 展示了两种恰当命名的胺——腐胺和尸胺，这种命名部分来自它们发出的腐肉气味。

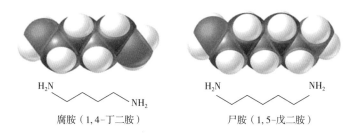

腐胺（1,4-丁二胺）　　　　尸胺（1,5-戊二胺）

图 3–19 低分子质量的胺往往带有难闻的气味

表 3–3 展示了三种简单的胺。

表 3-3　三种简单的胺

结构	名称	熔点 /℃	沸点 /℃
 $-NH_2$	乙胺	-81	17
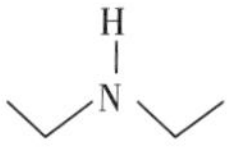 H N	二乙胺	-50	55
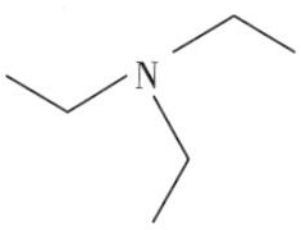 N	三乙胺	-7	89

　　胺通常是碱性的，因为氮原子容易接受氢离子，如图 3-20 所示。自然界中发现的一类碱性胺是生物碱。由于许多生物碱具有药用或其他生物作用，因此人们尝试从含有生物碱的植物或海洋生物中分离这些化合物。图 3-21 中展示的一种生物碱（如咖啡因）与酸反应生成一种通常溶于水的盐。这与生物碱的未离子化形式（游离碱）形成鲜明对比，游离碱通常不溶于水。

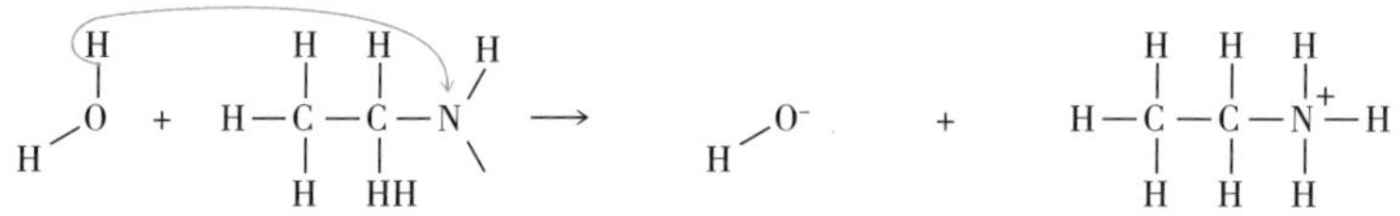

水（酸）　　　乙胺（碱）　　　氢氧根离子　　　乙基铵离子

图 3-20　乙胺是一种弱碱

注：乙胺作为弱碱，从水中接受氢离子成为乙基铵根离子。此反应生成少量氢氧根离子，使溶液的 pH 值略微升高。

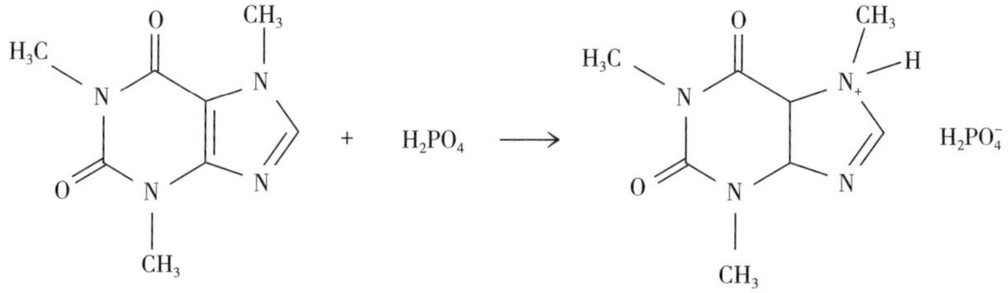

咖啡因，游离碱　　　磷酸　　　咖啡因-磷酸盐
型（不溶于水）　　　　　　　　（水溶性）

图 3-21　所有生物碱都是碱，与酸反应生成盐

注：咖啡因与磷酸反应，两者都是碳酸饮料中常见的成分。

大多数生物碱在自然界中不是以游离碱的形式存在，而是一种天然酸盐，被称为单宁。这些酸的生物碱盐通常在热水中比在冷水中更容易溶解。咖啡和茶中的咖啡因以单宁盐的形式存在，这就是咖啡和茶需要用热水冲泡的原因。图3-22解释了单宁是这些饮料会产生污渍的原因。

图3-22　咖啡中的单宁具有着色效果

注：咖啡中的单宁会导致咖啡杯或咖啡饮用者的牙齿上出现棕色污渍。单宁呈酸性，用小苏打等碱性清洁剂就可以很容易地去除这些污渍。

○———— 趣味课堂 ————●

为什么大部分含咖啡因的软饮料也含有磷酸？

磷酸与咖啡因反应形成咖啡因磷酸盐，它比天然存在的单宁盐更易溶于冷水。有趣的是，它还为舌头增添了令人愉悦的刺痛感。

Q6 水杨酸是如何进化成阿司匹林的？

水杨酸是一种有趣的有机化合物，它同时含有羧酸和苯酚，存在于柳树的树皮中，如图3-23a所示。19世纪，人们使用的水杨酸不是从柳树皮中获取的，而是从煤焦油中提炼的。水杨酸曾是一种重要的退烧药，也是一种重要的镇痛药。由于水杨酸含有两个酸性官能团，因此它的酸度相对较高，会引起恶心和胃部不适。很多人认为水杨酸的治疗体验比疾病本身更糟糕。

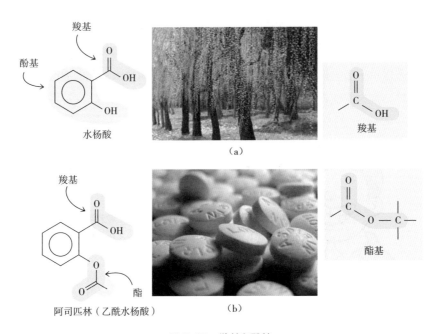

图 3-23　羧基和酚基

注：图（a），在柳树树皮中发现的水杨酸是同时含有羧基和酚基分子的一个例子。图（b），阿司匹林即乙酰水杨酸，其酸性比水杨酸低，因为它不再含有酸性酚基，其酚基已转化为酯。

费利克斯·霍夫曼（Felix Hoffmann）是拜耳公司的一名化学家，他在 1897 年将乙酰基加入水杨酸的酚基，据拜耳公司的说法，霍夫曼的灵感来自他的父亲，因为他的父亲一直在抱怨水杨酸的副作用。

拜耳公司将这一种新药命名为阿司匹林，如图 3-23b 所示。阿司匹林的英文是 aspirin，其中 a 代表乙酰，spir 源于 spirea（绣线菊），绣线菊是水杨酸的另一种天然来源。in 是药物的常用后缀。第一次世界大战后，拜耳公司作为一家德国公司，失去了"阿司匹林"这一名称的使用权。直到 1994 年，拜耳公司才重新以 10 亿美元的天价获得了该名称的使用权。

那么，为什么将乙酰基加入水杨酸的酚基就能有效缓解水杨酸的副作用呢？要想解答这个问题，需要了解羰基化合物的一般性质。

羰基是由与一个氧原子形成双键的碳原子组成。羰基存在于如酮、醛、酰胺、羧酸和酯等有机化合物中。

酮是一种含有羰基的有机分子，其中羰基碳键合在 2 个碳原子上。酮的一个常见例子是丙酮，它常存在于洗甲剂的成分中，如图 3-24a 所示。在醛类中，羰基碳原子要么与 1 个碳原子结合，要么与 1 个氢原子结合，如图 3-24b 所示。或者，比如甲醛，作为最简单的一种醛，其羰基碳原子与 2 个氢原子相结合，如图 3-24c 所示。

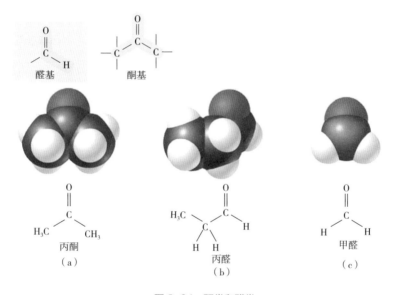

图 3-24　酮类和醛类

注：图（a），当羰基碳原子与 2 个碳原子键合时，就会形成酮，如丙酮。图（b），当羰基碳原子与至少 1 个氢原子键合时，就会形成醛，如丙醛。图（c），最简单的醛是甲醛，它有 2 个氢键与羰基碳原子结合。

许多醛类都有特别的香气。例如，一些花之所以散发令人愉快的气味就是因为醛的存在。柠檬、肉桂和杏仁的气味分别来自柠檬醛、肉桂醛和苯甲醛。这三种醛的结构如图 3-25 所示。另一种醛香兰素（又名香草醛）在本章开头介绍过，是一种可以从香草兰种子荚中获取的关键调味剂。

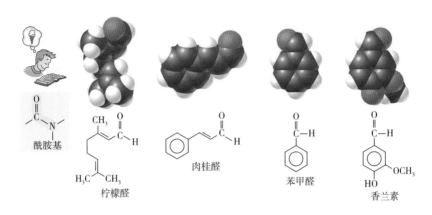

图 3-25　醛是许多熟悉的香味的来源

香草种子荚和香草提取物是相当昂贵的。而仿制的香草调料比较便宜，因为它只是一种复合香兰素溶液，是由木浆工业的废弃化学物质合成的，成本较低。然而，仿制香草的味道与天然香草提取物不一样，因为除了香兰素外，许多其他香味分子使天然香草产生了更为多样的味道。许多在无酸纸之前制造的书都有香草味，随着纸张老化，香兰素形成并释放，纸张的老化过程因纸上含酸而加速。

酰胺是一种含有羰基的有机化合物，其中羰基碳原子与氮原子结合。大多数驱蚊剂的活性成分是一种酰胺，其化学名称为 N, N-二乙基间甲苯酰胺，但商业上称其为避蚊胺，如图 3-26 所示。该化合物实际上不是杀虫剂。相反，它会导致某些昆虫（尤其是蚊子）失去方向感，这就有效地保护涂抹避蚊胺的人免受叮咬。

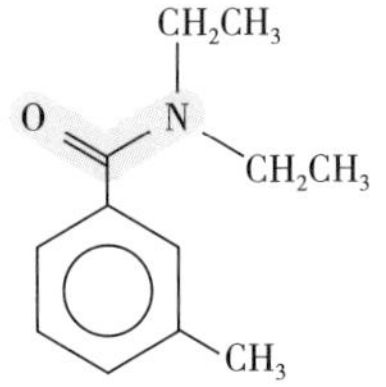

图 3-26　N, N-二乙基间甲苯酰胺

注：酰胺包含酰胺基团，在图中用蓝色高亮显示。

羧酸是一种含有羰基的有机分子，其中羰基碳原子连着 1 个羟基。顾名思义，该官能团能够提供氢离子，因此含有它的有机分子呈弱酸性，比如乙酸就是醋中除水之外的主要成分。

与酚类物质一样，羧酸的酸性部分是由于其官能团能够容纳氢离子分离后形成的带负电荷的离子。如图 3-27 所示，当失去氢离子时，羧酸转化为羧酸盐离子。

羧酸盐离子的负电荷分布在两个氧离子之间。这种扩散有助于容纳负电荷。

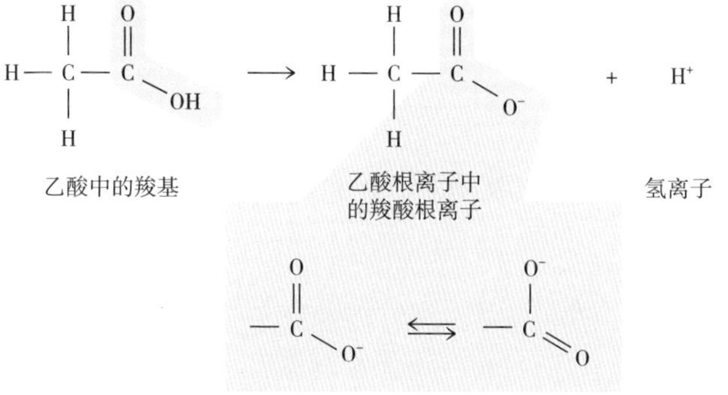

图 3-27　羧酸离子的负电荷分布在羧基的两个氧原子上

　　酯是一种类似于羧酸的有机分子，但在酯中，羟基氢被碳取代。与羧酸不同，酯不是酸性的，因为它们缺乏羟基的氢组。像醛一样，许多简单的酯有很浓的香味，经常被用作调味品。表 3-4 中列出了一些大家熟悉的酯。

表 3-4　一些酯类及其香料和气味

结构	名称	味道／气味
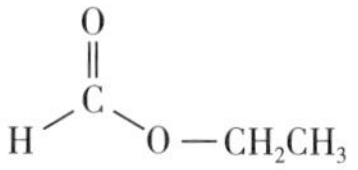	甲酸乙酯	朗姆酒味
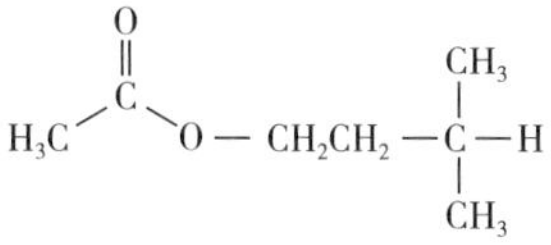	乙酸异戊酯	香蕉味
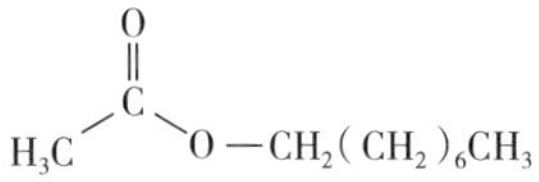	乙酸辛酯	橙子味
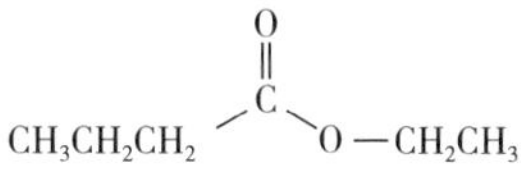	丁酸乙酯	菠萝味

　　将羧酸溶解在酒精中，然后将混合物放入硫酸等强酸煮沸，很容易合成酯。水杨酸和甲醇能够合成水杨酸甲酯。水杨酸甲酯产生一种冬青的气味，是制作硬糖果的常见原料。

Q7　化学家是如何合成有机分子的？

　　在自然界，有些有机分子比其他分子更难合成。后文会介绍抗癌药物紫杉醇（Taxol®）的结构。这种化合物能有效治疗乳腺癌，但很可惜，在自然界中产量极少，只能从紫杉树中提取。这激发了有机化学家团队利用容易获得的原料合成紫杉醇分子的决心。

　　1994年，斯克里普斯研究所的 K. C. 尼古劳（K. C. Nicolaou）首次完成了紫杉醇的全合成，这是紫杉醇研究领域的一项重大成就。此后，其他研究人员对紫杉醇的合成方法进行了优化，这标志着抗癌研究方面的巨大进步。

　　紫杉醇的合成并不是孤例，很多有机化学家将大部分时间投入具有实际应用价值的有机分子合成研究中，如能在农业或制药等行业发挥重要作用的有机分子合成研究。这些分子通常是从自然界中分离出来的有机化合物，但数量较少。

　　有机化学家们为了合成大量这类化学物质，精心设计了一条合成路径，从而在实验室中用可获取的少量化合物合成所需数量的化合物。一旦成功合成，实验室中产生的化合物的化学性质与从自然界中发现的化合物完全相同。换句话说，它们将具有相同的物理性质和化学性质，并将具有相同的生物效应。

　　有机化学家是如何合成复杂的有机分子的？一种常见的方法是观察所需化合物的结构，并设想切断某些容易重新形成的化学键。例如，他们可能会想象将某个结构一分为二。然后再将每一半拆分成更简单的片段。从本质上说，化学家采用的是逆向思维，从想要的化学产品入手，反向推导出构建该产品所需的较小反应分子列表。这种方法被称为逆合成分析。然后，他们在实验室中根据合成方案尝试进行实际的合成。然而，事情很少能完全按计划发展，所以他们会根据需要调整合成方案。总的来说，这个过程需要对如何建立各种化学键的深刻理解、丰富的创造力以及运气和毅力。

为了说明具体的实现过程，我们以榆树皮甲虫的信息素——双环缩酮类信息素的逆合成分析为例，如图 3-28 所示。这类信息素是一种芳香化合物，是由未交配的雌甲虫在发现丰富的食物来源比如榆树时释放的，具有独特的气味。雄甲虫会寻着气味找到榆树上的雌甲虫。雄甲虫携带荷兰榆树病的真菌，因此它趴伏的树会被感

图 3-28　榆树皮甲虫信息素

注：榆树皮甲虫信息素是一种天然信息素，只由雌性榆树皮甲虫产生很少的数量。

染。这种甲虫只产生少量的信息素，通过人工合成大量的信息素作为诱饵，可以设置陷阱来捕捉雄甲虫，从而防止疾病的传播。这种诱捕害虫的方法比使用杀虫剂更可取，因为许多杀虫剂不仅会杀死益虫，而且有可能污染食品。

双环缩酮类信息素的化学结构，可能看起来很复杂，如图 3-29 所示。然而，图中这位知识渊博的有机化学家认识到，通过使羰基与相邻的两个羟基反应，可以很容易地生成与单个碳原子键合的两个氧原子，如第一个逆合成步骤所示。

所以如果这位化学家能创造出化合物 2，那么她离制成所需的产品就只有一步之遥。然后她认识到，化合物 2 可以由化合物 3 制成，而化合物 3 又可以由化合物 4 制成。仔细研究化合物 4，这位经验丰富的化学家认识到，在羰基旁边 2 个原子位置处的化学键很容易形成。这导致她将化合物 4 均匀地分解成化合物 5 和化合物 6。化合物 5 可以从化学品供应公司购买，而化合物 6 也可以买到，同上，化合物 6 只需要几步就可以合成 8。

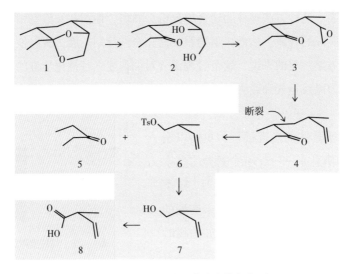

图 3-29 榆树皮甲虫信息素的逆合成分析

注：商业上可获得的正向合成的起始材料标记在粉红色图中。

Q8 为什么塑料都很便宜?

人造聚合物，也被称为合成聚合物，构成了通常被称为塑料的材料。目前使用的合成聚合物有两大类：加成聚合物和缩合聚合物。

如表 3-5 所示，加成聚合物和缩合聚合物有广泛的用途。这些聚合物完全是由人类设计的，在现代生活中无处不在。

例如，在美国，合成聚合物已经超过钢铁成为使用最广泛的材料，而且价格非常便宜。低廉的价格说明人造聚合物非常容易合成吗? 接下来，我们一起学习聚合物是如何利用单体合成的。

表 3-5 加成聚合物和缩合聚合物

聚合物	重复单元	常用途	资源回收编码
加成聚合物			
聚乙烯（PE）	$\cdots\overset{\overset{\displaystyle H}{\mid}}{\underset{\underset{\displaystyle H}{\mid}}{C}}-\overset{\overset{\displaystyle H}{\mid}}{\underset{\underset{\displaystyle CH_3}{\mid}}{C}}\cdots$	塑料袋、瓶子	♷ 2 HDPE　♷ 4 LDPE
聚丙烯（PP）	$\cdots\overset{\overset{\displaystyle H}{\mid}}{\underset{\underset{\displaystyle H}{\mid}}{C}}-\overset{\overset{\displaystyle H}{\mid}}{\underset{\underset{\displaystyle CH_3}{\mid}}{C}}\cdots$	室内外地毯	♷ 5 PP
聚苯乙烯（PS）	$\cdots\overset{\overset{\displaystyle H}{\mid}}{\underset{\underset{\displaystyle H}{\mid}}{C}}-\overset{\overset{\displaystyle H}{\mid}}{\underset{\underset{\displaystyle C_6H_5}{\mid}}{C}}\cdots$	塑料器皿、绝缘材料	♷ 6 PS
聚氯乙烯（PVC）	$\cdots\overset{\overset{\displaystyle H}{\mid}}{\underset{\underset{\displaystyle H}{\mid}}{C}}-\overset{\overset{\displaystyle H}{\mid}}{\underset{\underset{\displaystyle Cl}{\mid}}{C}}\cdots$	浴帘、油管	♷ 3
缩合聚合物			
聚对苯二甲酸乙二醇酯（PETE）	$\cdots\overset{\overset{\displaystyle O}{\|\|}}{C}-\bigcirc-\overset{\overset{\displaystyle O}{\|\|}}{C}-O-CH_2CH_2-O\cdots$	衣服、塑料瓶	♷ 1 PET

聚合物是由被称为单体的重复分子单元组成的超长分子，如图 3-30 所示。单体具有相对简单的结构，每个分子由 4 ～ 100 个原子组成。当单体链在一起时，它们可以形成每个分子包含数十万个原子的聚合物。这些大分子仍然太小，肉眼无法看到。然而，它们是亚微观世界的巨人，如果一个典型的聚合物分子像风筝线一样粗，那它就有 1 千米长。

图 3-30　聚合物是由许多较小的单体分子连接在一起组成的长分子

加成聚合物

加成聚合物是通过单体单元的连接而形成的。要做到这一点，每个单体必须包含至少一个双键。当每个双键中的 2 个电子相互分离，与相邻单体分子形成新的共价键时，就发生了聚合，如图 3-31 所示。在这个过程中，没有原子丢失。因此，加成聚合物的总质量等于其所有聚合物的单体质量之和。

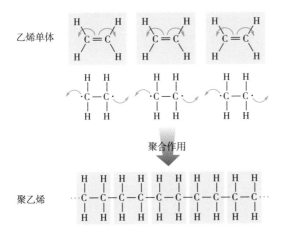

图 3-31 聚乙烯

注：加成聚合物聚乙烯的形成过程是，乙烯单体分子中的双键电子分离，转变成未配对的自由价电子。每个未配对的自由价电子与相邻碳原子的 1 个未配对电子结合，形成新的共价键，从而将 2 个单体单元连接在一起。

美国每年生产近 1 200 万吨聚乙烯，相当于每个美国公民约 40 千克。合成聚乙烯的单体乙烯是可以从石油中大量提取的一种不饱和烃。

（a）高密度聚乙烯（HDPE）的分子链　　（b）低密度聚乙烯（LDPE）的分子链

图 3-32 低密度聚乙烯和高密度聚乙烯的分子链

注：图（a），高密度聚乙烯的分子链能够紧密地聚集在一起，就像未煮熟的意大利面一样紧密排列。图（b），低密度聚乙烯的分子链具有分支结构，这阻碍了分子链之间的紧密贴合。

高密度聚乙烯（HDPE），如图 3-32a 所示，由紧密排列在一起的长链直链分子组成。这些分子链的紧密对齐排列使 HDPE 成为一种具备一定的刚性且坚韧的塑料，可用于制造瓶子和牛奶壶等物品。低密度聚乙烯（LDPE），如图 3-32b 所示，由带有众多分支的分子链组成，这种结构阻碍了分子键之间的紧密贴合。这使得低密度聚乙烯比高密度聚乙烯更容易弯曲，并使熔点更低。高密度聚乙烯在沸水中也能保持形状不变，低密度聚乙烯则会在高温下变形。低密度聚乙烯适用于制造塑料袋、摄影胶卷、电线绝缘材料等物品。

　　加成聚合物也是通过其他单体合成的。唯一的要求是单体必须含有双键或三键。例如，单体丙烯能够聚合形成聚丙烯，如图3-33所示。聚丙烯是一种坚韧的材料，适用于制造管道、硬壳手提箱和电器配件。聚丙烯纤维可用于室内装潢、室内外地毯，甚至制作保暖内衣。

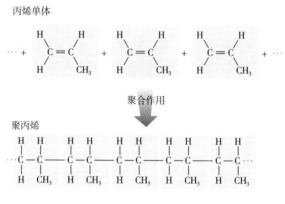

图 3-33　丙烯单体聚合形成聚丙烯

　　　图 3-34 显示了以苯乙烯为单体可得到聚苯乙烯。透明塑料杯以及其他众多家庭用品是由聚苯乙烯制成的。将空气吹入液态聚苯乙烯，可以制成聚苯乙烯泡沫塑料杯，这种材料广泛用于生产咖啡杯、包装材料和绝缘材料。

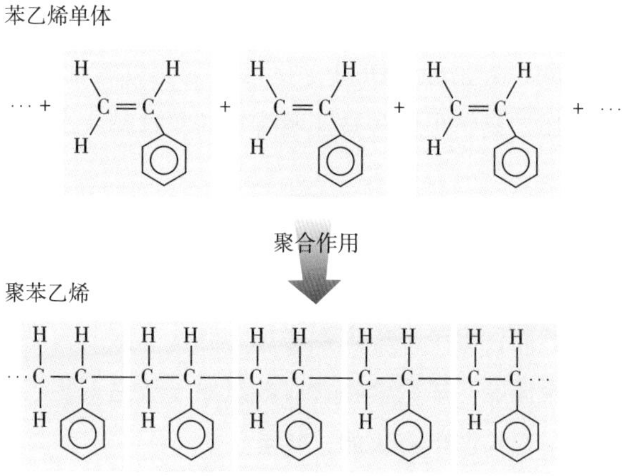

图 3-34　苯乙烯单体聚合形成聚苯乙烯

另外一个重要的加成聚合物是聚氯乙烯，它坚韧、容易塑形。地砖、浴帘和管道通常由聚氯乙烯制成，如图 3-35 所示。

图 3-35　常用于制造日常用品的
聚氯乙烯

注：聚氯乙烯坚韧，容易成型，这就是为什么它经常被用来制造日常用品。

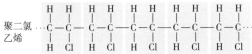

像聚氯乙烯这样的硬质聚合物可以通过加入被称为增塑剂的小分子增加其柔韧性。例如，纯聚氯乙烯是一种坚韧的材料，非常适合制造管道。与增塑剂混合之后，聚氯乙烯变得柔韧，可用于制造浴帘、玩具以及现在大多数家庭日常用品。在众多增塑剂中，邻苯二甲酸酯类增塑剂较为常用。科学研究表明，这类增塑剂会对生殖器官的发育造成影响，尤其会对胎儿和儿童造成极大危害。为此政府和制造商现在正在努力逐步淘汰这些增塑剂。但是一些邻苯二甲酸盐，如邻苯二甲酸二异壬酯（DINP），已被证明危害性要小得多。应该禁止所有邻苯二甲酸酯还是只禁止那些被证明有害的？这是一个尚未解决的问题。

加成聚合物聚偏二氯乙烯，如图 3-36 所示，曾被用来制作食品保鲜膜。这种聚合物中含有较大的氯原子，通过偶极子诱导的偶极子吸引力粘在玻璃等表面上。然而，出于环境因素考虑，有些品牌的食品包装现在是由聚乙烯制成的。原来的聚偏氯乙烯聚合物含有的氯原子数是聚氯乙烯所含原子数的两倍，因此在燃烧时很容易产生有害的二噁英。

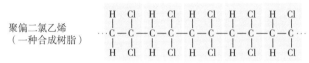

聚偏二氯乙烯
（一种合成树脂）

图 3-36　聚偏二氯乙烯中的许多较大的氯原子使这种加成聚合物变黏

加成聚合物聚四氟乙烯，如图 3-37 所示，就是广为人知的特氟龙（Teflon®）。含氟的特氟龙有一个不黏的表面，因为特氟龙中的氟原子不容易产生分子间的吸力。此外，由于碳氟键异常稳固，特氟龙极耐高温。这些特性使特氟龙成为烹饪器具表面涂层的理想材料。它也是相对惰性的，这就是人们选择用特氟龙制作的容器运输或储存腐蚀性化学物质的原因。

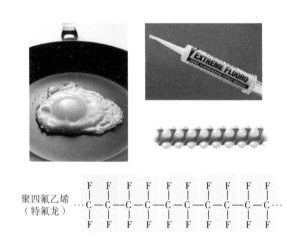

聚四氟乙烯
（特氟龙）

图 3-37　聚四氟乙烯

注：聚四氟乙烯中的氟原子往往不会产生分子间的吸引力，这就是为什么这种加成聚合物被用作不黏涂层和润滑剂。

缩合聚合物

缩合聚合物的形成过程涉及单体单元的连接，而这种连接伴随着失去 1 个小分子（如水或盐酸）。任何能够成为缩合聚合物一部分的单体都必须在两端各有

1 个官能团。当两个这样的单体聚在一起形成缩合聚合物时，第一个单体的 1 个官能团与另外一个单体的 1 个官能团连接。其结果是形成 1 个具有 2 个末端官能团的双单体单元，2 个原始单体各贡献 1 个末端官能团。这些末端官能团可以自由地与第三个单体的官能团中的 1 个连接，然后是与第四个单体中的末端官能团连接。这样，就构建了 1 个高分子链。

　　图 3-38 显示了尼龙这种缩合聚合物的合成过程。该聚合物由两种不同的单体组成：一种是己二酸，它含有两个反应性端基羧基；另一种是己二胺，它的两个反应性端基均为胺基。己二酸分子的一端和六甲基胺分子的一端可以相互反应，在此过程中生成水分子。当两个单体结合后，反应性末端仍然存在，以继续进一步的反应，从而导致聚合物链持续增长。除了用作针织品，尼龙还广泛用于制造绳索、降落伞、服装和地毯等。

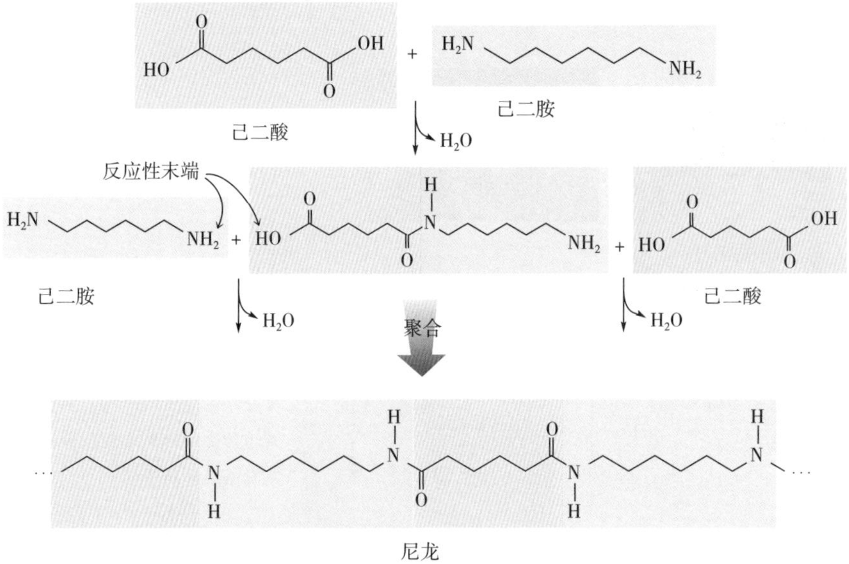

图 3-38　己二酸和己二胺聚合形成缩合聚合物尼龙

　　另外一种广泛使用的缩合聚合物是聚对苯二甲酸乙二醇酯（PET 或 PETE），它是由乙二醇和对苯二甲酸聚合而成，如图 3-39 所示，塑料饮料瓶就是用这种聚合物制成的。此外，PETE 纤维以达克隆（Dacron™）聚酯纤维的形式出售，可用于制作服装、枕头及睡袋填充物。PETE 薄膜，可以涂上金属颗粒制成录音磁带，或者制作你在杂货店收银台看到的那些有金属外观的气球。

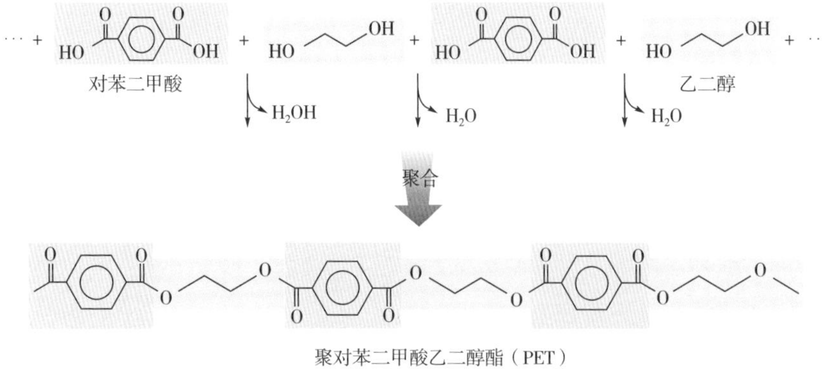

对苯二甲酸　　　　　　　　　　　　　　　　乙二醇

H_2OH　　　　　　H_2O　　　　　　H_2O

聚合

聚对苯二甲酸乙二醇酯（PET）

图 3-39　对苯二甲酸和乙二醇聚合形成缩合聚合物聚对苯二甲酸乙二醇酯

含有三个反应性官能团的单体也可以形成聚合物链。这些链相互锁扣在一个刚性的三维网络中，赋予了聚合物极大的强度和耐久性。这些缩合聚合物一旦成形就不能重熔或重塑，因此它们是热固性材料。硬塑料盘子和台面都是用这种材料制成的。与之类似的聚合物胶木，由含有多个氧原子的甲醛和酚类物质制成，用于胶合板和刨花板的粘结。胶木在 20 世纪初被合成，是最早被广泛使用的聚合物。

在过去的半个多世纪里，合成聚合物工业有了显著的发展。仅美国的聚合物年产量就从 1950 年的约 13.5 亿千克增长到 2010 年的 450 亿千克以上。今天，很难找到一种完全不包含塑料的消费品。

在不久的将来，新型聚合物将凭借卓越的性能和广泛的应用前景，成为人们关注的焦点。图 3-40 展示了一个有趣的应用。

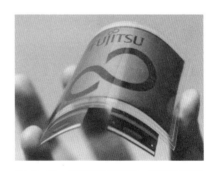

图 3-40　平面视频显示器由聚合物制造

注：现在的柔性平面视频显示器被称为 OLED（有机发光二极管），是由聚合物制造的。

我们已经制造出了导电聚合物，它们有的能发光，有的能够替代身体部位，还有的比钢更坚韧但更轻。想象一下，合成聚合物通过将太阳能转化为化学能来模拟光合作用，或者有效地将淡水从海水中分离。这些不是梦想。它们是化学家们已经在实验室里证明的现实。聚合物的未来发展前景明朗。

Q9　是什么让塑料得以发展？

18 世纪，天然橡胶以其能擦去铅笔痕迹而闻名，这就是"橡皮"一词的起源。然而，天然橡胶几乎没有其他用途，因为它在高温下会变黏，低温下会变脆。

1839 年，美国发明家查尔斯·古德伊尔（Charles Goodyear）发现了橡胶硫化现象。硫化橡胶由天然橡胶和硫加热形成，是一种半固态、有弹性的天然聚合物。天然橡胶的基本化学单位是聚异戊二烯，是由异戊二烯分子聚合形成的，如图 3-41 所示。

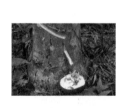
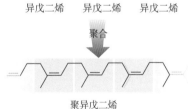

图 3-41　异戊二烯分子聚合
　　　　　形成聚异戊二烯

注：聚异戊二烯在橡胶树的树液中含量丰富。异戊二烯是天然橡胶的基本化学单体。

硫化橡胶比天然橡胶硬，但在很大的温度范围内能够保持弹性。这是二硫醚在聚合物单体链之间形成的交联的结构，如图 3-42 所示。为了满足对硫化橡胶日益增长的需求，人们现在也开始利用石油生产聚合物橡胶（聚异戊二烯）。

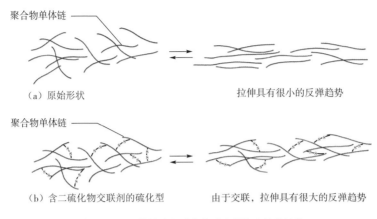

聚合物单体链 ——

（a）原始形状　　　　　　　　　　　拉伸具有很小的反弹趋势

聚合物单体链 ——

（b）含二硫化物交联剂的硫化型　　　由于交联，拉伸具有很大的反弹趋势

图 3-42　天然橡胶与硫化橡胶中的聚合物单体链

注：图（a），当拉伸时，天然橡胶中的聚异戊二烯单体链段会相互滑动，使橡胶保持拉伸状态。图（b），当硫化橡胶被拉伸时，硫的交联键会将这些键段固定在一起，使橡胶恢复原来的形状。

古德伊尔是一位典型的古怪发明家。他一生的大部分时间生活贫困，却痴迷于将橡胶转化为有用的材料。古德伊尔身体状况不佳，离世时仍债务缠身，但他坚忍乐观。今天的世界知名轮胎制造商之一——固特异轮胎橡胶公司（Goodyear），创立于古德伊尔去世 15 年后，该公司的名字就是为了向他致敬而取的。

古德伊尔最先打开了大规模开发和使用弹性高分子材料的大门，他的贡献是橡胶工业乃至高分子材料划时代的里程碑。古德伊尔不仅是硫化橡胶的发明人，也为塑料工业的兴旺发展奠定了基础。

医用敷料的诞生

1845 年，随着硫化橡胶的普及，有一次，瑞士化学教授克里斯蒂安·舍恩拜因（Christion Schönbein）用一块棉布擦去硝酸和硫酸的混合物，然后将棉布挂起来晾干。几分钟后，棉布突然燃烧起来，然后只留下一点点灰烬。由此，施恩宾发现了硝化纤维素，其中纤维素中的大多数羟基都与硝酸盐基团结合，如图 3-43 所示。施恩宾尝试将硝化纤维素作为无烟火药（枪棉）销售，但没有成功，主要是因为生产这种材料的工厂发生了严重的爆炸。

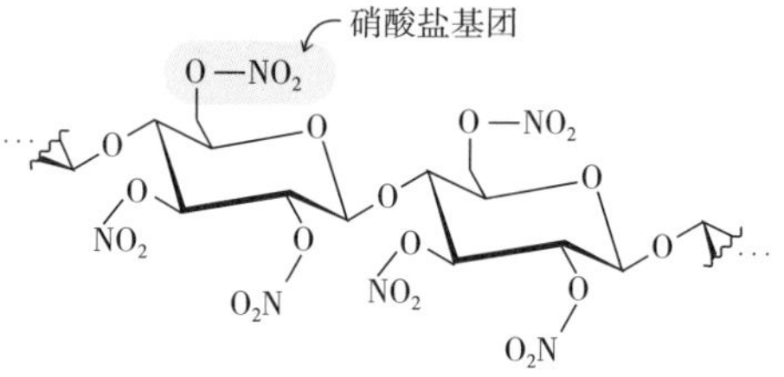

硝酸盐基团

硝化纤维素（硝酸纤维素）

图 3-43　硝化纤维素

注：硝化纤维素也被称为硝酸纤维素，由于它内含的许多硝酸基团促进了氧化反应的发生，因此具有很高的可燃性。

　　法国研究人员发现，乙醚和酒精等溶剂能够将硝化纤维素转化为一种凝胶，这种凝胶可被塑造成各种形状。这种可加工的硝化纤维素材料被称为火棉胶，它的首次应用是作为创口的医用敷料。

从赛璐珞到胶木

　　1870 年，来自纽约奥尔巴尼的年轻发明家约翰·海厄特（John Hyatt）发现，使用樟脑作为溶剂可使火棉胶的可塑性大大提高。这种樟脑基硝化纤维素材料被命名为赛璐珞，是制造许多日用品（如梳子和发扣）的首选塑料。此外，透明的赛璐珞薄膜为感光化合物提供了极好的支持，这对摄影行业来说是福音，也是电影业发展的第一步。

　　尽管赛璐珞性能优良，但高度易燃仍然是它的主要缺点。今天，市面上为数不多的由赛璐珞制成的产品之一是乒乓球，如图 3-44 所示。

　　大约 1899 年，从比利时移民到美国的化学家利奥·贝克兰（Leo Baekeland）研制出了一种感光性极佳的照相乳剂。他把自己的发明卖给了乔治·伊

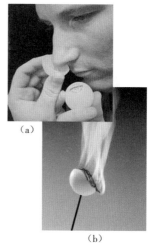

（a）

（b）

图 3-44　刚切开的乒乓球有樟脑气味

注：图（a），闻一闻刚切开的乒乓球，你会闻到很浓的樟脑气味，这与治疗肌肉酸痛的发热霜的气味相同。这种樟脑气味来自制作乒乓球的赛璐珞。图（b），乒乓球会迅速燃烧，因为它们是由硝化纤维素制成的。

斯曼（George Eastman），后者将赛璐珞胶卷和他的便携式柯达相机一起销售，发了大财。贝克兰预计他的发明不会超过 5 万美元，但伊斯曼最初 75 万美元的出价令他感到格外震惊（以今天的美元计算，大约为 2 500 万美元）。贝克兰因此突然成了一个非常富有的人，他可以自由地追求化学梦想。

贝克兰分析了一种焦油状固体的成分，这种固体曾在阿尔弗雷德·冯·拜尔（Alfred von Baeyer）的实验室中生产。拜尔是德国化学家，也是阿司匹林开发的先驱。尽管拜尔认为这种固体毫无价值，但贝克兰认为它是一座金矿。

几年后，贝克兰开发了一种树脂，将其倒入模具，然后在加压的情况下加热后，它会固化成透明的正极。贝克兰树脂是甲醛和苯酚的混合物，聚合形成复杂的网络构造，如图 3-45 所示。

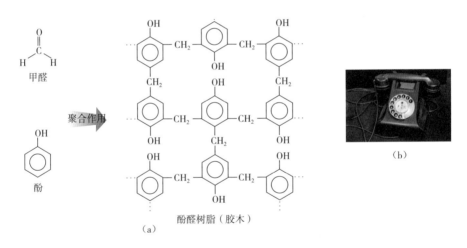

图 3-45 胶木分子网络的二维效果

注：图（a），实际结构在所有三个维度上都有投影。图（b），第一部手持式电话机是用胶木制成的。

贝克兰称这种固化的物质为胶木，它耐强酸、强碱、极端温度以及几乎任何溶剂。胶木很快取代赛璐珞作为一种成型介质，并在接下来几十年里大大拓展应用范围。直到 20 世纪 30 年代，随着热固性聚合物的出现，胶木在不断发展的塑料工业中的主导地位才开始受到挑战。

第一张保鲜膜是玻璃纸

玻璃纸起源于 1892 年，当时英国的查尔斯·克罗斯（Charles Cross）和爱德华·贝文（Edward Bevan）发现，用浓氢氧化钠和二硫化碳处理纤维素会产生一种厚厚的、糖浆状黄色液体，他们称之为粘胶。将粘胶挤到酸性溶液中会产生一种坚韧的纤维素长丝。今天，人们用它来制造合成绸布，因此这种纤维素长丝也被称为人造丝，并通过如图 3-46 所示的金属模具的孔挤出。

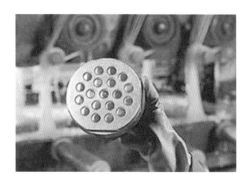

图 3-46　金属模具

注：粘胶纤维至今仍被用于制造合成纤维人造丝。纤维以粘胶的形式形成，并通过金属模具上的孔挤出。

1904 年，瑞士纺织化学家雅克·布兰德伯格（Jacques Brandenberger）发现餐馆服务员经常将只有轻微污渍的优质桌布丢掉。在当时使用粘胶纤维时，他有一个想法，就是把它挤出来，不是做成纤维，而是做成一种透明薄片，铺在桌布上，就可以使桌布不被弄脏，而且这层透明薄片易于清理。1913 年，布兰德伯格制成了一种薄薄的透明纤维素片，他将其命名为玻璃纸。

几年之内，杜邦公司买下了玻璃纸的技术专利。玻璃纸能够密封产品，使其远离灰尘和细菌。与纸或锡箔纸不同，玻璃纸是透明的，因此消费者可以看到里面的东西，如图 3-47 所示。玻璃纸的这些特性，对 20 世纪 30 年代刚刚出现的超市业态来说，是巨大的推动因素。然而，也许玻璃纸对消费者最大的吸引力是它的光泽。市场营销人员很快就发现，肥皂、罐头和高尔夫球等几乎任何产品，用玻璃纸包裹都会更受欢迎。

图 3-47　玻璃纸改变了商品的销售方式

聚合物在第二次世界大战中获胜

20 世纪 30 年代，美国使用的天然橡胶 90% 以上来自马来西亚。然而，1941 年 12 月，珍珠港遭到袭击，美国加入第二次世界大战后的几天里，日本占领了马来西亚。因此，这使橡胶资源不丰富的美国面临第一次自然资源危机。这种情况对军事的影响是毁灭性的，因为没有轮胎橡胶，军用飞机和吉普车就毫无用处。1930 年，杜邦公司的化学家华莱士·卡罗瑟斯（Wallace Carothers）开发了石油基合成橡胶，由于比天然橡胶贵得多，因此没有得到广泛应用。然而，由于得不到马来西亚的橡胶，而战争仍在进行，成本不再是问题。全国各地都建立了合成橡胶工厂，几年之内，合成橡胶年产量从 2 000 吨上升到大约 80 万吨。

同样在 20 世纪 30 年代，英国科学家开发了雷达，用于追踪雷暴。随着战争的临近，这些科学家开始思考在军用飞机上安装雷达。然而，为了使雷达设备足够轻，不影响飞机飞行，他们需要在雷达的电线上涂上某种电绝缘体。幸好，他们发现，英国当时刚刚发明的聚合物——聚乙烯是一种理想的电绝缘体。安装雷达的飞机速度很慢，但在夜间或恶劣天气飞行时，可以探测、拦截和摧毁敌机。

其他对第二次世界大战结果有重大影响的聚合物包括尼龙（Nylon®）、有机玻璃（Plexiglas®）、聚氯乙烯、聚偏二氯乙烯（Saran™）和聚四氟乙烯（Teflon®）。尼龙于 1937 年发明，它在制造绳索、降落伞和服装方面用途广泛。有趣的是，刚推出不久的抗撕扯尼龙袜，在战争期间极为流行，经常被士兵们作为礼物交换，或用来偿还债务。有机玻璃，是一种被化学家称为树脂玻璃的聚合物，如图 3-48 所示。这种外形像玻璃但可塑性好又轻的材料成为战斗机和轰炸机的炮手掩体穹顶的理想选择。

聚氯乙烯是在 20 世纪 20 年代由许多化学公司开发的。然而，这种材料的缺点是，在受热时会失去弹性。1929 年，百路驰公司的化学家沃尔多·西蒙（Waldo Semon）发现 PVC 可以通过添加增塑剂制成可加工材料。当西蒙看到妻子用橡胶棉缝制浴帘时，萌生了用塑化 PVC 做浴帘的想法。然而，聚氯乙烯的其他用途很晚才出现，直到第二次世界大战，这种材料才被认为是帐篷和雨具的理想防水材料。战后，PVC取代胶木成为制作留声机唱片的材料。

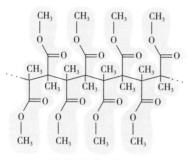

聚甲基丙烯酸甲酯

图 3-48　聚甲基丙烯酸甲酯及其应用

注：其中体积较大的侧基阻止聚合物链彼此对齐。这使得光线很容易穿过这种坚韧、透明、轻质、可塑性高的材料。

聚偏二氯乙烯最初被设计用于保护剧院座位的保护罩，以防止口香糖的粘附，在第二次世界大战中被用作海上航行中火炮设备的保护性包装材料。（在聚偏二氯乙烯出现之前，为了保护火炮免受腐蚀，标准的操作程序是将火炮拆开并为其涂上润滑脂。）战后，这种聚合物很快就取代了玻璃纸，成为有史以来最受欢迎的食品包装，比如图 3-49 所示的萨兰（Saran）品牌保鲜膜。由于与聚偏二氯乙烯相关的环境问题逐渐显现，聚乙烯现在拥有了最广泛使用的食品包装的头衔。

图 3-49　带切边的萨兰保鲜膜包装盒

1953 年，陶氏化学公司为其萨兰包装品牌推出了现已广为人知的带有切边的保鲜膜包装盒。

20 世纪 30 年代末，特氟龙的发现者们列出了这种新材料的"不能"清单。它不会燃烧，也不会在高温下完全融化。相反，在华氏 620

度时，它凝结成凝胶方便成型。它不导电，抗霉菌和真菌，不溶于任何溶剂，抗酸抗碱。最值得注意的是，没有什么东西可以粘在它上面，即使是口香糖也不行。

面对上述情况，杜邦不太确定该如何处理特氟龙。1944 年，政府研究人员找到该公司，他们迫切需要一种具有极高惰性的材料，制造用在第一颗核弹中的分离铀 –235 设备的阀门和管道。因此，特氟龙找到了它的第一个应用。

人们对塑料的态度已经改变

战时的成功经验为塑料的普及铺平了道路。在战后几年内，人们欣然接受了塑料材料。20 世纪 50 年代，涤纶作为羊毛的替代品被引进。与此同时，企业家伊尔·特百（Earl Tupper）创造了一系列聚乙烯食品容器，被称为特百惠（Tupperware®）。

20 世纪 60 年代，是环境觉醒的 10 年，许多人开始认识到塑料的负面影响。由于廉价、一次性和不可生物降解，塑料很容易作为垃圾或填埋的废弃物堆积。然而，随着石油变得唾手可得、价格低廉，以及依赖塑料的婴儿潮一代人口的增长，几乎没有什么能阻止塑料消费产品需求的不断扩大。

1977 年，塑料超过钢铁成为美国生产的头号材料。同时，人们对环境的担忧也持续增长，20 世纪 80 年代，塑料回收计划开始实施。尽管塑料回收的效率仍有提高的空间，但我们现在生活在一个利用回收塑料瓶可以制成价值不菲的运动夹克的时代。

要点回顾

- 碳氢化合物中碳原子的连接方式可能不同。主要有三种碳氢化合物：戊烷、异戊烷和新戊烷。这些碳氢化合物具有相同的分子式，但结构彼此不同。

- 每种含碳有机化合物都有一套独特的物理、化学和生物特性。

- 碳原子可以以多种方式相互结合，并与氢原子结合，这就产生了数量惊人的碳氢化合物。但是碳原子也可以与其他元素的原子结合，进一步增加了有机分子的数量。

- 醇类是有机分子，其中羟基与饱和碳结合。羟基由与氢结合的氧组成。由于氧氢键的极性，低级醇在水中往往可以溶解，而水本身具有很强的极性。

- 自然界中发现的一类碱性胺是生物碱。由于许多生物碱具有药用或其他生物作用，因此人们尝试从含有生物碱的植物或海洋生物中分离这些化合物。

- 羰基是由与一个氧原子形成双键的碳原子组成。羰基存在于酮、醛、酰胺、羧酸和酯等有机化合物中。

- 很多有机化学家将大部分时间投入具有实际应用价值的有机分子合成研究中，如能在农业或制药等行业发挥重要作用的有机分子合成研究。这些分子通常是从自然界中分离出来的有机化合物，但数量较少。

- 人造聚合物，也被称为合成聚合物，构成了通常被称为塑料的材料。目前使用的合成聚合物有两大类：加成聚合物和缩合聚合物。

- 塑料在第二次世界大战后被人们欣然接受，但到了 20 世纪 60 年代，许多人开始认识到塑料的负面影响。由于廉价、一次性和不可生物降解，塑料很容易作为垃圾或填埋的废弃物堆积。20 世纪 80 年代，塑料回收计划开始实施。

CONCEPTUAL
CHEMISTRY

04

组成生命的养分是什么？

妙趣横生的化学课堂

- 为什么说细胞是"牢房"？

- 为什么饼干越嚼越甜？

- 为什么动物在冬季来临前会变胖？

- 皱纹是如何爬上脸颊的？

- 人类为什么来自同一个祖先？

- 为什么吃油炸食品会对健康不利？

- 运动员为什么不能使用兴奋剂？

- 膳食金字塔为什么是健康的？

人如其食。我们从所吃的食物中吸收分子，然后利用这些分子来获取能量，或者将它们整合到赋予我们身体形态和功能的各种结构中。有趣的是，生物体内没有一个分子是"永久居民"。在 10 年之内，人体中的大多数分子都会被新的分子所取代——你今天的身体和 7 年前的身体完全不一样。

尽管你体内的分子不断被替换，但指导这些分子组装的遗传密码仍然基本相同。这类似于我们从同卵双胞胎身上看到的情况。同卵双胞胎由不同的分子组成，但拥有几乎相同的遗传密码。也就是说，没有人会声称同卵双胞胎是同一个人。同样，你和过去的自己也有所不同。也许一个人的身体不是一成不变的，而是每时每刻都在不断重建。虽然本章无法保证对各种有趣的问题都能给出深刻见解，但可以让你对构成生物体的分子有基本的认识，并帮助你了解它们在你身体中发挥的非凡作用。

Q1 为什么说细胞是"牢房"？

几乎所有生物体的基本单位都是"细胞"。通常情况下，细胞非常小，你需要用显微镜才能看到它。例如，大约 10 个平均化的人体细胞才可以填满这句话末尾的句号。图 4-1 显示了一个典型的动物细胞和一个典型的植物细胞。

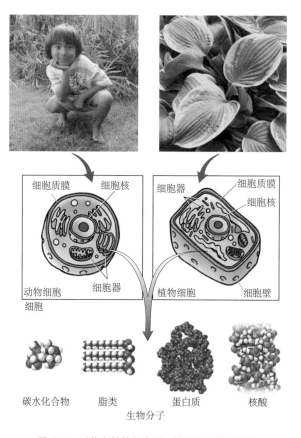

图 4-1　动物和植物的宏观、微观和亚微观视图

注：生物分子的原子用不同颜色表示，其中白色为氢元素，
黑色为碳元素，红色为氧元素，蓝色为氮元素，橙色为磷元素。

　　每个细胞都有一个质膜。细胞质膜不仅是一个边界，它还可以控制分子进出细胞，并且是发生重要化学反应的场所。在动物细胞中，细胞质膜是细胞的最外层，但植物细胞的细胞质膜被一层刚性的细胞壁所包围，这层细胞壁能够保护细胞并使它们具有一定的结构。

　　所有细胞都包含一个细胞核，其中包含遗传密码。细胞质膜和细胞核之间的一切物质都是细胞质，它由悬浮在黏性液体中的各种微结构组成。这些微结构叫作细胞器，能够在合成、储存和输出重要的生物分子，以及从食物和氧气中生产能量方面协同工作。

　　构成细胞的生物分子绝大多数是碳水化合物，另外还含有脂质、蛋白质及少量核酸。除此之外，大多数细胞反应需要少量维生素和矿物质才能正常发挥作用。我们现在讨论所有类别的生物分子。

Q2　为什么饼干越嚼越甜？

　　如果把饼干放进嘴里，尽可能慢慢咀嚼而不吞咽，你就会感觉到，饼干在嘴里停留的时间越长，味道就越甜。这是因为，唾液会产生唾液淀粉酶，酶是一种有助于加速化学反应的大生物分子。

　　换句话说，酶是一种催化剂，能够促进生物分子发生反应，如食物分子的分解。唾液淀粉酶会把没有什么味道的复杂淀粉分子分解成具有甜味的简单碳水化合物分子。

　　要想了解酶的具体运作机制，首先要了解什么是碳水化合物。

　　碳水化合物是由光合植物产生的有机分子，含有碳、氢和氧元素。碳水化合物一词源于这样一个事实：植物利用碳（大气中的二氧化碳）和水制造这些分子。糖是碳水化合物的同义词，单糖（一糖）是基本的碳水化合物单位。

　　单糖中的每个碳原子与至少一个氧原子结合，通常在一个羟基内。单糖有很多种。葡萄糖和果糖的结构如图 4-2 所示。单糖是双糖的基本单位，双糖是含有两个连接在一起的单糖单元的碳水化合物分子，如图 4-3 所示。

　　图 4-3 显示了蔗糖——最常见的双糖。在消化道中，蔗糖很容易分解成葡萄糖和果糖。

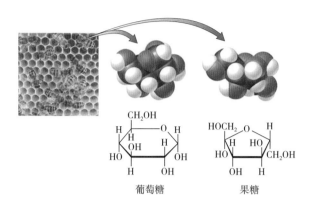

图 4-2　两种常见的单糖葡萄糖和果糖的结构

注：蜂蜜是葡萄糖和果糖这两种单糖的混合物。葡萄糖有一个六元环，果糖有一个五元环。

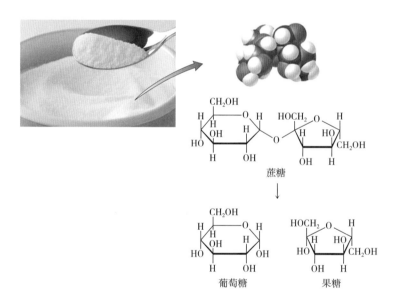

图 4-3　蔗糖在消化过程中会分解成葡萄糖和果糖

注：双糖，如蔗糖，由两个化学键合的单糖单元组成，在消化过程中会分解。

　　如图 4-4 所示，乳糖也是一种重要的双糖。乳糖是牛奶中的主要碳水化合物。在消化道中，乳糖会被乳糖酶分解成单糖半乳糖和葡萄糖。大多数儿童的身体在大约 6 岁前会生成大量乳糖。随着年龄的增长，这种酶的生成量减少，导致一些成年人体内几乎不再生成乳糖。这会导致乳糖不耐受，它是一种因摄入牛奶或奶制品而引发腹胀、胀气和疼痛痉挛的现象。这些症状是由某些肠道细菌大力消化乳糖引起的。这个过程会产生大量气体，如氢气，为了缓解这些症状，一些奶制品中会添加某些成分，来抑制消化道内产生气体的细菌的活性。一些乳糖不耐受的人在食用牛奶或奶制品之前，会预先将市面上可买到的乳糖酶添加到牛奶或奶制品中。

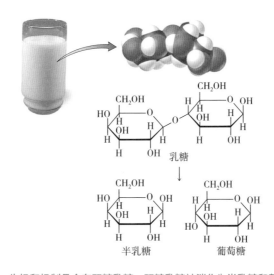

图 4-4　牛奶和奶制品含有双糖乳糖，双糖乳糖被消化为半乳糖和葡萄糖

单糖和双糖被归类为简单的碳水化合物。之所以使用简单这个词，是因为这些食物分子仅由一两个单糖单位组成。大多数简单的碳水化合物都有甜味，因此也被称为糖。

多糖是复合碳水化合物

前文提到，聚合物是由重复的单体单元组成的大分子。单糖是构成多糖这类生物分子聚合物的基本单位，每个多糖分子含有数百到数千个单糖单元。多糖可以由任意类型的单糖单元构建。例如，我们的骨关节由多糖透明质酸润滑，透明质酸由葡萄糖醛酸和 N-乙酰氨基葡萄糖交替组成，如图 4-5a 所示。

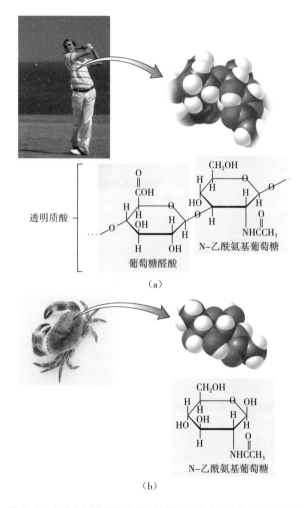

图 4-5　人体骨关节的润滑剂和螃蟹外骨骼中的壳多糖都是多糖

注：图（a），透明质酸是一种多糖，由葡萄糖醛酸和 N-乙酰氨基葡萄糖组成，是骨关节的润滑剂。图（b），昆虫、螃蟹、虾和龙虾的外骨骼主要由壳多糖组成，壳多糖是一种只含有 N-乙酰氨基葡萄糖单元的多糖。

　　昆虫及螃蟹和虾等海洋生物的外骨骼（保护壳）等，是由壳多糖组成的。壳多糖是一种坚硬、有弹性的多糖，由单糖 N-乙酰氨基葡萄糖组成，如图 4-5b 所示。

被称为虫胶的木质清漆含有昆虫外骨骼
中的壳多糖。现在，人们将粉末状的壳
多糖用作膳食纤维补充剂。

尽管多糖可以由任意类型的单糖单
元组成，但人类饮食中的多糖仅由葡萄糖
组成。这些多糖包括淀粉、糖原和纤维素，
它们的不同之处在于葡萄糖单元连接在一
起的方式。

所有多糖，尤其是我们饮食中的多糖，
都被称为复合碳水化合物。复合是指众多
单糖单元连接在一起。

碳水化合物	
简单的糖	**复合的糖**
单糖	多糖
葡萄糖	透明质酸
果糖	几丁质
二糖	淀粉
蔗糖	糖原
乳糖	纤维素

淀粉

淀粉是由植物产生的一种多糖，用来储存在光合作用过程中形成的大量葡萄
糖。光合作用是植物将太阳能转化为糖分子中的化学能的过程。在阴天或晚上，
淀粉聚合物分解成葡萄糖，为植物提供持续的能量。

动物也可以从植物淀粉中获得葡萄糖，这使植物淀粉成为一种至关重要的食
物来源。大多数植物把它们产生的淀粉储存在种子中或根部。

植物可以产生两种形式的淀粉：直链淀粉和支链淀粉，如图 4-6 所示。在
直链淀粉中，葡萄糖单元以盘绕的非支链形式连接在一起。在支链淀粉中，葡萄
糖单元以周期性分支的盘绕链形式连接在一起。面包和马铃薯等大多数淀粉类食
物所含的淀粉，大约包含 20% 的直链淀粉和 80% 的支链淀粉。当这些食物被消
化时，葡萄糖单元从链的末端断裂。

在图 4-6 中你可以看到，支链淀粉存在分支，并且比直链淀粉拥有更多末端。因此，支链淀粉释放葡萄糖单元的速度比直链淀粉释放葡萄糖单元的速度快。

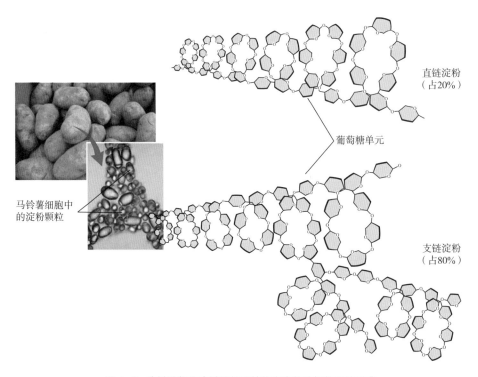

图 4-6　直链淀粉和支链淀粉是植物产生的淀粉的两种形式

动物将多余的葡萄糖转化为糖原储存起来，糖原是一种由数百种葡萄糖单元组成的聚合物，类似于植物中的淀粉，因此有时也被称为动物淀粉。

糖原的结构与支链淀粉非常相似，但具有更加丰富的分支，如图 4-7 所示。

在两餐之间，当葡萄糖水平下降时，身体会将糖原代谢为葡萄糖。因此，糖原是人体中的葡萄糖储备。这些糖原大部分储存在我们的肝脏和肌肉组织中。

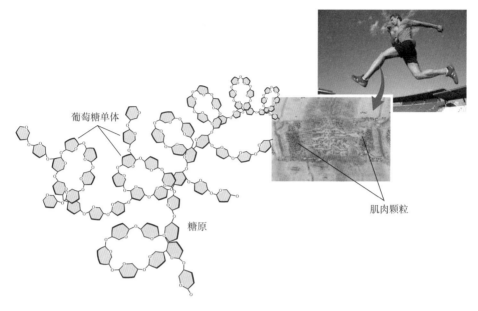

葡萄糖单体

糖原

肌肉颗粒

图 4-7　肌肉组织中的糖原颗粒

注：复合碳水化合物糖原是一种储存于动物组织中的葡萄糖的聚合物。

纤维素

　　纤维素是植物细胞壁的主要成分，也是由葡萄糖组成的一种大分子多糖。然而，纤维素中的葡萄糖与淀粉和糖原中的葡萄糖略有不同。如图 4-8 所示，纤维素中的葡萄糖与淀粉中的葡萄糖的唯一区别是其中一个羟基的方向不同。因为在纤维素中，这个特殊的羟基参与了葡萄糖单元的连接，所以葡萄糖单元的连接方式受到影响从而发生了变化。

　　淀粉和糖原中的葡萄糖单元通过所谓的 α 键连接，从而导致多糖链更为卷曲。纤维素的葡萄糖单元则通过 β 键连接。这种连接方式使键是直的、舒展的、不分枝的。纤维素分子的这两个属性使多糖链像未煮熟的意大利面一样排列。这种排列最大限度地增加了纤维链之间的氢键数量，使纤维素成为一种坚韧的材料。植物以纵横交错的方式产生微小的纤维素纤维，如图 4-9 所示，从而增加了它们的结构强度。

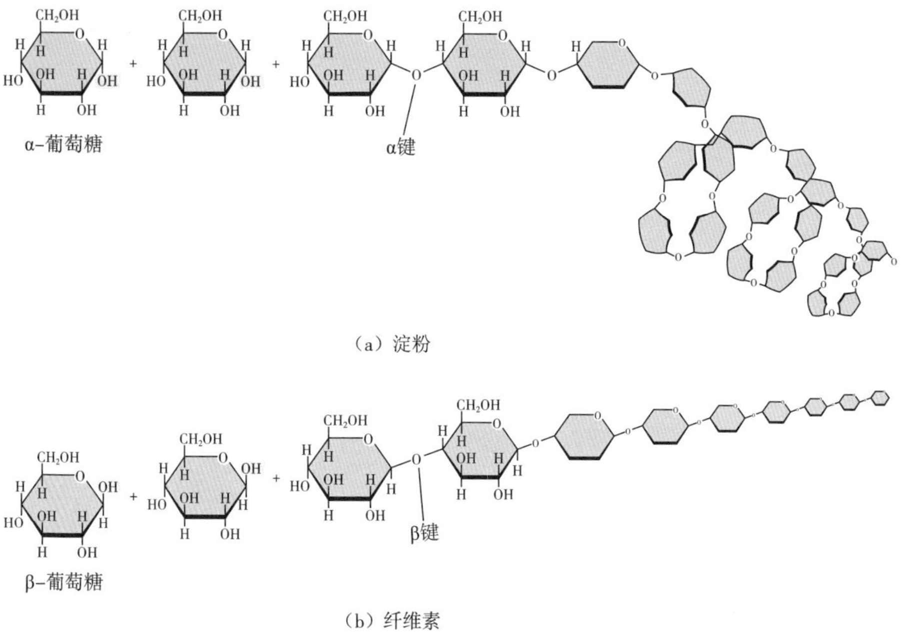

α-葡萄糖　　　　　　　　　　　α键

（a）淀粉

β-葡萄糖

β键

（b）纤维素

图 4-8　淀粉和纤维素的葡萄糖单元以不同的方向结合

注：图（a），在淀粉中，α-葡萄糖单元的聚合导致多糖链趋于卷曲。图（b），在纤维素中，β-葡萄糖单元的聚合导致多糖链趋于舒展，因此可以彼此对齐。

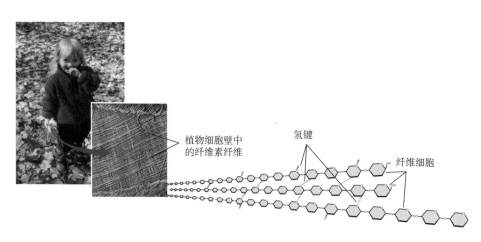

植物细胞壁中的纤维素纤维

氢键

纤维细胞

图 4-9　纤维素与氢键

注：植物中的纤维素链，都是通过氢键连接在一起的。这些微观纤维以纵横交错的方式排列，从而在许多方向上都具有很强的韧性。

纤维素是所有植物的主要结构成分。棉花几乎由纯纤维素构成。木材同样主要由纤维素构成,并且其强度可以支撑高达 30 米的树木屹立不倒。纤维素是迄今为止地球上含量最丰富的有机化合物之一。大多数动物,包括人类,都无法将纤维素分解成其单体单元——葡萄糖。相反,我们吃的食物中的纤维素是一种膳食纤维,有助于调节人体肠道运动。在大肠中,纤维素基纤维吸收水分,具有通便的作用。因此,这些纤维素会使废物的移动速度更快,但与此同时也夹杂着有害细菌和毒素,包括致癌物质。食木白蚁和食草反刍动物(如牛、绵羊和山羊)消化道中的微生物可以将纤维素分解为葡萄糖。严格来说,白蚁和反刍动物无法消化纤维素,但它们能消化由生活在其体内的微生物消化纤维素时产生的葡萄糖,如图 4-10 所示。

(a)   (b)

图 4-10　白蚁无法消化纤维素,但能消化葡萄糖

注:图(a),白蚁。图(b),白蚁消化其消化道中的葡萄糖。这些葡萄糖是在白蚁消化道中的微生物消化纤维素时产生的。

Q3 为什么动物在冬季来临前会变胖?

生活在寒冷气候中的动物(如海象和其他极地动物)往往会在冬季来临前变胖,这是因为它们长出了厚厚的脂肪层。在食物普遍匮乏的冬季,脂肪不仅是一种能量来源,还可以使身体内部与冬季寒冷的温度相隔绝。脂肪真的对身体非常有益吗?

脂类是一类广泛存在的生物分子。尽管结构多样，但由于其分子结构主要由碳氢化合物组成，因此所有脂类都不溶于水。接下来，我们将讨论两种重要的脂类：脂肪和类固醇。

脂肪用于产生能量和隔热

脂肪是由甘油、丙三醇（$C_3H_8O_3$）和 3 个脂肪酸分子发生反应所形成的生物分子，如图 4-11 所示。脂肪酸是一类长链羧酸，通常在其中一端的末尾含有一个羧酸基团。通常，碳链包括偶数个碳原子（12 ~ 18 的偶数），并且可以是饱和的，也可以是非饱和的。前文提到，饱和链不含碳－碳双键，而不饱和链则含有一个或多个碳－碳双键。注意，和碳水化合物一样，脂肪只含有碳、氢和氧三种元素。脂肪和碳水化合物具有相似的元素，因为植物和动物都是利用碳水化合物合成脂肪。然而，这两种生物分子的结构存在显著差异，通过比较图 4-8 和图 4-11，你可以很容易地发现这一点。因为脂肪是由 3 个脂肪酸和甘油合成的，所以通常被称为甘油三酯。

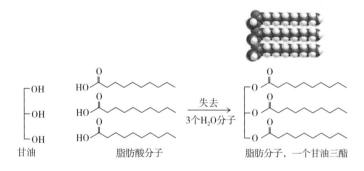

图 4-11　典型的脂肪分子

注：该分子也被称为甘油三酯，是由 1 个甘油单元和 3 个脂肪酸分子组成的。
注意，这个反应涉及 3 个酯官能团的形成。

脂肪储存在身体局部区域的现象被称为脂肪沉积。这些"矿床"是重要的能源库。脂肪沉积在皮肤正下方，帮助我们抵御寒冷，这对海象来说同样是个好消息，如图 4-12 所示。而心脏和肾脏等重要器官可以起到缓冲作用，防止脂肪沉积带来的伤害。

图 4-12　海象和其他极地物种通过皮下厚厚的脂肪层来抵御寒冷

　　脂肪在消化的同时，释放的能量比消化等量的碳水化合物或蛋白质所产生的能量要多得多。1 克脂肪含有约 38 千焦（约 9 大卡）能量，但 1 克碳水化合物或 1 克蛋白质中仅包含 17 千焦能量（约 4 大卡）。（回想一下，食物的能量含量通常以卡路里为单位，并用大写字母 C 表示。其中 1 大卡 = 1 千卡 = 1 000 卡路里。）

　　如图 4-13a 所示，饱和脂肪酸分子能够紧密地聚集在一起，因为饱和脂肪酸的线性链很容易相互对齐。诱导偶极相互作用的吸引物将排列的链固定在一起。这使得饱和脂肪（如牛肉中的饱和脂肪）的熔点相对较高，因此，它们在室温下往往以固体的形式存在。由不饱和脂肪酸组成的脂肪被称为不饱和脂肪。它们在出现双键的地方会发生"扭结"，如图 4-13b 所示。

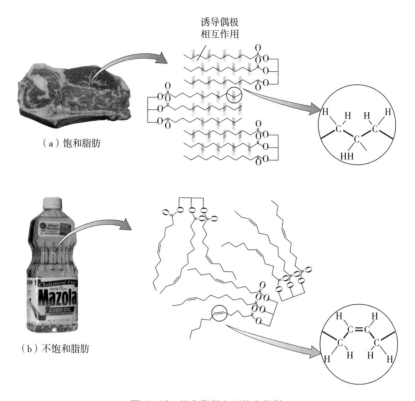

图 4-13　饱和脂肪与不饱和脂肪

注：图（a），由于脂肪酸链之间存在分子吸引力，因此饱和脂肪在室温下通常是固体。
图（b），由于脂肪酸链的扭结抑制了分子吸引力，因此不饱和脂肪在室温下通常是
液体。

　　扭结能够抑制排列，因此，不饱和脂肪往往具有相对较低的熔点。这些脂肪
在室温下是液体，通常被称为油。大多数植物油在室温下是液体，因为它们含有
较高比例的不饱和脂肪。

　　动物脂肪和植物脂肪是不同脂肪分子的混合物，这些脂肪分子具有不同的不
饱和度。每条脂肪酸链只含有一个碳-碳双键的脂肪分子，是单不饱和脂肪分子。
每个脂肪酸链含有一个以上碳-碳双键的脂肪分子，是多不饱和脂肪分子。表4-1
显示了在一些广泛使用的膳食脂肪中，饱和、单不饱和和多不饱和脂肪所占的
比例。

表 4-1　一些常见脂肪的不饱和度

脂肪或油	总脂肪酸含量百分比 /%		
	饱和	单不饱和	多不饱和
椰子油	93	6	1
棕榈油	57	36	7
猪油	44	46	10
花生油	21	49	30
橄榄油	15	73	12
玉米油	14	29	57
大豆油	14	24	62
油菜油	6	58	36

含有 4 个碳环的类固醇

类固醇是脂类中的一种，有一个由 4 个融合碳环组成的系统。如图 4-14 所示，胆固醇是迄今为止人体内含量最丰富的类固醇之一，它是生物合成几乎所有其他类固醇的原料，包括性激素雌二醇和睾酮。

激素是由身体的一个部位产生的影响身体其他部位的化学物质。例如，由卵巢产生的雌二醇和由睾丸产生的睾酮，负责身体其他部位第二性征的发育。

胆固醇遍布全身。事实上，人脑中胆固醇含量约占人脑重量的 10%。人体在肝脏中合成胆固醇。此外，我们可以通过食用动物制品来获取胆固醇。

目前我们已经合成了许多具有广泛生物学效应的合成类固醇。例如，通常用作治疗关节炎的抗炎药强的松，模拟睾酮肌肉生长特性的合成类固醇，它们是合成代谢类固醇。医生会在处方中开具这些药品，帮助患有激素失衡和从严重饥饿中恢复的人。

脂类	
脂肪类	**类固醇**
饱和的	胆固醇
椰子油	睾酮
	雌二醇
不饱和的	
橄榄油	

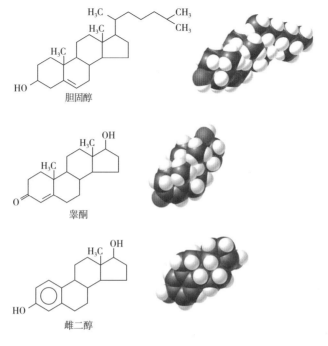

图 4-14　胆固醇、睾酮和雌二醇

注：雌二醇和睾酮等性激素属于类固醇，由人体内含量最丰富的类固醇——胆固醇转化而来。

Q4 皱纹是如何爬上脸颊的？

随着年龄的增长，我们的血管逐渐失去弹性，面部皮肤也会出现皱纹。这些现象都与一种名为胶原蛋白的纤维蛋白有关。胶原蛋白是构成人体的结缔组织（如皮肤、血管和肌肉肌腱）的主要蛋白质。随着年龄的增长，胶原蛋白内的交联数量增加，这导致胶原蛋白失去了部分弹性。要想更加详细地了解这一切是如何发生的，我们需要系统地了解蛋白质和它的结构。

蛋白质是由被称为氨基酸的单体单元构成的大聚合生物分子。每个氨基酸分子由一个胺基和一个羧酸基组成，这两个官能团连接在同一个碳原子上，如图 4-15 所示。此外，每个氨基酸还含有一个侧键，它也附着在相同的位于中心的碳原子上。所有蛋白质都是由 20 种不同的氨基酸组成的。这 20 种氨基酸因其侧链的化学性质各异而彼此不同，如图 4-16 所示。

氨基酸通过以下方式连接在一起：肽键在一个氨基酸的羧酸端和第二个氨基酸的胺端之间的缩合反应中形成，如图 4-17 所示。（前文提及，缩合反应的特点是失去 1 个小分子，如水分子。）以这种方式连接在一起的氨基酸的集合被称为肽。

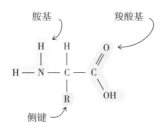

图 4-15 氨基酸的一般结构

注：R 代表使每个氨基酸不同于其他所有氨基酸的侧链。

氨基酸：一种小的生物分子

多肽：氨基酸的聚合物

蛋白质：一种具有生物功能的多肽

二肽由 2 个氨基酸组成，三肽由 3 个氨基酸组成，四肽由 4 个氨基酸组成，以此类推。含有 10 个或 10 个以上氨基酸的肽被称为多肽。蛋白质是天然存在的多肽，具有一定的生物功能，它们由大量的氨基酸组成，通常高达数百个。例如，牛奶中发现的一种蛋白质——酪蛋白的分子式是 $C_{1864}H_{3012}O_{576}N_{468}S_{21}$，这能让你对蛋白质分子的大小和复杂性有一个概念。

植物和动物组织都含有溶解形式和固体形式的蛋白质。溶解的蛋白质存在于细胞内的液体和身体的其他液体中，如血液中。固体蛋白质形成皮肤、肌肉、头发、指甲和角。人体含有成千上万种不同的蛋白质，如图 4-18 所示。

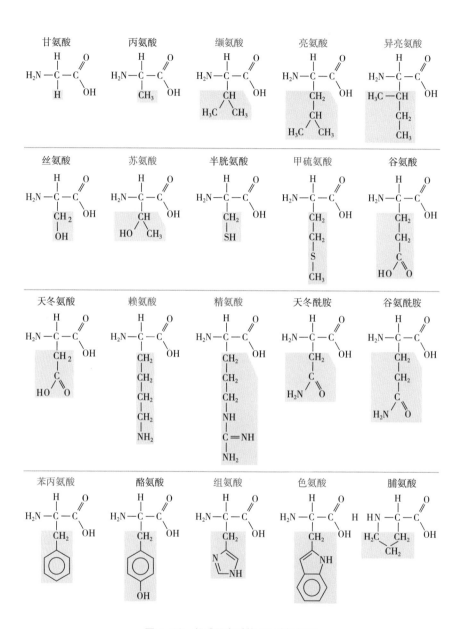

图 4-16　组成蛋白质的 20 种氨基酸

注：侧边组用绿色突出显示，红色的名称表示人体必需的氨基酸。

羧酸基团　　　　胺基团　　　　　　　　　　　　酰胺基团　　　肽键

氨基酸　　　　　　氨基酸　　　　　　　　　　　　　　　　二肽

缩合反应

H_2O

（a）

多肽

（b）

图 4-17　二肽和多肽

注：图（a），由两个氨基酸缩合形成肽键，所得二肽含有酰胺基团。图（b），多肽是由 10 个或更多氨基酸通过肽键连接在一起形成的。

有些蛋白质是激素，能够调节身体新陈代谢和生长

血红蛋白是一种转运蛋白，是把我们呼吸的氧气输送到细胞的血液成分

肌肉中的收缩蛋白让我们能够运动

贮存蛋白是乳汁中氨基酸的来源

白细胞能够产生抗体，是对抗感染的蛋白质

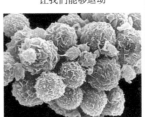

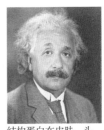

结构蛋白在皮肤、头发和骨头中都存在

酶类蛋白质是消化食物等体内反应的催化剂

图 4-18　人体蛋白质的多样性

蛋白质结构由分子吸引物决定

蛋白质的结构决定其功能，这可以用四级结构来描述，如图 4-19 所示。蛋白质的初级结构是多肽链中氨基酸的序列，二级结构描述链的局部区域如何通过氢键等相互作用自发形成 α-螺旋或者 β-折叠，三级结构涉及整个多肽链如何扭曲成长纤维或弯曲成球状团块，四级结构描述分离的蛋白质链如何连接形成一个更大的复合体。每一级蛋白质结构都是由上一级的结构决定的。这意味着，最终是氨基酸序列构造了蛋白质的完整形状。这种最终的形状是由化学键和氨基酸侧基之间较弱的分子吸引力维持的。

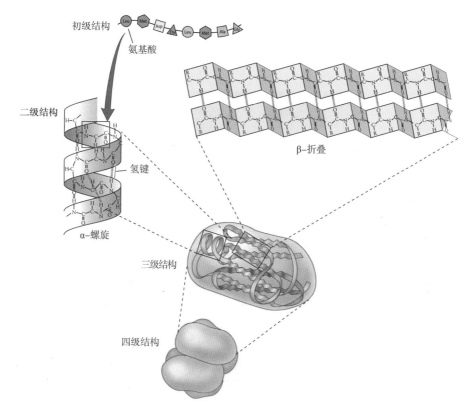

图 4-19　蛋白质的四级结构

在长多肽中，可能发生变异的一级结构的数量是天文数字。例如，仅使用20种不同的氨基酸构建一个20个单元的多肽，可能的组合数量就高达2.43×10^{18}！当超过100个单元聚集在一起时，可能产生的多肽数量似乎是无限的。这种多样性正是构建一个有生命的有机体所需要的。

尽管功能性蛋白质有非常特殊的氨基酸序列，但发生轻微的变异通常是允许的。然而，在某些情况下，轻微的变异可能带来致命的风险。例如，人体内的一些血红蛋白——一种在红细胞中发现的蛋白质，如果在大约300个氨基酸中出现一个不正确的氨基酸，就会导致镰状细胞贫血症。这是一种遗传性疾病，会带来痛苦甚至危及生命。这种疾病的标志性特征是呈镰刀状的红细胞，如图4-20所示。

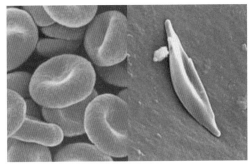

图4-20 正常的红细胞和镰刀状红细胞

注：左图是含有正常血红蛋白的红细胞。右图是由含有一个错误氨基酸的血红蛋白构成的镰刀状红细胞，其弯曲的形状让人联想到镰刀。

多肽链中相邻氨基酸之间的吸引力是导致局部扭曲的原因，这些扭曲构成了多肽的二级结构。当结构较为简单的氨基酸，如甘氨酸和丙氨酸，沿着多肽链聚集在一起时，这种二级结构呈螺旋状。如图4-19所示，α–螺旋的形状是由相邻螺旋之间的氢键维持的。富含 α–螺旋的蛋白质，如羊毛中的角蛋白，由于其 α–螺旋具有弹

蛋白质（具有生物学功能的多肽）	
结构	描述
初级	氨基酸序列
二级	α–螺旋或β–折叠
三级	单个多肽的完整结构
四级	两个或两个以上多肽的聚合物

簧般的特性，因此可以被拉伸。当多肽链主要由非极性氨基酸，如苯丙氨酸和缬氨酸组成时，这种二级结构就呈折叠片状。含有许多 β–折叠片的蛋白质，如蚕丝，较为柔韧，但不易被拉伸。

　　二级结构可以因多肽链部分的不同而不同。（例如，给定链的一部分可能具有螺旋状二级结构，而同一条链的另一部分可能具有折叠片状二级结构。）三级结构指整条链的形状。同二级结构一样，三级结构也是由氨基酸侧链之间的多种电荷相互作用力维持的。对于某些蛋白质，如图 4-21 所示的假想的蛋白质，这些相互作用包括对立的半胱氨酸之间的二硫键的键合力。同样重要的还有离子键（也称盐桥），它存在于带相反电荷的离子之间。

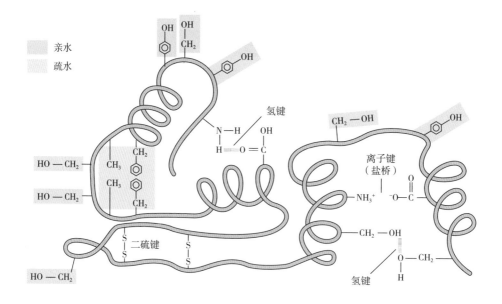

图 4-21　电荷相互作用力维持多肽的三级结构

　　球状蛋白质往往由许多不同类型的氨基酸组成。两种最简单的氨基酸是甘氨酸和丙氨酸。主要由这两种氨基酸组成的蛋白质倾向于形成 α–螺旋，这种螺旋可以排列成长纤维。这类蛋白质的三级结构被称为纤维结构。具有纤维结构的一种重要蛋白质是角蛋白，它是头发和指甲的主要成分，如图 4-22 所示。这种角蛋白的强度主要是由相邻 α-螺旋之间的交联建立的。一般来说,粗硬的头发比细软的头发含有更多二硫键交联。此外,指甲较为坚硬,也是因为含有更多的二硫键交联。

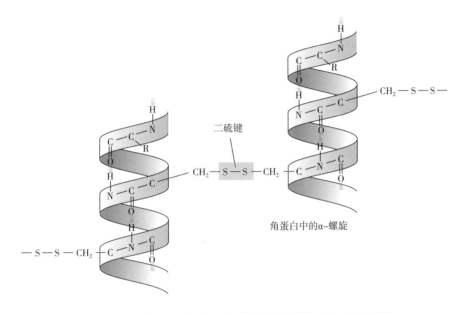

图 4-22 平行多肽链可以通过两个半胱氨酸侧基之间的二硫键交联

二硫键交联可以使头发保持特定的形状,如卷曲。图 4-23 描述了永久波浪卷发的过程,它可以改变头发的卷曲程度。首先使用还原剂对头发进行处理,还原剂可以使一些二硫键断裂。此过程会生成一些带臭味的物质,因为一些硫会被还原成有臭味的硫化氢。然而,裂解二硫键交联使角蛋白变得易于重新塑形。然后,对头发进行定型处理,如果想要卷发,可以使用卷发器;如果想要直发,可以使用直发器。最后使用氧化剂恢复二硫键交联,使头发保持新形状。

相邻 -α 螺旋之间的氢键也起着重要作用,能使角蛋白成为坚硬的物质。当角蛋白变湿时,这些氢键会被破坏,这就是指甲泡在水中会变软的原因。头发在水中也会变软。当水分子在 α-螺旋之间滑动时,多肽链在二硫键交联允许的范围内相互滑动。当水分子蒸发时,α-螺旋之间的氢键被重建,头发会变硬,恢复原来的形状。然而，通过润湿形成的新形状只能暂时保持，因为二硫键交联最终会将头发拉回到自然状态。有趣的是，头发中的少量水分增强了α-螺旋之间的分子吸引力。因此，卷发在潮湿气候下比在干燥气候下能够保持更长的时间。

　　许多蛋白质由两条或多条多肽链组成。这些蛋白质具有四级结构，这是由这些链之间的键合和相互作用形成的。血红蛋白是一个很好的例子，如图 4-24 所示，它是红细胞的含氧成分，是由 4 个多肽链组成的聚合物，其中 4 个含铁血红素基团紧密地排列在一起。

角蛋白中的α-螺旋

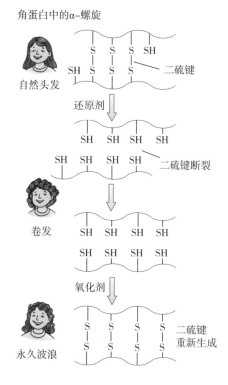

图 4-23　永久波浪卷发与二硫键的断裂和重新生成

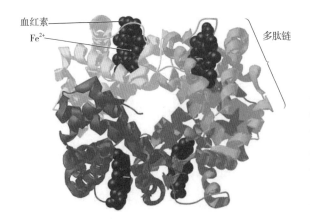

图 4-24　计算机生成的血红蛋白四级结构模型

注：血红蛋白是一种由 4 条相互连接的多肽链组成的蛋白质。图中的每条链都以不同的颜色显示。血红素组显示为深红色，它是一个圆盘状分子，中心位置有 1 个铁离子。计算机是重要的生物分子研究工具，因为它可以帮助科学家可视化复杂的三维结构。

蛋白质只有在非常特殊的条件下才能发挥作用，如在特定的酸碱度和温度下。条件的变化可能会破坏蛋白质内部的化学键的吸引力，从而导致结构被破坏，进而导致生物功能的丧失。结构被破坏的蛋白质被称为变性蛋白质。例如，煮熟的鸡蛋含有不能支持小鸡发育的变性蛋白质。虽然二者拥有相同的原子，但原子的排列及其空间方向使一切变得不同。

酶是生物催化剂

酶是一类催化（加速）生化反应的蛋白质。它们的功能与它们的结构密切相关。把一张纸卷成纸团，你会在其中发现许多角落和缝隙。与此类似，酶的表面也有角落和缝隙。其中一些位点被称为受体位点，受体位点很特别，因为它们能够与被称为底物的反应物分子精确匹配，这就像手套与手的关系，底物分子必须具有正确的形状才能与受体位点完美契合。

分子间的吸引力，如氢键，能够将底物分子固定在受体位点，使之处于反应的最佳位置。所得产物分子随后被释放，从而腾出受体位点供其他底物分子使用。

图 4-25 显示了一种叫作蔗糖酶的酶是如何将蔗糖分解成单糖单元的。一旦蔗糖与蔗糖酶上的空受体位点结合，蔗糖酶就会促进连接葡萄糖和果糖单元的共价键的断裂。蔗糖酶通过将蔗糖分子保持在某种构象中，然后改变共价键的电子特性，使它在受到水分子的攻击时很容易断裂。

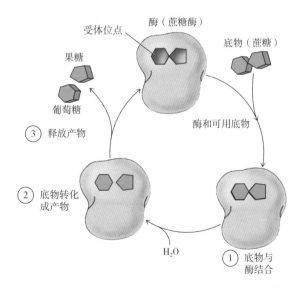

图 4-25 底物蔗糖与蔗糖酶结合后分解成葡萄糖与果糖

在最后一步中，单个葡萄糖单元和果糖单元从酶中释放，获得自由，并准备催化另一个蔗糖分子的分解。一些酶，如蔗糖酶，专门催化底物分子的分解，而另一些酶则催化底物分子的结合。

在所有情况下，酶都非常高效，一个酶分子每秒就可以处理数千甚至数百万个底物分子。没有酶，大多数生化反应的发生速度都无法快到足以维持生命。

干扰酶活性的化学物质被称为抑制剂。抑制剂通过与酶结合从而阻止底物的结合而发挥作用，是细胞代谢的重要调节剂。在大多数情况下，抑制剂就是酶催化反应的产物。一旦酶产生足够浓度的产物，它就开始关闭，因为产物分子起到了抑制剂的作用。当产物浓度降到一定程度时，抑制作用停止，酶可以恢复催化反应。正如我们接下来将看到的，许多药物要么通过抑制酶，要么通过模仿酶的天然底物而发挥作用。

Q5 人类为什么来自同一个祖先？

人体的每个细胞内都有被称为线粒体的小细胞器，有趣的是，线粒体有自己的 DNA 和遗传密码，这表明线粒体曾经是独立的生命实体，我们现在与之共存、共生。线粒体通过克隆进行自我繁殖，然后通过母体遗传给后代。所有现代人都有几乎相同的线粒体 DNA，这一事实表明，人类可能来自同一个"祖先母亲"。通过研究不同文化人群间线粒体 DNA 的细微差别，科学家估计，人类共同的母亲可能在 20 万年前生活在非洲某地。

要想了解人类身体中神秘的遗传物质是如何运作的，我们首先要了解核苷酸的聚合物——核酸，并了解它们构建蛋白质编码的整个过程。

氨基酸可以以不同的排列方式组成蛋白质，其数量是一个天文数字。然而，人体却能以正确的顺序组装氨基酸,以构建具有高度功能结构的蛋白质。人体如何构建这些蛋白质,要从第四类生物分子,也就是核酸开始。

核酸掌握着氨基酸需要如何连接在一起以形成生物体的信息。例如,一条鱼的核酸指导蛋白质的形成,这些蛋白质聚集在一起形成了这条鱼。同样,人类的核酸指导蛋白质的形成,这些蛋白质聚集在一起形成了人体。这方面的细节,你可以通过其他化学或生物学图书来了解。本书只是简单地向你介绍这些神奇的生物大分子的化学结构。

核酸是一种聚合物,其单体单位是核苷酸,如图4-26所示。核酸分为两大类,即脱氧核糖核酸(简称DNA)和核糖核酸(简称RNA)。DNA主要存在于细胞核内,它持有生物体的所有遗传信息。RNA由DNA合成,并将这些遗传信息运送到细胞核外的结构中,蛋白质正是在这里基于单个氨基酸的供应而构成的。

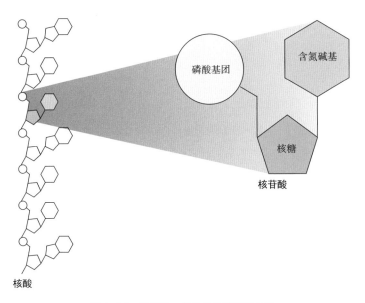

图4-26 核酸是一条长的核苷酸聚合链

注:每个核苷酸由一个含氮碱基、一个核糖和一个磷酸基团组成。含氮的意思是"含有氮原子",核糖是一种含有5个碳原子的糖。

图 4-27 显示了两类主要的核酸，可以根据核苷酸单体中核糖的类型进行区分。那些在核糖环中的一个碳原子上缺少一个氧原子的核酸是脱氧核糖核酸。这些聚合物是植物和动物遗传信息的主要来源，它们存在于细胞核及某些被称为线粒体的细胞器中。如图 4-27 所示，核糖的每个碳原子上都有一个氧原子的核酸是核糖核酸。这些聚合物在细胞核内合成，然后穿透细胞核进入细胞质，并在那里指导蛋白质的合成。

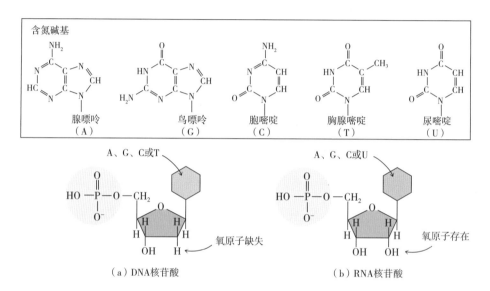

图 4-27　DNA 核苷酸与 RNA 核苷酸中的核糖

注：图（a），DNA 核苷酸中的核糖在其中 1 个碳原子上缺少 1 个氧原子。DNA 的含氮碱基是腺嘌呤、鸟嘌呤、胞嘧啶和胸腺嘧啶。图（b），RNA 核苷酸中的核糖是完全含氧原子的。RNA 的含氮碱基是腺嘌呤、鸟嘌呤、胞嘧啶和尿嘧啶。

DNA 聚合物含有 4 种类型的核苷酸，如图 4-27a 所示。这 4 种核苷酸包含不同的含氮碱基，可能是腺嘌呤（A）、鸟嘌呤（G）、胞嘧啶（C）或胸腺嘧啶（T）。

用于构建 RNA 聚合物的核苷酸有 4 种，如图 4-27b 所示。RNA 核苷酸含有与 DNA 核苷酸中相同的含氮碱基，但胸腺嘧啶除外。RNA 核苷酸不含胸腺嘧啶，而是含有含氮碱基尿嘧啶（U），其结构与胸腺嘧啶只有些许不同。

DNA 是生命的模板

遗传学是研究生物体如何产生的学科。我们今天对遗传学的理解始于 19 世纪 50 年代：在一个修道院的花园里，一位名叫孟德尔的修士记录了甜豌豆品种的各种性状（如花色）是如何代代相传的。在孟德尔的研究成果的基础上，人们形成了这样一种观点：可遗传的性状是以被称为基因的离散单位从父母传给后代的。20 世纪初，研究人员将孟德尔发现的遗传基因与被称为染色体的细胞微结构联系起来，染色体是由 DNA 和蛋白质构成的长链状结构，它们在细胞分裂时形成，如图 4–28 所示。研究发现，每个基因都驻扎在特定染色体上的一个特定位置。子代通过接受其父母染色体的复制来继承基因。

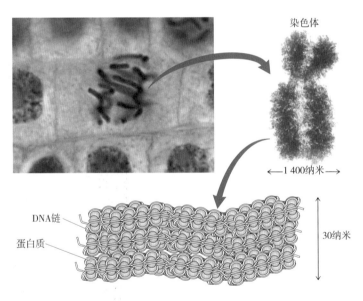

染色体

← 1 400纳米 →

DNA链

蛋白质

30纳米

图 4–28　染色体在细胞分裂过程中自我复制

注：洋葱细胞的分裂过程显示出由 DNA 和蛋白质分子组成的染色体聚集在一起。在分裂过程中，染色体以这样的方式进行自我复制，即每个新细胞都得到一套与母细胞中的染色体相同的全套染色体。

直到 20 世纪 40 年代，人们还不知道到底是染色体的 DNA 部分还是蛋白质部分是遗传信息的载体。大多数研究者都倾向于认为，具有极大多样性的蛋白质是遗传信息的载体。

然而，在 20 世纪 40 年代，人们发现 DNA 是一种含有腺嘌呤、鸟嘌呤、胞嘧啶和胸腺嘧啶的聚合物。沿着 DNA 链，这些碱基可以按任意顺序排序。碱基排序的这种潜在变异性为 DNA 是遗传信息的载体提供了可能性。

1953 年，美国生物学家詹姆斯·沃森（James Watson）和英国生物物理学家弗朗西斯·克里克（Francis Crick）共同推断，DNA 是由两条独立的核苷酸链相互缠绕而成的双螺旋结构，如图 4-29 所示。两条链通过互补的含氮碱基之间的氢键连接在一起。

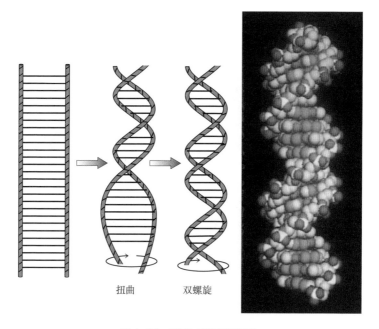

扭曲　　　双螺旋

图 4-29　DNA 的双螺旋结构

注：一个由两条绳索和木质梯级组成的梯子可以扭曲成双螺旋状。绳索相当于 DNA 的两条糖 - 磷酸盐骨架，即右图中计算机模拟的黄色和橙色的原子。梯级代表成对的含氮碱基，在计算机的渲染中显示为淡紫色和蓝色。

双螺旋模型

沃森和克里克的模型中最关键的是，氢键只产生在特定的碱基之间——鸟嘌呤只与胞嘧啶配对，腺嘌呤只与胸腺嘧啶配对，如图 4-30 所示。这意味着，如果你知道一条链的序列，就可以自动推断出第二条链的序列，这条链也被称为互补链。例如，如果第一条链含有 CTGA 序列，那么互补链一定含有 GACT 序列。

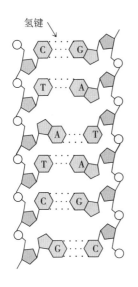

图 4-30　含氮碱基对

注：DNA 分子中的两股核苷酸通过互补的含氮碱基之间的氢键结合在一起。腺嘌呤与胸腺嘧啶，鸟嘌呤与胞嘧啶。

在活体组织中，细胞通过分裂产生自身的复制品。在一个成熟的有机体中，细胞分裂是一个持续的过程，它不仅支持生物体的生长，还确保细胞的更新速度与细胞的死亡速度保持平衡。每次细胞分裂都涉及遗传信息的精确传递。这个过程被称为 DNA 复制，它确保了每个新分裂出的细胞都能得到一份完整的遗传信息副本。DNA 复制也是生物体将遗传信息传递给后代的途径。

沃森和克里克通过双螺旋模型提出，DNA 的复制始于双螺旋的解开。然后，每条单链作为模板，用于合成其互补链。根据碱基配对规则，自由核苷酸被耦合到 DNA 单链上：鸟嘌呤 + 胞嘧啶，腺嘌呤 + 胸腺嘧啶。一个双螺旋因此变成两个双螺旋，如图 4-31 所示。当一个细胞分裂时，两条新链中的一条在两个新形成的细胞中分别被分离出来。

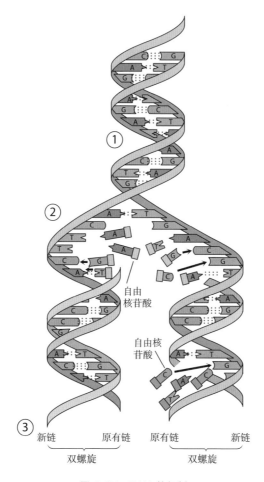

自由
核苷酸

自由核
苷酸

③　新链　　原有链　　原有链　　　新链
　　　双螺旋　　　　　双螺旋

图 4-31　DNA 的复制

注：①DNA 的双螺旋解开。②每条 DNA 单链作为
模板，形成含有互补序列的新 DNA 链。③形成两个
子代双螺旋，每个含有其中一条母链。

　　由于沃森和克里克阐明了 DNA 的二级结构和功能，因此他们与生物物理学
家莫里斯·威尔金斯(Maurice Wilkins)一起获得了1962年诺贝尔生理学或医学奖。
随后的研究很快使人们了解到 DNA 中的核苷酸序列如何转化为蛋白质的合成。
图 4-32 显示了诺贝尔奖获得者的情况。

（a）沃森和克里克　　　　　（b）威尔金斯　　　　　（c）富兰克林

图 4-32　1962 年诺贝尔生理学或医学奖相关人员

注：图（a），1953 年，沃森和克里克与他们的双螺旋模型。在发现这个模型的过程中，沃森和克里克在很大程度上依赖其他研究人员收集的实验数据。最值得注意的是，威尔金斯和富兰克林的研究小组提供了 DNA 晶体的 X 射线图像，这对沃森和克里克阐明 DNA 结构至关重要。富兰克林没有分享 1962 年的诺贝尔奖，因为该奖不追授。

一个基因对一个多肽的编码

正如我们在前文中看到的，蛋白质分子的形状是由蛋白质的初级结构决定的，也就是氨基酸的序列。那么，是什么控制了蛋白质的氨基酸序列呢？这个问题的答案是基因。

用现代术语来说，基因是沿着 DNA 链的一个特定核苷酸序列。每个基因都为生物体内一种或多种蛋白质的合成进行编码。当然，生物体需要大量的基因来产生它们需要的所有蛋白质。例如，单个人类细胞中包含的基因数量估计在 25 000 个。为了容纳这么多基因，每个 DNA 分子都非常长，包含 31 亿个碱基对。有趣的是，基因只占 DNA 分子的 20% 左右。DNA 链中其他 80% 的核苷酸似乎主要充当间隔物，其主要工作是分离 DNA 分子上的基因。

在过去的半个世纪里，我们已经对核酸的化学性质有了很多了解。例如，我们现在知道基因中的信息是如何转化为蛋白质的诸多细节的。这些知识催生了基因工程，使科学家能够出于各种目的操纵核酸的行为，如治疗人类的疾病和研制新型农作物，如后文所述。

Q6　为什么吃油炸食品会对健康不利?

　　饮食中最常见的两种矿物质是钾离子和钠离子。二者都参与了神经信号的传递和分子进出细胞的运输。为了身体健康，我们需要更多钾而不是钠，对人类与所有其他生物体（包括植物和动物）来说都是如此。当我们所吃的蔬果和肉类不含添加剂，也没有经过过度加工时，钾和钠处于最佳平衡状态。然而，当食物被水煮或油炸时，钾离子和钠离子会随着溶解它们的液体而流失。用氯化钠腌制食物会使钠离子含量高于钾离子含量，这对健康不利。

我们的身体需要数量平衡的矿物质，这意味着摄入过多或过少同样有害。超微量的矿物质在大量摄入时毒性极大。接下来，我们将具体了解维生素和矿物质是如何在营养体系中发挥作用的。

除了碳水化合物、脂质、蛋白质和核酸外，人体还需要维生素和矿物质来维持生存和正常运作。维生素是有机化学物质，通过协助各种生化反应，帮助人体保持良好的健康状态。矿物质是无机化学物质，在人体中发挥着多种作用。人体从饮食中获取维生素与矿物质，如图 4-33 所示。

图 4-33　维生素和矿物质补充剂

注：人们每年花费超过 200 亿美元购买维生素和矿物质补充剂。但这些补充剂都对人类健康有益吗? 不一定。

有些物质，如血红蛋白中的铁，是生物分子的重要组成部分。另外一些物质，如骨骼中的钙，是结构的组成部分。维生素或矿物质的缺乏是某些疾病的诱因。例如，缺乏维生素 C 会患坏血病。坏血病的典型特征是牙龈肿胀、出血，甚至牙齿松动脱落。缺铁会导致贫血，从而引发全身疲劳和心律不齐。维生素分为脂溶性维生素和水溶性维生素，如表 4-2 所示。脂溶性维生素倾向于在脂肪组织中积累，并且可能在那里储存多年。由于这些维生素储备，成年人可以在相当长的时间内远离营养缺乏症。此外，由于儿童尚未建立这种储备，所以他们特别容易罹患这种疾病。例如，在发展中国家，许多儿童由于缺乏维生素 A 而永久性失明。

表 4-2　人体所需的一些维生素

维生素	功能	缺陷综合征
脂溶性		
维生素 A（视黄醇）	荧光素的前体，一种用于视觉的化学物质，有助于抑制细菌和病毒感染	夜盲症
维生素 D（钙化醇）	有助于钙质融入体内	骨骼脆弱，佝偻病
维生素 E（生育酚）	抑制多不饱和脂肪的氧化；自由基清除剂；帮助维持循环系统和神经系统	血红蛋白减少
维生素 K（叶绿醌）	有助于维持形成血凝块的能力	异常出血
水溶性		
B 族维生素	生长和产生能量的生化反应中的辅酶	各种神经和皮肤疾病，贫血
维生素 C（抗坏血酸）	抗氧化剂；协助抑制细菌和病毒的感染	坏血病

缺乏脂溶性维生素可能是有害的，但脂溶性维生素过量也可能是有害的，特别是维生素 A 和维生素 D，它们会在人体内大量累积，并伤害人体。过多的维生素 A 会导致皮肤干燥、易怒和头痛。摄入过量的维生素 D 会导致腹泻、恶心，以及关节和其他身体部位钙化。维生素 E 和维生素 K 在大量使用时的危害较小，因为它们很容易被代谢排出体外。

水溶性维生素不会被身体长期储存。相反，由于它们溶于水，很容易随尿液排出，因此人体必须经常摄入。摄入过多水溶性维生素一般不会危害人体健康。人体只是吸收了它立即需要的物质，其余的物质则被排出体外。食物经过水煮后往往会失去水溶性维生素，这些维生素在溶解于水后会随水被倒掉。其中包括 B

族维生素，这是一类化学性质相关的化合物，以及维生素 C，也是抗坏血酸的通用名称。出于这个原因，许多人喜欢蒸制或用微波炉加热蔬菜。此外，食物不应过度烹煮，因为脂溶性维生素和水溶性维生素都会因受热而被破坏。

所有矿物质都是各种元素的离子化合物。我们可以根据人体需要的数量对它们进行分类。宏量矿物质是人体最需要的矿物质，约占体重的 4%。对于表 4-3 中所列的宏量矿物质，人体每天需要的量以克为单位。人体每天应摄入的微量元素的数量是以毫克为单位的。此外，还有超微量矿物质，每日推荐摄入量以微克甚至皮克为单位。

表 4-3　人体所需的一些宏量矿物质

宏量矿物质 （离子形式）	功能	缺陷综合征
钠（Na^+）	运输分子穿过细胞膜，神经功能	肌肉痉挛，食欲下降
钾（K^+）	跨越细胞膜的分子运输，神经功能	肌肉无力、瘫痪、恶心、心力衰竭
钙（Ca^{2+}）	骨骼和牙齿的形成，神经和肌肉功能	生长迟缓，可能丧失骨质
镁（Mg^{2+}）	酶的功能	神经系统紊乱
氯（Cl^-）	分子穿过细胞膜的运输，消化液，神经功能	肌肉痉挛，食欲下降
磷（$H_2PO_4^-$）	骨骼和牙齿的形成，核苷酸的合成	虚弱，钙流失
硫（SO_4^{2-}）	氨基酸成分	蛋白质缺失

例如，镉、铬和镍是强致癌物，而砷是一种众所周知的毒药。然而，如果我们要保持健康，我们的身体需要这些微量矿物质。饮食均衡通常是获得良好的矿物质平衡的最佳途径。许多人会服用矿物质补充剂，但他们应该监测服用的剂量。

磷是另一种重要的膳食矿物质，人体以磷酸根离子（如 $H_2PO_4^-$）的形式摄入磷。回顾图 4-26，可以看到磷酸根离子构成了核酸的骨架。此外，磷酸根离子是三磷酸腺苷（ATP）的组成部分，而 ATP 是产生能量的化合物，如图 4-34 所示。

ATP 是体内大多数需要能量的过程的几个直接能量来源之一，如组织的建立、肌肉的收缩、神经冲动的传递、热量的产生以及分子进出细胞的运动。人体要消耗大量的 ATP——在剧烈运动时每分钟大约消耗 8 克。它是一种"短寿"分子，因此必须持续产生。

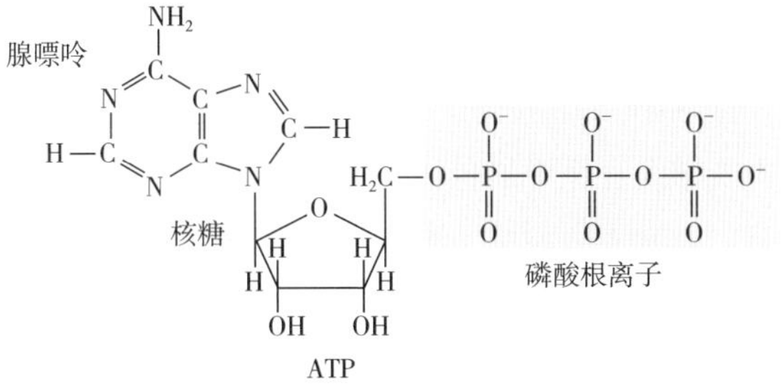

图 4-34　磷酸根离子是 ATP 分子的一个重要组成部分

　　毒药通过阻断 ATP 的合成而发挥作用。例如，一氧化碳会与血红蛋白中的铁结合，从而阻止血红蛋白携带氧气。然而，人体需要氧气来氧化碳水化合物、脂质和蛋白质以形成 ATP。因此，如果没有氧气，人体就会缺乏产生能量的 ATP，从而迅速死亡。氰化物也会阻止 ATP 的合成，但它是通过使在 ATP 合成中起重要作用的酶失活来发挥作用的。有趣的是，ATP 也被人体用来放松收缩后的肌肉。当人体死亡时，不管出于什么原因，ATP 的合成都会停止，所有的身体肌肉都会变得僵硬，这就是所谓的尸僵。

Q7 运动员为什么不能使用兴奋剂？

　　我们经常看到这样的报道，某著名运动员被曝使用类固醇（一种兴奋剂）以提高成绩。为什么禁止使用兴奋剂呢？这是因为，分解代谢类固醇会导致肌肉质量损失和肌肉退化，甚至产生性征改变和肝脏毒性。这种以运动员健康为代价来提高成绩的做法是不可取的。

　　那么，正常的增肌过程是怎样的呢？在健康的肌肉组织中，肌肉退化（分解代谢）的速度与肌肉生成（合成代谢）的速度相当。增加食物供应和进行剧烈运动可能有利于生成肌肉的合成代谢反应，而不是破坏肌肉的分解代谢反应。结果是肌肉质量的增加。然而，停止饮食和运动，这些合成代谢反应的速度就会赶不上分解代谢反应的速度。结果是肌肉量减少——你开始变得消瘦。

　　人体中每时每刻都在发生新陈代谢，新陈代谢是生物大分子在体内循环的过程。人体会吸收所摄入食物中的生物大分子，并将它们分解为分子成分。然后发生两种情况之一：要么人体通过一个被称为细胞呼吸的过程"燃烧"这些分子成分以获得能量，要么这些成分被用作生成人体所需的碳水化合物、脂质、蛋白质和核酸的基石。新陈代谢的两种形式是分解代谢和合成代谢。图 4-35 显示了生物体主要的分解代谢和合成代谢途径。

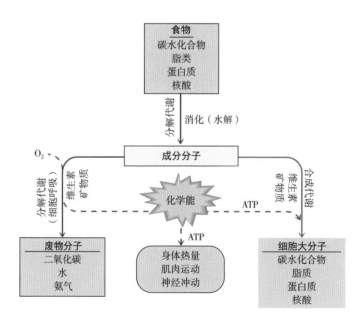

图 4-35　人体摄入食物的代谢途径

注：紫色箭头表示分解代谢途径；蓝色箭头表示合成代谢途径。

　　所有涉及生物大分子分解的代谢反应都可以归入分解代谢的范畴。消化和细胞呼吸都是分解代谢反应。消化始于食物分子的水解，在这个反应中，水用于切断分子之间的化学键，并将大分子分离成较小的组成部分。消化过程中形成的小分子，如复杂碳水化合物的葡萄糖单位，会迁移到人体所有的细胞中，参与细胞的呼吸。在那里，通过一系列的步骤，食物小分子失去电子，再加上我们从肺部吸入的氧气，这些小分子会分解成更小的分子，如二氧化碳、水和氨气，然后被排出体外。通过这个过程，产生了像 ATP 这样的高能分子。这些高能分子能够驱动产生体温、肌肉运动和神经冲动的反应。它们还负责促进新陈代谢，新陈代谢是所有需要能量的化学反应的总称，这些化学反应能够将小分子转化为生物大分子，如图 4-36 所示。

图 4-36　比利时蓝公牛

注：比利时蓝公牛是经过多年的选择性育种培育出来的，它的基因有缺陷，不能产生肌生成抑制蛋白，这是一种抑制肌肉合成代谢形成的激素。没有肌生成抑制蛋白，公牛的肌肉会变得更加巨大。人类的肌生成抑制蛋白抑制剂可能有助于抵消因肌肉萎缩症等疾病或人体因年龄增长而发生的肌肉质量损失。

合成代谢产生的生物分子类型与食物中的生物分子类型相同——碳水化合物、脂类、蛋白质和核酸。如果你愿意的话，这些合成代谢的产物就是宿主自己的食物。如果宿主变成食物，后续宿主的合成代谢反应将产生不同种类的分子。因此，食物链中的生物体通过分解代谢反应吸收彼此的能量，然后通过合成代谢反应将剩余的原子和分子重新排列成维持它们生存所需的生物大分子，从而相互依存。

Q8 膳食金字塔为什么是健康的?

图 4-37 所示的膳食金字塔概括了美国农业部的食物摄入量建议。根据这个金字塔，一个人的日常饮食应该主要由谷物（如面包、谷类和面条）、水果和蔬菜组成，奶制品和肉类的摄入量相当有限，高糖或高脂肪的食物只能少量食用。

我们可以通过观察身体如何处理这些食物中的生物分子来深入了解这些建议产生的背景。

碳水化合物有两种类型，一种是不可消化的，称为膳食纤维，另一种是可消化的，主要是淀粉和糖类。膳食纤维有助于维持肠道内的物质蠕动，特别是在大肠内。纤维有两种类型：不溶性和可溶性。不溶性纤维主要由纤维素组成，存在于所有植物性食物中。一般来说，食物的加工程度越低，其不溶性纤维含量越高，如图 4-38 所示。例如，糙米所含的不溶性纤维比例高于白米，白米是通过磨掉稻种的外皮（以及大量维生素和矿物质）制成的。

碳水化合物
不可消化的（膳食纤维）
不溶性（纤维素）
可溶性（某些淀粉）
可消化的
淀粉和糖类

图 4-37　膳食金字塔

可溶性纤维是由某些类型的淀粉组成的，这些淀粉在小肠中不易被消化。例如，果胶会被添加到果酱和果冻中，因为它是一种增稠剂，当溶解在一定量的水中时会变成凝胶。可溶性纤维通过与胆汁盐的相互作用，可以降低血液中的胆固醇水平，胆汁盐是由肝脏产生的胆固醇物质，经胆道分泌到肠道中。如图 4-39 所示，胆汁盐的功能之一是将摄入的脂类通过肠道膜带入血液。然后，胆汁盐被肝脏重新吸收并循环回肠道。肠道中的可溶性纤维与胆汁盐结合后，会被有效地排出体外，而不是被重新吸收。肝脏做出的反应是产生更多的胆汁盐，但要做到这一点，肝脏必须利用它从血液中收集的胆固醇。通过这种与胆汁盐结合的间接途径，可溶性纤维往往能降低人体的胆固醇水平。富含可溶性纤维的食物包括水果和某些谷物，如燕麦和大麦。

图 4-38　食物金字塔中的谷物、蔬菜和水果

注：金字塔中的谷物、蔬菜和水果是重要的食物来源，主要是因为它们含有各种营养物质——碳水化合物、脂肪、蛋白质、核酸、维生素和矿物质。然而，这些食物的主要成分是碳水化合物。

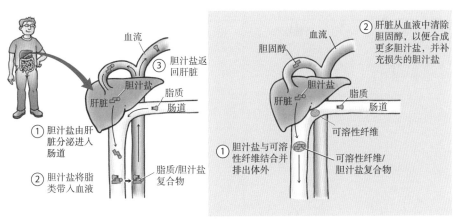

图 4-39　胆汁盐由肝脏生成并在肠道中循环

注：图（a），不存在可溶性纤维时，胆汁盐被吸收回肝脏，肝脏不再需要生成新的胆汁盐。图（b），在存在可溶性纤维的情况下，胆汁盐被从体内清除。然后肝脏必须使用血液中的胆固醇来生成新的胆汁盐。因此，通过与胆汁盐结合，可溶性纤维间接地减少了血液中的胆固醇含量。

　　在消化过程中，可消化的碳水化合物——淀粉和糖首先被转化为葡萄糖，然后，葡萄糖通过小肠壁被吸收，进入血液。最后，身体利用这些葡萄糖来制造能量分子，如 ATP。

我们可以根据含有碳水化合物的食物导致血糖水平上升的速度来对它们进行评级。这种评级是通过所谓的升糖指数确定的。该指数比较了某种食物对人体血糖水平的提高程度相对于摄入纯葡萄糖时血糖水平的提高程度，其中后者的标准值为 100。一般来说，淀粉或糖含量高而膳食纤维含量低的食物的升糖指数高，烤马铃薯就是一个典型的例子。

某一特定食物的升糖指数可能因人而异，差别也很大。食物的制作方式也会对升糖指数产生很大的影响。因此，表 4-4 中所示的指数值仅是一个大概的数字。然而，考虑到这一限制，该指数仍然可以为那些需要密切关注其血糖水平的人，如糖尿病患者，提供有价值的信息。

表 4-4 部分食物的升糖指数

食物	升糖指数	食物	升糖指数
葡萄糖	100	蜂蜜	58
烤马铃薯	85	糙米	55
玉米片	83	爆米花	55
果冻豆	80	红薯	54
薯条	75	香蕉	54
白面包	71	牛奶巧克力	49
糖果	70	橙子	44
全麦面包	68	煮 5 分钟的意大利面	36
蔗糖	64	脱脂牛奶	32
葡萄干	64	全脂牛奶	27
高果糖玉米糖浆	62	葡萄柚	25
大米	58	花生	15

吃升糖指数高的碳水化合物会带来一些问题。例如，血糖水平的迅速飙升

导致身体产生额外的胰岛素，这是一种血溶性蛋白质，可使肝脏、肌肉和脂肪组织从血液中吸收葡萄糖，从而导致血糖水平下降。身体对此的反应是释放产生葡萄糖的糖原，但同时也会引发饥饿感，即使这个人刚刚吃过食物，仍会感觉很饿。因此，富含高血糖指数食物的膳食会诱发暴饮暴食，结果通常是导致肥胖。

许多专业组织，如美国糖尿病协会，建议应优先考虑碳水化合物的摄入量，而不是含有这些碳水化合物的食物的升糖指数。真正重要的是吸收的总热量，而不是这些热量是来自指数高还是指数低的食物。然而，对大多数人来说，摄取升糖指数低的食物可以通过控制欲望来维持健康的热量摄入。

从升糖指数低的食物中摄取碳水化合物的另一个好处是，这些食物可以在较长的时间内为身体提供能量。对运动员来说，摄入低升糖指数的食物，如意大利面，可以使他们拥有更强的耐力。有趣的是，这种更强的耐力对健美运动员和马拉松运动员来说同样有用。拥有锻炼肌肉所需的能量远比拥有所需的原材料供应更关键。此外，人体的新陈代谢具备足够的灵活性，可以从葡萄糖中产生蛋白质。因此，健美运动员的蛋白质供应得到了保证，并且富含碳水化合物的饮食比富含蛋白质的饮食能够让健美运动员更有效地锻炼肌肉。

尽管吃升糖指数低的碳水化合物有很多好处，但蔗糖等富含高升糖指数碳水化合物的食物，现在比以往任何时候都更受欢迎，这些食物中有许多是经过高度加工的，在食物金字塔中占了很小的一部分。尽管它们能提供能量，但美国农业部还是建议人们减少食用此类食物，因为这些食物缺乏许多人体必需的营养物质。

激素胰岛素能够使肌肉等组织从血液中清除葡萄糖。有趣的是，与身材不佳的人的肌肉相比，体形健美的人的肌肉在清除血糖方面要有效得多。因此，经常运动可以有效地降低你的血糖。

不饱和脂肪通常比饱和脂肪更有益于健康

因为人体使用饱和脂肪来合成胆固醇，因此摄入更多的饱和脂肪可以让人体合成更多胆固醇。相比之下，不饱和脂肪不是合成胆固醇的理想原始材料。

不饱和脂肪更健康的另一个原因与脂肪和胆固醇的关联方式有关。脂肪和胆固醇都是脂类，它们本身是不溶于血液的。为了在血液中流动，这些化合物被胆汁盐包裹起来，正如前文所讨论的那样。然而，大多数脂类是通过包裹在被称为脂蛋白的水溶性蛋白质复合物中而成为水溶性的。如表 4-5 所示，脂蛋白可以依据密度分类。极低密度脂蛋白主要用于在全身运输脂肪。低密度脂蛋白将胆固醇运送到细胞中，并在那里被用来构建细胞膜。

表 4-5　脂蛋白的分类

脂蛋白	蛋白质占比 /%	密度 /（克 / 毫升）	主要功能
极低密度	5	1.006 ~ 1.019	脂肪运输
低密度	25	1.019 ~ 1.063	运输胆固醇（到细胞中，用于构建细胞壁）
高密度	50	1.063 ~ 1.210	运输胆固醇（到肝脏进行处理）

饱和脂肪含量高的饮食会导致血液中的极低密度脂蛋白和低密度脂蛋白水平升高。这是不可取的，因为这些脂蛋白容易在动脉壁上形成被称为斑块的脂肪沉积。斑块沉积可能会恶化，以至于破裂，从而将凝血因子释放到血液中。在破裂部位周围形成的血凝块被释放到血液中，在那里它可能会停留，并阻止血液流向身体的某个特定区域：当该区域位于心脏时，会诱发心脏病；当该区域位于大脑时，则会引发脑卒中。

与饱和脂肪相比，不饱和脂肪倾向于增加血液中的高密度脂蛋白水平，这是可取的，因为这些脂蛋白能有效地清除动脉壁上的斑块。

前文提及，含有不饱和脂肪酸的甘油三酯在室温下是液体。然而，甘油三酯可以通过氢化转化为更加稠厚的形态。氢化是一种化学过程，其中氢原子被添加到碳－碳双键上。将部分氢化的植物油与黄色食用色素、少量盐和少量有机化合物丁酸混合，便得到了人造黄油，它作为黄油的替代品在第二次世界大战前后开始流行。许多食品，如巧克力棒，含有部分氢化植物油，使它们在市场上畅销。然而，氢化处理增加了饱和脂肪的比例，因此导致这些脂肪不是很健康。此外，如图 4-40 所示，一些保留的双键被转化为反式结构的异构体。由于含有反式双键的碳链往往比含有顺式双键的碳链扭结得少，因此部分氢化的脂肪的碳链更直。这意味着，这种脂肪更有可能在体内模仿饱和脂肪从而发挥作用。

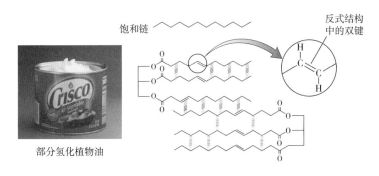

图 4-40 氢化作用可导致脂肪酸链中出现反式双键

我们应该监测必需氨基酸的摄入量

蛋白质与淀粉、糖和脂肪一样，都是有用的能量成分，但蛋白质最重要的意义也许在于我们的身体能够利用它们来构建酶、骨骼、肌肉和皮肤等结构。在人体用于构建蛋白质的 20 种氨基酸中，成年人可以从碳水化合物和脂肪酸中产生足够数量的 12 种氨基酸。我们必须从食物中获得表4-6 中所列的其余 8 种氨基酸。这 8 种氨基酸被称为必需氨基酸，因为我们必须从食物中摄入足够数量的此类氨基酸。为了支持快速生长，婴儿和儿童除了需要表 4-6 中成人所需的 8 种必需氨基酸，还需要大量的精氨酸和组氨酸，而这两种氨基酸只能从饮食中获得。因此，对于婴儿和青少年来说，共有 10 种必需氨基酸。（"必需"这个词是不恰当的，因为事实上，这 20 种氨基酸对我们的健康都至关重要）。

表 4-6 必需氨基酸

精氨酸		
组氨酸		
异亮氨酸		
亮氨酸		
赖氨酸		儿童必需的
甲硫氨酸		
苯丙氨酸	成人必需的	
苏氨酸		
色氨酸		
缬氨酸		

　　为什么我们的身体会产生大量的某些氨基酸而不是其他的氨基酸，这可以通过观察氨基酸侧基的化学结构来解释，如图 4-16 所示。非必需氨基酸的侧链往往很简单，因此可以不费吹灰之力就能由身体产生。然而，必需氨基酸通过生物化学反应往往更难制造。因此，身体可以通过从外部获得这些氨基酸来节省能量。在进化的过程中，人体合成这些氨基酸的能力减弱了。同样，我们已失去了合成维生素的能力，而维生素也是复杂的分子，从饮食中能够更有效地获得。换句话说，我们让其他生物体去合成这些生物大分子，然后我们将这些生物体作为食物。

　　一般来说，人体摄入的蛋白质的氨基酸组成与食用该蛋白质的动物的氨基酸组成越接近，该蛋白质对该动物的营养质量就越高。对人类来说，哺乳动物的蛋白质的营养质量最高，其次是鱼和家禽的蛋白质，然后是水果和蔬菜的蛋白质。特别是植物蛋白，往往缺乏赖氨酸、甲硫氨酸或色氨酸。素食饮食只有在包含多种蛋白质来源的情况下才能提供足够的蛋白质，这样一种蛋白质来源的不足可以被另一种来源丰富的蛋白质所补充，如图 4-41 所示。

　　古老的格言"人如其食"是有根据的。除了通过肺部获得的氧气，人体内的几乎每一个原子或分子都是先通过嘴巴进入胃，胎儿所需的所有生物大分子都必须首先通过母亲的肺和嘴，这就是为什么母亲在怀孕期间保持均衡的饮食和健康的生活方式是如此重要。

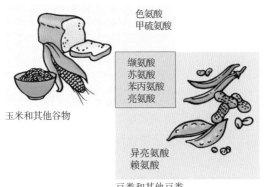

色氨酸
甲硫氨酸

缬氨酸
苏氨酸
苯丙氨酸
亮氨酸

玉米和其他谷物

异亮氨酸
赖氨酸

豆类和其他豆类

图 4-41　氨基酸来源

注：一般来说，通过将豆类（如豌豆或大豆）与谷物（如
小麦或玉米）相结合，人体可以在素食中获得充足的蛋白质。
常见的含有这种组合的膳食包括花生酱三明治、玉米饼、
炖豆、米饭和豆腐。

　　所以，母亲对健康饮食的依赖程度是前所未有的。婴儿的营养需求很大，他
在复制编辑过程中模仿母亲的能力也是如此。

要点回顾

CONCEPTUAL CHEMISTRY >>>

- 几乎所有生物体的基本单位都是"细胞"。通常情况下，细胞非常小，你需要用显微镜才能看到一个个细胞。例如，大约 10 个平均化的人体细胞才可以填满这句话末尾的句号。

- 人类饮食中的多糖仅由葡萄糖组成。这些多糖包括淀粉、糖原和纤维素，它们的不同之处在于葡萄糖单元连接在一起的方式。所有多糖，尤其是我们饮食中的多糖，都被称为复合碳水化合物。

- 生活在寒冷气候中的动物（如海象和其他极地动物）往往会在冬季来临前变胖，这是因为它们长出了厚厚的脂肪层。在食物普遍匮乏的冬季，脂肪不仅是一种能量来源，还可以使身体内部与冬季寒冷的温度相隔绝。

- 植物和动物组织都含有溶解形式和固体形式的蛋白质。溶解的蛋白质存在于细胞内的液体和身体的其他液体中，如血液中。固体蛋白质形成皮肤、肌肉、头发、指甲和角。人体含有成千上万种不同的蛋白质。

- 核酸掌握着氨基酸需要如何连接在一起以形成生物体的信息。例如，一条鱼的核酸指导着蛋白质的形成，这些蛋白质聚集在一起形成了这条鱼。同样，人类的核酸指导着蛋白质的形成，这些蛋白质聚集在一起形成了人体。

- 除了碳水化合物、脂质、蛋白质和核酸，人体还需要维生素和矿物质来维持生存和正常运作。维生素是有机化学物质，通过协助各种生化反应，帮助人体保持良好的健康状态。矿物质是无机化学物质，在人体中发挥着多种作用。

- 人体会吸收所摄入食物中的生物大分子，并将它们分解为分子成分。然后发生两种情况之一：要么人体通过一个被称为细胞呼吸的过程"燃烧"这些分子成分以获得能量，要么这些成分被用作生成人体所需的碳水化合物、脂质、蛋白质和核酸的基石。

- 根据膳食金字塔，一个人的日常饮食应该主要由谷物（如面包、谷类和面条）、水果和蔬菜组成，奶制品和肉类的摄入量相当有限，高糖或高脂肪的食物只能少量食用。

CONCEPTUAL
CHEMISTRY

05

药物进入身体后发生了什么?

妙趣横生的化学课堂

- 所有的药物都是药吗?

- 特效药是如何研发而成的?

- 为什么化疗能治疗癌症?

- 药物是如何影响神经系统的?

- 兴奋剂为何会让人上瘾?

- 全身麻醉如何消除疼痛?

- 心脏病有特效药吗?

从古至今，药物在人类生活中都扮演着不可或缺的角色。药物可以治愈疾病、缓解疼痛、增强身体素质、提高生活质量。随着时代的发展，更多药物及其内在特征被逐渐挖掘出来，展现出了更多的使用价值。

公元 78 年，希腊医生迪奥斯科里德斯（Dioscorides）撰写了《本草医学》（*Materia Medica*）。在这篇论文中，他描述了大约 600 种已知具有药用特性的植物。这份清单便包括用于制作吗啡的罂粟。但人们当时还无法直接获得吗啡，直到 19 世纪初期，随着化学的发展，人们逐渐了解到，天然产品的药用特性归功于它们所含的某些物质，吗啡于是在 1806 年首次从鸦片中分离出来。此外，奎宁——一种曾用于抗击疟疾的药物，则是于 1820 年从金鸡纳树的树皮中分离出来的。

很快，实验室生产的化合物也被发现具有药用价值。19 世纪 40 年代，具有麻醉活性的乙醚使进行无痛手术和口腔治疗成为可能。而到了 19 世纪 60 年代，路易斯·巴斯德（Louis Pasteur）发现了细菌并以此证实了疾病的细菌学说，促使人们发现了苯酚的防腐特性。但直到 20 世纪 30 年代，被称为磺胺类药物的含硫化合物被开发出来，细菌性疾病的治疗才取得了第一次重大进展，接下来则是青霉素的发现。而在 20 世纪 30 年代抗生素被发现之前，细菌感染而非癌症或心脏病，是美国人的主要死亡原因。

如今，人们持续的研究使药物的种类不断扩充——不仅有天然的，也有合成的。今天在美国，就有超过 2.5 万种处方药和 30 万种非处方药。

值得注意的是，药物是开启各种生物反应的钥匙。因为药物可以作为生物体内的化学信使，调节各种生理和生化过程，还可以与细胞膜上的受体结合，激活或抑制细胞内的酶或离子通道，从而影响细胞的功能和代谢。

此外，药物还可以影响基因的表达和转录，调控细胞的生长和分化。药物的研究和开发已成为生物医学领域的重要研究方向之一。本章我们将深入药物化学，探究药物进入人体后到底发生了什么。

Q1 所有的药物都是药吗？

药是什么？药是为改善人的健康而使用的物质。那么什么是药物或药品呢？从广义上讲，药物是除食物或水之外的任何影响身体机能的物质。

药物一词指范围广泛的化学物质。所有药都是药物，但不是所有药物都是药。许多药物用于非医疗目的，有些是合法的，有些是非法的。例如，合法的非医疗药物包括酒精、咖啡因和尼古丁，非法的非医疗药物包括麦角酸二乙基酰胺和可卡因。

有多种方法可以对药物进行分类。例如，我们可以根据药物的衍生方式对它们进行分类，如表 5-1 所示。其中，属于"天然产品"的药物直接来自陆生或海洋植物或动物；"化学衍生物"药物是经过化学修饰以增加效力或减少副作用的天然产物；"合成"药物是完全在实验室中制造的。

表 5-1 一些常见药物的来源

来源	药物	生物影响
天然产物	咖啡因	神经兴奋剂
	利血平	降压药
	长春新碱	抗癌剂
	青霉素	抗生素
	吗啡	镇痛剂
天然产物的化学衍生物	强的松	抗风湿药
	氨苄西林	抗生素
	氯喹	抗疟药
	乙炔基雌二醇二醋酸酯	避孕药
合成物	安定	抗抑郁药
	苯那君	抗组胺药
	阿洛巴比妥	镇静催眠
	苯环利定	兽用麻醉剂
	美沙酮	镇痛剂

也许,对药物进行分类的最常见方法是根据它们的主要生物学效应。然而,请注意,大多数药物表现出广泛的活性,这意味着它们对人体有多种影响,并且可能同时属于几种类别。例如,阿司匹林可以缓解疼痛,但它也可以退烧和消炎,稀释血液和引起耳鸣;吗啡可以缓解疼痛、止咳,但也会引起便秘。

有时,我们需要药物的多重作用。例如,阿司匹林的止痛和退烧特性在治疗成人流感方面效果很好,此外,阿司匹林的血液稀释能力有助于预防心脏病。再如吗啡,在美国内战期间被广泛用于缓解战伤的疼痛和控制腹泻。然而,通常情况下,药物往往具有副作用。耳鸣和胃部不适是阿司匹林的一些负面副作用,而吗啡的主要副作用是它具有成瘾性。因此,药物研究的一个主要目标是找到作用明确且副作用最小的药物。

医生可能会同时开出不同的药物,让患者同时服用,以更好地治疗疾病。尽管一起服用的两种药物可能具有不同的主要效应,但它们可能具有共同的次要效应。当这两种药物被一起服用时，它们共有的次要效应便会被放大。一种药物增强另一种药物的作用被称为协同效应。协同效应通常比单独服用两种药物的效应总和更强大。因此，医生和药剂师面临的一大挑战是跟踪所有可能的药物组合，以及它们可能具有的潜在协同效应。

但必须格外小心的是，混合使用具有相同主要效应的药物所产生的协同效应尤其危险。例如，中等剂量的镇静剂与中等剂量的酒精同时摄入，可能会产生致命的结果。事实上，大多数药物过量并非由于单一药物的滥用，而是药物相互作用的结果。

○— 趣味课堂 ●

"是药三分毒"是真的吗？

任何物质的毒性都取决于剂量的大小。例如，如果喝太多淡水，可能会致命。为什么？因为喝水过多会稀释对人体健康绝对必要的溶解离子，使其随尿液排出。同样，虽然少量氟化物可以防止蛀牙，但大量氟化物会导致牙齿出现斑点。更糟糕的是，过量的氟化物会与血液中的钙结合，形成氟化钙晶体，从而引发健康问题甚至危及生命。再次强调，任何物质的毒性都取决于剂量的大小。

Q2 特效药是如何研发而成的？

尽管当下已经有大量药物被开发出来，但对于有些疾病，我们仍未发现有效的治疗药物，或是一些已发现药物的疗效尚未达到理想状态，甚至存在副作用，因此化学家们坚持不懈地探索其他效果更理想的药物。

为了寻找新的和更有效的药物，化学家会使用各种模型来描述药物的作用方式。到目前为止，最有用的药物作用模型是锁钥模型。这个模型的基础是药物的化学结构与其生物学作用之间存在连接关系。例如，吗啡和所有相关的镇痛阿片类药物，如可待因和海洛因，都具有如图 5-1 所示的 T 形三维结构。

根据图5-2所示的锁钥模型，生物活性分子通过与受体位点精确匹配的方式发挥作用，在那里它们被分子间吸引力（如氢键）固定住。当药物分子以钥匙插入锁孔的方式嵌入受体位点时，就会触发特定的生物事件，如神经冲动的传递甚至化学反应。然而，为了使分子适合特定的受体位点，分子必须具有适当的形状，就像钥匙必须具有适当形状的凹槽才能插入锁中一样。

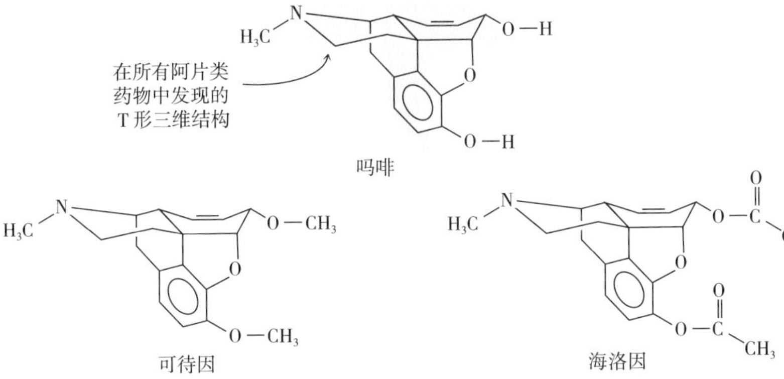

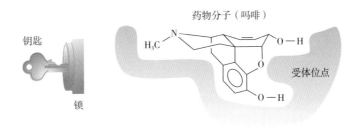

图 5-1   与吗啡作用类似的药物都具有与吗啡相同的三维结构

图 5-2   锁钥模型

注：许多药物通过嵌入分子上的受体位点来发挥作用，就像钥匙插入锁孔一样。

该模型的另一个值得注意的地方是，将药物固定到受体位点的分子吸引力很容易被破坏。（回顾前文，大多数分子吸引力比化学键弱很多。）因此，药物只能暂时固定在受体位点上。一旦药物从受体部位移除，药物的化学结构就会降解，也就是说，此时药物的作用已经"消失"。利用这个模型，我们可以理解为什么有些药物比其他药物更有效。例如，海洛因是比吗啡更有效的止痛药，因为海洛因的化学结构允许它与受体位点更紧密地结合。

为什么我们的身体有受体位点？这是因为受体部位不仅允许身体的不同部位相互交流，还能与外部环境进行交互和通信。正是受体位点的存在，我们的身体才能够感知外部环境中的刺激，如光、温度、压力等，并将这些刺激转化为电信号或化学信号，从而产生相应的生理反应。例如，如果你遇到了一头大熊，你的神经系统会产生与肾上腺内受体部位结合的分子，然后产生刺激性的肾上腺素。一旦释放到血液中，肾上腺素就会与肌肉中的肾上腺素受体位点结合，从而使你的肌肉加速——这样你就可以爬上附近的树了。

许多药物通过与这些天然存在的通信分子的受体位点结合而发挥作用。当某些药物在结合后产生与天然分子相同的生物效应时，这些药物就被称为激动剂。吗啡是一种激动剂，它能模仿人体产生的缓解疼痛的分子——内啡肽。

也有一些药物在与受体位点结合后，除了阻止其他活性分子的结合，不会产生任何生物效应，因此，受体位点被有效阻断。这种药物被称为拮抗剂。内啡肽的强大拮抗剂是药物纳洛酮，内啡肽（或吗啡）亢进的人服用纳洛酮会导致快感迅速消失，并立即出现戒断症状。

如今，锁钥模型已发展成为药物研究中最重要的工具之一。了解目标受体位点的精确形状，化学家得以设计出具有最佳配合和特定生物效应的分子。

然而，生化系统非常复杂，我们拥有的知识仍然有限，我们研发有效药物的能力也是如此。出于这个原因，大多数新药仍然是被发现而不是被设计出来的。

发现药物的其中一个重要途径是民族植物学。民族植物学家是研究土著文化中药用植物使用情况的人，例如，研究鲍古豆树的根有哪些药用价值，如图 5-3 所示。今天，人类已经从植物中提取出数百种临床上有效的处方药，其中约 3/4 是因在民间医学中使用而引起制药业注意的。

图 5-3 鲍古豆树根

注：民族植物学家将研究天然产品的化学家的目光引向了非洲鲍古豆树根部的黄色
涂层。多代土著人都知道这种涂层具有药用价值。化学家从涂层的提取物中分离出
一种对治疗真菌感染非常有效的化合物。这种由树木产生的化合物可以保护树木免
受根腐病的侵害，在治疗困扰艾滋病患者的机会性真菌感染方面显示出很大前景。

除民族植物学外，药物发现的另一种重要方法是对大量化合物进行随机筛
选。例如，美国国家癌症研究所每年筛选大约 20 000 种化合物的抗癌活性。其
中一个成功的例子是化合物紫杉醇，如图 5-4 所示。该化合物对多种癌症，尤其
是卵巢癌表示出显著的活性。正如前文所述，紫杉树仅能产生少量这种天然产物，
这就是为什么用于治疗癌症的紫杉醇是在实验室中合成的。

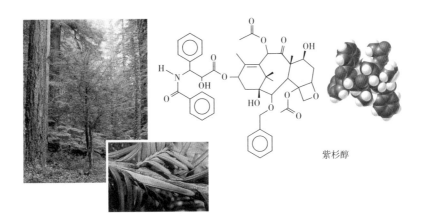

紫杉醇

图 5-4 紫杉树与紫杉醇

注：紫杉醇最初从太平洋紫杉树的树皮中分离出来，是一种复杂的天然产品，可用于
治疗多种癌症。

从天然来源分离的药物不一定比实验室生产的药物更好或更温和。例如，阿司匹林是一种人造化学衍生物，它肯定比纯天然的吗啡更温和。但天然产品的主要优点是多样性，如今我们每年能从植物中发现 3 000 多种新化合物，且其中许多化合物都具有生物活性，可帮助植物抵御疾病或捕食者的侵害。例如，尼古丁是一种由烟草植物产生的天然杀虫剂，用于保护烟草植物，使其免受昆虫侵害。

令化学家们担忧的是，当下我们对很多植物仍知之甚少甚至是一无所知。据统计，地球上有 25 万～30 万种植物物种，且大部分物种都生长在热带雨林。然而，只有约 5 000 种植物物种已被详尽研究并可能应用于医学，只占所有植物物种的一小部分。更令人忧心的是，随着热带雨林被摧毁，可能产生有用药物的植物物种也随之被破坏。有一种旨在模仿自然界化学多样性的实验室技术——组合化学，正逐渐崭露头角。这项技术通过构建庞大的化合物"库"，将一系列反应性化学品通过许多不同的方式组合在一起。如图 5-5a 所示，微量试剂被排列在一个网格中，从而最大化地增加可能的产品数量。然后从由此产生的大量密切相关的化合物中筛选出具有生物活性的成分，并对活性最强的衍生物进行化学结构分析，从而进行大规模合成以供进一步测试或开展临床试验。一个典型的阵列如图 5-5b 所示。

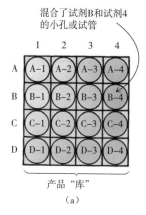
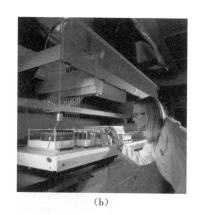

图 5-5　组合化学

注：图（a），8 种假设的起始材料，A～D 和 1～4，可以以各种方式组合产生 16 种产品，每种产品都可能具有一些在任何起始材料中都没有被发现的生物活性。图（b），大量产品因此可立即用于筛选药用活性。

Q3 为什么化疗能治疗癌症？

在众多疾病中，人们对癌症、恶性肿瘤的恐惧不言而喻，它们不仅会对患者的身体和心理健康产生极大的影响，严重时还会危及生命。针对这类疾病的治疗，医生会根据患者的情况使用不同的治疗方案，化疗便是其中一种。

使用能够破坏致病因子而不会对宿主造成过度伤害的药物的方法被称为化学疗法，这种方法可有效治疗许多疾病，包括细菌感染。它利用致病因子（也称病原体）与宿主的不同点来发挥作用。下面我们将了解一些化疗药物及其原理。

磺胺类药物和抗生素

还记得本章开头时提到的磺胺类药物吗？它于 20 世纪 30 年代开发，是第一种用于治疗细菌感染的药物，并通过利用人类和细菌之间的显著差异来发挥作用。

人类和细菌都需要营养物质叶酸才能保持健康，人类可以从食物中获取叶酸，而细菌却不能。细菌不能从外界吸收叶酸，必须由自身制造叶酸。为此，细菌中存在着一种简单的分子——对氨基苯甲酸，同时还拥有受体位点，当对氨基苯甲酸附着在特定的受体位点时，便会转化为叶酸，如图 5-6 所示。

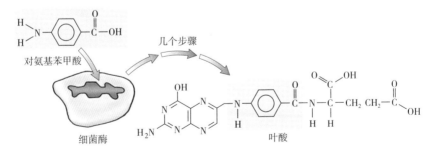

图 5-6 细菌酶使用对氨基苯甲酸合成叶酸

　　磺胺类药物与对氨基苯甲酸的结构非常相似。当被细菌感染的人服用时，磺胺类药物会被身体转化为复合磺胺，它能附着在为对氨基苯甲酸设计的细菌受体位点上，如图 5-7 所示，这会阻止细菌合成叶酸。没有叶酸，细菌很快就会死亡。然而，病人能活下去，是因为他们可以从饮食中获得叶酸，不会被磺胺类药物破坏叶酸合成的能力所困扰。

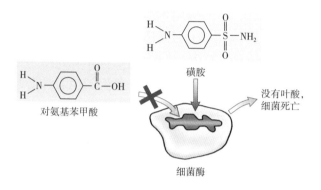

图 5-7　磺胺类药物

注：在细菌体内，磺胺类药物转化为复合磺胺，复合磺胺与细菌受体位点结合并阻止它们发挥作用。

　　抗生素也是阻止细菌生长的化学物质。抗生素是由霉菌、真菌甚至细菌等微生物产生的，其中青霉素是人类发现的第一种抗生素，此外还有许多青霉素衍生物，如图 5-8 中所示的青霉素 G，已从微生物中分离出来并在实验室中成功制备。与磺胺类药物通过阻止叶酸合成来抗菌不同，青霉素和头孢菌素等与之密切相关的化合物能够通过

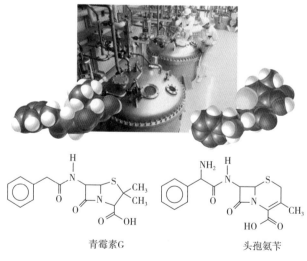

图 5-8　青霉素在实验室中成功制备

注：青霉素类（如青霉素 G）和头孢菌素类（如头孢氨苄），以及其他大多数抗生素均由可在实验室中大量生产的微生物产生。

使受体位点失活来杀死细菌，这些受体位点是负责加强细菌细胞壁的。因此，由于该受体位点失活，细菌细胞壁会变弱并最终破裂。

化疗可以抑制病毒的复制能力

迄今为止，化疗在治疗细菌感染方面比在治疗病毒感染方面更为成功，这与病毒的性质密不可分。由于化疗药物通过干扰病原体生存所需的一种或多种化学反应来发挥作用，因此病原体越复杂，干扰其生命周期的方法就越多。而病毒虽然比细菌更简单，但如此简单的事实意味着我们几乎无法采用化疗的方法。

当没有附着在宿主上时，病毒是一团惰性的、没有生命的生物分子——没有生命的东西很难被杀死！典型的病毒如图 5-9 所示，仅由包裹在蛋白质外壳中不少于一条的 RNA 链或 DNA 链组成。一些病毒通过附着在细胞上，然后将其遗传信息注入细胞来进行感染。一旦进入细胞，病毒的遗传信息就会被整合到宿主的 DNA 中，并被宿主细胞复制。最终，细胞因被大量病毒复制品填满而破裂，然后传播病毒以感染其他宿主细胞。

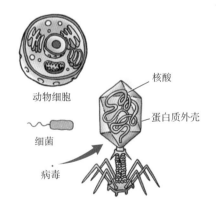

图 5-9　动物细胞、细菌与病毒

注：病毒比细菌小得多，也比动物细胞小很多。（注意代表病毒的小圆点。）病毒是所有病原体中最小的一种，主要由包裹在蛋白质外壳中的核酸组成。

最常见的抗病毒药物是核苷衍生物，类似于核苷酸，但不含磷酸基团。核苷能在所有细胞中漫游，并被细胞用来产生 RNA 或 DNA。然而，在发挥作用之前，核苷必须先用 3 个磷酸基团激活，如图 5-10 所示。而核苷的各种合成衍生

物很容易被病毒感染的细胞激活，但不会被未感染的细胞激活。因此，图 5-11
展现的两种合成的核苷衍生物阿昔洛韦（商品名 Zovirax®）和齐多夫定（商品名
AZT）一旦被整合进受病毒感染的宿主细胞的 RNA 或 DNA，就会干扰蛋白质的
合成，使受感染的细胞在完成病毒复制之前死亡。虽然在这种情况下，病毒的扩
散没有停止，却得到了控制。

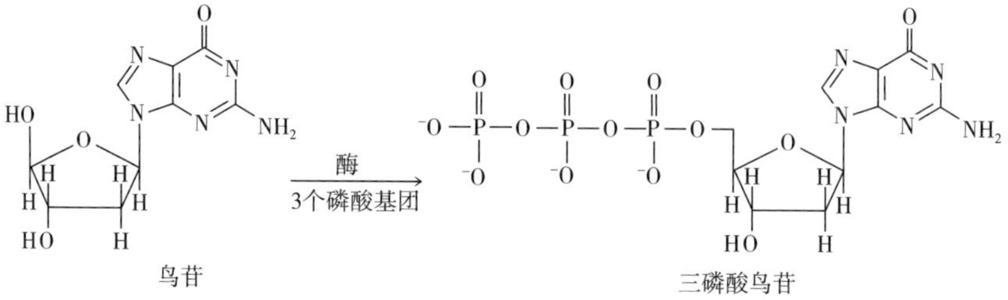

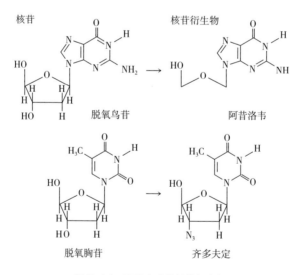

图 5-10　核苷由 3 个磷酸基团激活

注：在将鸟苷等核苷整合到 RNA 或 DNA 中之前，它必须通过 3 个磷酸基团的连接被激活。

图 5-11　两种合成的核苷衍生物

注：阿昔洛韦是核苷脱氧鸟苷的衍生物，齐多夫定是核苷脱氧
胸苷的衍生物。

　　阿昔洛韦是一种广泛应用于治疗单纯疱疹病毒引发的感染的药物，包括由单

纯疱疹病毒 1（HSV–1）引起的口腔疱疹，或是由单纯疱疹病毒 2（HSV–2）引起的生殖器疱疹。目前，全球超过 90% 的人口都感染过口腔疱疹病毒，尽管许多感染者并没有表现出明显的症状。而生殖器疱疹是最普遍的无法治愈的性传播疾病，在美国，大约有 3 000 万人感染了 HSV–2，每年的新增感染病例为 20 万～ 50 万例。

齐多夫定用于抑制人类免疫缺陷病毒（HIV）的复制，该病毒是获得性免疫缺陷综合征，即艾滋病的成因，如图 5–12 所示。根据世界卫生组织的数据，每年约有 300 万人感染这种病毒，同时约有 200 万人死于 HIV 感染。截至 2010 年，约有 3 400 万人感染 HIV。

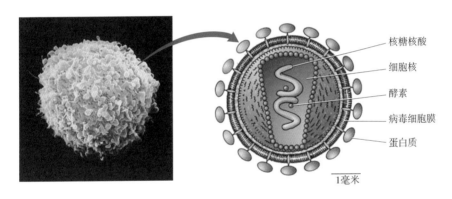

核糖核酸

细胞核

酶素

病毒细胞膜

蛋白质

1毫米

图 5–12　人类免疫缺陷病毒

注：图（a），覆盖这个白细胞的小绿体是人类免疫缺陷病毒。图（b），人类免疫缺陷病毒的解剖结构。初次感染后，感染者的免疫反应会消除大部分病毒。然而，一些病毒在受感染的细胞中保持休眠状态并逃避免疫反应。几年后，人类免疫缺陷病毒会自我重新激活，免疫系统崩溃，感染者最终会死于癌症和肺炎等机会性疾病。

HIV 的研究目前已取得了新的进展，产生了一类新的抗病毒药物，被称为蛋白酶抑制剂。由于许多病毒（包括 HIV）的生命周期依赖被称为蛋白酶的酶，因此蛋白酶可以分解蛋白质，例如，病毒可能会使用蛋白酶来穿透宿主细胞细胞膜上的蛋白质或分解宿主细胞的多肽，以产生病毒复制所需的氨基酸，因此，阻断蛋白酶作用的药物可以控制病毒增殖。奈非那韦（Viracept®），是一种有效的蛋白酶抑制剂，如图 5-13 所示。接受蛋白酶抑制剂和核苷抗病毒药物联合疗法——
"鸡尾酒"的患者，其体内的 HIV 计数可能会低于可检测水平。虽然这种方案
不太可能完全消除感染者体内的 HIV 病毒，但病毒数量的大幅减少往往会显著
延迟艾滋病的发作时间，并降低病毒的传染性。

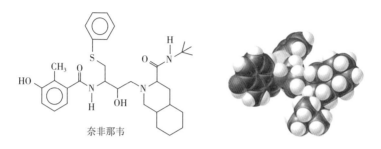

奈非那韦

图 5-13 蛋白酶抑制剂奈非那韦

○ 趣味课堂 ●

大自然中是否存在相关物质能在 HIV 的治疗中显现出优势？

多室草苔虫是一种常见的海洋污染生物，它会覆盖船体等表面。该物种还会
产生少量结构复杂的分子——苔藓虫素 1。苔藓虫素 1 显示出很多生物活性，包
括将 HIV 从其防御性休眠阶段唤醒，从而使这种病毒对抗病毒药物更为敏感，
并有可能将其从人体中彻底消除。苔藓虫素 1 在实验室中难以分离与合成。然而，
其衍生物易于生产，因此在治疗 HIV 方面显示出很大的前景。这是一个典型的
例子，说明大自然在化疗药物的研发中为人类提供了一座宝库。

癌症化疗针对快速生长的细胞

癌症现已成为大多发达国家人口的第二大死因。按照目前的死亡率推算，
1/6 的人口将死于这种疾病。癌症的发生过程是什么样的呢？

一旦细胞周期性地失去控制自身生长的能力并开始快速繁殖，在通常情况
下，免疫系统就会识别这些叛逆的细胞并摧毁它们。然而，有时这些细胞会冲破
这道防线，并继续不受限制地繁殖。结果可能导致大量组织——肿瘤生成，并剥

夺健康细胞的氧气和营养。来自肿瘤的细胞可能会逃脱并被带到身体的其他部位，驻扎在那里并继续繁殖，从而形成新的肿瘤。随着肿瘤的繁殖，越来越多的健康细胞受到损害并走向死亡。最终，整个身体可能会死亡，这就是癌症的发生过程。

　　作为治疗癌症的方法之一，化疗在癌症的早期阶段最有效，因为药物对处于分裂过程中的细胞最有效，这一过程叫作细胞的有丝分裂，如图 5-14 所示。当肿瘤刚刚形成时，其大部分细胞正在经历有丝分裂。然而，随着肿瘤形成时间的增长，处于生长期的细胞比例会下降，从而降低药物的敏感性。且药物也很难摧毁肿瘤中的所有细胞，例如，一个 100 克的肿瘤可能包含大约 1 000 亿个细胞。杀死其中 99.9% 的细胞仍然会留下 1 亿个细胞——对患者的免疫系统来说太多了。对含有大约 100 万个细胞的 50 毫克肿瘤进行相同的治疗，只会留下大约 1 000 个细胞，这些细胞可以由免疫系统控制。因此，早期诊断大大提高了癌症患者的存活率。为了身体健康，医生建议我们密切注意身体是否出现异常迹象，并定期到医院进行检查。

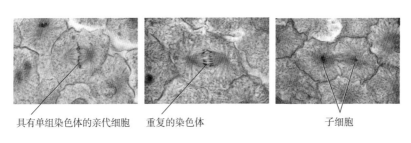

具有单组染色体的亲代细胞　　　重复的染色体　　　　　　子细胞

图 5-14　细胞的有丝分裂

注：在细胞的有丝分裂过程中，DNA 和某些细胞蛋白质聚集在一起形成染色体，在显微镜下可见。这些染色体自我复制，然后均匀地分裂成两个独立的细胞，称为"子细胞"。

　　许多抗癌化合物将 DNA 作为主要攻击目标，因为在细胞有丝分裂期间，DNA 链是解开的，因此容易受到化学药物的攻击。在此期间，多种化合物能够发挥作用，选择性地杀死处于分裂阶段的细胞。例如，图 5-15 所示的化合物5-氟尿嘧啶被细胞误认为是核苷酸碱基尿嘧啶，一旦整合进癌细胞的 DNA，5-氟尿嘧啶的非核苷酸结构就会干扰 DNA 的正常功能，使癌细胞死亡。图 5-15

中还显示了环磷酰胺和顺铂等更为强力的药物，它们通过与 DNA 结合或通过使双螺旋的两条链交联来破坏 DNA 的功能。

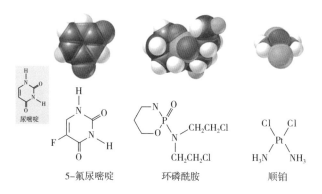

图 5-15　几种抗癌药物

注：这些抗癌药物通过针对细胞的 DNA 来杀死分裂中的细胞。

还有一些抗癌药物杀死癌细胞的机制不是作用于 DNA。例如图 5-16 所示的长春新碱和图 5-4 中的紫杉醇等生物碱类药物，是通过阻止形成分裂所需的细胞微结构来杀死正在分裂的细胞的。

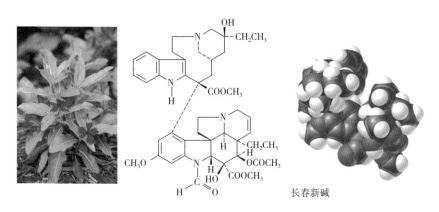

图 5-16　长春花与长春新碱

注：长春新碱是一种天然存在的生物碱，具有显著的抗癌活性。它是从与长春花密切相关的植物中分离出来的，长春花是热带地区和温带地区常见的观赏植物。

可惜，癌细胞并不是人体内唯一分裂的细胞。正常细胞也会周期性分裂，而某些类型的细胞，如胃肠道和毛囊中的细胞则总是处于细胞分裂状态。因此，癌症化疗药物因具有毒性而受到关注，接受治疗的患者经常会出现胃肠道问题和脱发等情况。

除了作用于 DNA 外，癌细胞还具有高代谢率，这意味着它们严重依赖生化营养素，这也成为另一个攻击点，例如，图 5-17 中所示的二氢叶酸。抗癌剂甲氨蝶呤在结构上与二氢叶酸非常相似，通过与癌细胞中的二氢叶酸受体位点结合而起作用，从而干扰细胞的代谢反应。

趣味课堂

最致命的癌症是什么？

癌症有超过 200 种，几乎可以影响任何部位的身体组织。在所有类型的癌症中，美国每年新确诊的病例中约有 1/2 是非黑色素瘤皮肤癌。肺癌的发病率次之，美国每年约有 22 万例新病例。最致命的癌症是胰腺癌，其患者在 1 年内的生存率约为 3%。这种低存活率的主要原因之一是，在达到"晚期"阶段之前，胰腺癌通常是无症状的。

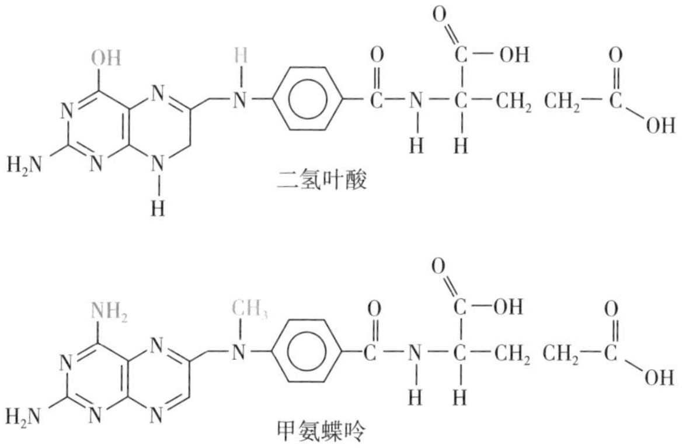

图 5-17 二氢叶酸与甲氨蝶呤

注：甲氨蝶呤通过在二氢叶酸受体位点取代二氢叶酸来干扰癌细胞的代谢。

癌细胞的高代谢意味着它们需要充足的血液供应——营养和氧气的来源，因此，肿瘤的生长需要新血管与新肿瘤细胞一起生长。新血管的生长被称为血管生成，阻止新血管生长的药物被称为血管生成抑制剂。目前人们已经开发出一些强大的血管生成抑制剂，它们可以选择性地与癌细胞中促进血管生成所需的蛋白质结合。结合后，抑制剂便会使蛋白质失活，从而阻止新血管向肿瘤的生长，癌细胞最终会因缺乏血液而死亡，肿瘤由此开始缩小。重要的是，血管生成抑制剂也被用于抑制脂肪细胞中的血管生成，以帮助治疗肥胖。

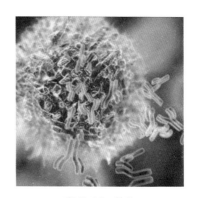

图 5-18　抗体

注：抗体是 Y 形大分子，是人体免疫系统的前线防御。一旦抗体与病原体结合，会发生一连串事件导致病原体被破坏。

前文描述的血管生成抑制剂是一种单克隆抗体，它们在治疗许多不同种类的癌症方面具有很大的潜力。抗体是人体产生的一种蛋白质大分子，用于识别并破坏传染性病原体，如细菌或病毒，甚至是癌细胞，如图 5-18 所示。在实验室中创建的专门针对某些癌细胞的抗体被称为单克隆抗体。"单克隆"是指这些抗体是彼此相同的克隆体，这意味着它们的产量足以用于临床。例如，单克隆抗体利妥昔单抗可有效杀死某些淋巴瘤的癌细胞，尽管不能治愈淋巴瘤，但利妥昔单抗有助于缓解症状。

随着我们对细胞力学的了解不断加深，提高癌症患者总体存活率的能力也随之提高。慢性粒细胞白血病是一个典型的例子。患该疾病的人的某些血细胞由于 DNA 突变产生的异常蛋白质而增殖。根据该蛋白质上受体位点的映射，科学家能够设计出一种名为格列卫（Gleevec®）的分子，该分子与这些受体位点结合并抑制它们的功能，如图 5-19 所示。虽然这种曾经非常致命的癌症仍不能被治愈，但格列卫能够阻止这种疾病和相关疾病的发展，使患者在 5 年间的生存率高达 95% 左右。此外，癌症化学疗法与放射疗法或手术相结合可以有效减少甚至治愈许多类型的癌症。

癌症有多种类型，且每种癌症都有其独特的生物化学性质。正如格列卫所证明的那样，我们最大的希望不在于一颗灵丹妙药，而在于我们了解每种癌症的生物化学细节。根据学到的知识，我们有能力开发有针对性的治疗方法。

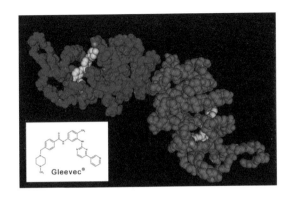

图 5-19 格列卫分子

注: 导致血细胞癌性增殖的叛逆蛋白的氨基酸链以蓝色和粉红色显示。这种蛋白质是由 DNA 的某种突变形成的。以金色显示的格列卫分子与该蛋白质的受体位点结合, 使它失效。

Q4 药物是如何影响神经系统的?

依据特性的不同, 药物发挥作用的方式也各有不同, 例如, 许多药物会通过影响神经系统发挥作用。要了解这些药物的工作原理, 我们首先要了解神经系统的基本结构和功能。

我们的思想、身体动作和感官输入都涉及通过身体传输电信号, 这些信号的路径是由神经细胞或神经元组成的网络。神经元是能够发送和接收电脉冲的特殊细胞。在所谓的静息阶段, 神经细胞通过喷射钠离子为神经冲动做好准备, 如图 5-20a 所示。当神经元外部的钠离子浓度高于内部的钠离子浓度时, 会造成电荷不平衡, 导致跨细胞膜的电势约为 –70 毫伏。如图 5-20b 所示, 神经冲动是这种电势的逆转, 它沿着神经元的长度向下传播到突触末梢。当钠离子冲回神经元时, 就会发生冲动内的电势逆转。

在脉冲沿神经元通过给定点后, 细胞再次在该点喷射钠离子以重新建立离子的原始分布和 –70 毫伏电位。

与电路中的导线不同, 大多数神经元彼此之间没有物理连接。它们也不与它们所作用的肌肉或腺体相连。相反, 如图 5-21 所示, 神经元通过被称为突触间隙的狭窄间隙彼此分开，或与肌肉或腺体分开。

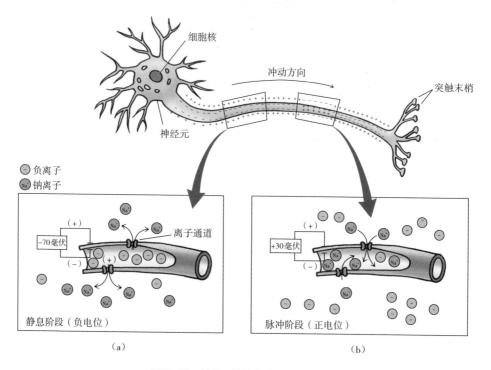

图 5-20 神经元的静息阶段和脉冲阶段

注：图（a），神经元的静息期在细胞外维持较高浓度的钠离子。这导致大约 -70 毫伏的电势。
图（b），在脉冲阶段，钠离子通过通道冲回细胞，产生约 +30 毫伏的电势。

到达突触间隙的神经冲动会在末端产生气泡状隔室（称为囊泡），将神经递质释放到间隙中。神经递质是由神经元释放的有机化合物，能够激活相邻神经元内的受体位点。

神经递质一旦被释放到突触间隙，就会穿过间隙迁移到另一侧的受体位点上。如果受体位点位于突触后神经元上，如图 5-21 所示，神经递质的结合就可能触发该神经元产生神经冲动。如果受体位点位于肌肉或器官上，神经递质的结合则可能会引发身体反应，如肌肉收缩或激素释放。

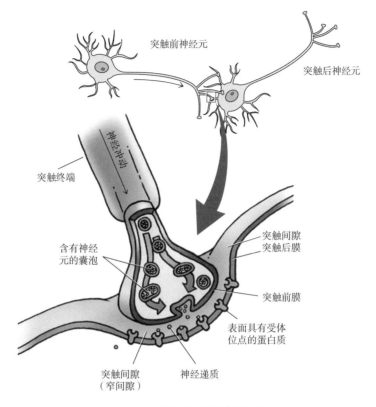

突触前神经元

突触后神经元

神经冲动

突触终端

含有神经元的囊泡

突触间隙
突触后膜

突触前膜

表面具有受体位点的蛋白质

突触间隙
（窄间隙）

神经递质

图 5-21　神经递质穿过突触间隙

压力神经元和维持神经元是两类重要的神经元。这两种类型的神经元很活跃。但在面对压力时，如遇到愤怒的熊或发表演讲时，压力神经元会比维持神经元更活跃，触发"战斗或逃跑"反应。在此期间，恐惧会导致压力神经元触发快速的身体变化以帮助抵御即将发生的危险：头脑变得警觉，鼻子和肺部的空气通道打开以吸入更多氧气，心跳加快以将含氧血液输送到全身，消化等非必要活动暂时停止。

在放松的时候，如坐在电视机前拿着一碗薯片，维持神经元会比压力神经元更活跃。在这些条件下，身体会分泌消化液，肠道肌肉将食物推入肠道，瞳孔收缩来提高视力，心脏则会以最低的速度跳动。

神经递质

在化学层面上，压力神经元和维持神经元可以通过它们使用的神经递质类型来区分。压力神经元的主要神经递质是去甲肾上腺素，而维持神经元的主要神经递质是乙酰胆碱。两者都显示在图 5-22 中。正如我们将在下文看到的，许多药物通过改变压力神经元和维持神经元活动的平衡来发挥作用。

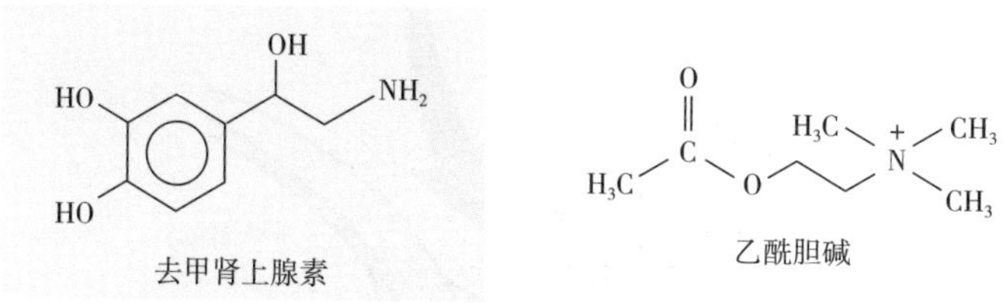

图 5-22　压力神经递质去甲肾上腺素和维持神经递质乙酰胆碱的化学结构

除了去甲肾上腺素和乙酰胆碱外，许多其他神经递质也会产生广泛的影响，例如，神经递质多巴胺、血清素和 γ－氨基丁酸，如图 5-23 所示。

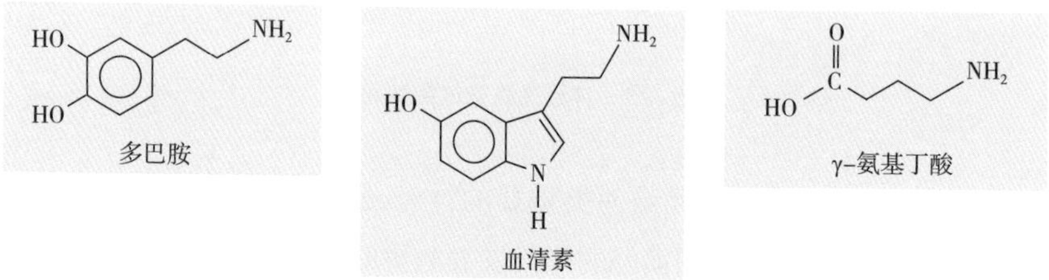

图 5-23　对中枢神经系统很重要的三种神经递质的化学结构

多巴胺在激活位于下丘脑的大脑奖赏中心方面发挥着重要作用。下丘脑位于大脑的中下部，如图 5-24 所示。下丘脑是外周神经系统的非自主部分，以及情绪反应和行为的主要控制中心。多巴胺对奖赏中心的刺激会让人产生一种被夸大的愉悦感。

血清素是大脑用来阻断不需要的神经冲动的神经递质。为了让我们能够理解世界，大脑的额叶选择性地屏蔽了来自下脑和周围神经系统的大量信号。其实，我们并非天生就有这种选择性屏蔽信息的能力，但为了适当地关注世界，新生儿必须从经验中学习哪些光、声音、气味和身体内外的感觉必须受到抑制。一个健康、成熟的大脑中，血清素能够成功抑制下脑神经信号的传递，然后，确实进入高级大脑的信息可以被有效分类。

麦角酸二乙基酰胺等药物通过影响血清素系统，改变了大脑对信息进行分类的方式，进而改变感知。例如，在产生幻觉时，服用麦角酸二乙基酰胺的人很少会看到不存在的东西，相反，这些人对确实存在的事物的感知会发生改变。

凭借对身体反应的控制，我们最终能够执行诸如驾驶汽车或弹钢琴之类的复杂任务。对情绪反应的控制则使我们能够改善自己的行为，例如，在紧张的社交互动中克服焦虑或在紧急情况下保持冷静。大脑通过抑制神经冲动的传递来控制身体和情绪反应。负责这种抑制作用的神经递质 γ–氨基丁酸是大脑的主要抑制性神经递质。没有 γ–氨基丁酸，我们就不可能有协调的动作和情感技能。

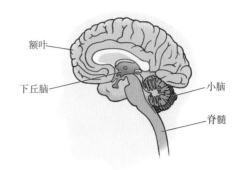

额叶
下丘脑
小脑
脊髓

图 5–24　人脑

安帕卡因的原理是什么？

近期研发的一类被称为安帕卡因的药物，在临床试验中显现出增强服用者的学习能力和记忆力的效果。此药被开发用以治疗瞌睡症、注意力缺陷多动障碍和阿尔茨海默病等。一旦获得美国食品及药物管理局的批准，医生就可以为安帕卡因开具处方，甚至用于一些非标签用途，如缓解时差反应和与年龄相关的健忘症。这些药物主要在中枢神经系统（大脑和脊髓）内起作用，它们不会引起通常与咖啡因和安非他明相关的神经紧张。

Q5 兴奋剂为何会让人上瘾？

　　有帮助人们抵抗疾病、恢复健康的药物，同样也有因滥用而危害人们身心健康的药物。对于后者，我们在很多地方都听过它们的名字：可卡因、冰毒、尼古丁……它们不仅会损坏人们的身体，对精神的影响更是难以被根除。

任何能影响思想或行为的药物都被归类为精神药物。在本部分中，我们主要关注两类精神药物：兴奋剂和镇静剂。

兴奋剂激活压力神经元

　　正如其名字一样，兴奋剂通过激活压力神经元来增强我们对刺激的反应强度，从而导致短暂的意识增强、思维敏捷和情绪高涨。目前，4 种公认的兴奋剂是安非他明、可卡因、咖啡因和尼古丁。

　　安非他明是一类兴奋剂，包括母体化合物安非他明，以及甲基苯丙胺和伪麻黄碱等衍生物。比较图 5-25 与图 5-23 和图 5-22，可以看出，这些药物在结构上类似于神经递质去甲肾上腺素和多巴胺。安非他明与这些神经递质的受体位点结合，因此，它具有与去甲肾上腺素和多巴胺对压力神经元的许多相似影响，包括"战斗或逃跑"反应和欣快感。

　　安非他明因具有刺激和改变情绪的作用，而拥有可广泛应用的潜力。但有利也有弊，这些药物的副作用包括失眠、易怒、食欲不振和妄想症。更值得注意的是，安非他明会对心脏造成特别严重的伤害。由于过度活跃的心肌容易撕裂，因此随之产生的组织瘢痕最终将导致心脏变弱。此外，安非他明还会导致血管收缩和血压升高。以上这些情况会增加服用者心脏病发作或脑卒中的可能性，特别是 1/4 服用者的血压已经很高了。

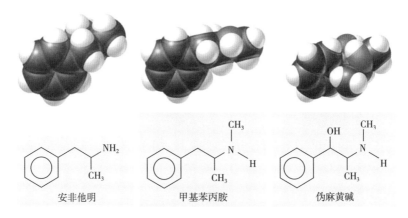

图 5-25 安非他明及其衍生物

注：安非他明是一类在结构上与神经递质去甲肾上腺素和多巴胺相关的化合物。

我们经常能在新闻中看到可卡因这个名字。可卡因是一种从南美古柯植物中分离出来的天然产物，如图 5-26 所示，一旦进入血管，可卡因就会让人产生欣快感并增强耐力。当局部使用时，可卡因是一种强大的局部麻醉剂。但可卡因之所以被人们熟知，是因为它已成为一种更加臭名昭著和被滥用的兴奋剂，尽管自 1860 年首次从植物中分离出来，几十年内可卡因曾被用作眼科手术和口腔治疗的局部麻醉剂，但在 20 世纪初期，更安全的局部麻醉剂被发现后，这种做法就被停止了。

图 5-26 南美古柯植物与可卡因

注：南美古柯植物多年来一直被土著文化用于宗教仪式，并有助于土著在长途狩猎旅行中保持清醒。他们会咀嚼这类植物的叶子，或将叶子研磨成粉末，再通过鼻子吸入。

安非他明和可卡因的作用过程有一个共通之处，即它们都对被称为神经递质再摄取的过程产生影响，这是身体回收神经递质（难以合成的分子）的方式。如图 5-27 所示，特殊的膜嵌入蛋白质将曾经使用过的神经递质分子拉回突触前神经元，以便重复使用。安非他明能打开再摄取通道，使诸如去甲肾上腺素和多巴胺的神经递质自由进出突触，使神经递质在突触中的浓度增加，从而让使用者产生一种情绪高涨的感觉。可卡因的作用方式略有不同，它会与多巴胺再摄取蛋白特异性结合，从而阻断这种神经递质的再摄取，结果，突触内多巴胺的浓度增加，使人们产生欣快感。

当然，正如大部分兴奋剂都具有成瘾性，安非他明和可卡因也具有相似的成瘾特征。与大多数药物一样，药物的成瘾程度在很大程度上取决于服用方式。一般来说，药物被身体吸收得越快，成瘾的程度就越大。此外，这种关系不是线性的。例如，一种药物的吸收速度快 2 倍，但最终的成瘾性可能不会是 2 倍，而是 10 倍。这是因为，当药物被快速吸收时，药物的浓度要大得多，从而导致强度更大。

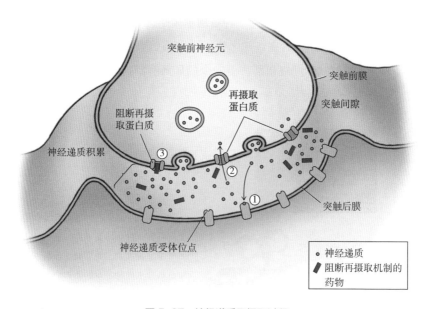

图 5-27　神经递质再摄取过程

注：①神经递质与其突触后受体结合。②神经递质被突触前神经元重新吸收，突触前神经元通过嵌入突触前膜的蛋白质释放它们。③干扰再摄取的药物会导致突触间隙中神经递质的积累。

在不同的服用方式中,将药物注入静脉是最快的给药途径,其次是吸入游离碱形式的药物蒸汽。回顾前文可以得知,游离碱是指在溶液中未与酸结合的碱,这使分子在加热时是非极性且易挥发的。以可卡因的作用机制为例,如图 5-28 所示,可卡因(和安非他明)引起的愉悦状态只是暂时的,因为裂隙中的酶会代谢多巴胺,从而使多巴胺失活。一旦可卡因被酶代谢,多巴胺就会再次被吸收。然而,到此时,裂隙中已经几乎没有多巴胺能被重新吸收,突触前神经元中也没有足够的多巴胺供应,如果没有循环过程,突触前神经元就无法制造足够量的多巴胺。最终的结果是,多巴胺消耗导致严重抑郁。

长期滥用苯丙胺或可卡因还会导致神经系统受损。由于身体识别到这些药物产生了过度刺激作用,因此为了应对过度刺激,身体会为抑制神经传递的神经递质创造更多的抑制受体位点,从而产生对药物的耐受性。为了获得相同的刺激效果,用药者被迫增加剂量,这会诱导身体产生更多的抑制受体位点。从长远来看,最终结果是,用药者的多巴胺和去甲肾上腺素的自然水平不足以弥补过多的抑制位点。因此,经常能观察到用药者会产生持续的人格变化。瘾君子即使在康复后,也经常会感到心理抑郁。

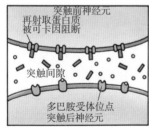
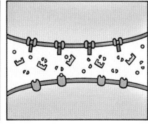
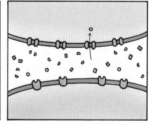

① 可卡因阻断了多巴胺的再摄取位点,导致高浓度的多巴胺在突触间隙中保持活性,这引起了可卡因的欣快效果

② 多巴胺在突触间隙中徘徊等待再摄取时,会被代谢并失活

③ 当可卡因被代谢并失活后,多巴胺的再摄取不再受阻。但此时突触间隙或神经元中的多巴胺含量非常少,导致可卡因用药者经历极度的抑郁

图 5-28 可卡因影响大脑奖赏中心突触间隙中的多巴胺水平

尽管当下药物成瘾尚未被完全理解，但科学家们确实知道它涉及身体和心理上的依赖性。身体依赖是指需要继续服用药物以避免产生戒断症状，对于安非他明，戒断症状包括抑郁、疲劳和强烈的进食欲望；心理依赖则是继续使用的渴望，这种渴望可能是成瘾最严重和根深蒂固的方面，即使在戒除身体依赖后，心理依赖也可能持续存在，并经常会诱发吸毒者复吸。

为了避免复吸，必须让吸毒者远离所有使他想起吸毒经历的线索。然而，这通常是不可能的，因为可能只有一个全新的社会环境才能使之实现。

有合法的兴奋剂吗？当然有！如图5-29所示，咖啡因便是一种温和得多且合法的兴奋剂。咖啡因能促进去甲肾上腺素释放到突触间隙中，同时对身体产生许多其他作用，如扩张动脉、松弛支气管和胃肠道肌肉、刺激胃酸分泌等。

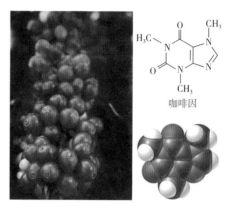

咖啡因

图 5-29　一种含有咖啡因的成熟咖啡豆

人们摄入的咖啡因主要来自各种天然来源，包括咖啡豆、茶、可乐果和可可豆。其中，可乐果提取物能用于制作可乐饮料，可可豆（不要与产生可卡因的古柯植物混淆）经过烘烤再研磨成粉末状后可用于制作巧克力。

使用高压二氧化碳可以相对容易地从这些天然产品中去除咖啡因，因为高压二氧化碳能够选择性地溶解咖啡因，从而使低价地生产"不含咖啡因"的饮料成为可能，但其中许多饮料仍含有少量咖啡因。有趣的是，可乐饮料制造商在饮料中使用不含咖啡因的可乐果提取物，而在单独的步骤中添加咖啡因以确保特定的咖啡因浓度。在美国，每年约有 90 万千克的咖啡因被添加到软饮料中。表 5-2 显示了各种商业产品的咖啡因含量。相比之下，大多数成年人每天可耐受的最大咖啡因剂量约为 1 500 毫克。

尼古丁是另一种合法但毒性更大的兴奋剂。如前所述，烟草植物产生的尼古丁可作为对昆虫的化学防御武器。这种化合物的效力非常强，单剂量仅约 60 毫克即可致死。一根香烟含有多达 5 毫克的尼古丁，而其中大部分尼古丁会被燃烧余烬的热量破坏，最终吸烟者吸入的尼古丁量通常少于 1 毫克。

表 5-2 各种产品的咖啡因含量

产品	咖啡因含量
能量饮料	100 ～ 1 000 毫克 / 杯
冲泡咖啡	100 ～ 150 毫克 / 杯
速溶咖啡	50 ～ 100 毫克 / 杯
去咖啡因咖啡	2 ～ 10 毫克 / 杯
黑茶	50 ～ 150 毫克 / 杯
可乐	10 ～ 16 毫克 /12 毫升
巧克力棒	0.3 ～ 0.6 毫克 / 毫升
非处方兴奋剂	100 毫克 / 剂

尼古丁和作用于维持神经元的神经递质乙酰胆碱具有相似的结构，如图 5-30 所示。因此，尼古丁分子能够与乙酰胆碱受体位点结合并触发乙酰胆碱的许多作用，如放松和促进消化，这解释了吸烟者喜欢饭后吸烟的现象。此外，乙酰胆碱可用于收缩肌肉，因此吸烟者在吸烟后也可能会立即感受到一些肌肉刺激。然而，在这些初始反应之后，尼古丁分子仍然与乙酰胆碱受体位点结合。这会阻止乙酰胆碱分子的结合，结果是神经元的活动受到抑制。

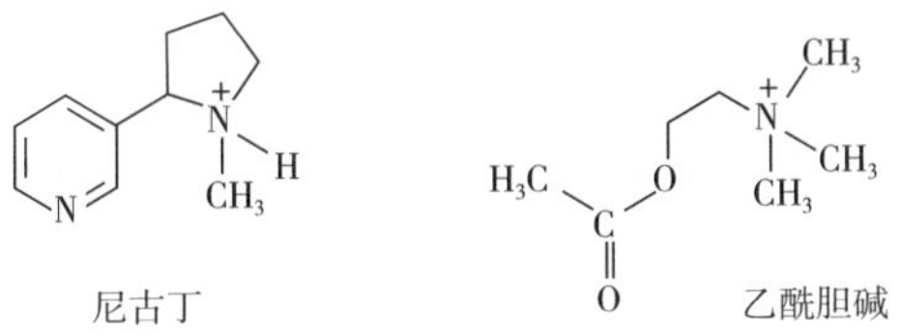

图 5-30 尼古丁与乙酰胆碱

注：由于结构相似，尼古丁能够与乙酰胆碱的受体位点结合。

回顾前文，维持神经元和压力神经元总是在工作，因此，抑制一种类型神经元的活性会使另一种神经元更有效。所以，当尼古丁抑制维持神经元时，将使压力神经元变得活跃，致使吸烟者的血压升高，从而给心脏带来压力。

在大脑中，尼古丁通过促进压力神经递质（如去甲肾上腺素）的释放从而直接影响压力系统。尼古丁还会增加大脑奖赏中心的多巴胺水平。此外，当吸入时，尼古丁是一种速效药物。所有这些因素都使尼古丁具有高成瘾性。动物研究表明，吸入尼古丁的成瘾性大约是注射海洛因的 6 倍。由于尼古丁会迅速离开身体，因此在吸完一支烟约 1 小时就会出现戒断症状，这意味着吸烟者会倾向于频繁地吸烟。

　　在美国，每年约有 45 万人死于与烟草相关的健康问题，如肺气肿、心脏病和各种类型的癌症，尤其是主要由烟焦油成分引发的肺癌。图 5-31 显示了吸烟者肺部的形貌。如今，人们开发出尼古丁口香糖和尼古丁皮肤贴片以缓解尼古丁成瘾。然而，吸烟者首先必须真心想戒烟，这些方法才真正有效。

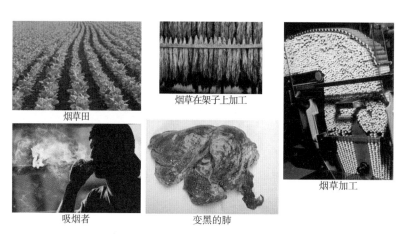

烟草在架子上加工

烟草田

吸烟者

变黑的肺

烟草加工

图 5-31　烟草从田地到吸烟者肺部的路径

注：尽管意识到吸烟这种习惯的危险，但仍有大约 4 600 万美国人吸烟。

○—• 趣味课堂 •—○

尼古丁除了用作兴奋剂，还有什么作用？

　　除了用作兴奋剂，尼古丁还具有一定的镇痛作用，这意味着它可以增强人们忍受疼痛的能力。依巴替丁是一种结构相关的尼古丁类似物，镇痛效果更好，并且事实表明，其镇痛作用是吗啡的 200 多倍。进一步的研究表明，依巴替丁和尼古丁结合，与吗啡产生镇痛作用的受体位点不同，这意味着尼古丁类似物是一类全新的镇痛剂。依巴替丁是从厄瓜多尔箭毒蛙的皮肤中分离出来的。其毒性太大，不能在临床中使用。然而，药物化学家正在努力发现其他尼古丁类似物，这些尼古丁类似物具有最佳镇痛作用，毒性最小，理想情况下成瘾性较低。

致幻剂和大麻素改变认知

致幻剂，也被称为迷幻剂，是一种可以改变视觉感知并扭曲使用者时间感的药物。这听起来可能有些不太真实，但它确实在现实中存在，并对使用者的情绪、思维模式和行为有显著的影响。麦角酸二乙基酰胺和麦司卡林是两种主要的致幻剂。大麻素则是大麻的精神活性成分，是与大麻密切相关的一类药物。由于大麻素不会改变视觉感知，因此不是真正的致幻剂。然而，大麻素在其他方面与致幻剂相似，例如，它们能够扭曲使用者的时间感。麦角酸二乙基酰胺是原型致幻剂，它的分子结构如图 5-32 所示，与血清素的分子结构非常相似，这种相似性使麦角酸二乙基酰胺能够比血清素更有效地激活血清素受体。正是麦角酸二乙基酰胺干扰了血清素的工作，导致麦角酸二乙基酰胺使用者能够体验到现实感的改变。因为麦角酸二乙基酰胺还会刺激大脑的奖赏中心，而感官组织的变化通常（但不总是）被描述为一种有利的体验，因此当麦角酸二乙基酰胺进入大脑后，它们会干扰神经递质的正常功能，导致奖赏中心出现反应异常，从而可能导致使用者体验到强烈的快感和愉悦感，但也可能会出现幻觉和妄想等精神症状。

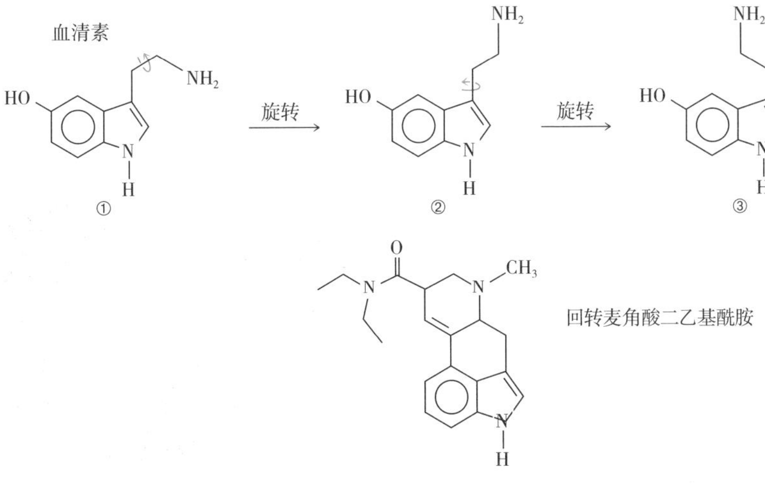

图 5-32　血清素与麦角酸二乙基酰胺的分子结构

注：血清素的侧链可以旋转成多种构象。然而，在与受体位点结合后，侧链可能会保持在构象③中。注意麦角酸二乙基酰胺分子叠加在结构③上的形式。因此，麦角酸二乙基酰胺可以被认为是一种修饰的血清素分子，其侧链保持在受体结合的理想构象中。

此外，麦角酸二乙基酰胺还会触发压力神经元，导致使用者的瞳孔扩大、血压和心率升高、恶心和颤抖。这些压力效应会使受影响的人的情绪转变为恐慌和焦虑。由于麦角酸二乙基酰胺分子是非极性的，因此大量的麦角酸二乙基酰胺可能会被困住并隐藏在非极性脂肪组织中，几个月后才会被释放出来，从而导致轻度复发，这种经历也被称为闪回。

在人类历史的发展长河中，致幻剂的身影曾多次出现。例如，20 世纪 70 年代初期，街头使用苯乙胺化合物的致幻衍生物的情况显著增加，如图 5-33 所示。

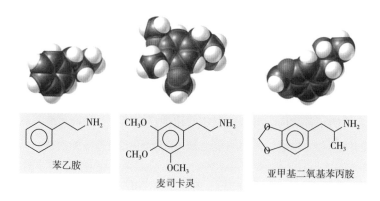

图 5-33　苯乙胺的致幻衍生物

最初，人们的兴趣集中在麦司卡灵上，这是美国西部一些美洲原住民部落在宗教仪式中使用的几种仙人掌的致幻成分。一种可以产生这种化合物的仙人掌如图 5-34 所示。除了麦司卡灵外，如亚甲基二氧基苯丙胺这样的合成衍生物也开始流行。但与麦角酸二乙基酰胺不同，这些致幻剂不会通过与血清素受体位点结合来发挥作用，相反，它们会刺激过量血清素的释放。这种途径不如麦角酸二乙基酰胺的直接途

图 5-34　仙人掌

注：仙人掌是致幻剂麦司卡灵的来源。

径有效，因此，这些药物的效力是麦角酸二乙基酰胺的 1/4 000 ～ 1/200。因为需要更大剂量的麦司卡林和亚甲基二氧基苯丙胺，所以我们可以看到许多其他效果，例如，对压力神经元的显著刺激。此外，经常使用这些化合物会引起戒断症状。

　　大麻素，作为大麻的精神活性成分，虽然不属于致幻剂，但它对时间感知的影响同样显著。大麻素的浓度因植株而异，这种植物物种的原始品种几乎不含这些精神活性成分，并且因其出色的纤维品质而被使用了许多个世纪。平均而言，可能因心理作用而被吸食的大麻品种含有约 4% 的大麻素衍生物。这些衍生物中活性最强的是化合物 Δ^9- 四氢大麻酚（THC），如图 5–35 所示。

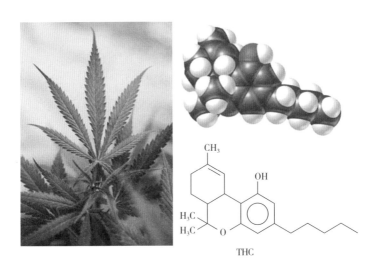

图 5–35　大麻植株与 THC

注：大麻的主要精神活性成分是 THC。

　　实际上，我们并不完全了解 THC 是如何发挥作用从而影响使用者的精神状态的。1990 年，THC 分子的一个特定受体位点被发现，几年后，人们发现了一种天然存在于体内的肽能与该受体结合，并引发类似吸食大麻的反应。这些结果表明，THC 通过模仿这种天然存在的肽而发挥作用。

最值得注意的是，大麻素会积聚在大脑负责短期记忆的区域。我们的每一次经历都会经过这个区域，有些经历会被遗忘，如你在早晨散步时看到的人行道裂缝的图像；而有些经历，如你的第一次约会，则会被归档在长期记忆存储中。但大麻素会破坏这个归档系统，使记忆无法被正确分类。此外，受大麻素影响的人可能会产生扭曲的时间感和不清晰的思维。

大麻素还会产生另外一种影响——睡眠不安。当我们处于以快速眼动（REM）为标志的睡眠阶段时，大脑会对记忆进行分类整理，而吸食大麻的人会失去快速眼动睡眠时间，从而导致第二天表现出易怒的情绪。一旦记忆归档中心的药物被清除（这可能需要数天甚至数周），大脑就会通过超长的快速眼动时间来弥补失去的时间。

此外，大麻素也具有多种药用价值，例如，它们可以减轻青光眼的症状，青光眼是一种眼内压力积聚的疾病。同时，大麻素还有助于刺激人的食欲，这对接受癌症化疗的患者和感染艾滋病等疾病的人很重要。出于这些目的，美国许多州允许医生开具大麻处方。

抑制剂抑制神经元传导冲动的能力

与能刺激人体产生快感和愉悦感的兴奋剂，或使人产生强烈幻觉的致幻剂不同，抑制剂是一类抑制神经元传导冲动能力的药物。乙醇和苯二氮䓬类是两种常用的抑制剂。

乙醇，又称酒精，其结构如图 5-36 所示，在生活中随处可见，可用于消毒和清洁。人们饮用的各种酒中也含有乙醇。但很多人并不知道的是，乙醇也是迄今为止使用最广泛的抑制剂。在美国，约有 1/3 的人口，即约 1 亿人饮酒，但饮酒每年会导致约 15 万人死亡，死亡原因包括单纯过量饮酒、过量同时饮酒与其他镇静剂、酒精引起的暴力犯罪、肝硬化和与酒精有关的交通事故。

CH₃ CH₂ — OH

乙醇

图 5-36　乙醇的分子结构

注：酒精的最初影响之一是社交抑制。酒精可以用来增强情绪，然而，酒精不是兴奋剂。从喝第一口酒到最后一口酒，身体系统都受到抑制。

同样作为常用抑制剂的苯二氮卓类药物是一类有效的抗焦虑药。与许多其他类型的抑制剂相比，苯二氮卓类药物相对安全，很少导致心血管和呼吸抑制。而它的抗焦虑作用之所以会被发现，完全是一次偶然。当时是 1957 年，在一次常规的实验室清理中，一种已被搁置两年的化合物被提交进行常规测试，尽管事实是，被认为具有类似结构的化合物并没有显示出潜在的药理活性。然而，如图 5-37 所示，

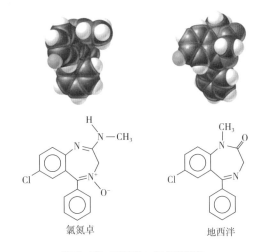

氯氮卓　　　　　　　　地西泮

图 5-37　两种苯二氮卓类药品

这种特殊的化合物现在被称为氯氮卓，包含一个意想不到的七元环。氯氮卓对人体具有显著的镇静作用，并在 1960 年作为抗焦虑剂以商品名 Librium® 上市销售。此后不久，一种名为地西泮的衍生物被发现其效力是 Librium® 的 5 ～ 10 倍。1963 年，地西泮（Valium®）上市销售。

酒精和苯二氮卓类药物主要是通过增强 γ – 氨基丁酸的作用来发挥其抑制作用的。如图 5-38 所示，γ – 氨基丁酸通过与穿透神经元细胞膜的通道上的受

体位点结合来阻止电脉冲穿过神经元。如图 5-38a 所示，当 γ-氨基丁酸与受体位点结合时，通道打开，允许氯离子迁移到神经元中。由此产生的负电荷在神经元中积聚，以保持跨细胞膜的负电位，这抑制了向正电位的逆转，并防止脉冲沿着神经元传播。

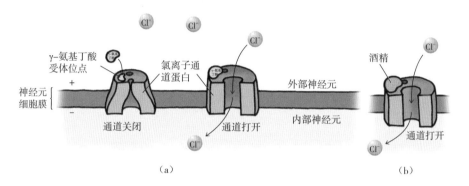

图 5-38　γ-氨基丁酸和乙醇与 γ-氨基丁酸受体位点结合

注：图（a），当 γ-氨基丁酸与其受体位点结合时，通道打开，以允许带负电荷的氯离子迁移到神经元中。神经元内高浓度的负离子阻止了电位从负反转为正。因为如果一个冲动要穿过神经元，那么这种逆转是必要的，所以没有任何冲动可以穿过神经元。图（b），乙醇通过与 γ-氨基丁酸受体位点结合来模拟 γ-氨基丁酸。

乙醇通过与 γ-氨基丁酸受体位点结合来模拟 γ-氨基丁酸的作用。这允许氯离子进入神经元，如图 5-38b 所示。酒精发挥作用是对剂量有依赖性的，这意味着，摄入越多，酒精的效果就越大。在低浓度下，很少有氯离子被允许进入神经元；这些低浓度的离子会降低抑制作用、改变判断力并损害肌肉控制能力。随着人继续饮酒，神经元内的氯离子浓度升高，反射和意识都会减弱，最终达到昏迷甚至死亡的程度。

回想前文对可卡因和安非他明的讨论，身体会通过产生更多的抑制受体位点来对这些兴奋剂的长期滥用做出反应。同样，身体会认识到酒精产生的过度抑制作用，并试图通过增加导致神经兴奋的突触受体位点的数量来恢复。通过这种方式，一个人可以对酒精产生耐受性。因此，为了获得同样的抑制效果，饮酒者被迫喝得更多，这会诱导身体产生更多的兴奋性突触受体位点。最终，这些兴奋性受体位点过多从而导致永久性的身体震颤，这种震颤可以通过更大量地饮酒或长期停止饮酒来抑制，而后者往往更难实现。

图5-39说明了苯二氮卓类药物如何通过与位于 γ-氨基丁酸受体位点附近的受体位点结合来发挥其抑制作用。苯二氮卓的结合仅有助于 γ-氨基丁酸结合。由于苯二氮卓类药物不能直接打开氯离子通道，因此与许多替代抑制剂相比，过量服用这种化合物的危害较小，因此苯二氮卓类药物成为治疗焦虑症状的首选药物。

●趣味课堂●

为什么红酒引发的宿醉更严重？

在木桶中调味的酒精饮料，如威士忌和红酒，往往含有大量的甲醇（化学式为 CH_3OH），甲醇因此也被称为木酒精。甲醇的毒性解释了为什么这些酒精饮料在饮用过多后往往会引发更严重的宿醉。一条不相关的信息——在打电话或发短信的情况下驾驶与酒后驾驶的效果相当。

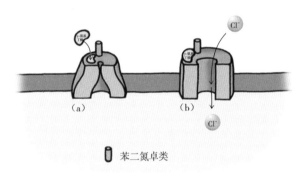

苯二氮卓类

图5-39 苯二氮卓类的受体位点与 γ-氨基丁酸受体位点相邻

注：图（a），苯二氮卓类药物不能自行打开氯离子通道。图（b），相反，苯二氮卓类药物有助于 γ-氨基丁酸的通道打开。

Q6 全身麻醉如何消除疼痛？

当受到外力撞击，或是身体内部出现炎症、发生病变时，我们会感到身体疼痛。身体疼痛是身体对伤害做出的复杂反应，在细胞层面，引起疼痛的生化物质会在受伤部位迅速合成，在那里，它们会引发肿胀、炎症和其他引起身体注意的反应。这些疼痛信号通过神经系统发送到大脑，使大脑感知疼痛。在这一过程中，如图5-40所示，药物可以在不同阶段发挥作用，以减轻疼痛。

图 5-40　大脑感知疼痛

注：组织损伤会导致疼痛信号传递
到大脑。止痛药可以阻止这种传递，
抑制炎症反应，或抑制大脑感知疼
痛的能力。

　　麻醉剂便是减轻疼痛的药物之一，它可以阻止神经元将感觉传递到大脑，局部麻醉剂可以用于局部麻醉皮肤，或是通过注射麻醉更深的组织。这些温和的麻醉剂可用于小型外科手术和口腔手术。如前所述，可卡因是第一种在医学上使用的局部麻醉剂。此后，其他副作用较少的方法也很快就出现了，如图 5-41 中所示的那些局部麻醉剂。

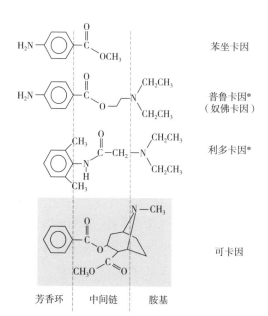

苯坐卡因

普鲁卡因®
（奴佛卡因）

利多卡因®

可卡因

芳香环　中间链　胺基

图 5-41　一些副作用较少的局部麻醉剂

注：局部麻醉剂具有相似的结构特征，包
括芳香环、中间链和胺基。

全身麻醉剂通过使患者失去知觉来消除疼痛。如前文所述,乙醚是最早使用的全身麻醉剂之一。如图5-42所示,七氟烷和一氧化二氮是当今麻醉师常用的两种气体全身麻醉剂。当人们吸入它们时,这些化合物就会进入血液并分布到全身。在一定的血液浓度下,全身麻醉剂会使患者失去知觉,这对侵入性手术很有用。然而,全身麻醉的整个过程必须得到非常仔细的监测,以避免神经系统的严重关闭和随之而来的死亡。

镇痛药也是一类可以帮助减轻疼痛而不破坏神经感觉的药物。如图5-43所示,我们之所以会感受到疼痛,是因为前列腺素的存在,它是人体快速合成的生化物质,可以产生疼痛信号。非处方镇痛药,如阿司匹林、布洛芬和对乙酰氨基酚,可抑制前列腺素的形成。由于前列腺素能够升高体温,因此这些镇痛药还可以退烧。除了减轻疼痛和退烧外,阿司匹林和布洛芬还可以用作抗炎剂,因为它们能够阻止导致炎症的某种前列腺素的形成。但对乙酰氨基酚对炎症不起作用。这三种镇痛药如图5-44所示。

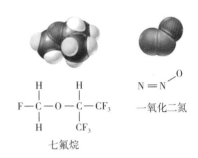

图5-42 七氟烷和一氧化二氮的化学结构

·趣味课堂·

海洛因最初为何会被错误地使用?

19世纪的化学家费利克斯·霍夫曼通过在水杨酸中添加乙酰基官能团创造了阿司匹林,即乙酰水杨酸。两周后,他将相同的化学反应应用于吗啡以制造二乙酰吗啡。霍夫曼工作的公司——拜耳将这种产品命名为"海洛因"并进行营销,因为其发音激发了用户的"英雄"感。海洛因被错误地宣传为一种不会使人上瘾的吗啡替代品。然而,更重要的是,海洛因是一种强劲的止咳药。当时,肺结核和肺炎是导致死亡的主要原因。海洛因因此成为一种广受欢迎的药物,因为它可以让患有这些疾病的人获得一夜安眠。到1913年,海洛因的负面作用广为人知,拜耳于是停止生产海洛因,转而专注于销售阿司匹林。

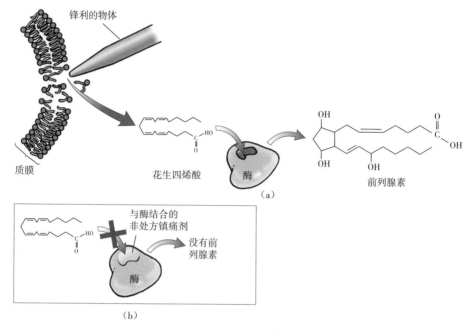

图 5-43　人体感到疼痛的过程

注：图（a），能将疼痛信号传递给大脑的前列腺素是在受伤时合成的。所有前列腺素的起始物质都是花生四烯酸，它存在于所有细胞的细胞膜中。花生四烯酸在酶的帮助下转化为前列腺素。前列腺素有很多种，且每种都有独特的作用，但都具有与此处所示类似的化学结构。图（b），镇痛剂通过与花生四烯酸受体位点结合来抑制前列腺素的合成。没有前列腺素，就不会产生疼痛信号。

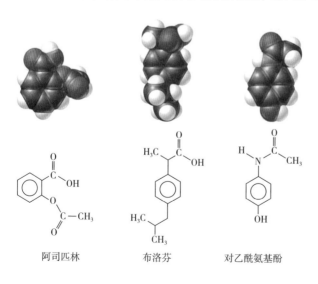

图 5-44　三种镇痛药

注：阿司匹林和布洛芬可阻止引起疼痛、发热和炎症的前列腺素的形成。对乙酰氨基酚只能阻止引起疼痛和发热的前列腺素的形成。

图 5-1 所示的吗啡、可待因和海洛因是效力更强的阿片类镇痛剂，它们通过与中枢神经系统（包括大脑和脊柱）中神经元上的受体位点结合来缓和大脑对疼痛的感知。这些受体位点的最初发现引出了它们为什么存在的问题。当时，一些人假设阿片类药物是在模仿一种天然存在于大脑中的化学机能。例如，人体内自然存在的内啡肽，是一组具有强阿片活性的大生物分子，在脑组织中被分离出来。有人提出，内啡肽的进化是一种抑制疼痛意识的手段，否则疼痛感会在危及生命的情况下使人丧失能力。许多运动员在剧烈运动后出现的"跑者嗨"便是由内啡肽引起的。

内啡肽也与安慰剂效应有关，在这种效应中，患者在服用他们认为是药物，但实际上是糖丸的药物后，会感觉疼痛减轻了。（安慰剂是在科学实验中用作对照的任何非活性物质。）通过安慰剂效应可知，是患者相信药物的有效性导致疼痛得到缓解，而不是药物本身发挥的作用。内啡肽在安慰剂效应中的作用已经通过用阻止阿片类药物或内啡肽与其受体位点结合的药物来代替糖丸而得到了证明。在这种情况下，安慰剂效应消失了。

除了用作镇痛剂，阿片类药物还能引起欣快感，这就是它们经常被滥用的原因。重复使用后，用药者会对这些药物产生耐受性：他们必须服用越来越大的剂量才能获得相同的效果。滥用者还会对阿片类药物产生身体依赖，这意味着他们必须继续服用阿片类药物以避免出现严重的戒断症状，如发冷、出汗、僵硬、腹部痉挛、呕吐、体重减轻和焦虑。有趣的是，当阿片类药物主要用于缓解疼痛而不是用于获得欣快感时，戒断症状则不会那么明显——尤其是当用药者不知道他一直在服用这种药物时。

治疗阿片类药物成瘾最广泛使用的方法是用美沙酮维持治疗。美沙酮，如图 5-45 所示，是一种合成阿片类衍生物，具有其他阿片类药物的大部分作用，包

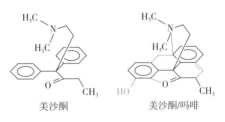

美沙酮 　　　　　　美沙酮/吗啡

图 5-45　美沙酮和吗啡的化学结构

注：美沙酮（黑色）的结构叠加在吗啡（蓝色和黑色）的结构上。

括产生欣快感，但不同之处在于，它在口服时保留了大部分活性，这意味着其剂量很容易控制和监测。美沙酮的戒断症状也远没有那么严重，成瘾者可以在没有过度压力的情况下慢慢戒掉阿片类药物，瘾君子则可能需要几个月的时间来摆脱身体上的依赖。然而，心理依赖通常会伴随人的一生，这也是复发率如此之高的原因。

Q7 心脏病有特效药吗?

心脏病是一种常见且严重的疾病，它会降低心脏泵血能力，并且每年都在全球范围内夺走无数人的生命。心脏病不仅影响着老年人的健康状态，目前也趋向年轻化，成为现代人面临的重大挑战。

动脉硬化是一种常见的心脏病，即动脉内壁斑块的堆积。如前文所述，斑块沉积主要是低密度脂蛋白的堆积，这些脂蛋白富含胆固醇和饱和脂肪。如图 5-46 所示，由于斑块填充的动脉弹性较差且体积减小，因此这两种影响都使泵血更加困难，心脏变得过度劳累和虚弱。动脉硬化或其他压力对心肌的累积损伤会导致异常的心律，称为心律失常。而胸痛，又称为心绞痛，是由心肌供氧不足引起的。最终，虚弱的心脏不能充分地将血液循环到身体各处，导致心脏病患者的耐力下降，他们经常需要在运动中或运动后停下来喘口气。

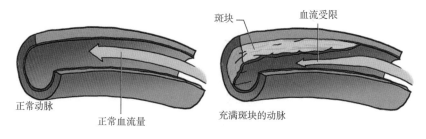

正常动脉　　　正常血流量　　　充满斑块的动脉

图 5-46　正常动脉与充满斑块的动脉

注：心脏必须更加努力地推动血液通过因斑块沉积而变窄的血管。此外，斑块周围的炎症可导致形成诱发心脏病的血凝块。

如前文所述，动脉硬化的另一个危险是斑块形成部位周围可能出现血凝块。这样的血凝块一旦破裂就会随着血流在全身游走，直到血凝块阻塞血管，便会迅速切断对组织的血液供应，组织随后开始死亡。

当心肌组织垂死时，就会诱发心脏病。一些心脏病的发作进程缓慢，患者因此有时间寻求医疗帮助，此时医生可能会使用能够速效溶解血凝块的酶。还有其他类型的心脏病会更快速地发作，在几分钟内就能导致患者死亡，即使患者能在心脏病发作后幸存下来，其心脏也会因组织坏死而变得虚弱。

治疗心脏病最有效的方法是尽一切可能从源头预防它的发生，包括避免压力、定期锻炼、饮食均衡、食用低胆固醇食品。然而，对于许多人来说，这种健康的生活方式对降低他们血液中的胆固醇水平几乎不起作用，因为他们的肝脏自然产生的胆固醇比他们从饮食中获得的胆固醇要多。对于这些人，医生可以开一些他汀类药物，这是一种抑制胆固醇合成的药物。目前两种流行的他汀类药物是阿托伐他汀（Lipitor®），它是一种合成药物，以及洛伐他汀（Mevacor®），它是一种从真菌土曲霉中分离出来的天然产物。

有时，医生还会在临床上使用血管扩张剂。血管扩张剂是一类通过扩张血管增加心脏供血的药物，可用于治疗心绞痛，还可以减轻心脏负荷，因为血管扩张会使泵血变得更加容易。传统的血管扩张剂包括硝酸甘油和亚硝酸戊酯，如图5-47所示。患者可以通过多种途径给药：口服、舌下含服或透皮（通过皮肤）贴片。

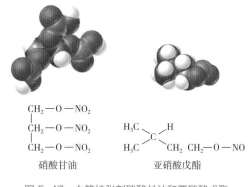

图 5-47　血管扩张剂硝酸甘油和亚硝酸戊酯

后两种方法的好处是它们允许药物缓慢进入体内，而口服或注射药物的效果就不同了。这些有机硝酸盐进入人体后会被代谢成一氧化氮，化学式为 NO，它已被证明具有放松血管中肌肉的作用。

经过不懈地研究，如今，放松心脏泵血作用的药物已经问世。当与心肌中被称为 β‑肾上腺素受体的受体部位结合时，神经递质去甲肾上腺素和肾上腺素会刺激心脏跳动得更快。因此，一系列被称为 β 受体阻滞剂的药物就可以通过阻止去甲肾上腺素和肾上腺素与 β‑肾上腺素受体结合，来减缓和放松过度劳累的心脏。如图 5-48 所示，心得安（Inderal®）是第一个被开发出来的 β 受体阻滞剂，可用于治疗心绞痛、心律失常和高血压。但不同的人对于药物剂量的需求各不相同，例如，与普通心脏病患者相比，长期酗酒者需要更大剂量的 β 受体阻滞剂来放松心肌，这是因为，长期过量饮酒会导致压力神经递质受体部位的数量增加，随着更多的受体位点被阻断，酗酒者相应地需要更大剂量的 β 受体阻滞剂才能达到所需的心脏舒张程度。

另一组放松心肌的药物是钙通道阻滞剂。硝苯地平就是其中一种，如图 5-48 所示。当神经冲动发出信号通知钙离子进入肌肉细胞时，肌肉开始收缩。顾名思义，钙通道阻滞剂会抑制钙离子流入肌肉，从而抑制肌肉收缩，结果是心率减慢，血管肌肉放松并扩张，从而使血压得以降低。

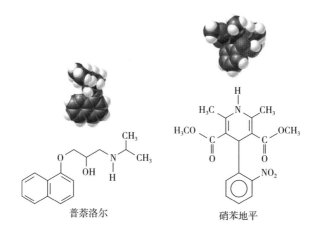

普萘洛尔　　　　　　　硝苯地平

图 5-48　普萘洛尔与硝苯地平

注：普萘洛尔是一种 β 受体阻滞剂，硝苯地平是一种钙通道阻滞剂。

在美国和大多数发达国家，心脏病是导致 65 岁以上人群死亡的首要因素。由于这些国家的大多数人的年龄都超过 65 岁，所以心脏病实际上是导致所有年龄段人群死亡的主要原因，如表 5–3 所示。

表 5–3 美国人的死因

年龄组／岁	死因	所有年龄相结合的十大原因
15 ～ 24	事故	心脏病
25 ～ 44	艾滋病病毒	癌症
45 ～ 64	癌症	脑卒中
＞ 65	心脏病	肺病
		事故
		糖尿病
		阿尔茨海默病
		流感／肺炎
		肾脏疾病
		败血症

也许，化学对社会的影响不如它在药物开发中产生的影响显著。但总的来说，化学延长了我们的寿命，提高了我们的生活质量。化学还向我们提出了许多伦理和社会问题，例如，我们如何照顾不断增加的老年人口？哪些药物应在法律上允许用于娱乐用途？若成瘾性药物被用于犯罪，或致人生病，我们应如何处理？随着继续深入地了解我们的身体和疾病，可以肯定的是，更强大的药物将会出现。然而，我们应知道，所有药物都带有风险，正如大多数医生所指出的那样，药物拥有许多好处，但它们不能取代健康的生活方式和预防医药的方法。

要点回顾

- 药是为改善人的健康而使用的物质。药物是除食物或水之外的任何影响身体机能的物质。

- 所有药都是药物，但不是所有药物都是药。

- 我们可以根据药物的衍生方式对它们进行分类。属于"天然产品"的药物直接来自陆生或海洋植物或动物；"化学衍生物"药物是经过化学修饰以增加效力或减少副作用的天然产物，"合成"药物是完全在实验室中制造的。

- 化学家会使用各种模型来描述药物的作用方式。到目前为止，最有用的药物作用模型是锁钥模型。这个模型的基础是药物的化学结构与其生物学作用之间存在连接关系。

- 使用能够破坏致病因子而不会对宿主造成过度伤害的药物的方法被称为化学疗法，这种方法可有效治疗许多疾病，包括细菌感染。它利用致病因子（也称病原体）与宿主的不同点来发挥作用。

- 许多药物通过改变压力神经元和维持神经元活动的平衡来发挥作用。

- 任何能影响思想或行为的药物都被归类为精神药物。其中，兴奋剂通过激活压力神经元来增强我们对刺激的反应强度，从而导致短暂的意识增强、思维敏捷和情绪高涨。

- 身体疼痛是身体对伤害做出的复杂反应。麻醉剂可以阻止神经元将感觉传递到大脑。

- 治疗心脏病最有效的方法是尽一切可能从源头预防它的发生，包括避免压力、定期锻炼、饮食均衡、食用低胆固醇食品。医生也会使用血管扩张剂、β 受体阻滞剂等药物治疗心脏病。

CONCEPTUAL
CHEMISTRY

06

我们如何改造食物？

妙趣横生的化学课堂

- 为什么人口增长会让吃肉变得更奢侈？

- 植物所需的营养来自何方？

- 土壤如何保持肥力？

- 如何合理地施肥？

- 农药有什么潜在危害？

- 高产需要付出什么代价？

- 有机耕种如何保护环境？

- 转基因食品真的危害健康吗？

每年，发展中国家约有 500 000 名儿童因缺乏维生素 A 而失明，更令人惋惜的是，这种失明是无法逆转的。为了阻止这一悲剧的发生，科学家开发了一种新的水稻品种——黄金大米，通过把来自水仙花和细菌的基因插入一株水稻的 DNA 来进行基因改造，从而使该水稻品种能够产生供人体使用的橙色色素 β–胡萝卜素，以制造人体所需的维生素 A。也正是因为含有 β–胡萝卜素，因此这种大米呈现金黄色。

开发一种新的作物品种来满足人体的营养需求并不是什么新鲜事。众所周知，食物是维持生命的基本物质，提供了生物体所需的蛋白质、脂肪、碳水化合物、维生素和矿物质等营养物质，人类由此能够维持正常的生理功能和生命活动。因此，为了能更好地满足人类的营养需求，科学家开始尝试培育新的作物品种。除了黄金大米外，抗旱作物、抗病抗虫作物、高产作物等更多作物的出现，也都是为了满足不同环境下人类对于食物的需求。

如今，我们身边的主要作物都是经过几个世纪或几千年选择性育种的结果，在这个过程中，我们选择性培育那些能提供更多价值的品种，而舍弃那些价值低的品种。这一系列食品生产过程依赖化学反应。在这里，我们将把目光放在来自植物的食品上，了解农业的许多基本概念，如土壤成分、肥料、杀虫剂和转基因作物等。

Q1 为什么人口增长会让吃肉变得更奢侈?

植物的生长离不开光合作用,这是一个从太阳能、水和大气二氧化碳中产生碳水化合物和氧气的生化过程:每天,太阳都会赋予地球巨大的能量,其中约有1%的太阳能会被植物用来进行光合作用。尽管占比非常有限,但这足以实现在全球范围内每年生产1 700亿吨有机材料。更令人惊讶的是,这一数量的有机物所包含的能量足够几乎所有生物体一年所需的总能量。

因此,我们也可以说,食物的形成始于光合作用。随后借助食物链,食物的能量可以传递给不同的生物。

食物链,即营养结构,是群落中摄食关系的模式,食物能量通过生物群落的路径便是由群落的营养结构决定的。食物链由层级结构组成,如图6-1所示。第一级是生产者,其中大多数是光合生物,它们利用光能来合成有机化合物。在陆地上,植物是主要的生产者。在水中,主要的生产者则是被称为浮游植物的光合生物。

在第一级生产者外,其他级别统称为消费者,且生产者将支持所有其他营养级别。

其中,消耗生产者的生物体是初级消费者。在陆地环境中,这些消费者是食草动物,如吃草的哺乳动物、大多数昆虫和大多数鸟类。水生环境中的初级消费者是许多统称为浮游动物的微生物。在初级消费者之上的营养级是食肉动物("肉食者"),每一级都以来自较低级的消费者为食,诸如二级消费者以初级消费者为食,三级消费者以二级消费者为食,四级消费者以三级消费者为食。

而任何在被食用之前就已经死亡的生物都会被分解者分解。分解者能够将有

机物质分解成更简单的物质，然后这些简单物质将充当土壤养分。常见的分解者
包括蚯蚓、昆虫、真菌和微生物。

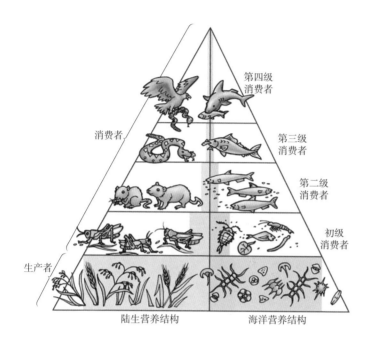

图 6-1 陆生和海洋
营养结构

注：当一个有机体以另
一个有机体为食时，能
量和营养物质便会通过
营养层。阴影块表示从
一个营养级转移到下一
个营养级的能量数量。

食物能量从一个营养级转移到下一个营养级的过程中会发生显著的能量损
失。通常，一个营养级的有机材料中的能量，只有不超过 10% 会并入下一个更
高级别的营养级，如狮子捕食羚羊，最终只有一部分羚羊的能量被转化为狮子体
内的骨骼、肌肉等。因此，食物能量的可用性对于食物链最底层的生物来说是最
重要的。例如，蚱蜢发现的草叶数量会比田鼠发现的蚱蜢数量多得多，田鼠找到
的蚱蜢数会比蛇找到的田鼠数多。食物资源供应的减少会迅速限制营养级的数量，
且很少超过第四级。因此，营养水平越高，生物种群的数量就越少。

在营养结构中，人类可以进食所有营养级别的东西。当吃水果、蔬菜或如
图 6-2 所示的谷物时，我们是初级消费者；当吃牛肉或其他草食动物的肉时，我
们是次级消费者；当吃以昆虫和其他小动物为食的鳟鱼或鲑鱼等鱼类时，我们是
第三级或第四级消费者。然而，人类的数量之所以庞大且不断增长，只是因为我

们有能力作为初级消费者进食。

如果从营养结构及食物能量转化的角度来看，吃肉则是一种奢侈行为。例如，如图 6-3 所示，对于吃鸡肉的人来说，他们从鸡肉中获得的生化能量与养鸡所消耗的生化能量相比是微不足道的。此外，从养殖、耕种的角度来看，以美国为例，超过 70% 的粮食都被用于饲养牲畜。因此，生产肉类需要耕种更多土地，使用更多水灌溉土地，并在农田上使用更多化肥和杀虫剂。如果美国人民的吃肉量减少，那么节省的资源可以养活 1 亿人。随着人口的增长，肉类消费可能会变得比今天更加奢侈。

图 6-2　谷物

注：大多数人是初级消费者，主要以谷物为食。

图 6-3　养鸡厂

注：在美国，鸡的数量是人口的 44 倍。

○• 趣味课堂 •○

加拿大大浅滩地区的鳕鱼为什么会消失？

加拿大纽芬兰海岸附近，在被称为加拿大大浅滩的地区，其数百千米内的海洋仍然相对较浅。几个世纪以来，大浅滩一直以丰富的鱼类种群而闻名，尤其是鳕鱼，这是一种寿命约为 25 年的第三级消费者。鳕鱼的数量曾经如此之多，以至于船只都难以通过它们所在之处。到 20 世纪 80 年代，过度捕捞已经使大部分成熟的鳕鱼消失了。此外，大浅滩的海底拖网破坏了鱼类重要的栖息地。1993 年，鳕鱼资源枯竭，那里的渔业也已经崩溃，大约有 40 000 人失业。鳕鱼捕捞禁令仍然有效，但鳕鱼种群却未得到恢复。类似的情况现在正在欧洲北海发生。

Q2 植物所需的营养来自何方？

　　植物作为陆地上的主要生产者，通过将太阳能转化为化学能，由此将能量传递给食物链中的其他生物，因而在维持生态系统的稳定性和平衡方面发挥着重要的作用。

植物自身的生长同样也需要营养。

植物主要由碳水化合物组成，而碳水化合物由碳、氧和氢元素组成，植物会从二氧化碳和水中获取这三种元素。同时，植物赖以生存的土壤也提供了许多对其生存和健康至关重要的其他元素。表 6-1 将这些营养素分别列为宏量营养素和微量营养素，宏量营养素即大量需要的营养素，微量营养素与前者相反，仅需要微量即可，且一些微量营养素仅需一点点，只由植物生长所需的种子供应就足够了。

表 6-1　大多数植物必需的元素

元素	可供植物使用的物质
宏量营养素	
氮（N）	NO_3^-、NH_4^+
钾（K）	K^+
钙（Ca）	Ca^{2+}
镁（Mg）	Mg^{2+}
磷（P）	$H_2PO_4^{2-}$、HPO_4^{2-}
硫（S）	SO_4^{2-}
微量营养素	
氯（Cl）	Cl^-
铁（Fe）	Fe^{3+}、Fe^{2+}
硼（B）	$H_2BO_3^-$
锰（Mn）	Mn^{2+}
锌（Zn）	Zn^{2+}
铜（Cu）	Cu^+、Cu^{2+}
钼（Mo）	MoO_4^{2-}

植物利用氮、磷和钾

氮，是植物需要的宏量营养素之一，可以构建植物的蛋白质和各种其他生物分子，如负责光合作用的叶绿素。

如表 6–1 所示，植物能够以铵根离子（NH_4^+）和硝酸根离子（NO_3^-）的形式从土壤中吸收氮。图 6–4 显示了植物氮的天然来源：土壤与大气。图中展示的是两个固氮反应过程，它们能将大气中的氮转化为植物可以利用的氮形式。两种最常见的氮形式是铵根离子和硝酸根离子。

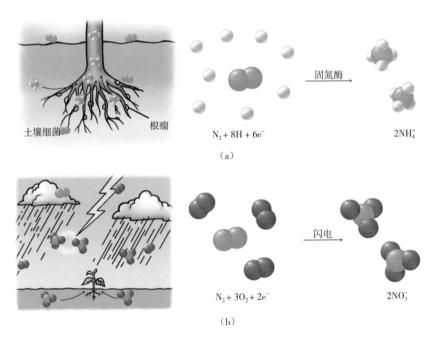

土壤细菌　　　　　　　根瘤

$N_2 + 8H + 6e^-$　　　　　　　　$2NH_4^+$

（a）

固氮酶

闪电

$N_2 + 3O_2 + 2e^-$　　　　　　　$2NO_3^-$

（b）

图 6–4　植物氮的两种天然来源及固氮途径

注：图（a），土壤中的自由细菌和根瘤中的微生物生成铵根离子。图（b），闪电提供了从大气氮中形成硝酸根离子所需的能量。

土壤中的大部分铵根离子来自土壤中的细菌或某些植物根瘤中微生物的固氮作用，尤其是豆科植物，包括三叶草、苜蓿、豆类和豌豆（通常被称为固氮植物）。这些微生物含有固氮酶，可以催化大气中的氮与土壤中的氢离子结合形成铵根离子，如图 6-4a 所示。

闪电对大气中氮的固定作用虽小，却不容忽视。如图 6-4b 所示，闪电释放的高能量足以触发一系列化学反应，将大气中的氮气转化为硝酸根离子，然后这些硝酸根离子会被雨水冲刷到土壤中。

在自然环境中，固氮是土壤中铵根离子和硝酸根离子的原始来源。然而，大部分氮可以从一个生物体循环到另一个生物体。例如，植物死亡后，植物因被细菌分解，其中的铵根离子和硝酸根离子将被释放回土壤中，并被仍然存活的植物所利用。

植物缺氮会表现出生长迟缓的症状。此外，由于制造叶绿素也需要氮，因此植物缺氮的另一个症状是黄叶，如图 6-5a 所示，老叶变黄往往最明显，与之相比，嫩叶保持绿色的时间更长，这是因为，可溶的氮从老叶转移到了新叶中。

除了氮，植物还需要磷来构建核酸、磷脂和各种携带能量的生物分子，如 ATP。所有磷都以磷酸根离子的形式进入植物，这些离子的主要天然来源是含磷酸盐的岩石的风化。随着生物体死亡并在土壤中分解，大量的磷酸盐也会被回收利用。除氮外，磷通常是土壤中的限制元素，这意味着土壤中的磷含量是限制植物生长的主要因素之一，假若缺磷，植物同样会发育不良，如图 6-5b 所示。

除氮和磷外，土壤通常还会缺钾。钾离子能够帮助植物激活许多对光合作用和呼吸作用必不可少的酶。而与磷酸盐一样，钾离子的主要天然来源是风化的岩石和植物分解时钾离子的再循环。一旦缺钾，植物会出现小面积的坏死区域，这些坏死区域通常先出现在叶尖或叶子的边缘处，如图 6-5c 所示。与氮和磷一样，钾离子很容易从植物的成熟部分重新分配到较嫩的部分，因此缺钾症状首先会出现在较老的叶子上。当谷物（如小麦或玉米）缺钾时，它们的茎会变弱，根更容易受根腐病的影响，因此缺钾的植物很容易被风、雨或雪吹倒或压弯到地面上。

图 6-5　缺氮、磷、钾的植物

注：图（a），缺氮植株的叶片过早变黄。图（b），缺磷植物表现为生长迟缓。图（c），缺钾植物的叶子会形成坏死区域，表现为叶子边缘变成淡黄色。

植物也利用钙、镁和硫

钙、镁和硫是植物生长必需的矿物质元素。其中，钙和镁分别以带正电荷的钙离子和镁离子的形式被植物吸收，硫则以带负电荷的硫酸根离子（SO_4^{2-}）的形式被吸收。大多数表层土壤都含有足够的钙、镁和硫离子，能够满足植物的生长需求。

钙离子对于植物构建细胞壁是必不可少的成分。一旦被植物吸收，钙离子就会沉积下来。也就是说，钙离子不能很好地从植物的一个部分转移到另一个部分。因此，植物在需要钙时不能很好地重新分配，这就是新的生长区域，如根和茎的尖端，最容易缺钙的原因。缺钙会导致植物生长扭曲和变形。

镁离子对于叶绿素的形成至关重要。作为光合作用所必需的绿色分子，叶绿素在卟啉环的结构中心容纳了一个镁离子，如图 6-6 所示。除了存在于叶绿素中之外，镁的重要性也体现在它可以激活许多代谢酶。植物若出现罕见的镁缺乏，会出现黄叶，因为植物无法产生叶绿素。

植物中的大部分硫存在于蛋白质中，尤其是在半胱氨酸和甲硫氨酸这两种氨基酸中。此外，硫还是辅酶 A 的关键成分。辅酶 A 在呼吸、脂肪酸的合成和分解过程中起到重要作用，并且是硫胺素（维生素 B_1）和生物素（维生素 B_7）的组成成分。硫可以以气态二氧化硫的形式被树叶吸收，但二氧化硫同样也是火山喷发和燃烧木材或化石燃料时释放的环境污染物。

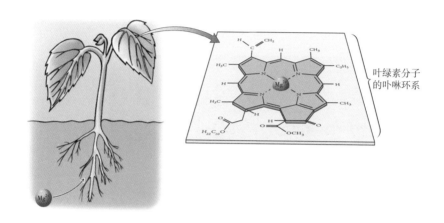

图 6-6　叶绿素中的镁离子对光合作用至关重要

Q3　土壤如何保持肥力？

　　如果与喜欢养花的人交谈，他们在透露养花技巧时，往往会提到土壤肥力的问题。土壤肥力是衡量土壤提供作物生长所需的各种养分的能力，是反映土壤肥沃性的一个重要指标，也是土壤各种基本性质的综合表现。从前文我们已经得知，假如土壤中缺少相关元素，植物的生长便会相应地受到影响。那么，土壤如何保持肥力呢？

我们首先来了解土壤。土壤是沙子、淤泥和黏土的混合物。这三个组分在本质上都是磨碎的岩石，不同之处在于岩石颗粒研磨的精细程度：砂粒最大，黏土粒最小。

　　土壤通常以一系列水平的土壤层的形式出现，如图6-7所示。位于坚固岩石上方的最深一层是地层，在渗入此层的水的作用下，岩石开始分解成土壤，但在这一层并没有出现供植物生长的物质。地层之上是底土层，这一层主要由黏土组成。只有最深的根系才能到达底土层，其厚度可达1米。底土层上方是表层土壤，它位于地表，厚度从几厘米到2米不等。表层土壤通常含有大致等量的沙子、淤泥和黏土，这也是植物根系吸收大部分养分的地方。

表层土壤

底土层

地层

图6-7　土壤的垂直结构

　　肥沃的表层土壤混合着至少4种成分——矿物颗粒、水、空气和有机物。矿物颗粒指的是沙子、淤泥和黏土的颗粒。颗粒的大小会极大地影响土壤肥力。由于大颗粒会形成多孔土壤，其中许多空隙便可以收集水和空气。肥沃表土体积的25%都是由这些空隙组成的，因此，植物的根系能从这些空隙的空气中吸收水分和氧气。与大颗粒相比，小颗粒紧密地聚集在一起，没有或只有很少的气泡存在，因此，根部几乎无法接触氧气或水，这就是植物在黏土中会生长不良的原因。图6-8比较了这两种极端的土壤。

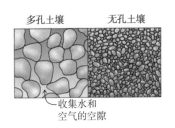

多孔土壤　　无孔土壤

收集水和空气的空隙

图6-8　多孔土壤和无孔土壤

注：大的土壤颗粒比小的土壤颗粒形成的空隙更大。

表层土壤中的有机物是植物和动物尸体的残骸，以及细菌和真菌等分解物的混合物，如图6-9所示。这种有机质叫作腐殖质，富含多种植物营养素。腐殖质往往是多孔的，使植物根部可以接触地下水和氧气。腐殖质还可以固定黏合土壤，有助于防止侵蚀。

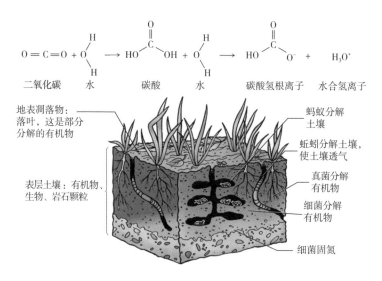

图6-9 有机物和生物是表层土壤的重要组成部分

水在土壤中的流动叫作渗透。土壤越多孔，渗透率就越大。由于过度渗透，流动的水会带走土壤中的许多水溶性养分，这个过程叫作浸出。如果渗透不足，表层土壤就会被水浸透，从而阻断植物的氧气供应。具有最佳渗透性的土壤除了拥有最小的气穴外，所有的气穴都能排干水分。

土壤容易保留带正电的离子

矿物颗粒在保持土壤中的养分方面发挥着重要作用，它们不仅能吸附和固定土壤中的氮、磷、钾等养分，促进养分的转化和释放，同时还会影响土壤的物理性质和结构，提高土壤的通气性和保水性，从而有利于植物吸收养分。如表6-1所示，许多植物所用的养分是带正电荷的离子。然而，大多数矿物颗粒的表面带负电荷。图6-10表明，由此产生的离子吸引力能够防止营养物质被冲走。在不同的土壤混合物中，黏土的养分保留程度最显著，因为其矿物颗粒最小，所以相对于体积具有最大的表面积。

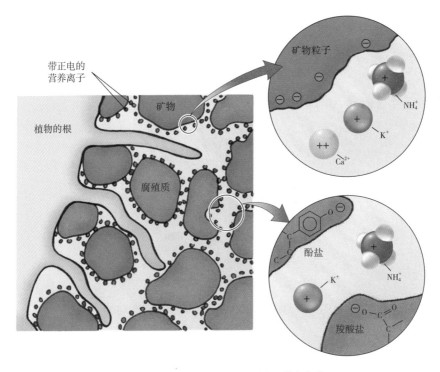

图6-10　土壤矿物颗粒和腐殖质表面带负电荷

注：土壤矿物颗粒和腐殖质的表面带负电荷，有助于保留带正电荷的营养离子。

除了矿物颗粒，腐殖质中的腐烂物质含有许多羧酸和酚类基团，它们在典型的土壤pH值下会被电离为带负电荷的羧酸根和酚根离子。因此，与矿物颗粒一样，腐殖质也有助于保留带正电荷的营养物质。

由于植物的生长对于土壤的酸碱度会有一定的适宜范围，因此在农业生产中，要根据土壤的酸碱度选择适宜栽培的作物，否则会严重影响作物的长势，进而导致减产减收。例如，在自然植被中，马尾松、杜鹃花、铁芒萁在酸性土壤中生长较好，而柏树、芭茅、黄荆在碱性土壤中生长较好。此外，茶树、蓝莓等作物喜酸性土壤环境，而大豆、甜菜等作物喜碱性土壤环境。土壤的 pH 值在很大程度上取决于存在的二氧化碳量。回顾前文，二氧化碳与水反应形成碳酸，碳酸又生成水合氢离子。

土壤中的二氧化碳含量越多，水合氢离子越多，因此 pH 值越小。pH 值小的土壤叫作酸性土壤。许多酸性食物都会有酸味，如柠檬。土壤中二氧化碳的两个主要来源是腐殖质和植物根。腐殖质在腐烂时会释放二氧化碳，而植物根部释放的二氧化碳则是细胞呼吸的产物。健康的土壤可能会从这些过程中释放出足够的二氧化碳，使 pH 值为 4 ～ 7。如果土壤变得太酸而不利于植物生长，我们可以向其中添加弱碱，如碳酸钙（也叫石灰或石灰石）。

关键的一点是，水合氢离子能够取代附着在矿物颗粒和腐殖质上的营养离子，植物充分利用这一点，使自身获得了所需的营养物质。图 6-11 说明了这一过程，植物通过其根系释放二氧化碳，并在此过程中产生取代养分的水合氢离子。被取代的养分不再附着在土壤颗粒上，因此可供植物使用。

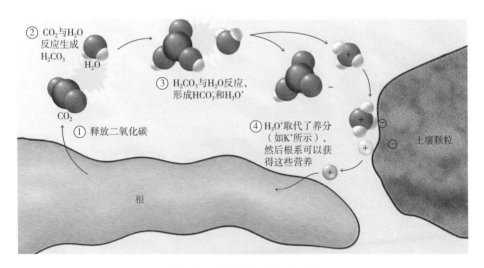

图 6-11　植物根系释放二氧化碳

注：通过释放二氧化碳，植物保证了营养物质从土壤源源不断地流向根部。

Q4 如何合理地施肥？

当然，并不是所有土壤都拥有能让植物良好生长的肥力。因此，当土壤因收获作物和浸出而失去植物养分、丧失肥力时，农民会添加肥料来改良土壤，肥料是这些流失养分的补充来源。

合理地使用肥料，能给植物提供生长所需的营养元素，如氮、磷、钾等，促进植物的生长发育，同时可以解决土壤中养分不足的问题，增加土壤中的有机质和微生物含量，从而改善土壤的结构和性质，提高作物的产量和品质，避免出现植物生长缓慢、叶片黄化、落花落果等问题，还能提高植物的抗逆性和适应性。

天然产生的肥料是堆肥和矿物质，堆肥是腐烂的有机物质，可以是动物粪便、食物残渣或植物材料。矿物肥料则是被开采出来的。例如，硝石（$NaNO_3$）曾被广泛用作氮源，但到 19 世纪 80 年代后期，这种含氮矿物的供应就几乎被耗尽了。随后在 1913 年，德国化学家弗里茨·哈伯（Fritz Haber）开发了一种从氢气和大气氮中生产氨的工艺，为肥料提供了新的氮源。

这种技术现在仍然是生产氨的主要手段，并使氨能够以液态储存在高压罐中并注入土壤。或者，可以将氨转化为水溶性盐，如硝酸铵，然后以固体或溶液形式施用于土壤中。但磷和钾等其他营养物质的开采，仍然是一项重要的工作。

随着技术的发展，人们使用矿物肥料的方式也更为多样。相较于过去矿物肥料的使用仅限于地面，今天，化学家已经学会了如何混合和匹配矿物质以获得多种不同的配方，使每种配方适用于不同的土壤或满足特定植物的特定要求。所有这些配制的矿物肥料都被称为化学肥料，或者更常见的名称是合成肥料。

不过，不要从字面上理解"合成"这个词，因为除了哈伯反应产生的物质外，合成肥料中的所有矿物质最初都来自地下。

肥料也可以通过所含养分的种类来进行区分。若肥料中只含有一种养分，那么该肥料叫作纯肥料。硝酸铵是一种纯肥料，只生成氮。任何含有三种最重要营养素（氮、磷和钾）的混合物的肥料都被称为完全肥料或混合肥料。

目前，所有混合肥料均按 N–P–K 系统分级，该系统列出了肥料所含的氮、磷和钾的比例，如图 6–12 所示。典型的混合肥料可分级为 6–12–12。相比之下，典型的堆肥可能被分级为 0.5–0.5–0.5 到 4–4–4。堆肥的 N–P–K 评级则要低得多，这是因为，它们所含的有机物质的体积比例很高。

然而，这种有机物有助于保持土壤疏松以进行通气，并且可以作为生活在土壤中的有益生物的食物来源。且由于这种有机物携带负电荷，因此它也会吸引带正电荷的营养离子，而这些离子不易被冲走。

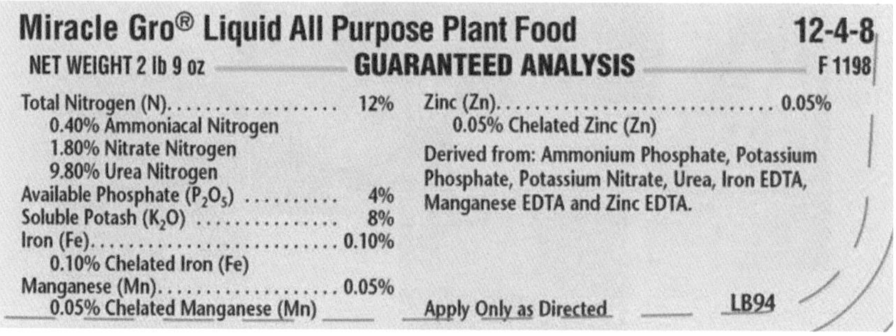

Miracle Gro® Liquid All Purpose Plant Food   **12-4-8**

NET WEIGHT 2 lb 9 oz —— **GUARANTEED ANALYSIS** —— F 1198

Total Nitrogen (N)...................... 12%
  0.40% Ammoniacal Nitrogen
  1.80% Nitrate Nitrogen
  9.80% Urea Nitrogen
Available Phosphate (P_2O_5) 4%
Soluble Potash (K_2O) 8%
Iron (Fe)............................. 0.10%
  0.10% Chelated Iron (Fe)
Manganese (Mn)..................... 0.05%
  0.05% Chelated Manganese (Mn)

Zinc (Zn)............................. 0.05%
  0.05% Chelated Zinc (Zn)

Derived from: Ammonium Phosphate, Potassium Phosphate, Potassium Nitrate, Urea, Iron EDTA, Manganese EDTA and Zinc EDTA.

Apply Only as Directed —— LB94

图 6–12　为肥料评级的 N–P–K 系统

注：肥料是根据所含氮、磷和钾的比例来评级的。

含氮合成肥料对作物产量的影响是显著的。然而，开采和提炼合成肥料需要消耗大量能源，因此它们价格昂贵。

在美国种植玉米所需的总能源中，至少有 1/3 用于生产、运输和施肥。然而，合成肥料被广泛使用，我们目前的食物供应依赖它们。

Q5 农药有什么潜在危害？

我们有时能从新闻中看到，某些区域发生了蝗灾，致使农作物受到大面积的伤害。除了蝗虫外，蚜虫、卷叶蛾、食心虫等同样也是常见的作物害虫。此外，与农作物争夺营养的杂草、败坏食物的真菌同样也会产生潜在的危害。

因此，高产作物若要顺利生长，不仅需要足够的营养，还需要防御大量天敌，其中一些天敌如图 6-13 所示。为了控制这些害虫，农民可以使用杀虫剂。杀虫剂有多种，包括灭虫的、除草的和杀真菌的。

图 6-13　作物的天敌

注：诸如此类的作物害虫威胁着作物产量。

杀虫剂会杀死昆虫

虽然虫害可能会给作物带来灭顶之灾，但不可否认的是，大多数昆虫物种对农业是有益的，甚至是必不可少的，蜜蜂就是其中之一。仅在美国，蜜蜂便负责为价值 100 亿美元的农产品授粉，此外也有无数的其他物种参与养分循环并帮助维持土壤质量。然而，少数昆虫物种不断威胁着我们种植、收获和储存农作物的能力，使用杀虫剂正是为了应对这些物种。

目前使用最广泛的杀虫剂是氯化烃、有机磷化合物和氨基甲酸酯。

氯化烃具有显著的持久性，其效用在处理过的表面上可持续数月甚至数年。这种持久性至少有两个原因。首先，氯化碳氢化合物往往是不可生物降解的，这意味着不存在通过化学方式分解它们的天然途径。其次，氯化碳氢化合物是非极性化合物，这意味着它们不溶于水，因此不会被雨水冲走。

1939 年，化学合成的氯化烃滴滴涕（DDT）在防治害虫方面取得突破，如图 6-14 所示。在随后的20 世纪 40 年代和 20 世纪 50 年代，滴滴涕被大量施用于作物，显著提高了作物产量。除了保护植物外，滴滴涕还能保护人们免受疾病侵害。滴滴涕被应用于河流、溪流和村庄，以帮助控制传播疟疾的蚊子、传播斑疹伤寒的虱子和传播昏睡病的采采蝇的繁殖。世界卫生组织称，通过预防这些疾病，滴滴涕已经挽救了大约 2 500 万人的生命。

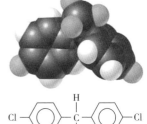

图 6-14 滴滴涕

注：滴滴涕的化学名称是二氯二苯基三氯乙烷。

然而，事情随后的发展并不是一帆风顺的。在首次应用滴滴涕后的几年内，昆虫种群开始对滴滴涕产生抗药性。此外，人们逐渐发现滴滴涕对野生动物显现出毒性，包括昆虫的天敌，如鸟类。例如，在马来西亚，人们曾在茅草屋顶喷洒滴滴涕来杀死传播疟疾的蚊子，但同时也杀死了能抑制啃食稻草的飞蛾的黄蜂。飞蛾由此不断繁衍，最终导致茅草屋顶被毁。在这一背景下，滴滴涕导致鸟类等天敌减少，反而令抗滴滴涕的昆虫能够进一步茁壮成长。因此，使用滴滴涕导致的早期作物产量增加这一现象，是不可持续的。

20 世纪 50 年代和 20 世纪 60 年代，包括生物学家雷切尔·卡森（Rachel Carson）的著作《寂静的春天》（Silent Spring）在内的许多出版物引起了公众对滴滴涕和其他杀虫剂的负面影响的关注。卡森在书中描述了了解生态系统动态的重要性，且其中被提及的大部分生态系统都对人类活动高度敏感，如图 6-15 所示。卡森还描述了一种被称为生物积累的现象，即以低营养水平进入食物链的有毒化学物质在食物链上层的生物体内变得更加集中，如图 6-16 所示。例如，在喷洒滴滴涕的水体中，少量农药被水生微生物摄入并被储存在它们的非极性脂质中。因为这些微生物可以作为营养水平较高的动物的食物，所以滴滴涕在这些较大动物

图 6-15 雷切尔·卡森

的脂肪中变得更加集中。处于食物链顶端的掠食性鸟类积累了最多的滴滴涕。最终，升高的滴滴涕水平影响了鸟类种群数量，导致鸟类的蛋壳过于薄和脆弱，无法支撑发育中的雏鸟胚胎，令许多鸟类的数量减少，一些鹗、鹰、雕和猎鹰物种濒临灭绝。对此，20 世纪 70 年代初期，美国和许多国家禁止使用滴滴涕。并且在短短几年内，这些国家的许多野生动物物种得以恢复。

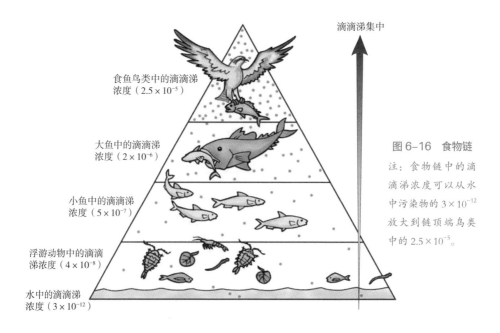

滴滴涕集中

食鱼鸟类中的滴滴涕浓度（2.5×10^{-5}）

大鱼中的滴滴涕浓度（2×10^{-6}）

小鱼中的滴滴涕浓度（5×10^{-7}）

浮游动物中的滴滴涕浓度（4×10^{-8}）

水中的滴滴涕浓度（3×10^{-12}）

图 6-16 食物链

注：食物链中的滴滴涕浓度可以从水中污染物的 3×10^{-12} 放大到链顶端鸟类中的 2.5×10^{-5}。

目前，科学家已经开发出许多氯代烃的滴滴涕替代品。最早的替代品之一是甲氧氯，如图 6-17 所示。这种化合物对大多数动物的毒性要低得多，而且与滴滴涕不同，甲氧氯不容易储存在动物脂肪中。仔细观察甲氧氯和滴滴涕的结构，你会发现，它们是相同的，只是甲氧氯有两个醚基，而滴滴涕有两个氯原子。由于结构几乎相同，它们对昆虫的毒性水平相当。然而，对于高等动物，其肝脏中的酶会裂解醚基团以合成易于通过肾脏排泄的极性产物。

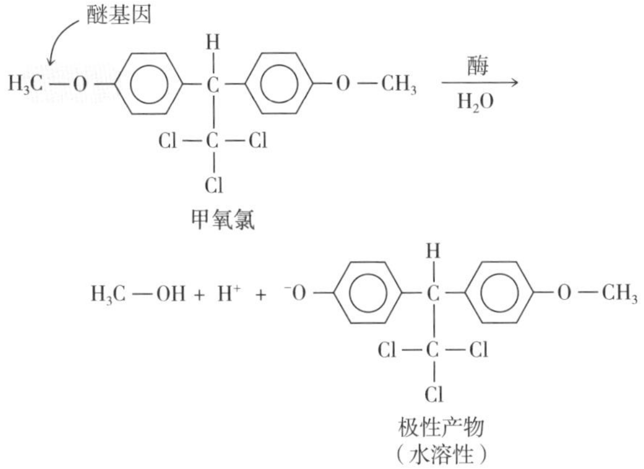

醚基因

$$H_3C-O- \bigcirc -\underset{\underset{Cl-\underset{|}{\overset{|}{C}}-Cl}{\overset{H}{|}}}{C} - \bigcirc -O-CH_3 \xrightarrow[H_2O]{酶}$$

甲氧氯

图 6-17 甲氧氯

注：甲氧氯是滴滴涕的众多替代品之一。肝脏中的酶可以裂解醚基团以产生极性产物。回顾图 6-14，你会发现滴滴涕没有以肽组。

$$H_3C-OH + H^+ + \ ^-O- \bigcirc -\underset{\underset{Cl-\underset{|}{\overset{|}{C}}-Cl}{\overset{H}{|}}}{C} - \bigcirc -O-CH_3$$

极性产物
（水溶性）

与氯化烃相比，有机磷化合物和氨基甲酸酯容易分解成水溶性成分，因此不会长时间发挥作用。然而，它们对昆虫和动物的直接毒性远大于氯化烃。我们在使用有机磷酸盐和氨基甲酸酯期间，需要采取额外的安全预防措施，特别要注意它们的毒性成分会杀死蜜蜂，如图 6-18 所示。

图 6-18 速效农药对蜜蜂有害

注：蜜蜂夜间不觅食，因此，速效农药，如有机磷化合物和氨基甲酸酯，最好在晚上使用。到了第二天，这些杀虫剂已经失去了大部分毒性。

另外两种使用广泛的杀虫剂——有机磷化合物和氨基甲酸酯，则有数百种产品在农业和家庭中使用。马拉硫磷

（一种有机磷化合物）和甲萘威（一种氨基甲酸酯）是其中两种重要的产品，如图 6-19 所示。马拉硫磷可杀死多种昆虫，如蚜虫、叶蝉、甲虫和红蜘蛛。甲萘威则与许多其他氨基甲酸酯一样，对它杀死的昆虫类型具有相对选择性。

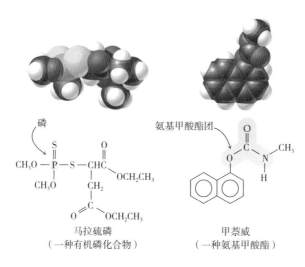

图 6-19　马拉硫磷和甲萘威

然而，最广泛使用的杀虫剂是新烟碱类物质，如图 6-20 所示的吡虫啉。这些化合物是化合物尼古丁的衍生物，尼古丁是一种天然存在的神经毒素，对昆虫和哺乳动物都是如此。但相对来说，新烟碱类物质的毒性对昆虫比对哺乳动物更大，因此对人类来说更安全。由于这些化合物往往是水溶性的，可以被添加到灌溉水中，甚至喷洒在种子上。随着喷洒过新烟碱类的种子长成植物，它们会保留足够的新烟碱类物质来抵御昆虫。新烟碱是可生物降解的，尤其是当暴露在阳光下时。但也有充分的证据表明，这些化合物对蜜蜂种群会产生负面影响。值得注意的是，新烟碱类可能会在一定程度上导致一种叫作蜂群崩坏综合征的现象。

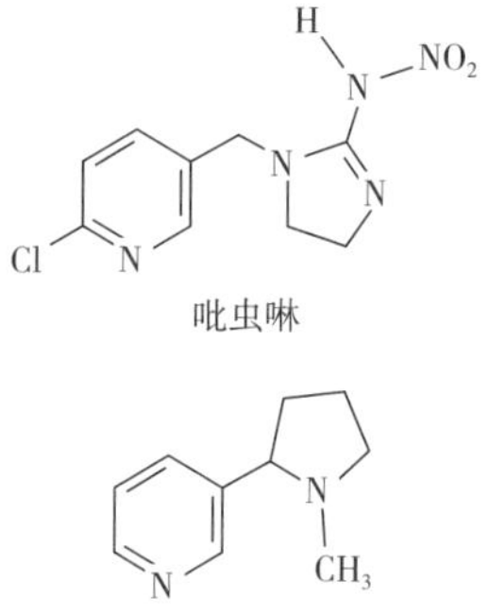

吡虫啉

尼古丁

图 6-20　吡虫啉

注：吡虫啉是一种新烟碱类物质，是一种模拟天然尼古丁杀虫特性的化合物。

除草剂和杀菌剂

人们专注于防范虫害对农作物造成的伤害，但看似不起眼的杂草其实也在与农作物争夺宝贵的营养。

在过去，控制杂草的传统方法是将杂草犁到土壤下，使它们逐渐分解，释放它们在生长时吸收的养分。耕作也可以给土壤通气，但也可能会导致表层土壤流失。

20 世纪初期，农民注意到某些肥料，如氰氨化钙（CaNCN），可以选择性地杀死杂草，同时对作物的危害很小。这促使人们广泛寻找可用作除草剂的化学品。今天，农民可以从数百种除草剂中进行选择，其中许多除草剂是针对特定杂草量身定制的。有时，农民使用除草剂的数量甚至超过了杀虫剂，例如，美国农民每年会使用近 3 亿千克的除草剂，大约是所使用杀虫剂数量的 3 倍。

除草剂若使用不当，或随意开发，也会带来负面效果。例如，羧酸 2,4‒二氯苯氧乙酸（2,4‒D）和 2,4,5‒三氯苯氧乙酸（2,4,5‒T）这两种选择性除草剂，如图 6‒21 所示，都模拟植物生长激素的作用，并且选择性地杀死阔叶植物，但不会杀死玉米和小麦等禾本科作物。然而，一种叫作橙剂的除草剂是 2,4‒D 和 2,4,5‒T 的混合物。

在越南战争期间，美国军队使用了超过 5 000 万升的橙剂和相关除草剂，以清除可能藏匿敌军的丛林地区树木的叶子。但此后，越南军队、平民、美军和其他接触橙剂的人都出现了健康问题，且都与该除草剂中的一种微量污染物有关。这种物质就是有剧毒的化合物 2,3,7,8‒四氯二苯并对二噁英（TCDD）。这种污染物是在 2,4,5‒T 的制造过程中作为副产品生成的。1985 年，由于这种污染，美国国家环境保护局禁止使用 2,4,5‒T。然而，此后人们开发了无二噁英的 2,4,5‒T 的生产方法，这导致再次引入 2,4,5‒T 作为有效除草剂的可能性增加了。

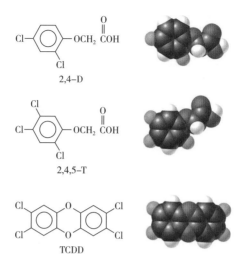

图 6-21　除草剂 2,4-D 和 2,4,5-T 及二噁英污染物 TCDD

除了以上提及的除草剂外，其他三种常用的除草剂是阿特拉津、百草枯和草甘膦，如图 6-22 所示。阿特拉津对普通杂草有毒，但对许多草类作物无毒，它们可通过新陈代谢迅速解毒。

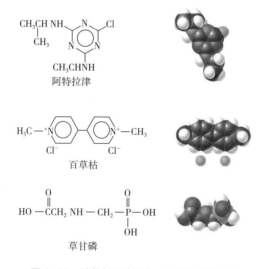

图 6-22　除草剂阿特拉津、百草枯和草甘膦

百草枯可杀死发芽阶段的杂草。20 世纪七八十年代,这种除草剂在空中喷洒,摧毁了美国、墨西哥及中美洲和南美洲大部分地区用于制毒的罂粟和大麻田。然而,百草枯残留物也同时进入了非法毒品中,对使用者造成了肺损伤。因此,出于伦理原因,在产毒植物上喷洒百草枯已不再常见。

草甘膦是一种非选择性除草剂,是除草剂 Roundup® 的活性成分,它能够影响所有植物共有的生化过程——氨基酸酪氨酸和苯丙氨酸的生物合成。草甘膦对动物的毒性很低,因为大多数动物自身不合成这些氨基酸,而是从食物中获取。

作为分解者,真菌在土壤形成中起着重要作用,但它们也会危害作物。真菌造成的大部分危害发生在植物的早期生长阶段。真菌还会损害储存的食物,尤其会影响全世界的水果产量。

在美国,农民每年会使用约 1 亿磅杀菌剂,这意味着杀菌剂的用量仅次于除草剂和杀虫剂,位居第三。福美双是一种杀菌剂,广泛用于水果和蔬菜中,如图 6–23 所示。

$$(CH_3)_2N - \overset{\overset{S}{\|}}{C} - S$$
$$(CH_3)_2N - \underset{\underset{S}{\|}}{C} - S$$

图 6–23 杀菌剂福美双

农药在过去的 60 年中,通过预防疾病和增加粮食产量使我们的社会受益。我们对农药的需求将继续存在,但肯定会要求更高的特异性。此外,越来越明显的是,我们必须在考虑潜在风险的前提下考虑使用农药的好处。

Q6 高产需要付出什么代价?

农作物产量在过去的 100 多年里急剧增加。以美国为例,1900 年,美国一亩农田的玉米产量约为 30 千克。今天,同一亩农田的玉米产量约为 600 千克。产量的提高,意味着耕种所需的劳动力也会显著减少,结果是，相较于 20 世纪初期，美国约有 3 300 万人在农场生活和工作，到了今天，这个国家只有 200 万人从事商业农业，种植庄稼和饲养牲畜。

然而，许多用于获得高产的耕作方法都有明显的缺点。例如，农药和化肥具有一定的风险。其中，杀虫剂本身具有毒性，会导致每年有成千上万的农业工作者因对这些危险化合物进行了不当处理而中毒。肥料虽有助于植物生长，但大部分施用的肥料会被冲入溪流、河流、池塘和湖泊，并扰乱那些地方的生态系统，特别是会促进藻类过度生长。

田间肥料导致的径流问题，其影响不止于此，如图 6-24 所示，它也会污染饮用水资源，从而影响人类健康。例如，一种被称为蓝婴儿综合征的疾病便是由于饮用水中含有高浓度的硝酸根离子，而硝酸根离子正是大多数肥料的主要成分。硝酸根离子进入血流后，会与氧竞争血红蛋白分子中带正电荷的铁离子，从而导致一种叫作高铁血红蛋白血症的贫血症出现。婴儿对此特别敏感。除了会出现呼吸急促外，该贫血症的另外一个主要症状是患者的皮肤会呈现蓝色。

图 6-24　田间径流

注：从农田流出的水含有许多可能对生态系统和人类健康有害的杀虫剂和化肥。

高产的耕作方法还可能诱发表层土壤维护不足的问题。由于合成肥料不含有机物，也不能为土壤微生物和蚯蚓提供食物来源，因此，随着时间推移，仅用这些肥料处理的土壤会失去生物活性，从而导致土壤肥力降低。缺乏有机物的土壤会变成白垩质，容易受到风蚀。白垩土失去了保水能力，这意味着更多的肥料会随水流失，因此需要不断增加肥料的使用量。

如今，上述问题带来的危害已经显现。在过去的 100 多年里，破坏性的耕作方式使美国部分地区的表层土壤减少了 50%。而在 20 世纪 30 年代，农业实践和干旱条件还曾引发严重的沙尘暴，如图 6-25 所示，堪萨斯州、俄克拉荷马州、科罗拉多州和得克萨斯州的大部分表层土壤曾被一场沙尘暴带走。在其中一场风暴中，巨大的沙尘云从中西部一路

图 6-25 沙尘暴

注：20 世纪 90 年代初期，因土壤保护措施不力，导致大量表层土壤因沙尘暴流失。

吹到华盛顿特区，然后进入大西洋。该市的政客们看到了窗外土壤管理不善的影响，并开始警觉，紧接着，创建土壤侵蚀防护局的立法便通过了。土壤侵蚀防护局就是后来的美国自然资源保护局，直到今天，该局仍在努力为子孙后代保护美国的表层土壤。

土壤是影响农作物种植的关键资源之一，农业所需的另一个有限资源是淡水。在降雨量不足以支持大宗作物生长的地区，水要么从湖泊、河流和溪流流入田地，要么从地下抽取。在许多地区，地下水是淡水的主要来源，但过度使用地下水会导致地面沉降，如图 6-26 所示。

除雨水外的任何水源都需要通过灌溉将水输送到田地中。引洪灌溉是一种常见的方法，但效率不高，因为大部分水都在径流和蒸发中流失了。喷灌系统是对引洪灌溉的一种改进，不会导致土壤侵蚀。然而，这种系统也会损失大量的水，因为空气中的大部分水在到达地面之前就蒸发了。

图 6-26 地面沉降

注：自 20 世纪 20 年代开始抽取地下水以来，加利福尼亚州的圣华金河谷已经下沉超过 10 米。

　　不能忽视的一点是，地球表面的所有液态水，无论多么清澈，都含有一些盐分。灌溉水在农田中蒸发后，水中的盐分会留在农田中。随着时间的推移，反复灌溉会导致土壤盐度增加。这个过程被称为盐渍化，会导致生产力迅速下降。为了抵消不断增长的土壤盐度，农民会用大量水进行灌溉。随着水排入河流，多余的盐分和大量表层土壤会被一起冲入河流。因此，穿过农田的河流在流向大海时会变得越来越咸，如图 6-27 所示。

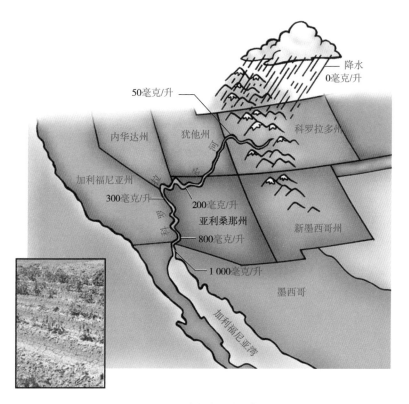

图 6-27　水从农田流入大海

注：随着河流的流动，农田的径流会增加河流的自然盐度。例如，当水从科罗拉多河到达加利福尼亚湾时，水的盐分过高，无法用于农业生产。典型的安全饮用水含盐量标准为 500 毫克 / 升。土壤盐度一旦达到约 800 毫克 / 升的浓度，就会发生农业损害。插图显示了在灌溉田中积累的盐分。

Q7 有机耕种如何保护环境？

生活在美国西南部干旱农业区的人，对盐类沉积物的堆积并不陌生，如图6-27中左下角的小图所示。然而，实际上，土壤盐渍化自农业诞生以来就一直是个问题。考古证据表明，古代美索不达米亚的苏美尔社会之所以会衰落，部分原因可能就是在现在伊拉克的底格里斯河和幼发拉底河水域灌溉的农田中积累了盐分。而非洲尼罗河沿岸的文明得以幸存数千年，则与底格里斯河和幼发拉底河不同，尼罗河会季节性泛滥，从而使积累的盐分受到季节性冲刷。

农业是人们有组织地利用资源生产食物。然而，我们在前面已经了解到，很多耕种方式虽然能带来更高的产量，但同时也会带来危害，不仅令高产无法长久实现，甚至还会直接破坏农作物生长的环境。因此，这些资源（主要是表层土壤和淡水）是否可供后代使用，取决于我们现在如何管理它们。

我们已经从经验中获知，若要不威胁表层土壤质量和清洁的地下水供应，更不用说人类自身和地球的健康了，就不应该大量使用杀虫剂和化肥。

为了能够以更加环保的方式耕作，在过去的几十年里，发展可持续农业资源的方法和技术的势头强劲。例如，与灌溉相关的问题可以通过微灌溉来解决，微灌溉是将水直接输送到植物根部的方法。微灌溉不仅可以防止表层土壤侵蚀，还可以最大限度地减少蒸发造成的水分流失，从而最大限度地减少农田的盐渍化。一种名为滴灌的微灌溉方法如图6-28所示。

图6-28 滴灌

注：滴灌系统通过长而窄的穿孔塑料管条输送水，提供植物所需的水量，避免浪费。

有机农业是环保的

可能很多人会有疑惑，既然农药、化肥的使用可能会对土壤带来伤害，那么可以不使用农药或肥料吗？这实际正是农业从业者发力的方向之一，并已取得了一些成绩。

为了控制害虫和保持土壤肥沃，传统农业界现在正将目光投向许多小农在这方面的实践。他们已经证明无须农药或合成肥料即可显著提高作物产量。这种耕作方法被称为有机耕作，其中"有机"一词表示对环境的关注，以及对仅使用自然界中存在的化学品的承诺。

针对防止虫害的问题，采用有机方式耕种的农民选择作物轮作的策略。这种轮作效果相当好，因为不同的作物吸引的害虫种类不同，例如，一种害虫能在玉米作物上茁壮成长，但在下一季的首蓿作物上可能难以生存，轮作便避免了害虫大范围繁衍的情况发生。此外，轮作还可以减轻矿物质和养分的消耗。而对于肥料，采用有机方式耕种的农民依赖堆肥，如图 6-29 所示，他们还会在轮作计划中加入固氮植物。

图 6-29 堆肥

注：无气味的后院堆肥箱易于建造和维护。秘诀是优化暴露于大气中的氧气，这有利于进行有氧分解。

有机耕作的发展也令人们对有机食品的需求量不断增加。许多人声称，有机食品更适合人类食用。然而，从化学角度看，植物从合成肥料中吸收的分子与它们从天然肥料中吸收的分子是相同的。如果有机种植的产品比传统种植的产品味道更好或更营养，可能与产品的遗传菌株或是生长条件有关，如土壤的健康状况和提供给植物的水量。

尽管有机食品不一定代表着更健康，但通常有机农业确实对环境有益。除了能够避免农药和化肥导致的土壤问题，有机农业还具有提高能源使用效率的优势。有机农业使用的能源仅为传统农业的 40% 左右。这种能源节约很大一部分是因为农药和化肥的制造是能源密集型的，例如，美国每年大约消耗 3 亿桶石油用于生产氮肥，因此一旦停止使用农药和化肥，能源也就会被节约下来。

若从以上有机农业的优势角度来看，你选择购买有机种植的食物也可以算是一种对环境友好型耕作方法的支持。

图 6-30　有机食品

注：图（a），市场力量常常导致有机种植食品的价格上涨。图（b），如果某种产品至少 95% 的成分是有机认证的，则可以带有这枚美国农业部的有机印章。

（a）　　　　　　　　　（b）

综合作物管理是可持续农业的一种战略

为了应对农业资源长期可维持的挑战，来自工业界、政府和学术界的团体提出了一种叫作综合作物管理的全农场战略。这种耕作方法注重以适合当地土壤、气候和经济条件的方式，在尊重环境的情况下，科学地管理作物。其目标是通过采取避免资源浪费、提高能源效率和最大限度减少污染的做法，长期保护农场的自然资产。综合作物管理不是一种严格定义的作物生产形式，而是一种动态系统，可以适应并合理利用最新的研究、技术、建议和经验。

综合作物管理的一个更重要的方面是强调多作，这意味着在同一块土地上同时种植不同的作物，如图 6-31 所示，或者逐季轮作。与有机农业一样，多作可有效实现病虫害防治，并可提高土壤肥力。例如，豆类等产氮作物是玉米等耗氮作物的良好补充。

图 6-31　采用多作方式的农田

注：豆类和玉米等互补作物以交替条状种植，以提高土壤肥力。这些条带沿着土地的轮廓分布，以尽量减少雨水或灌溉造成的侵蚀。

实现害虫综合管理是综合作物管理的一个重要组成部分，其目标之一是降低虫害发生初期造成的影响，这可以通过多种途径来实现。例如，一个农场建立之初，只应该种植适合当地气候、土壤和地形的作物。这种选择性有助于培育出耐寒和抗虫害的作物。同时，作物也应尽可能多地轮作以减少病虫害和杂草问题。还有一种害虫综合管理策略是在农场周边或在整个农场里种植树木或树篱。这些树木和树篱能为益虫和蜘蛛、蛇、鸟类等害虫捕食者提供栖息地、掩护和避难所，从而让害虫难以生存。此外，树木和树篱还能带来一个额外的好处，就是可以保护土地免受风蚀。除以上两种策略外，另外一种害虫综合管理策略是耕种对害虫具有天然抗性的植物。几个世纪以来，这是通过选择性杂交表现出最大抗性的植物来实现的。今天，这种古老的方法正迅速被基因工程技术所取代。

害虫综合管理还有一个目标，那就是尽量减少农药的使用。例如，许多农民现在使用全球定位系统（GPS）来精准施药：通过使用红外卫星摄影和对田间条件的仔细评估，农民可以将农药混合物与作物需求相匹配，如图 6-32 所示。计算机将施药设备与卫星连接起来，当农民在田间作业时，GPS 系统每隔几秒就会"发射"一次农药施用调整信号。该技术也适用于合成肥料的选择性施用。

（a）

图 6-32　GPS 系统辅助精准施药

注：图（a），红外卫星图像揭示了许多关于农田的信息。例如，红色阴影表示作物健康，棕色表示已施用的农药量，黑色表示容易发生洪水的区域。图（b），在被称为精准农业的实践中，使用高分辨率卫星图像数据的计算机系统引导配备 GPS 系统的拖拉机精确定位养分和农药的位置。

当然，除了以上方法外，人们也已发现许多其他控制害虫的方法，可以用来代替化学杀虫剂或与化学方法结合使用，以尽量减少对药剂的依赖。例如，根据劳动力资源的可用性，农业工作者可以采取手工方式去除植物上的卵团或幼虫。除了使用除草剂，农业工作者还可以通过耕种控制杂草。此外，害虫种群也可以通过各种生物学方法进行控制，例如，将大量经过处理的不育害虫引入种群或引入害虫的天敌，如图 6-33 所示。

图 6-33　路两侧不同状态的杏树

注：道路右侧的杏树被红蜘蛛摧毁。左边的杏树受到红蜘蛛捕食者的保护。

另外一种控制昆虫繁殖的方法是使用信息素来改变它们的行为。信息素是昆虫释放出来的用以进行相互交流的挥发性有机分子，每个昆虫物种都会产生一组特有的信息素，其中一些信息素作为警告信号，另一些作为性引诱剂。如图 6-34 所示，实验室合成的性信息素可用于将有害昆虫引诱到局部杀虫剂沉积物上，从而减少对整个田地进行喷洒的需求，如图 6-34 所示。

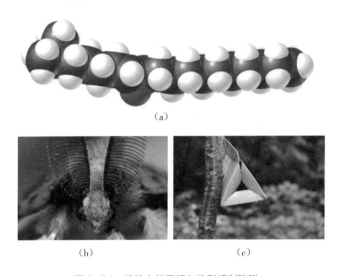

图 6-34　雄性吉普赛蛾与性引诱剂陷阱

注：雌性吉普赛蛾释放信息素环氧十九烷（图 a）以引诱雄性吉普赛蛾（图 b）与之交配。雄性吉普赛蛾对这种化合物非常敏感，即便 1 017 个空气分子中只含有一个该化合物分子，雄性吉普赛蛾也能探测到。这种惊人的敏感性使它们能够对 1 千米外的雌性做出反应。然而，雄性吉普赛蛾也可能被含有合成的环氧十九烷的杀虫剂陷阱所诱骗，从而落入其中（图 c）。

不可否认的是，自然是复杂而精妙的，如果我们要以可持续的方式与自然合作，我们所采取的方法也需要同样精妙。新的技术和改进的技术为农民提供了一系列可能的行动指南，以响应大自然不断变化的条件。然而，在每项行动中，农民都必须意识到其对环境造成的影响。从这个意义上说，采用可持续耕作方式的人类不是在支配自然，而是在与自然合作。

Q8 转基因食品真的危害健康吗？

在过去的几十年里，我们对遗传学理解的进步极大地推动了农业的深入发展。几个世纪以来，农民通过培育理想的性状来改良作物和家畜。如今，借助现代分子生物学技术，我们甚至能够将所需性状的基因引入植物和动物体内，从而相对快速且准确地执行这一通常充满不确定性且漫长的过程。由此产生的生物被称为转基因生物，因为它们包含来自另一个物种的一个或多个基因。

例如，转基因细菌已被设计用于大量生产多种有价值的蛋白质，包括牛生长激素（BGH）。将这种激素注射到奶牛或肉牛体内，可以显著提高奶牛的产奶量或促进肉牛体重增长。目前，牛生长激素已经通过了美国政府制定的安全标准，并被广泛用于美国的奶牛群。然而，欧洲和加拿大政府不允许对牛使用牛生长激素。其中一个原因是牛生长激素会增加牛的疾病感染率，从而促使农民过度使用抗生素，而这些抗生素最终将被人类摄入。

与此同时，人们也已经改造了几种主要作物，使它们能够产生具有杀虫特性的蛋白质的基因，因为害虫只有在以这几种农作物为食时才会被杀死。图 6-35 说明了这种已经在玉米作物上使用的技术。采用这样的机制，可以使大多数非目标良性生物免受伤害，并且减少对杀虫剂的使用需求。

其他主要作物的基因工程则已使它们对除草剂草甘膦产生了抗性，这意味着除草剂可以杀死田地中的杂草，但不会对作物造成威胁。此外，研究人员还在甘薯植物中插入了一种编码膳食蛋白质的基因。这种蛋白质含有大量成年人必需的氨基酸。图 6-36 显示了这些富含蛋白质的红薯，它们易于栽培，对难以获得优质蛋白质食品的发展中国家具有特殊价值。如今，在世界范围内，大约有 4.2 亿亩农田种植转基因作物。因此，现在世界上大约 1/3 的玉米产量和 1/2 以上的大豆产量来自基因工程植物。

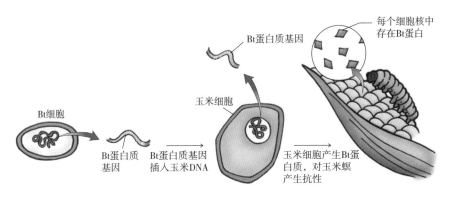

图 6-35　基因工程在玉米作物中的应用

注：苏云金芽孢杆菌（Bt）产生的蛋白质对诸如玉米蛀虫（一种毁灭性的玉米害虫）等昆虫有害。
然而，在玉米上外用 Bt 蛋白，一旦玉米螟进入茎秆，就无法被控制。通过将 Bt 蛋白质基因剪
接到玉米 DNA 中，由此产生的玉米植株在其细胞中产生 Bt 蛋白，因此对玉米螟具有完全的
抗性。

图 6-36　富含蛋白质的转基因红薯

　　刚刚描述的例子仅涉及将一个基因或一对基因植入转基因生物体中。然而，
许多理想的性状是由一系列基因共同决定的，固氮能力就是一个典型的例子。目
前科学家正在进行深入的研究，以将固氮所需的所有基因植入不能自然固氮的植

物体。有了这样的转基因物种，昂贵的氮肥生产和施用就变得不必要了。由于涉及许多基因，因此该系统很复杂，超出了现有生物技术的能力范畴，但也许这种情况不会持续太久。

关于转基因农产品的争论一直很激烈。一些科学家认为，生产转基因生物只是传统杂交育种的延伸，该技术为我们带来了橘柚（一种橘和柚的杂交种）等新颖有趣的产品。一般来说，美国食品药品监督管理局认为，如果基因工程的结果与市场上已有的产品没有显著差异，则不需要进行测试。但与前述人士的观点相反，科学家对此持反对意见，他们认为，创造转基因生物与通过杂交培育的植物或动物物种完全不同。例如，有人担心转基因作物可能因为长势过好，最终导致在不需要它们的地方自我播种，从而成为"超级杂草"。转基因作物也可能将它们的新基因传递给邻近野生区域的近亲植物，从而产生性状未知的后代作物。

毫无疑问，让公众知情是重要的保障之一。基因工程的力量要求我们在所有必要的保障措施到位的情况下谨慎行事。此时也会有人提出疑问：转基因生物真的可以养活不断增长的人口吗？

人口学家预测，一个世纪内，世界人口将开始稳定在大约 140 亿。到那时，我们能养活自己吗？答案可能是肯定的，但前提是我们的食物供应以不破坏自然环境的方式增加。对此，为了使农业可持续，必须源源不断地开发新技术，从而最大限度地减少对环境的破坏。转基因生物很可能会在其中发挥重要作用。

有趣的是，那些寻求解决世界饥饿问题的人面临的最关键问题，更有可能是社会问题，而不是技术问题。最重要的是，必须继续认真努力稳定世界人口。

目前，世界上大部分可耕地已被耕种。人口的增长意味着我们需要更多的食物，同时更多的耕地将用于建造住宅和发展商业。在热带地区，为了增加农田而砍伐和烧毁热带雨林的经济压力可能会继续存在。

即使世界人口稳定，也不能假设充足的粮食供应会终结世界饥饿问题。今天，食物的丰富性处于历史最高水平，但据估计，每年仍有 870 万人（其中大多数是幼儿）会因营养不良而死亡。与世界饥饿问题作斗争的领导者和 1998 年诺贝尔经济学奖获得者阿马蒂亚·森（Amartya Sen）指出，在大多数情况下，营养不良不是由于缺乏食物，而是由于缺乏适当的社会基础设施，如图 6-37 所示。在强有力的证据支持下，阿马蒂亚认为，公共行动可以根除这个世界上普遍且难以消除的饥饿问题。因此，优化农业产量的努力必须与建立和完善社会、政治和经济体系的努力相结合，为那些面临饥饿的人们提供生存手段，证明世界饥饿并非不可避免。

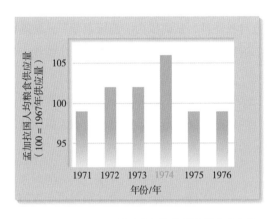

图 6-37　1971—1976 年孟加拉国的粮食供应量

要点回顾

- 植物的生长离不开光合作用，这是一个从太阳能、水和大气二氧化碳中产生碳水化合物和氧气的生化过程。

- 食物链，即营养结构，是群落中摄食关系的模式，食物能量通过生物群落的路径便是由群落的营养结构决定的。食物链由层级结构组成，第一级是生产者，其他级别统称为消费者。

- 植物主要由碳水化合物组成，而碳水化合物由碳、氧和氢元素组成，植物会从二氧化碳和水中获取这三种元素。同时，植物赖以生存的土壤也提供了许多对其生存和健康至关重要的其他元素，如氮、磷、钾等。

- 土壤是沙子、淤泥和黏土的混合物。

- 当土壤因收获作物和浸出水分而失去植物养分、丧失肥力时，农民会添加肥料来改良土壤，这些肥料是这些失去的养分的补充来源。

- 高产作物若要顺利生长，不仅需要足够的营养，还需要防御大量天敌。例如，为了控制这些害虫，农民可以使用杀虫剂。而杀虫剂有多种，包括灭虫的、除草和杀真菌的。

- 许多用于获得高产的耕作方法都有明显的缺点。例如，农药和化肥具有一定的风险，会导致每年成千上万的农业工作者因对这些危险化合物进行了不当处理而中毒，或是扰乱生态系统，污染饮用水供应，从而影响人类健康。

- 在过去的几十年里，发展可持续农业资源的方法和技术的势头强劲。例如，与灌溉相关的问题可以通过微灌溉来解决，微灌溉是将水直接输送到植物根部的方法。微灌溉不仅可以防止表层土壤侵蚀，还可以最大限度地减少蒸发造成的水分流失，从而最大限度地减少农田的盐渍化。

- 借助现代分子生物学技术，我们甚至能够将所需性状的基因引入植物和动物体内，从而相对快速且准确地执行培育过程，由此产生的生物被称为转基因生物。

CONCEPTUAL
CHEMISTRY

07

如何保护大气和水资源？

妙趣横生的化学课堂

- 比萨斜塔为什么越来越斜?

- 探寻水源为什么是"无用功"?

- 为什么小溪比池塘更容易"自净"?

- 如何有效处理废水?

- 如果太阳不再提供热量会怎样?

- 人类活动如何加剧空气污染?

- 二氧化碳如何影响全球温度?

从太空望去，地球的大气圈在地平线上看起来像一条狭窄的蓝色条带。这是因为地球上有很多水，但其中约97.2%是咸水，另外2.14%是冻结在极地冰盖和冰川中的淡水，而剩余的水则不到地球总量的1%，包括大气中的水蒸气、地下水，以及河流和湖泊中的水——我们的日常生活所依赖的淡水。

地球很大，直径约13 000千米。然而，环绕地球的大气圈只有大约30千米厚。从太空望向地球，大气圈仅表现为地平线上的一条窄带。试想，如果地球像一颗苹果那样大，那么地球的大气圈就会和苹果皮一样薄。

地球好似一个巨大的玻璃容器，人类是它的守护者。地球很大，我们改造环境的能力也很强。我们有责任学习如何妥善管理地球资源以造福地球上的所有居民。通过本章内容，你将学习地球上的水和大气的一些基本动态，以及人类活动对它们的影响。

Q1 比萨斜塔为什么越来越斜？

意大利的比萨斜塔修建于1173年，建成第二年就被发现倾斜了，后来则变得越来越倾斜。到了1990年，因为倾斜角度太大，意大利政府决定将它关闭，开始了为期 11 年的修缮工作。

比萨斜塔越来越斜，可能与比萨城多年来不断抽取地下水有关。为了满足该城不断增长的用水需求，对地下水的抽取力度逐年加大，从而导致塔基慢慢地逐年沉降，塔身也就越来越倾斜。

后来，比萨斜塔拯救工程采用斜向钻孔的方式，从斜塔北侧的地基下缓慢向外取出土壤，以使北侧地基高度下降。斜塔重心在重力的作用下逐渐向北侧移动，并逐渐趋于稳定。2023 年 8 月，比萨斜塔已被扶正 46 厘米，倾斜度恢复到 19 世纪初的水平，如图 7-1 所示。

图 7-1 比萨斜塔

随着人口的增长，人类对淡水的需求也在增长，而降水是地球进行地下水补给的唯一天然来源。虽然地下水库很大，但当抽水速度超过补给速度时，就会出现问题。比萨斜塔可能是地面沉降的一个最著名的例子。要想了解保护地下水的重要意义，我们还要从了解地球的水文循环开始。

在太阳的热量和地球的重力作用下，地球上的水得以不断循环。太阳的热量导致地球上的海洋、湖泊、河流和冰川中的水蒸发到了大气中。随着大气中的水分趋于饱和，水会以雨或雪的形式降落。水的这种持续运动和相变被称为水文循环。如图 7-2 所示，水在循环中的路径可以是从海洋直接回到海洋，也可以在地面甚至地下采取更迂回的路线最终回到海洋。

在直接路线中，海洋中的水分子蒸发到大气中，凝结成云，然后以雨或雪的形式降落到海洋中，重新开始循环。

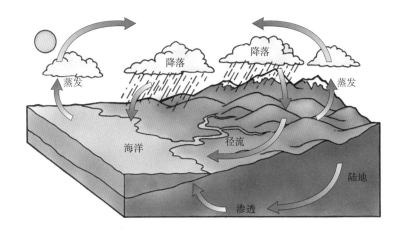

图 7-2 水文循环

注：由地表蒸发的水以水蒸气的形式进入大气，凝结成云，以雨或雪的形式降落回地表，然后再一次经历这个循环。

当降水落在陆地上时，循环更为复杂。与直接路线一样，循环开始于海水蒸发到大气中。然而，潮湿的空气不是在水面上形成云，而是被风吹到陆地上空。现在，水在降落后会发生四种可能的情况：从陆地蒸发回到大气圈；渗入地下；成为积雪或冰川的一部分；排入河流，然后流回海洋。

渗入地表以下的水会填充土壤颗粒之间的空隙，直到土壤达到饱和状态，此时每个颗粒空隙都充满了水。饱和区的上边界叫作地下水位。地下水位的深度随降水量和气候的变化而变化。它的范围从湿地和沼泽的零深度——这意味着这些位置的地下水位在地面上，到一些沙漠地区的数百米深。

如图 7-3 所示，地下水位也趋向跟随土地的等高线变化，通常是在干旱时期下降。许多湖泊和溪流只是地下水位高于地表的区域。

地表以下的所有水都称为地下水。在地表，存在于溪流、河流和湖泊中的液态水自然被称为地表水。任何含水的土壤层都被称为含水层，也可以被认为是一个地下水库。含水层位于许多地方的土地之下，其中包含大量淡水，大约是淡水湖泊、河流和溪流中淡水总量的 35 倍。美国一半以上的土地面积都位于含水层之下，例如，奥加拉拉含水层，从南达科他州延伸到得克萨斯州，从科罗拉多州延伸到阿肯色州。

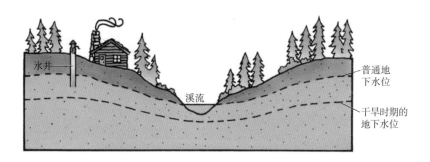

图 7-3　地下水位

注：任何地区的地下水位都与地表地形的轮廓大致平行。在干旱时期，地下水位下降，河流流量减少，水井干涸。当从井中抽出的水量超过了自然降水渗入地下补充的水量时，地下水位也会下降。

在潮湿的气候中，如太平洋西北部，人们通常会通过补给来平衡水的提取量。然而，在干燥的气候中，提取量很容易超过补给量。为了养活大量人口，这些地区必须从遥远的水源引水，通常通过渡槽的形式进行运输。例如，在南加州地区，大部分淡水来自科罗拉多河，它们是通过长达数百千米的渡槽导引过来的。

奥加拉拉含水层位于干燥的高原下方，并且 100 多年来一直为这个干旱的农业区供水。这个含水层的大部水源可以追溯到大约 11 000 年前最后一个冰期。这些水被封闭在地下，几乎没有补给来源。即使停止抽水，奥加拉拉含水层的地下水位也仍需要数千年才能恢复到原来的水平。在这方面，与大多数其他含水层不同，奥加拉拉含水层是一种有限且不可再生的资源。

当水被从土壤颗粒之间的空隙中去除时，沉积物会压实，导致地表下沉。在一些地下水抽取量极大的地区，地表已显著下沉。在美国加利福尼亚州的圣华金河谷，由于人们大量抽取地下水用于灌溉，导致地下水位在 20 年内下降了约 75 米，造成的地面沉降非常严重。

Q2 探寻水源为什么是"无用功"？

几乎每一平方米的土地下都存在地下水。在一些地区，如沙漠，地下水常常深达数百米，极难触及。在潮湿的地区，如欧洲或北美大部分地区，地下水相对靠近地表，很容易被找到。有些探寻水源的技术无疑是伪科学，有人声称能够使用一根在发现水时就会剧烈振动的尖头棒来找到地下水。在指定的位置挖一口井，如果地下水涌出，探水者就会得到报酬。当然，探水者通常会成功，因为地下水几乎无处不在。对探水者的真正考验是找到一片没有水的区域。

既然地下水如此丰富，为什么还要倡导节约用水呢？让我们一起来看一份数据。

美国地质调查局于 1950 年开始编制全国用水数据。从那时起，该联邦机构每 5 年进行一次调查。根据该机构的数据，全美范围内含水层的自然补给速度约为 67 900 亿升 / 天。2005 年，美国人以平均 13 190 亿升 / 天的速度从这些含水层中抽取水，这意味着美国人共抽取了含水层大约 20% 的供水。如图 7-4 所示，大部分水用于灌溉和作为热电发电系统的冷却剂。

图 7-4 中的数字表明，按照 3.01 亿的人口计算，2005 年美国人均用水量为 4 382 升 / 天（13 190 亿升 / 天 ÷3.01 亿人）。根据美国地质调查局的数据，美国人均个人用水量约为该数量的 8%，即约 350 升 / 天。然而，这 350 升水中只有大约 1/4 用于饮用或浇灌草坪及花园。其他 3/4（大约 263 升）的水最终会变成浴缸、马桶、水槽和洗衣机排出的家庭废水。

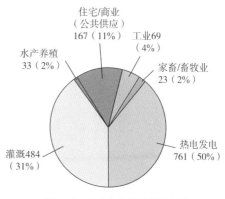

图 7-4 2005 年美国的用水量
（单位：10 亿升 / 天）

　　有人可能会产生这样的错觉：这么多人口只消耗了可用淡水的 20% 左右，没有必要节约用水。然而，这个比例只是平均值。在美国西部的许多干旱地区，用水速度已经超过了该地区含水层的补给速度。例如，在新墨西哥州的阿尔伯克基，过去 40 年间，不断增加的用水量导致该地区地下含水层下降了约 50 米。

　　淡水的质量因地区而异。例如，深水沉积物的固体溶解物含量通常很高。因此，即使在淡水充足的地区，节约用水以保障一小部分饮用水供应也很重要。此外，人类并不是唯一依赖淡水的物种。许多生态系统，如湖泊和湿地，已经因人类日益增长的用水需求而面临压力。节约用水也可以大大减轻不断上升的人口压力。

　　美国地质调查局的报告带来了好消息：美国的节水实践已取得显著成效。如图 7-5 所示，美国的淡水总抽取量在 1980 年达到峰值，约为 14 200 亿升 / 天。然而，到了 2005 年，尽管人口在同一时期从 2.3 亿增加到了 3.01 亿，但抽取量已降至 13 190 亿升 / 天。这一成果的取得主要是因为灌溉技术的提高以及公众节约用水意识的提高。

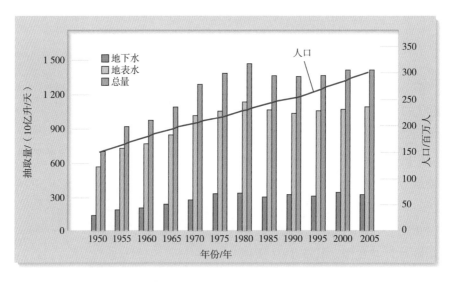

图 7-5　1950—2005 年美国淡水总抽取量的变化

Q3 为什么小溪比池塘更容易"自净"？

在潺潺的小溪中，曝气可确保因需进行氧分解而损失的任何溶解氧都能迅速得到补充。但静止的池塘中却并非如此。例如，1立方米的潺潺小溪在有氧条件下分解有机物的能力更大。

水中的微生物会改变溶解氧的水平

天然存在的水与有机体共存。在微观层面，有些微生物是致病的，有些则是良性的。这些微生物的自然功能之一是分解有机物。例如，鱼的尸体不会永远留在池塘底部。细菌等微生物能够将有机物分解成碳、氢、氧、氮和硫等元素。

我们将细菌区分为好氧细菌和厌氧细菌。好氧细菌只有在氧气存在的情况下才能分解有机物。厌氧细菌可以在无氧的情况下分解有机物。好氧分解的产物与厌氧分解的产物完全不同。水中的好氧细菌利用溶解在水中的氧气将有机物转化为二氧化碳、水、硝酸盐和硫酸盐等化合物。所有这些产品都是无味的，并且生产的数量对生态系统几乎没有危害。水中的厌氧细菌利用不同的化学机制将有机物分解为：甲烷（易燃）等产物；恶臭的胺，如腐胺（$NH_2C_4H_8NH_2$）；恶臭的含硫化合物，如硫化氢（H_2S）。污水池的臭味是由于缺乏溶解氧和厌氧分解造成的。

当有机物被引入水体时，好氧细菌需要溶解氧来分解有机物。用于描述这种需求的术语是生化需氧量。随着更多的有机物被引入，生化需氧量增加，导致溶解氧量下降，因为细菌使用越来越多的溶解氧来完成它们的工作。如果引入过多有机物，例如从污水处理厂的排放口直接将有机物排进水体，那么溶解氧水平会变得很低，导致水生生物开始死亡，如图7-6所示。好氧细菌开始分解这些生物的尸体，这进一步降低了氧气水平，甚至会导致生命力最顽强的水生生物死亡。最终，溶解氧水平达到零。这时，有害的厌氧细菌就要发挥作用了。

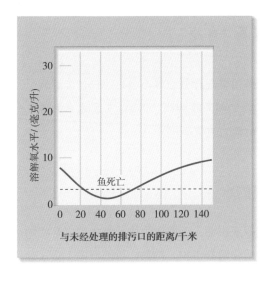

图 7-6　溶解氧水平与距离未经处理的
　　　　排污口的关系

注：进入河流的污水会显著降低水中的溶
解氧水平。由于好氧细菌分解有机废物需
要时间，而且河流一直在流动，因此溶解
氧的下降通常在下游很远的地方最明显。
当溶解氧浓度低于 3 毫克／升时，鱼类开
始死亡，如虚线所示。一旦污水被消耗掉，
溶解氧水平就开始上升，这是在距离排污
口 50 千米后发生的。

　　除了有机废物外，肥料中的硝酸盐和磷酸根离子等无机废物也会导致溶解氧
水平下降。这些离子是藻类和水生植物的营养物质，它们在存在离子的情况下会
迅速生长，这种现象称为藻华。值得注意的是，盛开的植物和藻类在夜间消耗的
氧气比白天通过光合作用产生的氧气多。此外，
在某些情况下，藻华可以覆盖水体表面，从而
有效阻止大气中氧气的供应，如图 7-7 所示。
结果，水生生物窒息而死，连同大量死亡的藻
类一起沉入水底。好氧微生物将这种有机物质
分解到水体失去所有溶解氧的程度，厌氧微生
物开始发挥作用。无机废物给藻类和植物施肥，
由此导致的过度生长降低了水中溶解氧的浓度，
这个过程叫作富营养化，来自希腊语，意思是"营
养良好"。

图 7-7　藻华

注：藻类大量繁殖会消耗溶解在水中
的氧，并阻止大气中的氧气进入池塘，
从而扼杀水生生物。

　　虽然小溪具有天然的净水功能，但并不是
所有的水污染都可以通过自然的方式得到净化，
这主要因为水污染的性质不同。

点源或非点源的水污染

水污染可能来自点源或非点源。点源是污染物进入水体的一个特定的、明确定义的位置。工厂或污水处理厂的废水管道就是点源，如图 7-8a 所示。点源相对容易监测和调节。非点源是污染物起源于不同地点的源，比如街道上的残油。

残油被雨水冲到溪流、河流和湖泊中，就会污染这些区域的水体。进入图 7-8b 所示的雨水渠的农业径流和家用化学品，是非点源水污染的另外两个常见例子。由于非点源难以监测和监管，最有效的解决方案通常是开展能提高公众意识的活动，这种活动强调采用负责任的处置做法。如图 7-9 所示，在美国，草坪护理是水污染的主要非点源。

（a）

（b）

图 7-8　点源与非点源

注：图（a），技术人员正在评估污水处理设施的流出物的澄清度，这是一个常见的点污染源。图（b），非点源不那么容易监管，更多地依赖公众意识的提高。

自 1972 年《清洁水法》（*Clean Water Act*）及其后续修正案通过以来，许多点源的水污染率已显著降低。1972 年之前，水源使用者，如市政当局，负责保护水源。由于水污染物在被排放到环境中之前对其进行控制要有效得多，因此，《清洁水法》将保护水源的责任转移给了向水中排放废物的主体，如当地的工业企业。

图 7-9　草坪护理

注：草坪在美国占地 1.5 亿～ 1.8 亿亩，比弗吉尼亚的面积还大。照料这些草坪的人在每亩草坪中使用的农药量是农民在同等面积的农田中使用的农药量的 25 倍。

地下水污染

当河流和湖泊受到污染时，我们可以通过直接干预对它们进行清理，因为人们可以接近这些河流湖泊。然而，当地下水被污染时，情况就不同了。即使清除了污染源，也可能需要很长时间才能清除污染物，这不仅是因为地下水难以直接接触，而且还因为许多含水层的流速极其缓慢——大约每天只有几厘米！如图 7-10 所示，地下水易受多种点污染源和非点污染源的影响。

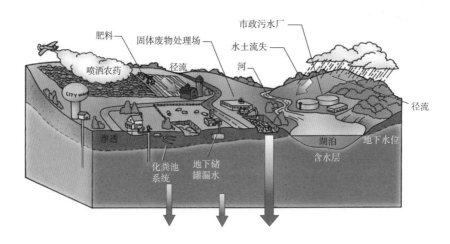

图 7-10　地下水污染

注：箭头表示地下水污染的一些主要来源。

城市固体废物处理场是地下水污染的常见来源。雨水渗入处理场可能会溶解固体废物中的多种化学物质。由此产生的溶液被称为渗滤液，它可以进入地下水，形成污染"羽流"，并沿地下水流动方向扩散，如图7-11所示。为减少地下水受污染的机会，该场地可以铺设在地下并用压实黏土或塑料布层覆盖，以防止渗滤液进入地下；也可以使用用于收集排水渗滤液的收集系统。

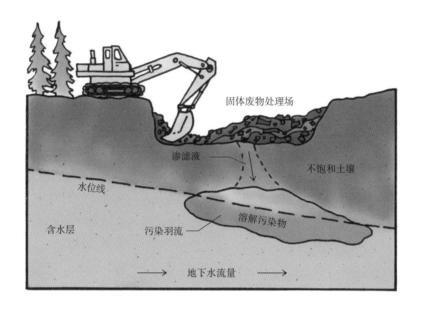

图7-11　固体废物处理场产生渗滤液

注：渗滤液的污染羽流向地下水流方向扩散。

地下水污染的另外一个常见来源是污水，包括化粪池排出的水和不充分或破损的下水道渗出的水。动物污水，尤其是来自工厂式动物养殖场的污水，也是地下水（和河水）污染的一个来源。污水中含有细菌，如果不加以处理，会导致传播伤寒、霍乱和传染性肝炎这样的疾病。如果受污染的地下水相对较快地流过含有大量气穴的地下沉积物，细菌和病毒就可以由此被携带到很远的地方。然而，如果受污染的地下水流经沙子等气穴非常小的地下沉积物，其中病原体就会从水中被过滤出去。

○ 趣味课堂 ●

空气也能净化污水？

　　处理含有机废物的水的最佳方法之一是采用曝气技术，即向污水中注入空气，因为空气中含有支持有氧分解所需的氧气。传统的二级污水处理厂使用电力设备将空气吹入污水。然而，这种曝气消耗了废水处理所用总电能的 60% 或更多。在先进的综合池塘系统中，藻类和其他植物利用太阳能和光合作用直接产生足够的氧气。该方案特别适用于少于 10 000 人的区域。综合池塘系统特别适用于太阳能充足的美国西南部和南部地区，以及电力供应很少或根本不存在的发展中国家。

Q4 如何有效处理废水？

　　大多数城市的下水道系统里的废物必须在排入水体之前进行处理。处理水平在很大程度上取决于处理后的水是排入河流还是排入海洋。为了保障下游区域的利益，流入河流的废水需要进行最高水平的处理。

　　人类排泄物在到达废水处理设施时会与废水融为一体，使废水变得浑浊。然而，在这一水流中，有许多不溶性产品——包括小塑料制品和咖啡渣等砂质材料。废弃的烹饪脂肪中也会有硬化油脂球。因此，所有废水处理的第一步都涉及筛选出这些不溶物。你应该知道，废水处理专家指出，这些不溶物（甚至是烹饪油脂）都应该作为固体废物处理，而不是冲进下水道或冲进马桶。

　　废水经筛选（可能包括使用沉砂池）后，下一步是初级处理。在初级处理中，经过筛选的废水进入一个大型沉淀池，悬浮固体在那里以污泥形式沉淀，如图 7-12 所示。经过一段时间后，污泥从沉淀池底部排出，通常作为固体废物直接被运送至垃圾填埋场。然而，一些设施配备了大型熔炉，用于燃烧干污泥，有时还会燃烧其他城市垃圾，如纸制品。这种处理方法产生的灰烬更致密，在垃圾填埋场中占用的空间更小。

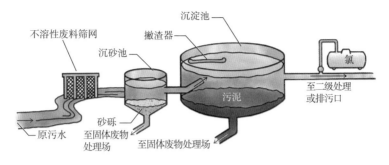

图 7-12　初级废水处理

注：沉淀池上的旋转撇渣器用于去除筛选过程中未去除的漂浮材料和人工制品。

　　来自初级处理及更高级别处理的废水在排放到环境中之前通常会用氯气或臭氧进行消毒。使用氯气的一大优点是，它由设备排出后会在水中停留很长时间，这提供了针对疾病的残留保护。然而，氯与流出物中的有机化合物反应形成氯化烃，其中许多是已知的致癌物。此外，氯只能杀死细菌，而不会对病毒造成伤害。相比之下，臭氧更有优势，因为它可以同时杀死细菌和病毒，并且使用臭氧处理废水不会产生致癌副产物。然而，臭氧也有一个缺点，它一旦被排放出来，就不会为流出物提供残留保护。美国的大多数设施使用氯进行消毒，而欧洲的设施则倾向使用臭氧。在一些地方，氯和臭氧气体已被强紫外线灯取代，紫外线灯与臭氧一样，同时可以杀死细菌和病毒，但不能提供长期的残留保护。

　　病原体在初级污水中生长的可能性非常高，而且根据 1972 年的《清洁水法》规定，大多数地方都不允许排放初级污水。常用的二级处理，首先会将初级污水通过曝气池，这为依赖氧气的好氧细菌提供了持续分解有机物所需的氧气，如图 7-13 所示。污水然后会被送入一个水箱，在那里，任何未在初级处理中去除的细颗粒都可以沉淀下来。由于这个沉淀步骤产生的污泥中的好氧菌含量很高，因此其中一些污泥被

⟩趣味课堂⟨

为什么中国香港用海水冲洗厕所？

　　在中国香港，大约 80% 的厕所使用海水冲洗。该系统自 20 世纪 60 年代被开发以来，现在可节省约 25% 的淡水消耗量。此外，淡水活动产生的污水，如用于个人卫生和洗碗的水，经过处理后会重新用于浇灌城市树木。

271

循环回曝气池以提高效率，剩余的污泥则被运往垃圾填埋场或焚化炉。

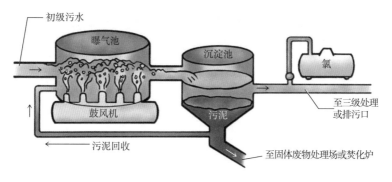

图 7-13　市政系统废水二级处理过程

许多城市还需要进行三级污水处理。三级过程有许多种，大多数涉及某种形式的过滤。一种常见的方法是将二级污水穿过细粉碳床，这个过程可以捕获大部分颗粒物质和许多在早期阶段未被去除的有机分子。三级处理的优势在于，这个过程更大限度地保护了我们的水资源。可惜，三级处理成本高昂，通常仅用于必要的情况，而初级处理和二级处理的成本也很高。

◆ 趣味课堂 ◆

堆肥如何清洁厕所？

对于避暑小屋等偏远地区的住宅，许多人选择不用水的堆肥厕所。相反，当空气从埋在泥炭苔中的废物上方排出时，它们使人类排泄物进行有氧分解。干燥、无味的堆肥每隔几个月就会被取出一次，它们可用作花园肥料。

Q5 如果太阳不再提供热量会怎样？

地球大气圈是太阳热量和地球引力共同作用的结果。

如果太阳不再提供热量，如图 7-14a 所示，地球周围的空气分子就会沉降到地面上，就像未通电的爆米花机底部的爆米花一样。为爆米花机通电，爆炸的玉米粒便会跌跌撞撞地飞到更高的地方。同样，在空气分子中加入太阳能，这些分子也会跌跌撞撞地飞向更高的高度。爆米花飞出的速度可以达到 1 米 / 秒，并且可以上升 1 ～ 2 米。但是经太阳加热的空气分子会以 1 600 千米 / 时的速度移动，一些分子甚至可以上升到 50 千米以上的高度。

图 7-14b 显示，如果没有重力，空气分子会飞到外太空，并从地球上消失。然而，如图 7-14c 所示，将太阳的热量和地球的引力结合起来，就形成了一层厚度超过 50 千米的空气，我们称之为大气圈。大气圈包含氧气、氮气、二氧化碳和其他生物需要的气体，并通过吸收和散射宇宙辐射保护地球上的居民。大气圈还能让人类免受宇宙碎片的袭击，因为任何向地球靠近的物质在到达地球之前都会燃烧，而这正是由飞行中的碎片与大气圈摩擦产生的热量导致的。

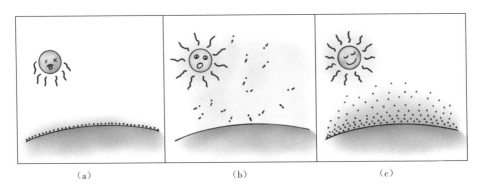

（a）　　　　　　　　　（b）　　　　　　　　　（c）

图 7-14　地球大气圈是太阳热和重力作用的结果

注：图（a），有重力但没有太阳热的大气：分子位于地球表面。图（b），有太阳热但没有重力的大气：分子逃逸到外层空间。图（c），具有太阳热和重力的大气：分子到达高空但被阻止逃逸到外层空间。

地球现今的大气是一种气体混合物——主要是氮气和氧气，还有少量的氩气、二氧化碳和水蒸气，以及其他微量元素和化合物。然而，地球大气的组成并不是一直如此。例如，直到 30 亿年前，原始生命形式的光合作用进化，氧气才成为一种大气成分。随着时间的推移，二氧化碳水平也发生了显著变化。

我们已经完全适应了周围看不见的空气，以至于我们有时会忘记空气是有质量的。在海平面，1 立方米的空气质量为 1.18 千克。因此，在一个中等大小的房间里，空气的质量约为 60 千克，大约是一个人的平均质量。

当你在水下时，你上方水的重量会对你的身体施加压力。潜得越深，你上方的水就越多，因此施加在你身上的压力就越大。空气也是一样的，因为空气有质量，重力作用在空气上，赋予它重量。反过来，空气的重量会对任何浸没在空气中的物体施加压力。这种压力被称为大气压力，你在大气中越深入，这种压力就越大。在海平面，你处于"空气海洋"的底部，因此大气压力最大。爬山使你在大气中的深度较小，气压因此也更小。在大气圈上方探险，你就进入了没有大气压力的太空。

如果你曾经爬过山，就可能会注意到，随着海拔的升高，空气变得越来越凉爽。在低海拔地区，空气通常更暖和。这是因为，地球表面辐射了它从太阳吸收的大部分热量。当这种热量向上辐射时，它会使空气变暖——这种影响随着与地球表面距离的增加而减弱。

你可能还注意到，随着海拔的升高，空气的密度越来越小。也就是说，对于给定的体积，可供呼吸的空气分子越来越少。你可以通过羽毛来理解为什么会这样。羽毛堆底部的羽毛被上面羽毛的重量压扁在一起，而羽毛堆顶部的羽毛则保持蓬松，密度小得多。同理，靠近地球表面的空气分子被更大的大气压力挤压在一起。随着海拔的升高，由于大气压力的降低，空气的密度逐渐降低。然

> ◦ 趣味课堂 ◦
>
> 在直径为 9 英寸[①]气球的顶部和底部，哪里的大气压力更大？
>
> 　　有趣的是，气球底部的压力足够大，从而产生一个向上的小净力。我们称这个向上的净力为浮力，对于一个直径为 9 英寸的气球，浮力大约等于 0.212 牛顿。如果该气球的重力超过该数值，即对应的重量超过 6.58 克，它就会下降。但是如果气球的重量变轻，它就会上升，当气球充满氦气时就是这样。你脚下空气的海拔比你头上空气的海拔低，那么你身上是否也有一股强大的力量？如果没有空气，你测得的体重会变多还是变少？

―――――――――

① 1 英寸 ≈ 2.54 厘米。——编者注

而，与一堆羽毛不同，大气没有明显的顶部。相反，大气会逐渐变薄，直至接近外层空间的真空。大气质量的一半以上位于 5.6 千米的高度以下，大约 99% 的质量位于 30 千米的高度以下。

科学家通过将大气分为几层来对大气进行分类，每一层都有不同的特征。最底层是对流层，对流层包含 90% 的大气质量和几乎所有大气中的水蒸气和云，如图 7-15 所示。这也是不同天气现象形成的地方。商用喷气式飞机通常在对流层顶部飞行，以尽量减少天气扰动引起的抖振和碰撞。对流层延伸至约 16 千米的高度，它的温度随着海拔的升高而稳步下降。在对流层顶部，温度平均约为 -50℃。

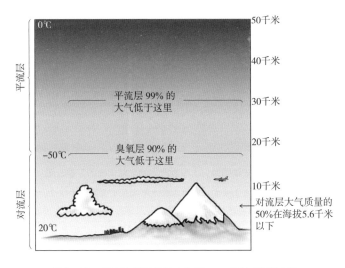

图 7-15　两个海拔最低的大气圈——对流层和平流层

对流层上方是平流层，平流层高度达到 50 千米。在平流层，海拔 20～30 千米的高度处存在着臭氧层。平流层臭氧发挥了防晒的作用，能保护地球表面免受有害的太阳紫外线的辐射。平流层臭氧也会影响平流层温度。由于臭氧的太阳屏蔽效应，海拔最低的地方的温度最低，这个高度的空气实际上处于臭氧的阴影下。在高海拔地区，可用于遮阳的臭氧较少，平流层顶部的温度会一直升高到 0℃。

Q6 人类活动如何加剧空气污染？

大气中任何对健康有害的物质都被定义为空气污染物。空气污染物的一个主要来源是火山，例如，20 世纪最大的火山爆发是 1991 年菲律宾皮纳图博火山爆发，该火山爆发释放了 2 000 万吨有毒气体二氧化硫。如图 7-16 所示，二氧化硫在短短 4 天内一路扩散到印度。

然而，人类在许多方面已经超越火山，成为主要污染源。例如，仅在美国，自 1950 年以来，工业和其他人类活动每年就在空气中沉积约 2 000 万吨二氧化硫。据估计，人类活动产生的硫约占进入全球大气的硫总量的 70%。

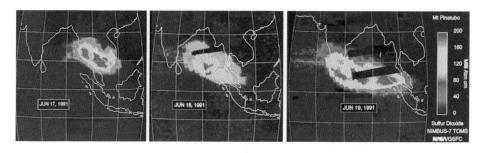

图 7-16　皮纳图博火山喷发产生的二氧化硫的卫星云图

注：1991 年 6 月 15 日，皮纳图博火山喷发产生的二氧化硫云在 4 天内到达印度。黑色条带是卫星数据缺失的地方。7 月 27 日，二氧化硫云已经遍布全球。

为了阻止人类活动制造空气污染物，美国政府于 1970 年通过了《清洁空气法》。该法案规定了各种行业的气体排放，但并不全面。1977 年的一项修正案极大地限制了汽车排放，最近的一项修正案于 1990 年颁布，对该法案进行了全面修订，对几乎所有空气污染物的排放进行了监管，包括气溶胶、微粒和烟雾成分。

气溶胶和微粒促进涉及污染物的化学反应

空气中的固体颗粒，如灰烬、煤烟、金属氧化物，甚至海盐，在空气污染中扮演着主要角色。直径达 0.01 毫米的颗粒肉眼不可见，它们会吸引水滴，从而形成可能以雾或烟形式存在的可见的气溶胶。气溶胶颗粒长时间悬浮在大气中，并且如图 7-17 所示，成为许多涉及污染物的化学反应的温床。

　　较大的固体颗粒被称为微粒，往往比形成气溶胶的颗粒更快地沉降到地面，因此在促进大气化学反应中起不到太大的作用。然而，虽然微粒在空气中传播，但颗粒物会模糊能见度。大气颗粒物（和气溶胶）也具有全球降温效应，因为它们将阳光反射回太空。众所周知，大规模火山喷发释放的颗粒物和气溶胶会对天气产生深远的影响。例如，1815 年左右，印度尼西亚的一系列火山喷发导致新英格兰和欧洲等中纬度地区的夏季寒冷，冬季严寒，庄稼枯萎，饥荒接踵而至。这种影响在 1816 年最为明显，这一年因此被称为"无夏之年"。

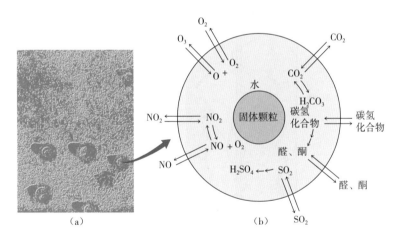

图 7-17　气溶胶

注：图（a），大气中气溶胶的显微照片。图（b），气溶胶是许多涉及污染物的化学反应的温床。固体颗粒周围的水会吸引空气中的分子，这些分子很容易在水溶液中发生反应，然后再释放回大气。

　　工业使用各种技术来减少固体颗粒的排放。物理方法包括过滤、离心分离和洗涤，如图 7-18 所示，其中包括用水喷洒气态流出物。还有一种方法是静电沉淀，如图 7-19 所示，虽然它是能源密集型技术，但去除颗粒的效率超过了 98%。

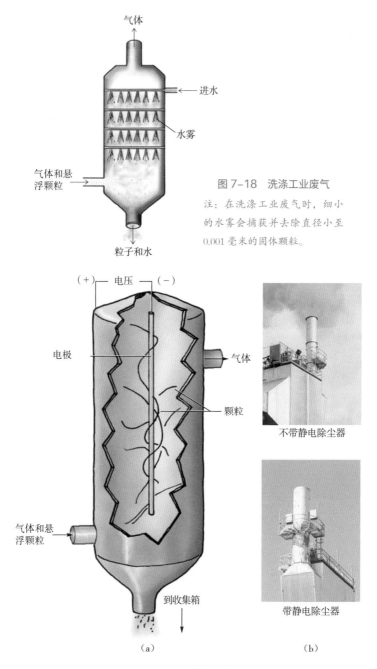

气体

进水

水雾

气体和悬
浮颗粒

图 7-18　洗涤工业废气

注：在洗涤工业废气时，细小
的水雾会捕获并去除直径小至
0.001 毫米的固体颗粒。

粒子和水

（+）　电压　（-）

电极

气体

颗粒

不带静电除尘器

气体和悬
浮颗粒

到收集箱

带静电除尘器

（a）　　　　　　　　　　（b）

图 7-19　静电沉淀

注：图（a），工业废气中的颗粒电极带负电，会被静电除尘器带正电的壁吸引。
一旦接触，粒子就会失去电荷并落入收集箱。图（b），带和不带静电除尘器的烟囱。

两种烟雾

　　烟雾一词用来描述一种烟、雾气和空气的有毒混合物，它在当时笼罩了伦敦市上空并导致 1 150 人死亡。自那以后，烟雾已经成为一个主要问题，尤其是在工业和人类活动频繁的城市地区。

　　天气在烟雾形成中起着重要作用。通常，被地球表面加热的空气上升到对流层上层，污染物在那里分散，如图 7-20a 所示。然而，密集的冷空气团有时会在温度反转中沉降到暖空气之下，如图 7-20b 所示。现在空气趋于停滞，这使得空气污染物积聚。

图 7-20　洛杉矶的烟雾被逆温所困

注：图（a），通过上升的暖空气去除烟雾。图（b），在逆温中，当冷空气沉降在暖空气下方时，烟雾被困住。（冷空气高于暖空气的正常体系颠倒了。）

　　逆温几乎可能发生在任何地方，但当地的地理环境使某些地区比其他地区更容易发生逆温。例如，洛杉矶的烟雾被一种逆温所困，这种逆温是由从海洋向东移动的低层冷空气被一层从莫哈韦沙漠向西移动的热空气覆盖形成的。

　　逆温往往在夜间消散，因为高海拔地区的空气比靠近地球温暖表面的低空空气冷却得更快。这就是许多城市地区的天空在清晨的烟雾比傍晚少的原因之一。

　　烟雾有两种类型：工业烟雾和光化学烟雾。工业烟雾主要由煤和石油的燃烧产生，其颗粒物含量高。然而，工业烟雾的主要化学成分是二氧化硫，它积聚在气溶胶的水涂层中并转化为硫酸：

$$2SO_2 + O_2 \longrightarrow 2SO_3$$
二氧化硫　　氧　　　　三氧化硫

$$SO_3 + H_2O \longrightarrow H_2SO_4$$
三氧化硫　水　　　　硫酸

即使吸入含有极低浓度硫酸的气溶胶也会导致严重的呼吸问题。如前文所述，空气中的硫酸也是酸雨形成的主要原因。

尽管许多行业的硫排放量仍然超过了联邦标准，但自 1970 年《清洁空气法》及其后续修正案通过以来，工业烟雾水平已显著下降。然而，在未来，随着国民经济和世界人口的持续增长，保持二氧化硫的低排放将变得更加困难。

光化学烟雾由直接或间接参与阳光引起的化学反应的污染物组成。这些污染物主要是氮氧化物、臭氧和碳氢化合物，它们的主要来源是内燃机。在燃烧室中，氧气与汽化的碳氢化合物混合以产生热量，导致气体膨胀，从而驱动活塞的动力冲程。然而，大气中也存在氮，在内燃机的高温特性下，氮和氧会形成一氧化氮：

$$热量 + N_2 + O_2 \longrightarrow 2NO$$

一氧化氮是相当活泼的。一旦从发动机中释放出来，它就会与大气中的氧气迅速反应形成二氧化氮：

$$阳光 + NO_2 \longrightarrow NO_2 + O$$

二氧化氮是一种强大的腐蚀剂，可作用于金属、石头，甚至人体组织。它的棕色是造成城市上空常见的棕色烟雾的原因。阳光将二氧化氮转化为硝酸（HNO_3），它与硫酸都是酸雨的主要成分。在气溶胶中，阳光将二氧化氮分解为一氧化氮和原子氧：

$$阳光 + NO_2 \longrightarrow NO + O$$

一氧化氮与大气中的氧反应重新形成二氧化氮，原子氧与大气中的氧反应形成臭氧：

$$O + O_2 \longrightarrow O_3$$

臭氧是一种刺激性污染物。它会刺激眼睛，高浓度时可能会致命。即使暴露在相对较低浓度的臭氧中，植物也会受到影响，并且会导致橡胶变硬变脆。为了保护轮胎免受臭氧的影响，制造商向其中加入了石蜡，石蜡优先与臭氧发生反应，从而起到保护作用。正如前文所述，臭氧也是由地球平流层中的自然过程形成的，在那里，它可以过滤多达 95% 的太阳紫外线。因此，在地球表面，臭氧是一种有害污染物，而在 25 千米以外的地方，臭氧起到了抵御紫外线的作用，对所有生物的健康都至关重要。

图 7-21 为洛杉矶市一氧化氮、二氧化氮和臭氧的平均浓度分布图。清晨的高峰时间一氧化氮迅速增加，到了中午，一氧化氮在很大程度上已转化为二氧化氮。在晴天，二氧化氮形成后，臭氧水平开始达到峰值。在没有逆温的情况下，下午晚些时候的风会将污染物吹走。一夜之后，循环又开始了。

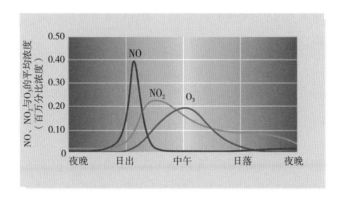

图 7-21　洛杉矶一氧化氮、二氧化氮和臭氧的日平均浓度

光化学烟雾中的另一类成分是碳氢化合物，例如，汽油中的碳氢化合物。在臭氧存在的情况下，空气中的碳氢化合物会转化为醛和酮，它们中的大部分会增加烟雾的恶臭气味。此外，汽油的不完全燃烧会导致多环芳烃的释放，这是一种已知的致癌物。汽车在每次加满汽油时也会释放大量的碳氢化合物。因为汽油是一种易挥发的液体，所以封闭的汽油罐中的每一个角落都充满了汽油蒸汽——即使油罐几乎是空的。每次在汽油油泵处加油时，这些约 10 克的蒸汽都会被置换并直接排放到大气中。较新的汽油泵的喷嘴被设计成可以捕获大部分汽油蒸汽，如图 7-22 所示。

图 7-22　汽油泵的喷嘴

注：一些汽油喷嘴配有夹套，可防止汽油蒸汽逸出到大气中。相反，汽油蒸汽通过隐藏在喷嘴内的辅助软管被引导回加油站的主罐。

Q7　二氧化碳如何影响全球温度？

今天，大气中的二氧化碳含量接近 0.000 4，这可能是数十万年来从未达到的新水平。然而，有证据表明，大约在 2 500 万年前，二氧化碳水平通常在 0.001 ～ 0.001 5。当然，那时还没有极地冰盖，平均海平面比现在高出约 70 米。

二氧化碳是气候变暖的"元凶"，它与全球温度有着密切的关系。接下来，我们将具体论述。

将车停在阳光下，车窗紧闭，车内很快就会变得很热。温室的内部同样是炙烤的。这是因为玻璃对可见光透明，但对红外线不透明，如图 7-23 所示。如前文所述，可见光的波长比红外线的波长短。可见光波长范围为 400 ～ 740 纳米，而红外波长范围为 740 ～ 100 万纳米。来自太阳的短波长可见光进入汽车或温室，并加热各种物体——汽车座椅、植物、土壤等。被加热的物体会发出红外线能量，红外线能量无法透过玻璃逸出，所以红外线能量在内部积聚，导致温度升高。

来自太阳的短波长可见光能透过玻璃

长波长红外线不会通过玻璃传播出去，而被困在里面

图 7-23 温室

注：玻璃充当单向阀，让可见光进入并阻止红外线能量流出。

　　类似的效应也发生在地球的大气圈中，就像玻璃一样，大气圈对太阳发出的可见光是透明的。地面吸收这种能量，但会辐射红外线。如图 7-24 所示，大气中的二氧化碳、水蒸气和其他特定气体吸收了大部分红外线能量并将其重新发射回地面。这个过程被称为温室效应，温室效应有助于保持地球温暖。温室效应是非常有用的，因为没有它，地球的平均温度将低至零下 18℃。温室变暖也发生在金星上，但程度要大得多。金星周围的大气圈比地球的大气圈厚得多，其成分包含 95% 的二氧化碳，使得地表温度达到了 450℃。

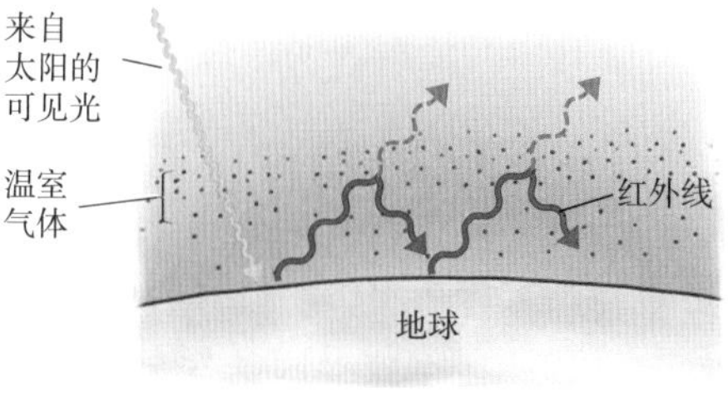

来自太阳的可见光

温室气体

红外线

地球

图 7-24 地球大气中的温室效应

注：来自太阳的可见光被地面吸收，然后发出红外线。大气中的二氧化碳、水蒸气和其他温室气体吸收红外线并重新释放热量，否则这些热量会从地球辐射到太空。

　　二氧化碳作为温室气体的作

用是有据可查的。例如，极地冰盖的冰芯样本显示，在过去的 40 万年中，大气中的二氧化碳水平与全球温度之间存在密切关系，如图 7-25 所示。空气的年龄是地核深度的函数，过去的全球温度是通过测量被困空气中的氘/氢比来确定的。当全球温度相对较高时，海洋会变暖，大部分含有氘的水会从海洋中蒸发并以降雪的形式落下。因此，高氘/氢比标志着气候变暖。

（a）

（b）

图 7-25　冰芯与气泡

注：图（a），冰芯揭示了有关古代气候的信息。图（b），在偏振光下拍摄的冰晶揭示了含有古老空气的微小气泡。

强有力的证据表明，最近的人类活动，如燃烧化石燃料和森林砍伐，是造成大气二氧化碳水平急剧增加的原因。在工业革命之前，二氧化碳水平相当稳定，大约为 0.000 28，如图 7-26 所示。然而，到了 19 世纪，二氧化碳水平开始攀升，大约在 1910 年达到 0.000 3。目前的二氧化碳水平约为 0.000 39。自 1860 年以来，全球平均气温上升了约 0.8℃。自 1950 年以来，气温又增加了约 0.5℃。目前的估计是，当今大气中二氧化碳水平翻一番将使全球平均温度再升高 1.5～2.5℃。

二氧化碳位列人类活动所排放气体的首位。说到二氧化硫等大气污染物，我们以百万吨计量。然而，我们向大气中排放的二氧化碳量以数十亿吨为单位，如图 7-27 所示。一辆汽车中的一箱汽油会产生多达 90 千克二氧化碳。一架从纽约飞往洛杉矶的喷气式飞机会释放超过 20 万千克（约 300 吨）的二氧化碳。最重要的是，地球人口每天增加约 23.6 万人，即每年增加约 8 600 万人。1999 年，人口突破了 60 亿的里程碑，仅 13 年后的 2012 年，人口就超过了 70 亿，我们每个人都要对排放二氧化碳的活动负责任。

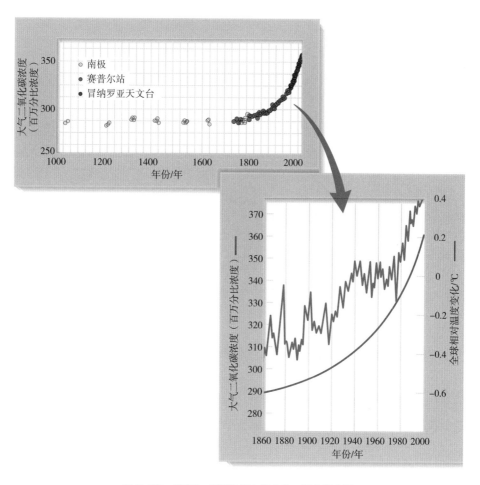

图 7-26 1860—2000 年大气中的二氧化碳水平

注：自 18 世纪后期工业革命开始以来，大气中的二氧化碳水平一直在加速增加。黄色和红色圆圈是来自冰芯样本的数据，紫色圆圈是来自冒纳罗亚天文台的测量值。注意，紫色圆圈部分显示的是 1950—1979 年全球温度变化与年平均温度的关系。

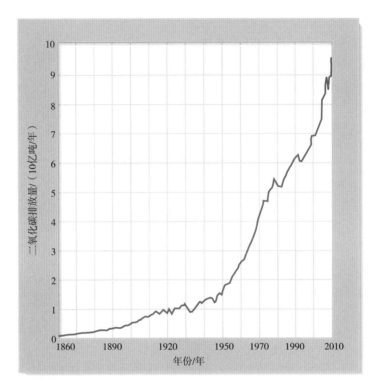

图 7-27　1860—2010 年二氧化碳排放量的变化趋势

注：自 1860 年以来，化石燃料燃烧产生的二氧化碳排放量急剧增加。

　　如图 7-28 所示，北美洲夜间的卫星图迅速揭示了人类对地球产生的重大影响。1958 年，当人类开始直接监测大气二氧化碳时，全球大气二氧化碳储量约为 6 710 亿吨，这一数字是根据观测到的 0.000 315 的浓度计算得出的。到 2010 年，这个数字已经增长到 8 290 亿吨，增加了 1 580 亿吨。

　　同一时期，人类仅从化石燃料排放中就至少释放了 2 150 亿吨大气二氧化碳。从这些数据中，我们可以感受到大自然吸收二氧化碳的能力。尽管我们排放了 2 150 亿吨二氧化碳，但大气中的二氧化碳总量仅增加了 1 580 亿吨。模型表明，大部分差值的二氧化碳都被海洋吸收了。正如前文所述，海水是碱性的，因此可以吸收二氧化碳。二氧化碳也可以在光合作用过程中被植物吸收。例如，研究表明，当暴露于更高浓度的二氧化碳中时，树木生长得更快。然而，大气二氧化碳水平上升的事实显示出我们排放二氧化碳的水平正在超过大自然的吸收能力。据美国国家航空航天局称，在人类使用过的所有化石燃料中，有一半以上是在过去20年里被消耗掉的。

图 7-28　北美洲的夜间卫星图

注：地球的夜间视图清楚地揭示了人类对全球环境的影响。

美国约占世界人口的 5%，却是第二大二氧化碳排放国，二氧化碳排放量约占世界排放总量的 20%。二氧化碳的第三大排放区是欧盟，该地区内的人口占世界人口的 6% 左右，排放量约占世界排放总量的 14%。这些工业化国家的二氧化碳排放量总和约占全球二氧化碳排放量的 56%，发展中国家占剩余的 44%，后者排放的二氧化碳来源于燃烧化石燃料和森林砍伐，且数量基本是平均的。

森林砍伐对大气资源构成多重威胁。如果砍下的木头用作燃料而不是木材，就会释放二氧化碳到大气中。然而，无论树木是用作燃料还是木材，砍伐任何森林都会破坏二氧化碳的净吸收量。此外，热带森林有能力蒸发大量的水，这有助于云的形成。反过来，云层通过反射阳光使区域保持凉爽，并通过降水保持区域湿润。为开垦农田而烧毁雨林的农民正在切断他们未来的雨水供应。当他们的农场变成沙漠时，他们就会被迫燃烧更多热带雨林。到目前为止，大约 65% 的热带雨林已被摧毁。按照目前的速度发展，在几十年内，剩余的热带雨林将无法维持区域气候，这将使南美洲、非洲和印度尼西亚迅速发展的地区中会有超过 10 亿人生活在干旱土地上。

随着发展中国家的经济和人口在未来几十年的继续增长，其二氧化碳和其他污染物的排放量可能会超过工业化国家。然而，现在可以使用新的节能技术来最大限度地减少排放量。在最理想的情况下，发展中国家将能够利用这些新技术，同时保持所需的经济增长速度。

> ● 趣味课堂 ●
>
> 现有量级的二氧化碳排放会导致什么后果？
>
> 　　如果我们保持稳定，不提高目前向大气中排放二氧化碳的速度，那么大气中的二氧化碳含量也会保持稳定吗？答案是否定的，因为按照目前的速度，我们向大气中排放的二氧化碳已经是植物、土壤和海洋可吸收量的两倍。要使大气中的二氧化碳含量保持稳定，需要减少大约 80% 的排放量。这就像一个正在慢慢排水的浴缸。我们向浴缸注水的速度比它排水的速度快，所以水位自然会上升。

全球气候变化的潜在影响不确定

科学家一致认为，大气中的二氧化碳和其他温室气体水平的增加将导致全球变暖，进而导致全球气候系统发生变化。然而，温度可能升高多少尚不确定，温度升高的潜在影响也是如此。

这种不确定性是由决定全球天气的许多变量造成的。例如，太阳的强度会随着时间推移而变化，海洋吸收和散发温室热量的能力也是如此。另外一个变量是云层、大气尘埃、气溶胶和冰盖的冷却效果，它们都可以反射入射的太阳辐射。

许多机制可能会缓解甚至逆转全球变暖，例如，我们可能低估了海洋和植物吸收二氧化碳的能力，更高水平的大气二氧化碳可能仅意味着海洋中有更多二氧化碳和更丰富的植物生命。此外，全球气温升高可能意味着全球云量增加和极地地区降雪量增加。这两种效应都会通过增加太阳能的反射来冷却地球。如果云层和降雪变得异常广泛，太阳辐射的持续反射甚至可能引发冰河时期。

此外，某些机制可能会加剧全球变暖。温暖的海洋吸收二氧化碳的能力可能会减弱，因为二氧化碳在水中的溶解度会随着温度的升高而降低。快速的气候变化可能会破坏大片森林和植被，这意味着那些吸收二氧化碳的水库将不复存在。或者，更丰富的植物生命可能不会像我们所希望的那样对大气有益，因为尽管植物吸收二氧化碳，但它们也会排放其他温室气体，如甲烷。全球变暖也可能会增强土壤中的微生物活动，腐烂有机质中的微生物是干燥土壤中二氧化碳的重要来源，也是潮湿土壤中甲烷的来源。此外，由于气候变暖，北极永久冻土中的大量甲烷也可能被释放出来，只是我们不知道而已。如图 7-29 所示，随着温室气体的不断增加，哪种极端天气可能会变得更加普遍？

图 7-29　酷暑与严寒

全球平均气温仅升高几摄氏度，在世界各地的感觉都会不一致。有些地方会比其他地方经历更广泛的波动。例如，纽约市气温超过 32℃（90°F）的天数可能会比以往翻几番，但在洛杉矶气温则保持不变。极地地区温度高于 0℃的天数可能会增加 1 倍甚至 3 倍，从而导致冰川和极地冰盖融化得更快，融化的冰加上海水的热膨胀会导致海平面上升。许多气候学家预测，未来 50～100 年，全球气温升高几摄氏度可能会使海平面上升约 1 米，这足以淹没许多沿海地区并使数百万人流离失所。

全球平均气温的微小变化也会改变天气模式，例如，众所周知，发生厄尔尼诺现象期间，赤道东太平洋变暖会改变世界各地的局部天气模式。如果整个地球气温上升几摄氏度，影响会大得多：现在肥沃的农田可能会变得贫瘠，而现在贫瘠的土地可能会变得肥沃。例如，在过去的几十年里，全球平均气温逐渐上升。与这种变暖趋势相一致，加拿大大平原的生长季节比几十年前延长了多达 2 周。随着天气模式的变化，一个国家有收益，可能另一个国家就有损失。然而，缺乏资源进行调整的发展中国家将受到最严重的打击。

对全球变暖的第一种社会反应是适应发生的变化。经济学家认为，气候预测充满不确定性，因此花费大量资金试图避免可能永远不会发生的灾难是不明智的。适应即时变化会更有针对性，成本也低得多。但是，现在可以采取一些措施来减少未来的困难。例如，通过提升灌溉系统的效率，我们不仅能应对潜在的气候变化。即使在没有发生重大气候变化的情况下，这种改进也能更有效地应对正常的极端天气事件。

第二种社会反应是采取预防措施，以尽量减缓全球变暖和由此产生的气候变化。我们可以通过节约能源和转向使用碳含量较低的燃料（如天然气或氢气）来减少温室气体

○━ 趣味课堂 ━●

可预测的是天气还是气候？

天气是外面每天都在上演的事情，天气的变化是很常见的。气候是不同的，气候是特定地区发生的平均天气状况。气候是可预测的。1 月 26 日佛蒙特州可能会下雪，也可能不会下雪，但佛蒙特州的气候告诉游客要带上滑雪板，而不是滑水板。

○━ 趣味课堂 ━●

将汽车转为电力驱动对未来有益吗？

如果所有的汽车都由电力而不是化石燃料驱动，温室气体排放量将减少约 40%。我们拥有实现这一转变的技术吗？当然有，而且这种转变已经在我们身边发生。Better Place 公司创始人沙伊·阿加西（Shai Agassi）说："试图拯救汽油车，就像在 iPod 推出三年后试图拯救便携式 CD 播放器一样。"

的排放。汽车可以不再使用化石燃料提供动力，而是使用生物质能、太阳能、风能和光伏等替代能源产生的电力。各国政府也可能会就二氧化碳和其他温室气体的排放标准达成一致。"排污权"可以根据人口和经济增长需要等因素授予每个国家。

最好的公共政策将是那些即使在没有全球变暖的情况下也能产生收益的政策。例如，减少化石燃料的使用将抑制空气污染、酸雨及许多国家对石油进口的依赖。开发替代能源、修订《清洁水法》、寻找抗旱作物品种，以及进行国际协议谈判都是可以带来广泛利益的手段。

要点回顾
CONCEPTUAL CHEMISTRY >>>

- 随着人口的增长，人类对淡水的需求也在增长，而降水是地球进行地下水补给的唯一天然来源。虽然地下水库很大，但当抽水速度超过补给速度时，就会出现问题。

- 淡水的质量因地区而异。例如，深水沉积物的固体溶解物含量通常很高。因此，即使在淡水充足的地区，节约用水以保障一小部分饮用水供应也很重要。

- 残油被雨水冲到溪流、河流和湖泊中，就会污染这些区域的水体。进入雨水渠的农业径流和家用化学品，是非点源水污染的两个常见例子。由于非点源难以监测和监管，最有效的解决方案通常是开展能提高公众意识的活动，这种活动强调采用负责任的处置做法。

- 大多数城市的下水道系统里的废物必须在排入水体之前进行处理。处理水平在很大程度上取决于处理后的水是要排入河流还是排入海洋。为了保障下游区域的利益，流入河流的废水需要进行最高水平的处理。

- 如果太阳不再提供热量，地球周围的空气分子就会沉降到地面上，就像未通电的爆米花机底部的爆米花一样。

- 人类在许多方面已经超越火山，成为主要污染源。例如，仅在美国，自 1950 年左右以来，工业和其他人类活动每年就在空气中沉积约 2 000 万吨二氧化硫。据估计，人类活动产生的硫约占进入全球大气的硫总量的 70%。

- 科学家一致认为，大气中的二氧化碳和其他温室气体水平的增加将导致全球变暖，进而导致全球气候系统发生变化。然而，温度可能升高多少尚不确定，温度升高的潜在影响也是如此。

CONCEPTUAL
CHEMISTRY

08

如何利用清洁能源？

妙趣横生的化学课堂

- 电为什么不是一种能源?

- 煤炭和石油枯竭之后,人类会怎样?

- 与核能相关的最大风险是什么?

- 可持续能源到底潜力如何?

- 月球能提供什么能量?

- 用酒精替代汽油会怎样?

- 直射的阳光如何更好地用于烘干衣物?

- 未来理想的燃料是什么?

我们在寻找清洁能源的过程中，自然而然地会仰望太阳。然而，我们能从太阳那里感受到温暖并不是因为太阳的温度很高。事实上，太阳表面约 6 000℃的温度并不比某些焊炬火焰的温度高。相反，太阳能温暖我们的主要原因是它相对地球来说太大了。当我们考虑可能的能源时，太阳系核心的巨大能源财富值得认真关注。

现在我们可以使用许多不依赖太阳的能源，包括核能、地热能和潮汐能。但无论何时，人类燃烧植物材料都是在释放通过光合作用捕获的太阳能。燃烧化石燃料时也会释放太阳能，化石燃料主要是远古光合植物的腐烂残骸。用于发电的水电站、风车和光伏电池都是由太阳辐射驱动的。能量比比皆是。我们面临的技术问题是如何最好地捕获这种能量。

你将在本章中系统地了解可持续能源，以及人类在日常生活中是如何利用太阳能、电能、核能这些清洁能源的。

Q1 电为什么不是一种能源？

电能是很容易通过电线传输的能量。从这个意义上说，电是一种能源载体。电的能量可用来点亮灯泡，没错，但这种能量的来源不是电。

电线只用于输送由某些发电机产生的能量，这些发电机从某种非电力来源（如化石燃料或瀑布）接收能量。

事实上，所有可利用能源，无论来源如何，都以燃料或电力的形式供给人类。电力的奇妙之处在于，它可以很容易地传输到许多站点。

这一特性使电力成为我们能够使用的最方便的能源形式之一。然而，发电需要输入一些其他形式的能源，如燃料燃烧。因此，我们接下来会简要概述电力是如何产生的，以及应该如何测量其消耗量。

电是电荷的流动，它是在金属线被迫通过磁场时产生的。通过将金属线盘绕成许多圈，并在强大的磁场中旋转这些线圈，电力公司便能够生产足够的电力来照亮城市。图 8-1 描述了这种发电机。

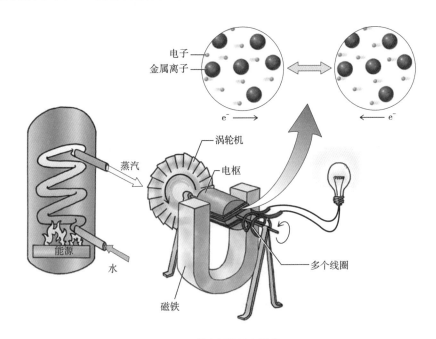

图 8-1　发电机的基本组成

注：当环形线圈在磁场中旋转时，便会产生电流。这种运动导致导线中的电子来回运动。也正是因为电子在运动，所以它们具有动能，因此具有做功的能力。

缠绕在铁芯上的许多线圈形成了所谓的电枢。电枢连接到被称为涡轮机的桨轮组件上。来自风或落水的能量可以使涡轮机和电枢旋转，但大多数商用涡轮机是蒸汽涡轮机，这意味着它们是由蒸汽驱动的。将水煮沸以产生蒸汽需要能源，这种能源通常是化石燃料或核燃料。

更高效的燃气轮机仍在开发中，这种燃气轮机不是由蒸汽驱动的，而是由汽化乙醇和轻质碳氢化合物的热燃烧产物驱动的。

瓦特是什么单位？

功率被定义为电能或任何其他形式的能量消耗的速率。功率以瓦特（简称瓦）为单位，其中 1 瓦等于 1 焦耳 / 秒：

$$1 瓦 = 1 焦耳 \div 1 秒$$

瓦的数值越大，代表能量消耗越多。例如，一个 100 瓦的灯泡每秒消耗 100 焦耳能量，而一个 40 瓦的灯泡每秒只消耗 40 焦耳能量。一户典型的美国家庭以平均每秒约 800 瓦的速度消耗电能。对于一个拥有 10 万户家庭的小城市，这相当于使用了 80 兆瓦的电量。然而，这只是能源消耗的平均速度。为了满足高峰需求，发电厂有时必须将其平均发电量提高千倍。这就是为什么小城市需要能够产生 800 兆瓦或更高额定功率的电能的发电厂。

当今的发电厂很容易满足这些需求。一个典型的燃煤电厂可以产生大约 500 兆瓦的电能，一个大型核电站可以产生大约 1 500 兆瓦的电量，一个大型水电站可以产生超过 10 000 兆瓦的电量。

影响电力成本的一个因素是电能的来源。化石燃料和核燃料能够从单个发电厂产生数百兆瓦的电力，因此能够为包括城市在内的广大地区提供服务，如图 8-2 所示。因此，规模经济使来自化石燃料和核燃料的电力相对便宜。传统上，风能等不容易集中的能源产生的电力更昂贵。然而，随着技术的进步和化石燃料成本的增加，这一差距已显著缩小。

老化的电网

现在的电网起源于 19 世纪后期，爱迪生建造了第一个为纽约市部分地区提供电力服务的公共发电站。该发电站在现有的涵洞中铺设铜线，以辐射距离这座公共发电站约 3 千米半径范围内的客户，并且使用了直流电形式运行，因此无法延伸到更远的地方。很快，使用交流电供电的发电站被开发出来，而交流电可以通过数百千米长的电线有效传输。在这之后，美国便使用交流电开发出大型服务区域。最初，每个区域独立运作，并与邻国隔离。然而，随着系统的发展，电力运营商开始通过连接网络来共享资源，如图 8-3 所示。

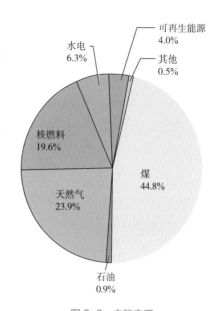

图 8-2　电能来源

注：根据美国能源信息署的数据，煤炭、天然气和核燃料是美国主要的发电能源。

理解电力是一种按需商品是非常重要的。轻按电灯开关，距离最近的发电站会立即努力工作，为这盏灯提供能量。电网的一个优点是，如果一个电站的电力需求过大，那么它便可以从就近的一个电站获取电力。因此，电网可以起到缓冲的作用，因为一个地方的峰值电力需求可以与另一个地方的较低电力需求中和。

然而，电网的一个缺点是可能会发生区域性停电。当输电线路由于暴风雨或设备故障而瘫痪时，原本要通过该输电线路的电力就必须转移到其他地方。然后，电力自然会流入已经承载了重负荷的相邻输电线路。当发生这种情况时，电压峰值超出了备用线路的容量，断路器会跳闸从而关闭电路。这会导致剩余线路中的电能进一步积累，这些线路便也开始关闭。这个过程会加速继续下去，直到发电站的发电机关闭。在几分钟内，整个区域就这样因为一个位置发生单一故障而断电。

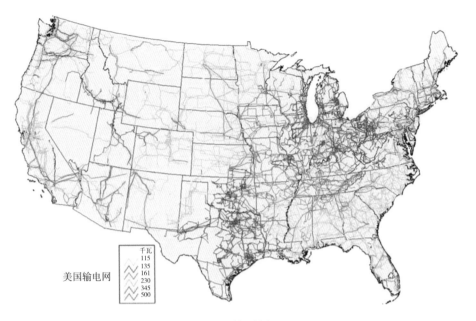

图 8-3　美国输电网

注：在过去 100 年中发展起来的北美电网的总长度估计为 72 万千米。

理想情况下，电网会由最新材料建造而成。此外，整个系统中还会配备由计算机控制的传感器，以监控能量流动。传感器可以对电网内的任何潜在问题做出快速、有效的响应。在这种情况下，我们便拥有了电力倡导者所宣称的"智能电网"。然而，目前我们的技术无法构建这种电网。相反，我们的"现代"电网是 20 世纪拼凑而成的电线。电网的某些部分是比较新且有用。然而，大多数部件都在老化，并且已经达到了极限。电网的某些部分急需维修，一旦损坏便会引发停电事故。

根据美国土木工程师协会的数据，2000 年至 2010 年，美国每年花费约 630 亿美元用于升级电网，包括建造和维护发电站和输电线路。然而，这比实际需求少了大约 750 亿美元。由于对电力基础设施的持续投资不足，该协会预计，到 2040 年，美国将需要再拿出 7 300 亿美元（按 2010 年美元计算）来修复电力系统。在缺乏这项投资的当下，我们可以预期，电网将变得越来越不可靠。鉴于人们的经济和生活方式越来越依赖电力这种最便捷的能源形式，这不是一件好事。

Q2 煤炭和石油枯竭之后，人类会怎样？

古老的吸收太阳能（进行光合作用）的植物死亡后，它们的残骸沉积在沼泽、湖泊以及海洋底深处。经过数亿年，这些古老的植物残骸就转变为我们今天使用的化石燃料。在厌氧腐烂（在没有氧气的情况下）时，这种植物材料会转化为碳氢化合物。这些富含能量的碳氢化合物在被用完后是无可替代的，这就是为什么它们通常被称为不可再生能源。

对于煤炭、石油和天然气等化石燃料的供应，各国的估计值各不相同。然而，一方面，即使是最保守的估计也表明，按照目前的消费速度，可采石油储量将在 100 年内枯竭，而可采天然气储量将在 150 年内枯竭。随着枯竭期的临近，这些有价值的商品将变得更加昂贵。另一方面，煤炭储量更为丰富，可以再供人类使用 300 年。在全球范围内，我们目前几乎所有的能源需求都是由化石燃料来满足的——约 38% 来自石油，约 30% 来自煤炭，约 20% 来自天然气。

为什么化石燃料如此受欢迎？首先，它们在世界许多地区都很容易获得，如图 8-4 所示；其次，与木材等其他可燃燃料相比，单位重量的化石燃料储存了更多的化学能；最后，化石燃料是便携的，是优质的车辆燃料。燃烧化石燃料时排放的气体会对环境产生负面影响。如前文所述，硫和氮氧化物的排放会导致酸雨。这些气体及化石燃料燃烧产生的颗粒物也是城市烟雾形成的主要原因。如前文所述，在全球范围内，化石燃料的燃烧带来了潜在的更具破坏性的干扰，使全球变暖加剧。

化石燃料的分子结构决定了它的物理相。如图 8-5 所示，煤是一种固体，由碳氢链和环紧密结合的三维网络构成。石油，也称原油，是一种由松散的碳氢化合物分子组成的液体混合物，每个碳氢化合物分子的碳原子不超过 30 个。天然气的主要成分是甲烷，其沸点约为 −163℃。天然气中还存在少量气态乙烷和丙烷。

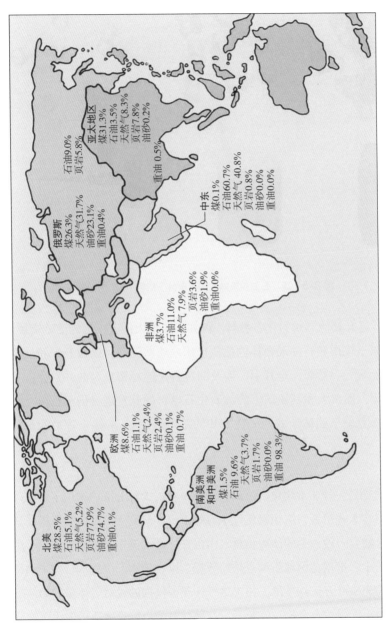

北美
煤28.5%
石油5.1%
天然气5.2%
页岩77.9%
油砂74.7%
重油0.1%

南美洲
和中美洲
煤1.5%
石油9.6%
天然气3.7%
页岩1.7%
油砂0.0%
重油98.3%

欧洲
煤8.6%
石油1.1%
天然气2.4%
页岩2.4%
油砂0.1%
重油0.7%

俄罗斯
煤26.3%
石油9.0%
页岩5.8%
天然气31.7%
油砂23.1%
重油0.4%

亚太地区
煤31.3%
石油3.5%
天然气18.3%
页岩7.8%
油砂0.2%
重油0.5%

中东
煤0.1%
石油60.7%
天然气40.8%
页岩0.8%
油砂0.0%
重油0.0%

非洲
煤3.7%
石油3.6%
天然气11.0%
页岩1.9%
油砂0.0%
重油7.9%

图 8–4 世界范围内化石燃料储量分布

注：除了煤炭，化石燃料储量也在世界各地分布不均。此图显示的数据来自世界能源理事会 2010 年的报告。水力压裂技术对天然气储量的影响尚未得到充分评估。例如，由于这些技术，北美地区现在是天然气的主要出口地区。北美地区还拥有最大的两种污染性较强的石油来源——页岩油矿床（主要是美国）和油砂矿床（主要是加拿大）。

303

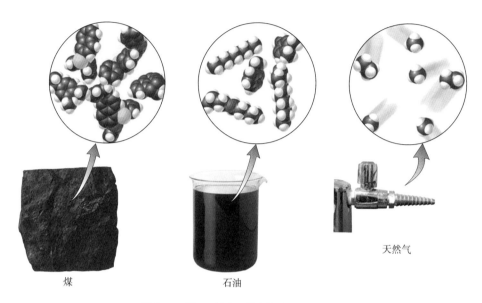

天然气

煤   石油

图 8-5 煤、石油和天然气的典型分子结构

　　有趣的是，还有其他形式的化石燃料。例如，加拿大拥有丰富的油砂资源，油砂是一种类似于煤炭和石油混合体的地质矿床。这些油砂可以被开采和处理以生产原油和天然气。然而，这其中所涉及的过程是能源密集型的并且会危害环境。尽管如此，加拿大和其他国家的油砂化石燃料的开发进展仍很迅速。从加拿大到美国得克萨斯州休斯敦的广为人知的凯斯通（Keystone）管道就是该行业的产物。

　　甲烷水合物是另一种非常规化石燃料。这种材料的大部分沉积物位于海底以下数千米处，但在某些位置，沉积物就位于海底下方，研究人员可以在那里采集样本。甲烷水合物是一种白色的冰冷物质，由困在冻结水笼中的甲烷气体分子组成，如图 8-6 所示。根据美国地质调查局的数据，仅在美国，甲烷水合物中储存的天然气量就约为 900 万亿立方米。相比之下，美国境内的天然气储量约为 8 万亿立方米。其中不乏甲烷水合物。问题是，这种材料的提取难度比提取天然气要高出许多倍。作为固体，甲烷水合物不容易从地下深处或海底位置抽采。此外，甲烷水合物通常存在于无孔岩石，如页岩中，这进一步有助于将甲烷锁定在地下。

研究人员现在正在寻找克服这些障碍的方法，并且正在寻找相对容易获得的矿藏。即使是巨大的甲烷水合物储量中的一小部分，也代表了比世界上所有煤炭、石油和天然气储量总和还要多的化石燃料供应。

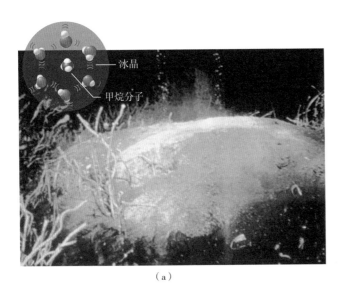

冰晶

甲烷分子

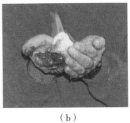

（a）

（b）

图 8-6　甲烷水合物沉积物中逸出的甲烷气泡与正在燃烧的甲烷

注：图（a），从海底发现的甲烷水合物沉积物中逸出的甲烷气泡。图（b），一旦被带到地表，甲烷水合物晶体会随着冰的融化而迅速分解，并释放出甲烷气体——这里看到的气体已经被点燃了。

煤炭是污染性最强的化石燃料

在全球范围内，煤炭中储存的可用能源量估计是所有石油和天然气储量总和的 10 倍。煤炭也是污染性最强的化石燃料，因为它含有大量杂质，如硫、有毒重金属和放射性同位素。因此，燃烧煤炭是向空气排放各种污染物的最快方法之一。人类释放到大气中的二氧化硫和约 30% 的氮氧化物有 50% 以上来自煤的燃烧。与其他化石燃料一样，煤的燃烧也会产生大量二氧化碳。

从地下开采煤炭也对人类健康和环境有害。正如图 8-7 中的工人所做的那样，从地下煤矿开采煤炭是一项危险的工作，并且会对健康产生许多危害。当地的水道因为接收到了来自矿山的废水而受到污染。这些流出物往往呈酸性，因为硫化铁等废矿物氧化会形成硫酸。当煤炭从地表被开采时，这一过程被称为露天开采，产生的职业危害较少，但代价是整个生态系统都会遭到破坏。尽管露天采矿最初的挖掘成本比较低，但恢复生态系统的成本可能令人望而却步。尽管存在这些缺点，但由于煤炭储量丰富，因此美国约 45% 的电力仍旧来自燃煤发电。

图 8-7　20 世纪 30 年代宾夕法尼亚州的煤矿工人

使燃烧煤炭的过程更清洁的方法有几种。煤可以在燃烧前进行净化，污染物可以在燃烧后过滤掉，或者可以改进燃烧过程，使其效率更高，产生的污染物更少。

在燃烧之前净化煤通常涉及将煤粉碎并将它与清洁剂和水混合。如图 8-8 所示，煤的密度低于其任何矿物杂质的密度。因此，适当调整溶液的密度可以使煤浮到表面从而被撇去，杂质则沉到底部。这种叫作浮选的提纯方法进一步增加了煤炭的使用成本，而由于开采和运输成本高昂，煤炭成本已经很高了。尽管如此，浮选法还是成功地去除了煤炭中的大部分矿物质，包括高达 90% 的硫化铁。然而，大量的硫仍以化学方式锁定在煤中，这种硫只有在燃烧后才能被去除。

今天，大多数燃煤公用事业公司通过将气态流出物引入洗涤器来去除煤炭燃烧时产生的二氧化硫，如图 8-9 所示。在洗涤器内，流出物与石灰石浆液（主要成分为碳酸钙，化学式为 $CaCO_3$）接触。当二氧化硫与石灰石反应形成固体硫酸钙（$CaSO_4$）时，高达 90% 的二氧化硫会被去除，这种硫酸钙很容易被收集并送往固体废物处理场。

图8-8　粉碎的煤与清洁剂和水混合

注：煤粉漂浮在水面上，但杂质会下沉。这种密度差异使煤炭在燃烧之前就能够被简单而有效地净化。

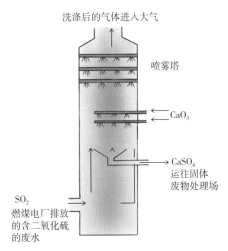

洗涤后的气体进入大气

喷雾塔

CaO_3

$CaSO_4$
运往固体
废物处理场

SO_2
燃煤电厂排放
的含二氧化硫
的废水

图8-9　洗涤器可以去除煤炭燃烧时产生的大部分二氧化硫

依靠浮选和净化技术，尽管煤炭使用量有所增加，但在过去的几十年中，二氧化硫排放量已显著减少。但鉴于对煤炭的依赖，我们仍需努力减少二氧化硫的排放。例如，氮氧化物的排放量一直保持相对稳定。此外，为燃煤发电厂配备洗涤器会降低燃煤转化为电能的效率。

重新设计燃烧过程可以减少污染物并提高效率。在传统的发电厂中，煤粉在燃烧室中燃烧，热量使蒸汽管中的水蒸发。新型燃烧室将压缩空气喷射到煤粉中，因此煤在燃烧时会悬浮，这使煤可以更有效地燃烧，并使热量更好地从煤传递到蒸汽管。由于悬浮在空中的煤燃烧效率更高，可以保持较低的温度，从而使氮氧化物的排放量减少为原来的 1/10。回顾前文，氮氧化物是在大气中的氮气和氧气受到极端温度作用时形成的。悬浮在空中的煤可以在存在石灰石的情况下燃烧，这可以去除 90% 以上的二氧化硫，从而避免使用洗涤器。除去硫氧化物和氮氧化物后，热的加压流出物可以被导入燃气轮机，与蒸汽轮机一起用于发电。总体而言，该系统将煤转化为电能的效率约为 42%。更有效的燃烧是煤炭可能的未来之一。另一个更有希望的未来涉及用加压蒸汽和氧气处理煤炭，这是一种生产清洁燃烧燃料气体（如氢气）的工艺。所有这些技术都由煤炭行业作为"洁净煤"向公众推销，然而将它称为"清洁煤"会更准确。

石油是化石燃料之王

就能量含量而言，美国煤炭储量远远超过所有中东国家化石燃料储量的总和。那么，为什么美国要从这些国家进口这么多的石油呢？最直接的答案就是，石油是一种液体，而大批量处理液体要方便得多。

例如，因为石油是一种液体，所以很容易从地球上提取。在地面上的正确位置打一个洞，石油就会出现，不需要地下采矿。石油作为液体也更易于运输。巨大的油轮可以轻松装卸液态石油，如图 8-10 所示。在陆地上，石油可以通过管道网络输送到很远的地方。此外，煤炭必须用重型机械从地下挖出，通常需要用卡车或货运列车运输。

图 8-10　油轮运输液态石油

石油的用途极为广泛。它包含所有商业上重要的碳氢化合物，比如构成汽油、柴油、航空燃油、机油、取暖油、焦油甚至天然气的碳氢化合物。此外，石油所含的硫比煤少得多，因此在燃烧时产生的二氧化硫也更少。尽管煤炭储量巨大，但美国仍旧十分渴望得到石油这种化石燃料之王。

在美国每天消耗的 2 000 万桶石油中，有 1 900 万桶用于能源消耗，剩下的 100 万桶用于为有机化学品和聚合物的生产提供原材料。因此，每天消耗的碳氢化合物中只有 1/20 变成了有用的材料，其余的则被燃烧以获取能量，并最终变成热量和烟雾。

天然气是最纯净的化石燃料

天然气是石油的组成部分，但在地下地质构造中也蕴藏着大量游离天然气。正如前文所讨论的，目前使用水力压裂法从地下页岩沉积物中提取天然气的热潮正在兴起。天然气可以被收集并储存在如图 8-11 所示的储罐中。

图 8-11　天然气储罐

注：相比相同数量的建材构成的储存空间，这种大型球形储罐可以容纳最大的体积。

天然气比石油与煤炭更清洁。这种最纯净的化石燃料中的硫含量可以忽略不计。因此，燃烧天然气产生的二氧化硫数量可以忽略不计。此外，由于天然气可以在较低温度下燃烧，因此只会产生少量氮氧化物。然而，也许最重要的是，用天然气发电产生的二氧化碳更少，大约是燃烧煤炭产生的二氧化碳的 1/2。然而，因为天然气是一种气体，所以这种化石燃料的分离和运输很麻烦。一些专家建议，在非化石能源技术完善并具有竞争力之前，尽可能多地使用天然气可能会赢得时间并保护环境。

天然气的另外一个优点是它可以用来发电，并且效率很高。对于蒸汽轮机，化石燃料首先在锅炉中燃烧产生蒸汽，然后这些蒸汽驱动发电涡轮机，如图 8-1 所示。这种燃烧天然气将水煮沸的系统发电效率约为 36%，与使用煤炭发电的 34% 的效率相当。然而，如前文所述，涡轮机技术的最新发展是燃气轮机，它省略了将水转化为蒸汽的步骤。

相反，天然气的热燃烧产物驱动涡轮机的桨轮。此外，燃气轮机排出的废气足够热，可以将水转化为蒸汽，然后将蒸汽引导到相邻的蒸汽轮机以产生更多的电力。这种将燃气轮机与蒸汽轮机串联使用的系统的发电效率高达 47%。通过化学方法将天然气转化为氢分子可以获得更高的效率，氢分子可用于在燃料电池中发电，详见前文。

供应给消费者的天然气有两种类型——一种主要含有甲烷，另一种主要含有丙烷。甲烷比空气轻，这使得通过遍布整个城市的管道网络输送甲烷相对安全。如果发生泄漏，甲烷只会上升到空中，从而最大限度地减少了火灾的发生。丙烷比空气重，在压力作用下很容易液化。由于这些特性，丙烷最好以液体形式储存在加压罐中，如图 8-12 所示。丙烷罐用于未连接到市政天然气管道的区域，并需要定期加注。

图 8-12　存储丙烷的加压罐

注：如果你使用的燃料储存在你家外的加压罐中，那么你使用的是丙烷。如果你家外没有储罐，那么说明你使用的是甲烷。

Q3 与核能相关的最大风险是什么？

　　2011 年 3 月，日本沿海发生 9.0 级强烈地震，引发了浪高 15 米的大规模海啸。地震发生后，位于日本沿海的福岛第一核电站正在运行的核反应堆立即关闭。然而，任何核反应堆的堆芯在关闭后都需要很多天才能冷却。因此，需要使用泵让冷却水流过反应堆。这些泵的运行需要来自电网的电力，或者在停电时，来自一组现场柴油发电机产生的电力。不幸的是，地震发生 50 分钟后出现的海啸切断了核电站与电网的连接。此外，应急发电机位于较低的楼层，当海啸波浪越过核电站 5.7 米高的海堤时，这些发电机迅速被淹没，如图 8-13 所示。

图 8-13　海啸过后的福岛核电站

　　在冷却系统断电的情况下，福岛反应堆经历了一次彻底的熔毁，这意味着铀燃料变成了熔融状态并滴落在安全壳建筑的底部。到了第二天，消防人员开始将海水泵入安全壳建筑，以阻止正在进行的熔毁。经过不懈努力，7 米厚的混凝土地面只有不到 1 米被熔毁材料穿透，也就是说，大部分的放射性物质都得到了有效封存。

　　如果熔融的燃料穿透安全壳建筑的底部，将导致灾难性后果。在这种情况下，高放射性物质将大量泄漏到环境中。然而，实际的辐射泄漏主要是通过气体排放和冷却剂释放的方式发生的。据估计，这次辐射泄漏的严重程度约为切尔诺贝利核电站事故的 10%。无论是福岛还是切尔诺贝利，清理和封存放射性废物的工作将持续数十年。在美国，公众对核能普遍持质疑态度。因为其使用过程存在巨大的缺陷，包括产生放射性废料，以及发生将放射性物质释放到环境中的事故（福岛核电站的泄漏就是例子）。对大面积使用核能产生怀疑的人认为：核能并非没有风险，我们不能在强调其安全性的同时，忽视其他形式的能源的危害，比如油轮泄漏、海上钻井平台事故、全球变暖、酸雨和煤矿工人所面临的健康问题。那么，为什么核能的使用存在如此众多的风险，人们还四处建造核电站呢？这还要从核能本身说起。在接下来的 50 年里，随着地球人口从 70 亿增加到 100 亿，人类消耗的能源将比以往历史上消耗的能源总和还要多。随着碳排放逐渐威胁到生物圈的稳定性，维持世界安全需要向清洁能源进行大规模转型，比如使用太阳能、风能和生物质能等"可再生能源"。但只有核能才能大规模提供清洁、对大气友好的能源。

图 8-14 总结了前文讨论的两种形式的核能。一种形式是核裂变，它涉及大原子核的分裂，如铀和钍。另一种是核聚变，它涉及将两个小原子核（如氕和氘）结合成一个原子核，即氦。迄今为止，所有核电站都采用核裂变。这些核电站产生电能而不会排放大气污染物。

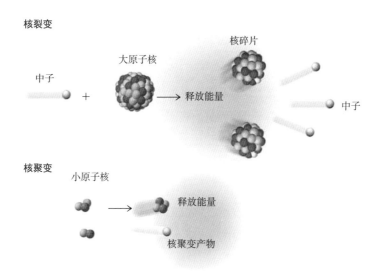

图 8-14 核裂变与核聚变

自 20 世纪 50 年代以来，用于商业发电的核能一直伴随着我们。在美国，大约 20% 的电能来自遍布全国的约 100 个核裂变反应堆。其他国家也依赖于核能，如图 8-15 所示。截至本书完稿，全世界约有 436 座核反应堆在运行，63 座正在建设中，然而，由于公众的负面情绪，过去 30 年来新设施的建设速度明显放缓。

由图 8-16 可知，大多数核电站的建成时间在 1990 年以前，因此截至 2012 年，它们的运行时间都在 25 年以上了。

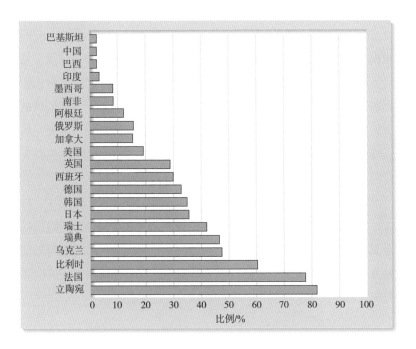

图 8-15 选定国家利用核裂变反应堆发电的比例

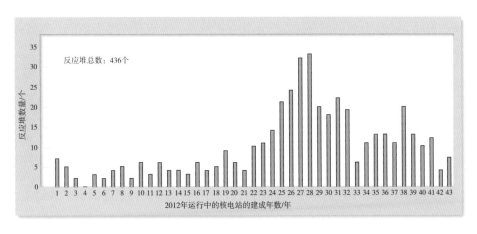

图 8-16 最新的核电站建于 1990 年之前

资料来源：国际原子能机构 2012 年数据。

转向核能的国家减少了对化石燃料的依赖，并减少了二氧化碳、硫氧化物、氮氧化物、重金属、空气悬浮颗粒和其他大气污染物的排放量。本来花在进口石油上的费用已经被节省下来。

如果没有大规模和协调一致的保护工作，世界能源需求将会增加，特别是考虑到人口不断增长和发展中国家经济增长的迫切需要。核能建设是否应该停止，让化石燃料来满足日益增长的能源需求呢？还是应该继续运行现有的核电站（甚至建造新的核电站）直到本章后面讨论的替代能源变得大规模可行呢？核能倡导者建议，在未来 50 年内，核电站的数量应增加 5 倍。他们认为，核裂变是一种环境友好的替代方案，可以替代对化石燃料的日益依赖。

那么，核电站到底能制造多少放射性废料呢？根据美国能源部提供的最新数据，截至 2002 年，大约 46 万吨乏核燃料棒储存在全国各地的反应堆场址。军队也是放射性废料的重要来源。例如，美国华盛顿州汉福德核武器厂的储罐中装有约 2 亿升高放射性废料。

科学家的普遍共识是，最好将放射性废料储存在位于地质稳定地区的地下储存库中。然而，渗入这种储存库的水会大大加速装有放射性废料的容器的腐蚀。因此，一个有效的储存库也应该相对隔绝水，并放置在地下水位上方数百米处。

迄今为止，世界上任何地方都没有长期储存库在运行，主要是因为很少有（如果有的话）社区希望在他们的"后院"放置这样的储存库。此外，一旦选择了一个潜在地点，就需要进行广泛而耗时的评估。

如图 8-17 所示，在内华达州尤卡山下一个潜在地点进行的测试始于 1982 年。2009 年，在花费了价值 80 亿美元的测试费用之后，该地点被证实是不可行的。

图 8-17 内华达州尤卡山

注：内华达州尤卡山起初被认为是核废料永久储存库的理想地点。如果该地点获得批准，总长 150 千米的隧道网络中将容纳约 70 000 吨放射性废料。

除了产生放射性废料之外，核电厂还存在发生放射性物质泄漏到环境中的事故的风险。然而，核电站的安全设计对与产生核能相关的风险有很大的影响。1979 年，宾夕法尼亚州哈里斯堡附近三哩岛上的一座核反应堆被加热到了反应堆堆芯开始熔化的程度，但没有明显的放射性物质泄漏到环境中，因为堆芯被安置在安全壳内。1986 年，切尔诺贝利核电站发生了全面熔毁，如图 8-18 所示。

图 8-18 切尔诺贝利核电站

注：1986 年，乌克兰的切尔诺贝利核电站发生熔毁。由于安全壳建筑没有密封，大量放射性物质泄漏到环境中。3 人直接死亡，几周内又有数十人死于放射病。成千上万暴露于高水平辐射中的人患癌症的风险增加。今天，10 000 平方千米的土地仍然受到高水平辐射的污染。

值得注意的是，切尔诺贝利核电站的反应堆堆芯并未按照国际公认的核安全原则建造和运行。例如，用于控制裂变反应的介质是石墨，随着堆芯温度的升高，石墨失去了控制裂变反应的能力。此外，该反应堆没有被安置在安全壳建筑内。由于建筑没有密封，大量辐射泄漏到环境中。

近期的技术进步有望提高核能的安全性。早期的反应堆依赖一系列主动设施，如水泵，在发生事故时，这些设施会起到保持反应堆堆芯冷却的作用。但这些安全设施容易发生故障，这在福岛核事故中就很明显。前文讨论的第四代反应堆设计提供了所谓的被动稳定性，其中使用蒸发等自然过程来保持反应堆堆芯冷却。此外，堆芯具有负温度系数，这意味着由于许多物理效应，如控制棒的膨胀，反应堆会在温度升高时自行关闭。

2010 年，世界上由裂变反应堆发电产生的电力的比例约为 15%，如图 8-19 所示。国际原子能机构预计，如果不大力更换老化的核电站，那么到 2020 年，核反应堆的发电量将仅占世界发电量的 9%。这造成了一个棘手的困境，因为当时预计到 2020 年，如图 8-20 所示，全世界的电力需求将显著增加。如果核能被淘汰，那么什么会取而代之？

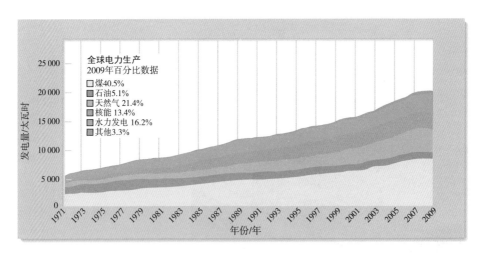

图 8-19　1971—2009 年世界能源发电量

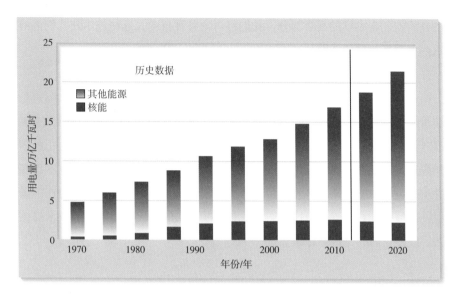

图 8-20 预计到 2020 年的全球总用电量

Q4 可持续能源到底潜力如何？

目前可供我们使用的化石燃料是有限的。按照目前的消耗速度，已知的可开采油气储量将在 22 世纪耗尽，而煤炭储量将在几个世纪后耗尽。此外，燃烧化石燃料会向大气中排放大量的温室气体。核裂变反应堆不排放温室气体，但会产生大量放射性废料。前文讨论的核聚变反应堆提供了许多潜在的好处，但要达到在技术上和经济上都可行，可能需要几十年的时间。那么，我们现在该怎么办？

我们最终需要的是可持续能源，并且需要尽快获得这些资源。可持续能源是一种具有无限可用潜力的能源，利用这些能源的技术是对环境无害的。

理想的可持续能源不仅取之不尽，而且不会污染环境。核聚变反应堆有潜力成为一种优秀的可持续能源来源，但可持续能源的最终来源是在太阳中进行的核聚变。我们可以利用的其他天然可持续能源包括地热能，以及由于靠近月球而产生的潮汐能。在本章的其余部分，我们将讨论各种技术，这些技术使我们能够利用这些太阳系规模的能源。

向可持续能源转变需要公众的承诺。也许向可持续能源转变的最大障碍是目前储量丰富的化石燃料，这些燃料充满能量，燃烧起来非常方便。然而，美国能源部对公众态度进行的一项全国性调查表明，可持续能源无疑是迄今为止最理想的能源形式。但人们能够真正将钱花在他们所关心的地方吗？幸好，技术正在迅速进步，可持续能源最终将为消费者节约成本。这是一个关键点，因为在市场经济中，金钱才具有话语权。让我们来看看一些主要的替代可持续能源技术提供了什么，以及它们的一些潜在缺点。

Q5 月球能提供什么能量？

月球对地球的引力是不平衡的。地球最靠近月球的一侧受到最大的拉力，最远的一侧受到最小的拉力。这种拉力不平衡的结果是地球的海洋在全球范围内发生了微妙的拉长。当地球在这种拉长下旋转时，地球上的观察者会注意到海平面的永久上升和下降现象。这就是海洋潮汐，可以利用它们来获取能量。潮汐能通常是通过对可能被水坝封闭的海湾或河口的填充和排空来获得的。当潮水朝任一方向流过大坝时，会使桨轮或涡轮机旋转，从而产生电力。

但是，大规模利用潮汐能的前景并不乐观。为了有效利用，潮汐必须相对较大。这严重限制了全球潜在地点的数量。此外，这些潜在地点中的许多地区都因其自然美景而闻名。在这种情况下，公众会强烈反对在这些地方建造发电厂。尽管如此，潮汐能是一些社区可能想要考虑的选择。位于法国布列塔尼地区的一个成熟站点可生产约 240 兆瓦的电力。

除了月球，水能还可以来自水坝、太阳和地球内部的高温。

水力发电来自流水的动能

如图 8-21 所示，流经水电大坝的水驱动涡轮机旋转，涡轮机进而带动发电机发电。在现代设施中，动能转换为电能的效率可高达 95%，这意味着消费者可以享受到低成本的电力。水力发电是清洁的，不产生二氧化碳、二氧化硫和其他污染物。水力发电的能量来源是太阳，通过水文循环将水输送到高山。水力发电是美国使用最多的可持续能源，满足了全国约 10% 的电力需求。在发展中国家，水力发电满足了大约 30% 的电力需求。

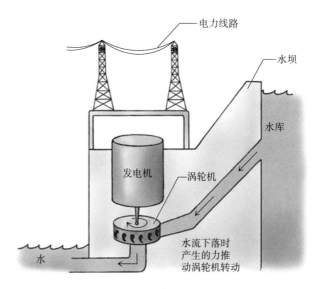

图 8-21　水力发电原理

增加水力发电量的潜力很大，但这不是通过建造更多的水坝来实现的。美国现有的 8 万座水坝中只有 2 400 座用于发电。其中，许多"未开发"的水坝可以安装涡轮机和发电机。此外，美国的大多数水电站大坝建于 20 世纪 40 年代，那时的设备效率没有今天这样高。新技术可以让这些老旧工厂更高效地运行，从而产生更多电力。美国能源部估计，如果将美国现有水力发电厂的效率提高 1%，所产生的电力就足以满足 28.3 万个家庭的用电需求。

水力发电厂可能是无污染的，但大坝周围的当地环境则会受到影响。鱼类和野生动物栖息地会受到严重影响。一些水坝的一个悲剧性后果是它们阻止了鱼类到达它们的产卵地，因此造成鱼类种群减少。为了解决这个问题，许多水坝都安装了鱼"梯"，以鼓励鱼群上游迁移到产卵地。然而，这些梯子的效果是有限的。大坝形成的水库往往充满淤泥，这会影响水质并限制大坝的使用寿命。此外，大坝有损河流的自然美景，在许多情况下，宝贵的下游农田被毁坏或扰乱，而上游陆域栖息地则被洪水淹没。大坝也需要得到良好的维护和定期检查，以尽量减少中断的潜在风险。在最大容量时，于 2006 年竣工的中国三峡大坝的发电机组发电量约为 22 500 兆瓦，如图 8-22 所示。再加上来自其他水电项目的另外 82 000 兆瓦电力，估计供应了中国约 25% 的电力。大坝延伸 2.3 千米，形成了一个 600 千米长的水库。

图 8-22　世界上最大的水电项目——中国三峡大坝

海洋中的温差可以发电

表层海水的温度（较暖）和深层海水的温度（较冷）之间总是存在差异。一种被称为海洋热能转换（OTEC）的过程可以利用这种差异来发电。如图 8-23 所示，温暖的表层水可以加热低沸点的液体，如氨。由此产生的高压蒸汽可以推动涡轮机转动从而产生电力。蒸汽在通过涡轮机后进入冷凝器，并在那里暴露于含有从大洋深处抽出的冷水的管道中。随着温度下降，蒸汽冷凝成液体，然后通过系统循环利用。

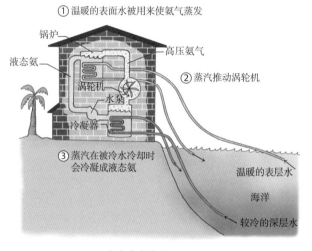

① 温暖的表面水被用来使氨气蒸发
锅炉
液态氨
高压氨气
② 蒸汽推动涡轮机
涡轮机
水泵
冷凝器
③ 蒸汽在被冷水冷却时会冷凝成液态氨
温暖的表层水
海洋
较冷的深层水

（a）在大陆上

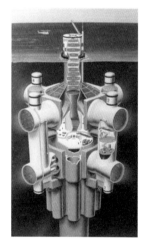

（b）浮式钻井平台

图 8-23　海洋热能转换作业

注：图（a）在陆地上进行海洋热能转换。图（b），在海上，浮式钻井平台通过水下输电线路向海岸提供电力。

OTEC 仅限于海洋表层温度与深水温度差异最大的地区。有人提议建造一系列海上钻井平台，利用产生的电力生产由海水制成的可运输氢燃料。陆上 OTEC 最适合建设在夏威夷、关岛和波多黎各等深水相对靠近海岸的岛屿。世界上第一座 OTEC 电厂自 1990 年以来一直在夏威夷运行，发电量约为 210 千瓦，如图 8-24 所示。这些电力大部分用于当地水产养殖业，该行业利用 OTEC 装置输送的富含营养物质的深海海水为美国和日本市场培育特种鱼类和甲壳类动物。有趣的是，管道冷水还可用于 OTEC 办公室和实验室的空调系统。

（a）　　　　　　　　　　　　　（b）

图 8-24　世界上第一座 OTEC 电厂及其垂直轴涡轮机

注：图（a），夏威夷自然能源实验室的航拍图——世界上第一座 OTEC 电厂，位于科纳-凯卢阿机场附近的海岸。图（b），OTEC 设施的垂直轴涡轮机。汽-液热交换器在右侧可见。该站点正在建造一个更强大的 1 兆瓦 OTEC 电厂，以测试将部署在浮动 OTEC 站上的技术。

地热能来自地球内部

由于放射性衰变和重力压力，地球内部非常温暖。在某些地区，热量相对靠近地球表面。当这种热量穿透出来时，我们看到的就是火山喷发的熔岩或间歇泉喷出的蒸汽。这是地热能，我们可以利用它来获益。图 8-25 显示了美国一些具有地热活动的地区。

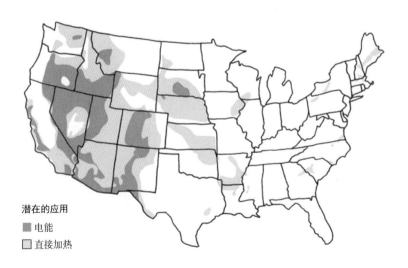

潜在的应用

■ 电能

□ 直接加热

图 8-25　美国地热能源发展前景最大的地区

水热能是通过从地下抽取自然产生的热水或蒸汽来生成的。它是目前用于商业发电的主要地热能形式。加利福尼亚目前从水热发电厂获得了约 2 600 兆瓦的电力。美国有 170 座水热发电厂，意大利、新西兰和冰岛所拥有的水热发电厂则更多。地热能协会宣称，目前全球所有水热发电厂的发电量约为 11 000 兆瓦。如图 8-26 所示为一个水热发电厂。

图 8-26　冰岛的蓝湖

注：冰岛约 50% 的电力来自地热资源。图中的蓝湖是一个温水池，由背景中可见的水热发电厂的流出物制成。

水热发电厂的发电成本与化石燃料的发电成本相比具有竞争力。除了发电外，水热能还可以直接用于为建筑物供暖。在美国，地热热水储层比地热蒸汽储层更常见。大多数未开发的热水储层位于加利福尼亚州、内华达州、犹他州和新墨西哥州。这些储层的温度不足以有效驱动蒸汽涡轮机，但水被用来煮沸丁烷等二次流体，然后所产生的蒸汽可以驱动燃气涡轮机。

干热岩能是地热能的另一种形式，它涉及利用液压在地下深处开辟一个大型储层。液态水被注入储层，并被热岩加热，然后以蒸汽的形式返回地表发电。

地热能并非没有缺点。它所排放的气态污染物很少，但其中一种污染物是硫化氢（H$_2$S），它即使在低浓度下也会散发难闻的臭鸡蛋味。此外，来自地球内部的水的含盐量通常是海水的几倍。这种咸水具有很强的腐蚀性，处理起来具有一定的难度。此外，从地下深处提取的水通常被放射性污染。从地质不稳定的地区取水还可能导致地面下沉，甚至可能引发地震。

Q6 用酒精替代汽油会怎样？

植物利用光合作用将辐射的太阳能转化为化学能。生物质是一种不含化石的化石燃料，它是尚未转化为煤、石油或天然气的已死亡的植物材料。生物质和化石燃料所蕴含的能量都源于太阳。几乎任何你可以用化石燃料做的事情，用生物质也可以实现。

乙醇就是一种生物质燃料，它是石油基燃料的天然替代品。乙醇可提高辛烷值，使发动机运行更高效，产生的污染更少。如果乙醇是从种植的生物质中生产出来的，那么使用乙醇还有一个额外的好处是可以减少对石油进口的依赖。

美国运输业 97% 依赖石油，并且消耗了 63% 的石油库存。事实上，乙醇的辛烷值高于汽油，这就是为什么它是赛车手的首选燃料。乙醇也是汽车先驱亨利·福特（Henry Ford）和约瑟夫·迪塞尔（Joseph Diesel）的首选燃料，他们最初打算让他们开发的汽车使用生物燃料。有趣的巧合是，就在美国宪法第 18 条修正案通过禁止使用乙醇之前，从发酵谷物中提取的乙醇即将被用于汽车工业。禁酒令使石油工业得以接管车用燃料。

今天在美国，要求在汽油中添加 10% 乙醇的政府计划正变得越来越普遍。乙醇，也被称为谷物酒精，可以通过食物生物质的发酵来制备——任何谷物都可以，但富含糖等简单碳水化合物的谷物的效果最好，如图 8-27 所示。

2010 年，全球用作燃料的乙醇产量约为 870 亿升。其中，美国是最大的生产国（490 亿升），其次是巴西（280 亿升）。在美国，乙醇主要通过玉米发酵生产，而在巴西，乙醇主要通过甘蔗发酵生产。为了应对 20 世纪 70 年代的石油危机，巴西在几十年前启动了乙醇燃料计划。直到 2005 年，巴西一直是世界领先的乙醇燃料生产国，如图 8-28 所示。值得注意的是，巴西的大多数车辆都配备了使用 E100 的设备，这是一种不含化石燃料的乙醇。因此，这些车辆产生的二氧化碳被生长中的甘蔗吸收的二氧化碳所抵消。

图 8-27　Gasohol 是含有酒精添加剂的汽油　　图 8-28　巴西的 440 家糖厂生产糖和乙醇

发酵产生的乙醇相对昂贵，因为种植食物这一过程需要大量的水和肥料，因此生物质具有巨大的财务和环境成本。从石油中提取乙醇实际上更便宜，但这只是因为原油价格被人为地保持在低位。如果考虑到纳税人的补贴、采矿和钻探造成的环境损害费用及军事保护成本，原油价格将翻两番。

制造乙醇的最终原料是纤维素，它是世界上储量最丰富的有机化学物质，存在于所有植物中。基本生产理念是将纤维素分解成葡萄糖单体，然后发酵形成乙醇。然而，正如前文所讨论的，植物中的纤维素是紧密锁定的。这对于植物的结构刚性很重要，但这也使得将纤维素分解成葡萄糖变得非常困难。尽管如此，大量研究正在进行中，以发现能够以具有成本效益和环境友好的方式完成此任务的方法。

一种有前景的方法是在液氨（NH_3）中蒸煮纤维素。其他方法包括模仿微生物在白蚁和反刍动物（如牛和山羊）的胃内完成消化纤维素这一壮举。从纤维素中提取的乙醇有时被称为纤维素乙醇或草醇。纤维素乙醇的一个优点是它不会消耗玉米和糖等可以用来帮助缓解世界饥饿的食物储备。

除了加工成可运输的燃料外，还可以通过另外一种方式获取生物质蕴藏的能量，那就是在设备齐全的发电厂中燃烧生物质以发电。

生物质可以燃烧发电

将生物质转化为可运输燃料是降低能源效率的额外步骤。直接燃烧生物质可以获得更高的效率。在美国，生物质发电已从 20 世纪 80 年代初的 200 兆瓦增长到 2000 年的超 8 000 兆瓦，增长了 4 000%。据估计，到 2020 年，这一数字将增长到约 23 000 兆瓦。大多数生物质电力是由造纸公司和林产品公司使用木材和木材废料作为燃料产生的。市政当局正在试验固体废物焚烧炉，这些焚烧炉能够同时发电和处理废物。平均而言，大约 80% 的城市固体废物干重是可燃有机材料。

利用生物质发电的传统方法是在锅炉中燃烧生物质，所生成的热量将水转化为用于驱动蒸汽轮机的蒸汽。如果首先将生物质转化为气体燃料，效率可以提高一倍以上，这可以通过在高压下施加空气和蒸汽来完成。或者，气体燃料也可以通过将生物质与非常热的沙子混合来生产，如图 8-29 所示的佛蒙特州生物质电厂所做的那样。气体燃料被燃烧，热的燃烧产物被引导到燃气轮机中来发电。此外，涡轮机排出的废气可用于产生蒸汽，用于工业应用或额外发电。

图 8-29 佛蒙特州生物质电厂

注：自 1984 年以来，佛蒙特州生物质汽化项目已向佛蒙特州伯灵顿地区提供了超过 50 兆瓦的电力。电力由燃气轮机产生，该燃气轮机由木屑与非常热的沙子（1 000℃）混合产生的气体燃料混合物的燃烧提供动力。

Q7 直射的阳光如何更好地用于烘干衣物？

据统计，一个普通家庭所使用的能量中的约 15% 用于加热水，而这些加热水的能源可以来自当地电厂或天然气供应商，也可以来自直射的阳光。无论生活在炎热还是或寒冷的气候中，你都可以通过太阳光获取能量，并用这些能量洗澡、洗碗、烘干衣服。直射的阳光也可以直接用于为家庭供暖。

镜子和镜片可以将阳光集中在水中，从而产生蒸汽来发电。阳光会产生风，风可以驱动风力涡轮机发电。利用光伏电池，太阳光的能量就可以转化为电流。接下来将重点介绍利用阳光直射效果的技术。

太阳热量很容易收集

如图 8-30 所示，用于加热水的太阳能收集器只不过是一个覆盖着玻璃板的黑色金属盒。阳光穿过玻璃进入盒子，在盒子里被黑色金属吸收，金属会变热并发出红外线。因为玻璃对红外线是不透明的，所以这些光线会留在盒子里。水通过盒子内的管道时便被困住的热量加热。

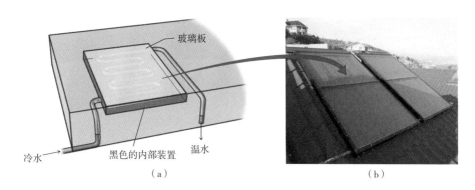

（a） （b）

图 8-30 层顶的太阳能收集器

注：图（a），太阳能收集器被玻璃覆盖以形成温室效应：进入盒子的阳光被转化为红外线辐射，无法逃逸。图（b），大多数太阳能收集器位于屋顶。集热器被漆成黑色，以最大限度地吸收太阳热量。此处显示的屋顶收集器用于加热室外游泳池。

流经一系列收集器的水可能会很烫。这种水可以储存在隔热性能良好的容器中，并用于洗涤。空气流过太阳能热水盘管时会变暖，可用于加热建筑物。

太阳能热发电产生电力

各种统称为太阳能热发电的技术可用于利用阳光发电。其中一种技术涉及通过位于镜面涂层槽附近的管道泵送合成油，如图 8-31 所示。这种极热的油随后被用来在蒸汽轮机中产生蒸汽以发电。这种设计目前正在加利福尼亚州南部的沙漠地区使用，该地区以约 10 美分每千瓦时的运营成本生产超过 360 兆瓦的电力。天然气燃烧器在高需求或多云期间可以提供补充热量。

图 8-31　一种太阳能热发电装置

注：一根含有合成油的管道沿着镜面涂层槽放置。照在镜子上的阳光反射到管道上，并将油加热到 370℃，然后将热油抽出并用于在发电厂的蒸汽轮机中将水转化为蒸汽。

第二种技术涉及大型太阳追踪镜阵列，该阵列将阳光反射到中央塔的顶部，那里的温度将飙升至约 2 200℃。太阳热量被熔盐带走，熔盐主要是硝酸钠（$NaNO_3$）和硝酸钾（KNO_3）的混合物，通常被称为硝石。热的熔盐被输送到一个隔热罐中，热能在其中可以储存长达一周的时间。当需要电力时，盐会被泵送到传统的蒸汽发生系统来发电。熔盐再循环到中心塔进行再加热。这种方法的一个重要优点是盐可以长时间保持热量，即使在太阳落山后或在恶劣天气期间也可以发电。图 8-32 展示了世界上最大的商业中央塔式太阳能热电厂。它位于西班牙南部，于 2011 年开始投入运营，发电量约为 20 兆瓦，足以为约 2.75 万户家庭供电。

图 8-32　位于西班牙塞维利亚的 Gemasolar 太阳能光热电站

注：中央塔高 140 米，四周有 2 650 面太阳跟踪镜，每面 120 平方米。

风力发电便宜且广泛可用

风力发电是目前最便宜的直接太阳能形式——风吹动风力涡轮机，涡轮叶片的旋转产生电力。由于有利的税收激励措施，风力发电的大部分早期开发发生在 20 世纪 80 年代的加利福尼亚州。没有这些激励措施，成本会相对较高，因为程序几乎没有标准化，并且缺乏大规模生产的经验。

如今，大部分问题已经得到解决，风电的可靠性、性能和成本都得到了显著提高。在风速为平均约 21 千米 / 时的地区，风力发电的运营成本现在约为 4 美分每千瓦时。与价格不断上涨的传统能源不同，风能的成本一直在下降。在 10

年内，风力发电成本可能会降至 1 美分每千瓦时以下，这比来自煤炭等传统能源的电力成本要便宜得多。

2011 年，全球风电总装机容量约为 239 吉瓦，比 1990 年全球仅 2 吉瓦的总装机容量有了极大增长，如图 8-33 所示。然而，从更清晰的角度来看，仅美国就以大约 440 吉瓦的速度消耗能源。所以风电仍然只占总量的一小部分，但它显然是能源行业一个快速增长的板块。

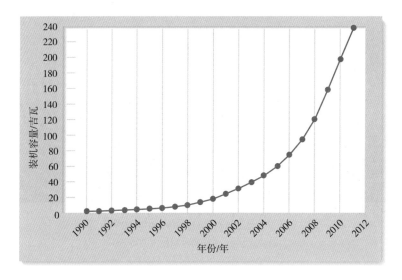

图 8-33 1990—2011 年全球风电装机容量变化

注：2011 年，中国（63 吉瓦）超过美国（47 吉瓦），成为风力发电量最多的国家。

如图 8-34 所示，美国大部分风力资源集中在大平原北部。美国能源部估计，如果这些州的风能可以得到充分利用，则可以满足全国 100% 以上的电力需求。然而，问题在于，这些风区大多位于远离该国人口较多的电力需求最大的地区。必须建造昂贵的新输电线路基础设施。或者，正如我们在前文中讨论的那样，可以使用风电通过电解水来产生氢气。

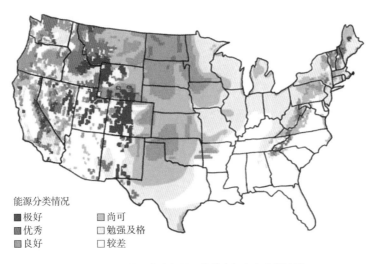

能源分类情况
- ■ 极好
- ■ 优秀
- ■ 良好
- □ 尚可
- □ 勉强及格
- □ 较差

图 8-34　美国的大部分风能潜力都在大平原地区

风能的一个缺点是美观问题：风力涡轮机产生的噪声很大，很多人不希望在景观中看到它们。此外，小型风力发电机上的涡轮机旋转相对较快，这对鸟类是一种威胁。此外，所有的风力发电机都必须被制造，这需要材料和能源。这些缺点需要权衡减少对化石燃料依赖的好处，以及如果人们喜欢荷兰的经典风车，那么这些新时代的风车有朝一日可能会被视为一个繁荣的有吸引力的标志，如图 8-35 所示。幸运的是，美国大部分风力资源丰富的土地是农田，风力发电和农业活动相得益彰。在加利福尼亚州的阿尔塔蒙特风力发电场，牧场主仅损失了约 5% 的放牧面积。然而，由于他们从使用他们土地的风力发电公司那里获得特许权使用费，因此他们的土地价格翻了两番。

图 8-35　风力发电机与经典风车

对于为自己家庭购买小型风力涡轮机的人来说，未使用的电力会导致他们的电表倒转。当这种情况发生时，风能产生的电力可供连接到同一电网的其他人使用。许多州法律要求公用事业公司要么从涡轮机所有者那里购买这种电力，要么在他们的电费账单上提供信贷。通过这种方式，涡轮机所有者能够"储存"在大风天收集的能量，以便在风速过低的日子里使用。

光伏将阳光直接转化为电能

如前文所述，光伏电池是将阳光转化为电能的最直接方式。自 20 世纪 50 年代被发明以来，光伏技术取得了显著进步。第一个主要应用是在 20 世纪 60 年代的美国太空计划中，卫星所携带光伏电池为无线电和其他小型电子设备供电。在 20 世纪 70 年代中期的能源危机期间，光伏发电技术获得了进一步发展。

通过光伏发电获得电力的成本主要是购买设备和安装设备的成本。截至 2012 年，一套 2 千瓦的住宅光伏系统的价格约为 14 000 美元。该系统大约可以在 12 年内通过节省电费收回成本。然而，在阳光充足的气候条件下，收回成本的时间会更短。此外，随着从基于化石燃料的公用事业公司购买电力的成本持续上涨，光伏及所有其他可持续能源变得更具吸引力。此外，请记住，光伏系统的价格会随着光伏电池技术的进步而持续下降。除了经济原因之外，许多人转向选择光伏系统仅是因为它们是一种清洁能源并且对环境有益。今天的住宅光伏系统的平均估计寿命为 25 年。

在全球范围内，光伏产品的销售额在过

● 趣味课堂 ●

为什么要用节能的LED灯？

根据能源之星效率计划，如果美国的每个家庭都用紧凑型荧光灯泡替换一个白炽灯泡，所减少的污染就相当于从道路上减少 100 万辆汽车。同样，全美有超过 1 亿个出口标志处于使用状态。这些标志通常由效率较低的白炽灯泡点亮，每年消耗 300 亿至 350 亿千瓦时的能源。如果所有美国公司都改用符合能源之星标准的出口标志，他们将节省 7 500 万美元的电费。更好的选择是更节能的 LED 灯，与荧光灯不同，LED 灯不是汞污染的来源。

去几十年中呈指数级增长。光伏现在是一个价值数十亿美元的产业，并且具有持续增长的强劲前景。因为它们几乎不需要维护并且不需要水，所以它们非常适合偏远或干旱地区。光伏可以在任何规模上运行，并且与来自化石燃料和核燃料的电力相比，其成本具有竞争力。超过 10 亿个手持计算器、数百万个手表、数百万个便携式灯具和电池充电器，以及数以万计的远程通信设施都由光伏电池供电。如图 8–36 所示，它们的用途范围非常广泛。

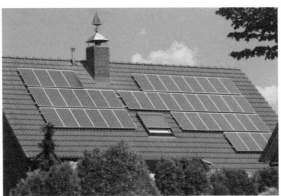

图 8–36　光伏电池的应用

注：光伏电池有多种尺寸，从手持计算器所用的微型电池到为房屋供电的屋顶单元。

Q8 未来理想的燃料是什么？

氢气之所以成为理想的燃料，是因为它在燃烧时几乎只产生水蒸气，不会产生二氧化碳、一氧化碳和颗粒物。

按重量计算，氢气比任何其他燃料包含的能量都多，这就是它能够用于发射航天器的原因。氢气很容易从水的电解中产生，并且电解设备可以由太阳能发电驱动。通过这种方式，氢气提供了一种储存太阳能的便捷手段。

氢气燃烧产生的水蒸气可用于驱动燃气轮机发电。废热可用于工业用途或为建筑物供暖。涡轮机冷凝的水可以用于农业或人类消费，也可以回收用于生产更多的氢气。

因为氢气是一种气体，所以很容易通过管道运输。事实上，通过管道泵送氢气比通过输电线传输电力更节能。因此，氢设施可以建在生产成本最低的地区（太阳能热和光伏用于沙漠地区、风力涡轮机用于多风地区和生物质用于潮湿地区），然后运输氢气到遥远社区以满足其能源需求。

氢气甚至可以用作汽车的燃料，如图 8-37 所示。踩下由氢燃料驱动的汽车的油门踏板，会向位于油箱中的合金发送加热电流，随着合金被加热，它会释放出氢气，为内燃机或发电燃料电池提供动力。

图 8-37　宝马公司开发的氢动力测试车

注：废气主要由水蒸气组成。然而，要使氢动力汽车普及，必须
清除许多技术和经济障碍。

燃料电池从燃料中产生电能

正如前文所讨论的，使用氢或任何其他燃料发电的一种有效方式是使用燃料电池。公用事业公司可以通过堆叠燃料电池来产生兆瓦级的电力。目前燃料电池的效率约为 60%，远高于典型燃煤发电厂 34% 的效率。有趣的是，煤是一种潜在的氢气来源，当用高压蒸汽和氧气处理煤时会产生氢气和甲烷气体。在燃气轮机中燃烧这些气体可实现高达 42% 的煤电效率。如果气体首先通过发电燃料电

池，效率会更高。同时，由于煤炭不直接燃烧，因此排放到环境中的污染物较少。

光伏电池可用于从水中生产氢气

我们星球上最清洁、最丰富的氢来源是水。然而，从水中制造氢气是一个能源密集型过程，最好使用电解来完成，这是前文中讨论的一种技术。理想情况下，从水中产生氢气所需的电能可以由太阳能驱动的光伏电池提供。然后电池产生的电力被发送到第二个电池，在那里水被电解以产生氢气。此外，目前正在进行的研究旨在开发能够直接从水中产生氢气的光电表面，如图 8-38 所示。

图 8-38　正在开发中的能够直接从水中产生氢气的光电表面

注：这种浸入水中的特殊光电化学电极利用太阳光的能量产生氢气，氢气在电极表面形成。在这种情况下，技术障碍是防止电极腐蚀。

在过去的几年中，实现商业上可行的太阳能制氢系统取得了很大进展。对于这样的系统，太阳能转化为氢气的效率需要尽可能高。初始系统的效率不超过 6%。主要障碍之一是开发针对 1.23 伏特优化的光伏系统，这是水解水所需的电压。这样的系统于 1998 年被开发出来并具有 12.4% 的效率。随着新的纳米技术正在开发中，研究人员预计其效率将超过 60%。

如果可以利用光伏或风力涡轮机产生的电力有效地生产氢气，那么就会出现许多有趣的可能性。光伏和风力涡轮机是"分布式"能源，而不是"集中式"能源。换句话说，它们可以放置在住宅的后院或附近的太阳能公园中，这与集中式燃煤发电厂形成鲜明对比。因此，太阳能和氢气可以在使用点产生，从而避免长距离运输能源时产生的固有能量损失。这样的系统不太可能使集中式公用事业停业；相反，它将帮助公用事业公司应对不断增长的能源需求。也许最重要的是，22 世纪最大的能源增长将发生在不存在集中能源基础设施的发展中国家。让这些国家的人们开始使用非集中和无污染的可持续能源将是一项值得的投资。

氢气并不是最终的解决方案

氢作为未来燃料具有很大的吸引力。然而，氢仍然存在许多缺点。例如，根据美国国家科学院的说法，化石燃料可能会在未来几十年仍是氢气的主要来源。一些人认为，用于氢能经济的资金最好用于提高当前车辆的效率。例如，混合动力汽车在市场上的需求很大，但美国汽车行业在满足这一需求方面起步较晚，因为汽车的燃油效率不是其首要任务。因此，混合动力汽车技术的延迟实施导致了额外的化石燃料消耗和二氧化碳排放。

为了使氢燃料电池与混合动力车具有成本竞争力，我们仍需要取得重大突破。那么我们可以两者兼顾吗？我们可以在开发氢能汽车的同时推进混合动力技术吗？有人说这是可以实现的。其他人则表示，生物燃料，尤其是纤维素乙醇，将更加高效和环保。他们指出，与普通汽车相比，普通家庭的能源使用对空气污染和气候变化的影响更大。

BetterPlace 的创始人沙伊·阿加西坚信，前进的方向是开发高效的基础设施来支持全电动汽车。例如，用电池站取代加油站，在这些电池站中，机器人将用新电池更换电量耗尽的旧电池，并且速度比你刷信用卡还快。不过，在大多数情况下，驾驶员会在社区的充电站或在电价最低的晚上在家中为汽车充电。2012 年，该系统在以色列（见图 8-39）、丹麦、中国和澳大利亚开始全面试验。请继续关注你附近的电池更换站！

其他人指出，研究表明，我们很快将能够复制光合作用，从而可以利用阳光和大气中不断增加的二氧化碳浓度来生产甲醇与其他有机液体燃料及原料。在网络上，输入关键词"人工光合作用"，你会发现，人类的聪明才智并不匮乏。

图 8-39　BetterPlace 的首席执行官沙伊·阿加西在
以色列首次交付可更换电池电动汽车时剪彩

未来的能源革命

在未来几年内，近 1/4 的美国发电设施将需要进行大规模翻新、大修或更换。这代表了发展可持续能源的机会。发展中国家存在更大的机会，因为那里有超过 20 亿人无电可用，而且随着人口的增长，这个数字还会增加。为这些人提供电力需要花费大量资金。直接选择能源的来源和生产方式将在未来很长一段时间内影响环境，如图 8-40 所示。

世界所有地区都将受益于节能，因为节能是可持续能源的天然伙伴。节能措施可以非常有效，1973 年石油输出国组织实施阿拉伯石油禁运就证明了这一点。从禁运开始到 1986 年，由于能源效率的提高，美国的能源消耗量保持不变。在保护措施方面，我们是否已接近极限? 新技术和

图 8-40　印度人口稠密的城市
街道上的典型电线

注: 这提醒我们, 电能是一种非常受欢迎的产品, 对现代生活至关重要。我们非常需要对电能的产生和输送进行仔细的规划。

新材料表明，我们还有很多事情需要去做。

例如，超隔热建筑现在只需要原来 1/10 的能量用于冬季取暖和夏季降温。混合动力电动汽车现在可以在 1 升汽油和 25 千瓦的电池功率下行驶 40 多千米——这相当于每加仑汽油行驶约 160 千米！如果你用等效的 8 瓦 LED 灯替换单个 60 瓦白炽灯，那么每年将减少约 1 800 千克的二氧化碳排放量（假设是化石燃料发电厂）。这种 LED 灯的运行成本也将降低 90% 左右。想一想，你家有多少个 LED 灯具？

如表 8–1 所示，我们的能源需求不断增加主要是因为人口在不断增加。表 8–1 中的数据假设人均可接受的生活标准为 0.003 0 兆瓦。然而，平均而言，发达国家的 12 亿人每人消耗约 0.007 5 兆瓦。如果不采取节能措施，并且发展中国家有更多的人达到每人 0.007 5 兆瓦的用电量，那么到 2050 年，全球用电量将达到 75 太瓦，到 2100 年将达到 112 太瓦，是 2000 年用电量的 6 倍。

表 8–1　世界日益增长的能源需求

年份 / 年	世界人口 / 亿人	×	人均能源需求 / 兆瓦	=	电力总消耗 / 太瓦
2000	62		0.003		19
2050	100		0.003		30
	100		0.0075		75
2100	150		0.003		45
	150		0.0075		112

尽管控制人口增长可能很困难，但它可能比为越来越多的人提供能源、食物、水和其他任何东西都更容易。有关这个重要概念的更多内容，请参考其他资料。

托马斯·杰斐逊（Thomas Jefferson）将革命描述为一种非同寻常的事件，革命使所有普通事件得以继续进行。如果要让全人类都过上体面的生活，那么我们需要的无非是一场能源革命。我们使用不可再生能源的日子屈指可数了，越早进行必要的过渡，形势就越好。

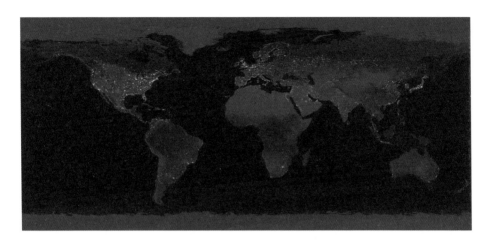

图 8-41   地球夜空的合成图像

注：能源从何而来以满足不断增长的人口的需求？由于我们对此非常渴望，最有可能的答案是"本章介绍的所有资源"。

要点回顾

- 电能是很容易通过电线传输的能量。从这个意义上说，电是一种能源的载体。电的能量可用来点亮灯泡，没错，但这种能量的来源不是电。电线只用于输送由某些发电机产生的能量，这些发电机从某种非电力来源（化石燃料或瀑布）接收能量。

- 天然气比石油更清洁，也比煤炭更清洁。燃烧天然气产生的二氧化硫数量可以忽略不计。此外，由于天然气可以在较低温度下燃烧，因此只会产生少量氮氧化物。然而，也许最重要的是，天然气发电产生的二氧化碳更少，大约是燃烧煤炭产生的二氧化碳的 1/2。

- 近期的技术进步有望提高核能的安全性。早期反应堆依赖的一系列安全设施，如水泵，在发生事故时，这些设施会保持反应堆堆芯冷却的作用。但这些安全设施易发生故障。现在的第四代反应堆使用蒸发等自然过程来保持反应堆堆芯冷却，这意味着反应堆会在温度升高时自行关闭。

- 向可持续能源转变曾经最大的障碍是目前储量丰富的化石燃料，这些燃料充满能量，燃烧起来非常方便。技术正在迅速进步，可持续能源最终将为消费者节约成本。

- 月球对地球的引力是不平衡的，这是潮汐力产生的原因。当潮水流过大坝时，它们会使桨轮或涡轮机旋转，从而产生电力。除了月球，水能还可以来自水坝、太阳和地球内部的高温。

- 乙醇可提高辛烷值，使发动机运行更高效，产生的污染更少。如果乙醇是从一个国家种植的生物质中生产出来的，那么还有一个额外的好处是可以减少对石油进口的依赖。

- 无论生活在炎热还是寒冷的气候中，你都可以通过太阳光线获取能量。镜子和镜片可以将阳光集中在水中，产生蒸汽来发电。阳光会产生风，风可以驱动风力涡轮机发电。利用光伏电池，太阳光的能量就可以转化为电流。

- 氢气之所以成为未来理想的燃料，是因为它在燃烧时几乎只产生水蒸气，不会产生二氧化碳、一氧化碳和颗粒物。按重量计算，氢比任何其他燃料包含的能量都多，这就是它能够用于发射航天器的原因。

未来，属于终身学习者

我们正在亲历前所未有的变革——互联网改变了信息传递的方式，指数级技术快速发展并颠覆商业世界，人工智能正在侵占越来越多的人类领地。

面对这些变化，我们需要问自己：未来需要什么样的人才？

答案是，成为终身学习者。终身学习意味着永不停歇地追求全面的知识结构、强大的逻辑思考能力和敏锐的感知力。这是一种能够在不断变化中随时重建、更新认知体系的能力。阅读，无疑是帮助我们提高这种能力的最佳途径。

在充满不确定性的时代，答案并不总是简单地出现在书本之中。"读万卷书"不仅要亲自阅读、广泛阅读，也需要我们深入探索好书的内部世界，让知识不再局限于书本之中。

湛庐阅读 App: 与最聪明的人共同进化

我们现在推出全新的湛庐阅读 App，它将成为您在书本之外，践行终身学习的场所。

- 不用考虑"读什么"。这里汇集了湛庐所有纸质书、电子书、有声书和各种阅读服务。
- 可以学习"怎么读"。我们提供包括课程、精读班和讲书在内的全方位阅读解决方案。
- 谁来领读？您能最先了解到作者、译者、专家等大咖的前沿洞见，他们是高质量思想的源泉。
- 与谁共读？您将加入优秀的读者和终身学习者的行列，他们对阅读和学习具有持久的热情和源源不断的动力。

在湛庐阅读 App 首页，编辑为您精选了经典书目和优质音视频内容，每天早、中、晚更新，满足您不间断的阅读需求。

【特别专题】【主题书单】【人物特写】等原创专栏，提供专业、深度的解读和选书参考，回应社会议题，是您了解湛庐近千位重要作者思想的独家渠道。

在每本图书的详情页，您将通过深度导读栏目【专家视点】【深度访谈】和【书评】读懂、读透一本好书。

通过这个不设限的学习平台，您在任何时间、任何地点都能获得有价值的思想，并通过阅读实现终身学习。我们邀您共建一个与最聪明的人共同进化的社区，使其成为先进思想交汇的聚集地，这正是我们的使命和价值所在。

CHEERS

湛庐阅读 App
使用指南

读什么
- 纸质书
- 电子书
- 有声书

怎么读
- 课程
- 精读班
- 讲书
- 测一测
- 参考文献
- 图片资料

与谁共读
- 主题书单
- 特别专题
- 人物特写
- 日更专栏
- 编辑推荐

谁来领读
- 专家视点
- 深度访谈
- 书评
- 精彩视频

HERE COMES EVERYBODY

下载湛庐阅读 App
一站获取阅读服务